黄河水利委员会治黄著作出版资金资助出版图书

黄河水工程与河道管理

主　编　崔建中
副主编　袁占军　崔炎锋
　　　　崔冠华

黄　河　水　利　出　版　社
·郑　州·

内 容 提 要

本书详细介绍了构成黄河防洪工程体系的组成及堤防工程、河道整治、水库枢纽和水闸工程的历史沿革；着重介绍了黄河堤防工程管理体制、运行管理机制、工程设计标准、工程观测、维修养护、安全管理、除险加固及防汛抢险；分析了黄河工程现代化建设现状，展望了未来管理信息化发展模式和方向；同时探讨分析了黄河河道岸线规划、涉河建设项目管理及河道采砂管理状况，针对目前黄河河道管理的难点和问题，提出发展进步的管理对策及意见。

本书可供从事水利工程管理与河道管理的水利系统的干部职工阅读使用，也可作为大专院校学生参考用书。

图书在版编目(CIP)数据

黄河水工程与河道管理/崔建中主编. —郑州：黄河水利出版社，2021. 3

ISBN 978-7-5509-2606-6

Ⅰ. ①黄…　Ⅱ. ①崔…　Ⅲ. ①黄河-水利工程管理 ②黄河-河道整治　Ⅳ. ①TV882. 1

中国版本图书馆 CIP 数据核字(2020)第 037040 号

组稿编辑：王志宽　电话：0371-66024331　E-mail：wangzhikuan83@126. com

出 版 社：黄河水利出版社

地址：河南省郑州市顺河路黄委会综合楼 14 层　邮政编码：450003

发行单位：黄河水利出版社

发行部电话：0371-66026940、66020550、66028024、66022620(传真)

E-mail：hhslcbs@126. com

承印单位：河南瑞之光印刷股份有限公司

开本：787 mm×1 092 mm　1/16

印张：24. 75

字数：572 千字　印数：1—1 000

版次：2021 年 3 月第 1 版　印次：2021 年 3 月第 1 次印刷

定价：180. 00 元

序

水是生命之源、生产之要、生态之基。自古人们择水而居、傍水而生,人类的文明史深深地打上了水文化的印记。千百年来,中华民族兴衰与水利息息相关,兴水利、除水害,事关人类生存、社会进步,历来是治国安邦的大事。中华人民共和国成立以来,黄河干支流上先后修建了三门峡、故县、陆浑、河口村、小浪底等20多座水利枢纽工程,实现了对大洪水的有效调蓄和综合利用;体系完备、规模庞大的堤防与险工坝岸雄伟壮观,宛如多条巨龙盘踞在黄河两岸,阻挡了洪水泛滥,保障了沿岸地区工农业发展;上中下游引黄水闸、泵站工程犹如颗颗璀璨明珠镶嵌于黄河两岸,滋润了沿黄地区农田,促进了城镇经济和工业发展;下游左右岸开辟的北金堤、东平湖滞洪区,可以有效地分滞大洪水,为河道防洪安全提供了坚实保障。这是人民治理黄河的一座座不朽丰碑,记载着中华儿女治黄、兴黄的光辉历程。

黄河水利工程具有门类多、规模大、点多线长的特点。进入21世纪,以黄河标准化堤防为标志的上拦下排、两岸分滞水利工程体系进一步完善,防洪减灾与水资源综合利用能力明显增强,为国家经济发展提供了可靠的防洪、供水和生态安全保障。而如何实现在可持续发展的基础上,践行从工程水利向资源水利、生态水利转变,按照人水和谐的治水理念,以水资源的可持续利用支撑经济社会和生态环境的可持续发展。如何规范管理、科学保护水利工程,充分发挥其综合效益,为黄河防洪安全、供水安全、粮食安全、生态安全提供可靠保障,促进经济社会可持续发展,是黄河各级主管单位和河道管理工作者的重要任务与历史命题。

2019年全国水利工作会议上,水利部部长鄂竟平强调,今后一个时期水利工作重点是实现"水利工程补短板、水利行业强监管"。这就要求治黄工作者在黄河水利工程建设方面要查找短板和薄弱环节,采取积极措施,加快水利工程建设与除险加固步伐,构建完整坚固的防灾减灾工程体系,完善的非工程措施。在水利工程管理方面要高起点,加强管理制度维护标准及操作规程建设,加快推进专业化、规范化管理,强化行业监督管理,创新运行管理方式与手段;注重专业管理队伍能力建设,造就一批胜任水利工程管理工作的专业人才;以黄河水利工程的安全运用、河道及岸线的生态和谐,支持经济社会的可持续发展。为实现上述目标,编撰一部内容翔实的黄河水利工程与河道管理书籍是非常必要的,以此为各级水利工程管理工作者提供借鉴,开拓思路,以利于解决管理工作中遇到的问题。崔建中同志长期从事黄河水利工程与河道管理工作,多年担任中国水利学会工程管理专业委员会副秘书长、委员,先后在《人民黄河》等期刊发表10多篇论文,主持黄委堤防、水库、水闸、河道整治工程管理标准、制度建设,制定印发黄河水利工程管理制度、规定、标准数十项,承担和参与水利部《堤防工程管理设计规范》《堤防工程维修养护规程》《水利工程管理办法》《河道管理范围内建设项目评价报告编制导则》等多项规范、标准制定,主持和参与黄河、长江、珠江、松花江等流域数十个水管单位的水利工程管理考核;参编人员袁占军、崔炎锋、崔冠华同志也均长期从事黄河水利工程建设与管理工作，拥有丰富的水利工程建设与管理经验。本书详细介绍了黄河各类水利工程，总结了水利工程管理的成功经验，介绍了黄委在黄河河道管理范围内建设项目及河道采砂管理的做法，能够为从事水利工程管理专业技术人员开阔视野、拓宽思路，不断提高水利工程管理规范化、科学化水平，有效推动水利工程管理向更高目标迈进。本书编写历时 3 年有余，成稿后得到黄委相关领域的专家严格、细致的审稿，确保了书籍的质量。

《黄河水工程与河道管理》一书的出版，是一件非常有意义的事情。该书既是对黄河水利工程与河道管理的概括和浓缩，又饱含着对未来黄河水利工程管理的构思与期盼，让我们大家努力奋斗，开拓创新，共同书写黄河水利工程与河道管理的新篇章。

黄委副主任 苏茂林

2020 年 10 月

前　言

黄河是中华民族的母亲河。历史上却又是一条多灾多难的害河,并以其洪水泥沙所导致的“善淤、善决、善徙”闻名于世,“三年一决口,十年一改道”包含了黄淮海地区人民遭受的苦难。为防御黄河洪水,实现黄河安澜,千百年来黄淮海平原地区广大人民群众前赴后继,进行了长期艰苦卓绝的斗争,修建了无数批次行之有效的险工坝岸,积累了丰富的治河经验。中华人民共和国成立后,在党和政府重视与支持下,黄河得到了有效的治理开发,干支流建成了控制性水利枢纽工程、下游建成了以标准化堤防为标志的险工坝岸和蓄滞洪区工程,引黄水闸、泵站等引水工程广布黄河两岸,实现了变水害为水利,创造了前无古人的光辉业绩,也为大江大河治理与保护提供了成功典范。

鉴于黄河流域降雨时空分布不均、水资源短缺、汛期洪水水少沙多、河势游荡多变、险情极易发生的特点,防洪减灾、水资源综合利用、河道生态保护等问题非常突出,水利工程与河道管理内容丰富、任务繁重、责任重大。这就需要我们继承传统的水利工程与河道管理经验,创新水利工程与河道管理的方式,不断提高水利工程管理的科技水平,以适应经济社会迅速发展对黄河水利工程管理现代化的要求;需要加强制度建设,提高各级管理人员的政策法规标准规程意识,规范运行管理方式,提高管理工作效率;需要加强水利工程管理队伍建设,不断提高专业人员的综合管理能力,造就一批善于担当水利工程管理的专业队伍;需要强化河道管理单位一线人员岗位练兵,提高履职能力与操作技能,应对和解决运行管理工作中的各种问题。这正是编辑出版《黄河水工程与河道管理》一书的目的。

本书力求体现黄河水利工程与河道管理的完整性和系统性,并对黄河河道岸线及采砂管理进行了总结分析,各章节内容均是在总结以往技术管理工作的基础上,对相关内容进行提炼、深化和提高,为便于理解,尽量保持前后章节之间的逻辑呼应关系。希望本书的出版,可为广大水利工程管理工作者提供借鉴,可作为黄河基层单位职工培训教材,也可供水利专业院校学生参考。

本书在编写过程中得到了黄委原副总工程师胡一三、作家侯全亮同志的精心指导,也得到了黄委运管局张喜泉、赵晓珂、周莉、张东方、张厚玉等同志的大力支持,在此表示衷心感谢;书中采集了黄河网等媒体照片,对摄影作者表示由衷感谢。由于书稿内容较多,难免存在不当之处,敬请各位读者批评指正。

编　者

2020 年 10 月

目 录

第一章　河道概况

第一节　流域水系

黄河是我国第二大河，发源于青藏高原巴颜喀拉山北麓4 500 m的约古宗列盆地（见图1-1），流经青海、四川、甘肃、宁夏、内蒙古、陕西、山西、河南、山东九省（区），横跨青藏高原、内蒙古高原、黄土高原及华北平原等四个地貌区，在山东垦利县注入渤海。干流全长5 464 km，流域面积79.5万km^2（包括内流区4.2万km^2）。

图1-1　黄河源头区

不同于其他江河，黄河流域上中游地区的流域面积占总面积的97%。西部地区属青藏高原，海拔在3 000 m以上；中部地区绝大部分属黄土高原，海拔在1 000~2 000 m；东部属黄淮海平原，河道高悬于两岸地面之上，洪水威胁十分严重。自河源至内蒙古托克托县的头道拐为上游，河长3 472 km，面积42.8万km^2；头道拐至河南郑州桃花峪为中游，河长1 206 km，面积34.4万km^2；桃花峪至入海口为下游，河长818 km，面积2.3万km^2。

黄河下游是黄河的重要防洪河段，目前黄河下游河床已高出大堤背河地面4~6 m，局部河段达10 m以上，严重威胁着黄淮海平原的安全。从桃花峪至河口，除南岸东平湖至济南为低山丘陵外，其余全靠堤防挡水。目前，悬河、洪水依然严重威胁着黄淮海平原地区的安全，是中华民族的心腹之患。

黄河下游两岸大堤之间滩区面积3 160 km^2，有耕地375万亩❶，居住人口189.5万人。东坝头至陶城铺河段，由于主槽淤积和生产堤的修建，造成槽高、滩低、堤根洼“二级

❶ 1亩=1/15 hm^2≈666.67 m^2。

悬河”的局面，严重威胁防洪安全。

第二节 河段概况

黄河干流的特点是弯曲多变、河床纵比降较大。黄河流域支流众多，一级支流达 111 条。支流水系分布不均，流域面积大于 1 000 km^2 的一级支流 76 条，其中流域面积大于 1 万 km^2 或入黄泥沙大于 0.5 亿 t 的一级支流 13 条，上游有 5 条，其中湟水、洮河天然来水量分别为 48.76 亿 m^3、48.25 亿 m^3，是上游径流来源区；中游有 7 条，其中渭河是黄河最大的一条支流，天然来水量、沙量分别为 92.50 亿 m^3、4.43 亿 t，是中游径流、泥沙的主要来源区；下游有 1 条，为大汶河。

一、上游河段

自河源至内蒙古托克托县的头道拐为黄河上游，干流河道长度 3 472 km，流域面积 42.8 万 km^2。其中龙羊峡以上河段是黄河径流的主要来源区和水源涵养区，也是我国三江源自然保护区的重要组成部分（见图 1-2）；龙羊峡至宁夏的下河沿，川峡相间，落差集中，水力资源丰富，是国家的重要水电基地；下河沿至河口镇，黄河流经宁蒙平原，河道展宽，比降变缓，两岸分布着大面积引黄灌区，沿河地区存在着不同程度的洪水和冰凌灾害，尤其是内蒙古三盛公以下河道，黄河由低纬度流向高纬度，凌汛期间容易产生冰塞、冰坝（见图 1-3），往往造成堤防决溢，危害较大。

图 1-2 四川若尔盖黄河第一湾

二、中游河段

内蒙古托克托头道拐至郑州桃花峪为黄河中游，河道长度 1 206 km，流域面积 34.4 万 km^2。该河段地处黄土高原，较大支流有 30 条，暴雨集中，水土流失非常严重，是黄河洪水和泥沙的主要来源区。其中河口镇至禹门口（也称北干流）是黄河干流上最长的峡谷段（见图 1-4），水力资源较丰富，峡谷下段有著名的壶口瀑布；禹门口至潼关河段（也称小北干流），河谷展宽（见图 1-5），河道宽浅散乱，冲淤变化剧烈，有汾河、渭河两大支流汇入；潼关至小浪底河段，是黄河干流上最后一段峡谷，建有三门峡、小浪底两座水利枢纽；小浪底以下河道逐渐展宽，是黄河由山区进入平原的过渡河段。

图 1-3　内蒙古三湖河口冰凌

图 1-4　黄河大北干流延川乾坤湾

图 1-5　黄河小北干流舜帝工程

三、下游河段

桃花峪至入海口为黄河下游，干流河道长度 818 km，流域面积 2.3 万 km^2，有伊洛河、沁河及大汶河等 3 条较大支流汇入。该河段现状河床高出背河地面 4~6 m，比两岸城镇高出更多，成为淮河、海河流域的分水岭，是举世闻名的“地上悬河”（见图 1-6）；该河段除东平湖至济南区间为丘陵外，其余全部靠堤防挡水（见图 1-7），历史上堤防决口频繁，目前洪水依然威胁黄淮海平原地区的安全，是有史以来国家河流治理与防守的难点和重点。

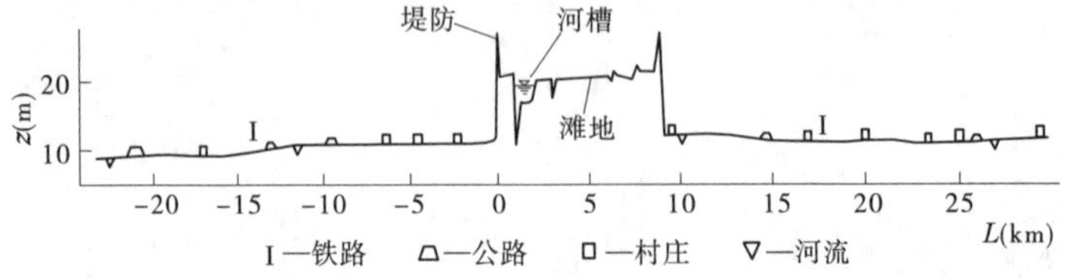

图 1-6　黄河下游开封段“二级悬河”示意图

图 1-7　黄河花园口险工

黄河下游河道具有上宽下窄的特点。上段桃花峪至高村 207 km，堤距一般 10 km，最宽处达 24 km，河势游荡多变，河槽宽一般 3~5 km，是防守的重点；中段高村至陶城铺 165 km，堤距一般 5 km 以上，河槽宽 1~2 km；下段陶城铺至入海口 414 km，堤距 1~3 km，河槽宽 0.4~1.2 km。

第三节　水文泥沙

黄河流域水资源贫乏，属资源性缺水地区。黄河流域现状下垫面条件下，多年平均（1956~2000 年）天然河川径流量为 534.8 亿 m^3，占全国河川径流量的 2%。

黄河洪水包括暴雨洪水和冰凌洪水。黄河上游暴雨洪水历时长、洪峰低、洪量大，为矮胖型。中游暴雨频繁、强度大、历时短，洪水具有洪峰高、历时短、陡涨陡落的特点。下游的暴雨洪水主要来自中游，是下游的主要致灾洪水。黄河的冰凌洪水主要发生在宁蒙河段和黄河下游山东河段。

黄河是世界上输沙量最大、含沙量最高的河流。据1919~1960年实测资料统计，三门峡站的多年平均输沙量约16亿t。黄河泥沙具有输沙量大、水流含沙量高、水沙异源、年内分配集中、年际变化大的特点。近期由于降雨因素和人类活动对下垫面的影响，以及经济社会的快速发展、工农业生产和城乡生活用水大幅度增加，河道内水量明显减少，加上水库工程的调蓄作用，使黄河水沙关系发生了较大的变化，主要表现为来水来沙量明显减少、径流年内分配均匀化、汛期有利于输沙的大流量历时和水量减少，水沙关系更加不协调。

第四节　水资源

根据1956~2000年系列水资源调查评价，黄河流域水资源总量647.0亿m^3。其中，现状下垫面条件下的黄河口利津站多年平均河川天然径流量534.8亿m^3，流域地下水与地表水之间不重复计算量112.21亿m^3(含内流区的8.74亿m^3)。黄河流域河川径流具有如下特点：

一是水资源贫乏。黄河流域面积占全国国土面积的8.3%，而年径流量只占全国的2%；流域内人均水量473 m^3，为全国人均水量的23%；耕地亩均水量220 m^3，仅为全国耕地亩均水量的15%。考虑向华北、胶东等流域外供水后，人均、亩均占有水资源量更少。

二是径流年内、年际变化大。干流及主要支流汛期7~10月径流量占全年的60%以上，支流的汛期径流主要以洪水形式形成，非汛期11月至次年6月来水量不足40%。干流断面最大年径流量一般为最小值的3.1~3.5倍，支流一般达5~12倍。据实测资料记载，出现在1922~1932年、1969~1974年、1990~2000年连续枯水段，三个连续枯水段年平均河川天然径流量分别相当于多年均值的74%、84%和83%。

三是地区分布不均。黄河河川径流大部分来自兰州以上，年径流量占全河的61.7%，而流域面积仅占全河的28%；龙门至三门峡区间的流域面积占全河的24%，年径流量占全河的19.4%；兰州至河口镇区间产流很少，河道蒸发渗漏强烈，流域面积占全河的20.6%，年径流量仅占全河的0.3%。

第五节　暴雨冰凌洪水

黄河洪水按成因分为暴雨洪水和冰凌洪水两类。暴雨洪水主要来自上游和中游，多发生在每年的6~10月，其中上游洪水主要来自兰州以上，中游洪水来自河口镇至桃花峪之间；冰凌洪水主要发生在宁蒙河段、黄河下游下段，时间一般在每年2~3月。

黄河暴雨洪水的发生时间具有南早北晚、东早西迟的特点，由于流域面积广阔，上、中、下游的大暴雨多不同时发生。

黄河上游多为7~9月的强连阴雨，特点是面积大、历时长、强度不大，较大洪水的洪峰流量一般为 4 000~6 000 m^3/s；黄河中游暴雨频繁、强度大、历时短，洪水具有洪峰高、历时短、陡涨陡落的特点，按中游不同来源区的洪水组合，花园口站可能发生的洪峰流量为 15 000~22 300 m^3/s；黄河下游的洪水主要来自中游（见图 1-8），历史上花园口站大于 8 000 m^3/s 的洪水均以中游来水为主，上游相应来水流量一般为 2 000~3 000 m^3/s。

图 1-8　2017 年三门峡水库秋汛下泄洪水

冰凌洪水主要发生在上游的宁蒙河段，尤其是内蒙古三盛公以下河段及下游山东河段，上述两河段水流均为自低纬度流向高纬度，冬春季节极易形成冰凌洪水灾害（见图 1-9）。

图 1-9　黄河内蒙古河段凌情

冰凌洪水发生在河道解冻开河期间，宁蒙河段开河一般在 3 月中下旬，黄河下游开河一般在 2 月上中旬。冰凌洪水的特点：一是流量虽小，但水位较高，甚至超过汛期历年最高水位，主要是卡冰结坝所致，如 2008 年 3 月 20 日内蒙古三湖河口站流量 1 650 m^3/s，水位比 1981 年伏汛 5 500 m^3/s 相应水位高出 1.27 m；二是河道槽蓄水量逐步释放，凌峰流量沿程递增。

冰凌洪水因卡冰结坝，水位抬高很快，对堤防防守造成很大压力，尤其是宁蒙河段和黄河下游山东入海口段，上述两河段曾因冰凌发生过数次堤防决口事件；但自小浪底水库建成后，山东河段槽蓄水增量明显减小，凌汛威胁显著降低。

黄河下游水患为历代高度关注，清代康熙皇帝案头铭记“黄河、漕运、戍边”三要事，掌控治国要领。据记载，从公元前602年（周定王五年）至1938年的2 540年间，有记载的堤防决口543年，决堤次数1 590余次，洪灾波及范围北达天津，南抵江淮，涉及冀、鲁、豫、皖、苏五省（区），纵横25万km^2，给两岸人民群众带来了深重灾难。

黄河“善淤、善决、善徙”，其症结在于水量少、泥沙多，导致河道淤积，河床抬高，防治泥沙的复杂性决定了黄河防洪的长期性。由于黄河特殊的地理特点，下游洪水泥沙威胁依然存在。目前，黄河下游河床高出背河地面4~6 m，最高达10 m，一旦决口，其洪灾影响范围将涉及5省（区）的24个地（市）所属的110个县（区），土地面积约12万km^2，耕地1.12亿亩，人口9 000多万人，对区域内城镇、交通、能源、水利等基础设施造成毁灭性破坏，对经济社会和生态环境造成的灾难影响长期难以恢复。

第二章　黄河水利工程

第一节　水利工程体系

黄河洪水泥沙危害的严重性,决定了保障流域及黄淮海平原防洪安全的重要性。黄河下游防洪历来是治黄的首要任务,也因此一直受到党和国家的高度重视,经过多年坚持不懈的努力,一系列水利工程先后建成,初步形成了以中游干支流水库、下游堤防、河道整治及分滞洪工程为主体的"上拦下排、两岸分滞"的水利工程体系。同时,水文、通信、信息网络等非工程措施及人防体系也得到了相应加强。

(1)上拦工程。为有效拦蓄洪水,在中游干流修建了三门峡和小浪底水利枢纽,在支流伊河修筑了陆浑水库、在洛河修筑了故县水库、在沁河修筑了河口村水库。

(2)下排工程。黄河下游除右岸邙山及东平湖至济南区间为低山丘陵外,其余全部依靠堤防约束洪水,即下游 1 371.2 km 临黄大堤及为减少和防止洪水顶冲堤防、控导河势而修筑的 218 处险工、238 处控导工程及 97 处滚河防护工程构成了下排工程。

(3)分滞洪工程。为防御超标准洪水并减轻凌汛威胁,黄河下游先后开辟了北金堤、东平湖滞洪区,齐河、垦利展宽区及大功分洪区,用于分滞黄河超过河道排洪能力的洪水。小浪底水库建成后,根据 2008 年国务院批复的黄河防洪规划,东平湖是重要的蓄滞洪区,河南封丘大功分洪区及山东齐河北展宽区、垦利南展宽区等三处分滞洪任务相应取消。

上述水库、堤防、分滞洪工程与水闸及河道整治工程,构成了黄河水利工程体系,对于防洪减灾、水资源利用及流域生态建设具有重要作用,并发挥了显著效益。

非工程措施主要包括防汛组织体系、防汛通信系统、水文测报预报系统、防汛信息采集系统、物资保障体系等,配合黄河水利工程体系,实现了洪水的预测预报和有效防御,确保了中华人民共和国成立以来黄河伏秋大汛不决口,保障了国家经济建设的健康发展。

第二节　堤防工程

堤防是挡水建筑物,是防御洪水的主要屏障,通过修建堤防达到防止洪水灾害、输送水流、保障被保护区域人民生命财产安全,以支持经济社会的发展。黄河堤防主要包括河道堤防、水库围堤、滞洪区堤防及海堤(也称防潮堤)。

一、下游堤防

(一)堤防状况

在黄河河段划分时,当代将郑州桃花峪至入海口的河段划作黄河下游,河道长度 786 km。史书所述黄河下游起点原为孟津白鹤镇,以下为黄河下游河道,即孟津白鹤镇作为黄河中下游分界,下游河道长度 878 km。近代治河实践,鉴于黄河中游尾端白鹤镇以下河出山口,河道展宽,白鹤镇以下河道特性与桃花峪以下河道相似,因此黄河下游治理仍将白鹤镇至桃花峪 92 km 河段纳入其中。

黄河下游堤防,泛指包括黄河干流堤防、支流沁河及大清河堤防、东平湖及北金堤滞洪区堤防以及河口堤防,这些堤防均为设防大堤,并按照不同设计标准进行建设与防守。由于历史上河流改道等原因,还有一些不设防的废旧堤防。

黄河下游现行河道两岸黄委直管的堤防包括临黄堤、东平湖堤、河口堤、北金堤、展宽堤(包括南展宽堤和北展宽堤)和支流沁河五龙口以下堤防及大清河戴村坝以下堤防等各类堤防长 2 429. 551 km,其中设防堤长 1 882. 909 km,不设防堤 442. 232 km,临黄堤 1 371. 227 km,分滞洪区堤防 236. 465 km,支流设防堤 197. 811 km,渔洼以下河口堤防 181. 941 km,见表 2-1。

表 2-1　黄河下游堤防情况统计

<table>
<tr><th>所在河段</th><th>堤防性质</th><th>堤防名称</th><th>长度(km)</th></tr>
<tr><td rowspan="4">孟津白鹤镇—垦利渔洼</td><td rowspan="6">设防堤</td><td>黄河大堤</td><td>1 371. 227</td></tr>
<tr><td>滞洪区堤防</td><td>236. 465</td></tr>
<tr><td>沁河堤防</td><td>160. 011</td></tr>
<tr><td>大清河堤防</td><td>37. 800</td></tr>
<tr><td rowspan="2">渔洼以下河口段</td><td>河口堤防</td><td>77. 531</td></tr>
<tr><td>合计</td><td>1 882. 909</td></tr>
<tr><td rowspan="4">孟津白鹤镇—垦利渔洼</td><td rowspan="6">不设防堤</td><td>黄河两岸废旧堤防</td><td>326. 467</td></tr>
<tr><td>滞洪区不设防堤</td><td>35. 250</td></tr>
<tr><td>南北展宽区不设防堤</td><td>76. 431</td></tr>
<tr><td>沁河不设防堤</td><td>4. 084</td></tr>
<tr><td rowspan="2">渔洼以下河口段</td><td>合计</td><td>442. 232</td></tr>
<tr><td>河口不设防堤</td><td>104. 410</td></tr>
<tr><td colspan="3">总计</td><td>2 429. 551</td></tr>
</table>

人民治黄以来,黄河下游堤防经过 4 次较大规模的加高加固,第一次为 1950~1959 年,第二次为 1962~1965 年,第三次为 1974 年至 1985 年 7 月,第四次开始于 1998 年“三江”(长江、嫩江、松花江)大水之后,标志为 2002 年开始实施的标准化堤防建设,即以“防洪保障线、抢险交通线、生态景观线”建设为核心,全面开展标准化堤防工程建设,形成了目前黄河下游临黄大堤高度一般为 7~11 m,最高达 14 m,临背河地面高差 4~6 m,最大 10 m 以上,堤防断面顶宽 7~15 m;临背边坡:山东艾山以上均为 1∶3,艾山以下临河边坡 1∶2. 5,背河坡 1∶3。大堤历年加高断面示意图见图 2-1。

自 1970 年在黄河下游放淤固堤以来,共完成堤防淤背土方近 5 亿 m^3,加固堤防长度 900 余 km;采用截渗墙加固堤防长度约 57 km,采用前后戗加固堤防 370 余 km。临黄堤

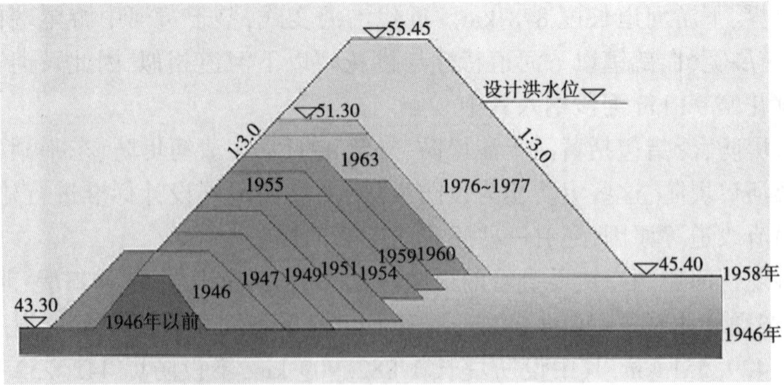

图 2-1　大堤历年加高断面示意图

放淤固堤示意图见图 2-2。

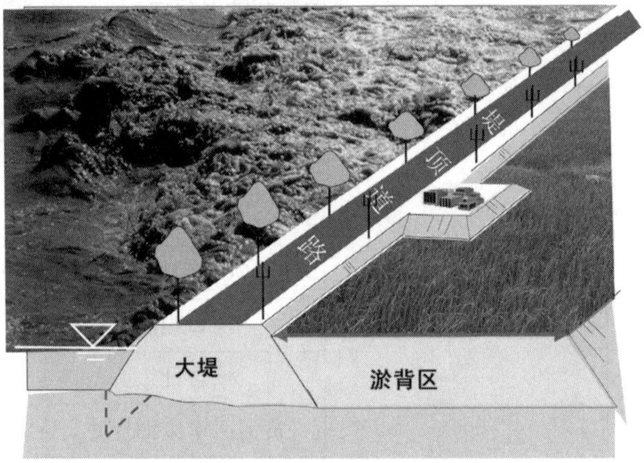

图 2-2　放淤固堤示意图

2002 年,黄委率先提出并实施黄河标准化堤防建设,标准化堤防不是提高堤防的防洪标准,而是按照现行堤防工程设计规范一次建成具有堤防标准化断面、硬化堤顶道路、生物防护措施及配套附属设施的堤防工程(见图 2-3),概括为防洪保障线、抢险交通线和生态景观线。防洪保障线强调防洪保安全是标准化堤防建设的首要任务,即按防洪设计标准修筑顶宽 10~12 m、临背河边坡 1∶3的标准堤防断面,区分上下游河段临河种植 50~30 m 宽的防浪林,背河淤筑 100 m 宽的加固淤背体;抢险交通线是参照平原微丘三级公路标准修筑硬化堤顶道路,用于防汛抢险车辆的交通运输;生态景观线,即大堤两侧堤肩种植行道林、淤区种植适生林、背河护堤地种植抢险取材林,与临河防浪林及草皮护坡等构成生态防护工程,满足涵养水土与生态景观要求。

事物都是发展变化的,黄河下游堤防也不例外。20 世纪 70 年代黄河堤防开始进行加固整修,通过堤防补残加固、整修标准堤身断面,结合堤防加培加固,实施堤线裁弯取直,并规顺堤顶堤坡、划定护堤地,种植防浪林、堤肩行道林及背河抢险取材林。80 年代中期开始,随着堤身断面达标管理的实施,同时考虑堤身树木对大堤的危害及对防汛抢险的影响,废除堤坡植树,堤防、涵闸、河道整治工程标准化建设得到进一步加强,工程面貌得到明显改善,抗洪能力进一步增强。进入 90 年代,水利部发布了《河道目标管理考评

图 2-3 黄河下游标准化堤防

办法》,对堤防(河道整治)工程规范化管理提出了 5 个方面 30 项 1 000 分的综合考评要求,黄河各级河道管理部门全面开展了目标管理考评升级活动;同时完善了“月检查、季评比、半年初评和年终总评”的考核制度,尤其是 1998 年“三江”(长江、嫩江、松花江)大水造成重大洪水灾害后,黄河下游大规模的水利工程规划设计与建设逐步实施,在此背景下,2002 年黄委适时提出了建设标准化堤防的战略决策,堤防加培、放淤固堤、堤顶道路硬化、防浪林种植、淤背区生态林种植以及险工坝(岸)加高改建等工程项目全面展开,通过标准化堤防建设,增强了堤防抗洪强度,完善了管理附属设施,对于强化标准意识、规范管理行为、提高工程管理水平作用明显,对于确保黄河长治久安意义重大。

黄河下游标准化堤防设计,严格依照中华人民共和国《堤防工程设计规范》(GB 50286—98)和《堤防工程管理设计规范》(SL 171—96)的有关规定,并贯彻因地制宜、就地取材的原则,积极慎重地采用新技术、新工艺、新材料,做到技术先进、经济合理、安全适用,其内容主要包括以下四个方面:

(1)应满足堤防安全的要求。在堤防自身安全方面,应满足稳定、渗流、变形、抗震等方面的要求。黄河下游堤防经多次稳定分析计算,概括讲堤防 1:3边坡的稳定安全系数均满足规范要求,仅山东境内临河边坡 1:2.5,在水位骤降时,稳定安全系数不足。从多年防洪抢险资料分析,黄河下游堤防在很多堤段曾多次发生渗透变形,背水堤坡发生渗水脱坡,背水堤脚、坡脚以外地面发生管涌、流土。根据资料统计,黄河下游堤防险点总数中渗透险情约占一半以上,说明渗透破坏是黄河下游堤防存在的主要问题之一。

(2)应满足防汛抢险的要求。为满足防汛抢险交通道路的需要,按照《堤防工程设计规范》(GB 50286—98),一级堤防的堤顶宽度不宜小于 8 m,黄河下游属一级堤防,并且是地上悬河,重要性远高于其他江河。因此,黄河下游标准化堤防堤顶宽度宜采用 10~12 m,这样对堤身稳定、防汛抢险、堤防抗震是有益的。

根据国务院已批复的《黄河近期重点治理开发规划》(2002 年),明确黄河下游进行标准化堤防建设,并根据防洪抢险需要,堤顶设计宽度为 12 m,参照三级公路标准,以 6 m 宽度对堤顶进行硬化。

同时,规划要求应满足抢险备料的需要,在大堤沿线每隔一定的距离集中备放土料、石料等抢险料物;在临河种植防浪林,在背河淤背区顶部营造生态林带。

(3)应满足堤防工程管理的要求。堤防工程观测设施是监测堤防工程运用安全状况,及时采取防范措施的手段。结合黄河下游堤防的特点,对于重要险工险段宜设置堤身沉降、水位、堤身滑润线、渗透压力、表面观测(包括堤身堤基的裂缝、洞穴、滑动、隆起及管涌渗透变形等)监测设备,河势变化剧烈河段还应设置近岸河床冲淤变化、水流形态及河道滩岸变化等观测项目;在抢险交通方面,沿堤线每隔 10~15 km 应设置一条上堤道路,并与当地公路连接,道路交叉口设置交通管理标志牌和限宽装置;在管理设施方面,堤顶设置统一标准的里程碑、界碑、界标、工程标牌等,尺寸、颜色、位置全河统一,黄委专门制定了标志标牌标准。

(4)应满足生态景观要求。在靠近城镇的堤段,适当加宽堤顶宽度,发展水利风景区,种植树木花草,设置水文化宣传碑牌、历史纪念碑、人文景观介绍牌等,安装健身器材,让沿黄群众在休闲中了解黄河,增强获得感、幸福感。其他流域在这方面也有比较成熟的经验,这也是一项改善黄河水利工程环境、服务沿黄群众的永久性工程。

(二)设计洪水标准

(1)黄河下游右岸孟津堤段防洪标准为 50 年一遇,级别为 2 级;左岸孟州堤段防洪标准为 25 年一遇,级别为 4 级;其他临黄堤防洪标准均在 100 年一遇以上,相应的堤防级别为 1 级。

黄河下游干流各河段堤防的设防流量分别为花园口 22 000 m^3/s、高村 20 000 m^3/s、孙口 17 500 m^3/s、艾山以下 11 000 m^3/s;沁河堤防防洪标准按照相应武陟小董站 4 000 m^3/s 流量设防;大清河堤防防洪标准按照戴村坝 7 000 m^3/s 流量设防;东平湖堤防防洪标准按老湖水位 46 m(大沽高程,下同)、新湖水位 45 m 设防。

(2)堤防建设标准。

2010 年黄河下游第一期标准化堤防建设 714 km 基本完成。按照国家发改委 2012 年批复的《黄河下游近期防洪工程建设初步设计》(编者:相当于第二期标准化堤防,长度 209 km),各河段堤防基本断面设计标准见表 2-2。

黄河下游标准化堤防建设的重点是堤防加培、险工加高改建、抢险交通道路及工程生态防护等,其中放淤固堤(见图 2-4)采用一般淤宽 100 m、部分淤宽 80 m 左右的标准,顶部高程高于当地 2000 年设计洪水位 1 m;花园口、柳园口、泺口等“窗口”堤段淤区顶高与堤顶平。为防风固沙,采用黏性土对淤背体进行包边盖顶,盖顶厚 0.5 m,包边水平厚度 1 m,包边盖顶后植树种草。

二、分滞洪区堤防

为处置黄河下游大洪水以及凌汛期卡冰结坝造成壅水时河道不能安全下泄的洪水,20 世纪 50 年代开始,黄委先后开辟了东平湖、北金堤滞洪区,之后又设置了齐河展宽区、垦利展宽区,修筑了堤防和分泄洪水闸系统;还曾经设立封丘大功分洪区,该分洪区未修建堤防;2008 年国务院批复的《黄河流域综合规划》明确保留东平湖和北金堤滞洪区,放弃封丘大功分洪区和齐河、垦利展宽区,取消了三处分滞洪区的分滞洪水功能。

表 2-2　黄河下游临黄大堤基本断面设计标准

岸别	堤段	级别	超高（m）	顶宽（m）	临背河边坡	说明
左岸	孟县中曹坡至温县单庄	4	2.1	6	1:3	太行堤下段（0+000～10+000），顶宽为 12 m，上段（10+000～22+000），顶宽 10 m
	温县南平皋至武陟方陵	1	2.5	10	1:3	
	武陟白马泉至封丘鹅湾	1	3.0	12	1:3	
	贯孟堤	1	3.0	10	1:3	
	太行堤段	1	3.0	10～12	1:3	
	长垣大车集至濮阳渠村闸	1	3.0	12	1:3	
	濮阳渠村闸至东阿艾山	1	2.5	12	1:3	
	东阿艾山至利津南宋庄	1	2.1	12	1:3	
	利津南宋庄至四段	1	2.1	10	1:3	
右岸	孟津堤	2	2.3	8	1:3	东平湖附近 8 段临黄山口隔堤包括银马、石庙、郑铁、子路、班清、班围、两闸隔堤、青龙堤
	郑州邙山根至东明高村	1	3	12	1:3	
	东明高村至梁山徐庄	1	2.5	12	1:3	
	东平湖附近 8 段临黄山口隔堤	1	2.5	10	1:3	
	济南宋家庄至垦利南展上界	1	2.1	12	1:3	
	垦利南展上界至二十一户	1	2.1	10	1:3	

图 2-4　放淤固堤抽沙施工

(一)东平湖滞洪区

东平湖滞洪区位于山东省东平县与梁山县交界处,原为自然滞洪区。1958 年修建东平湖水库,配套建成东平湖围堤(大湖围坝),形成人工修建的滞洪区,总面积 627 km^2。由二级湖堤将滞洪区一分为二构成老湖、新湖两部分,新湖面积是老湖的 2 倍。老湖区接纳汶河(下游为大清河)来水,常年有水;新湖区不分洪时为耕作区。

东平湖滞洪区的主要水工程与河道有湖周围堤、二级湖堤、河湖两用堤及山口隔堤、分退水闸、大清河堤防及河道整治工程等(见图 2-5)。其中堤防包括湖周围堤 77.83 km、二级湖堤 26.73 km、河湖两用及山口隔堤 22.48 km;分洪由石洼、林辛、十里堡三座分洪闸承担,退水由陈山口、清河门及司垓泄洪闸承担,配合陈山口、清河门退水入黄河修建了庞口闸,司垓闸前后均无流路,基本失去泄洪功能。

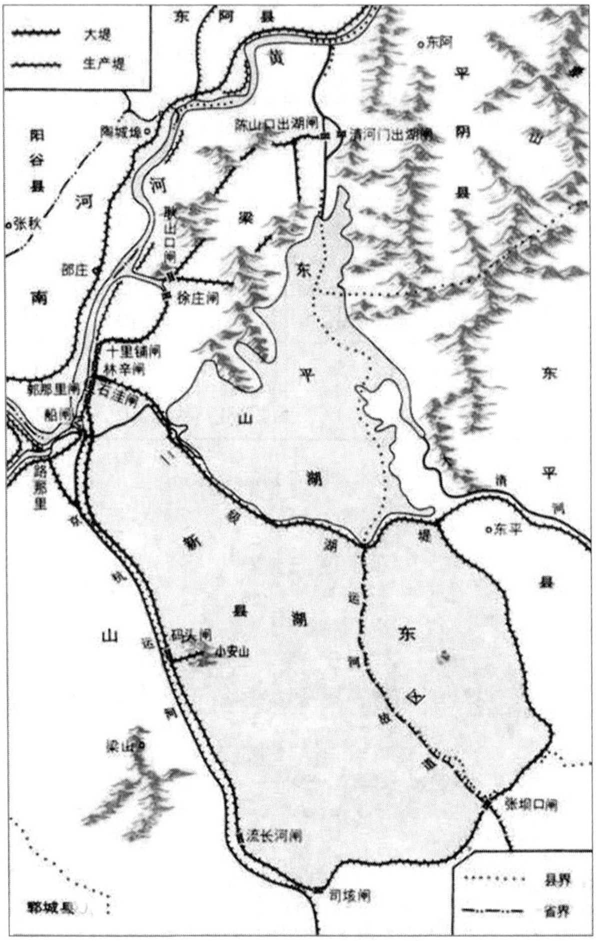

图 2-5 东平湖滞洪区图

(二)北金堤滞洪区

北金堤滞洪区位于河南省濮阳、范县、台前三县与山东省莘县、阳谷县两县的交界三角形地带,上至濮阳县南关火厢庙,下至阳谷县陶城铺(见图 2-6)。北金堤始修于东汉,原为黄河的南堤(右堤),后为黄河北岸的遥堤,1951 年经国家政务院决定开辟了北金堤

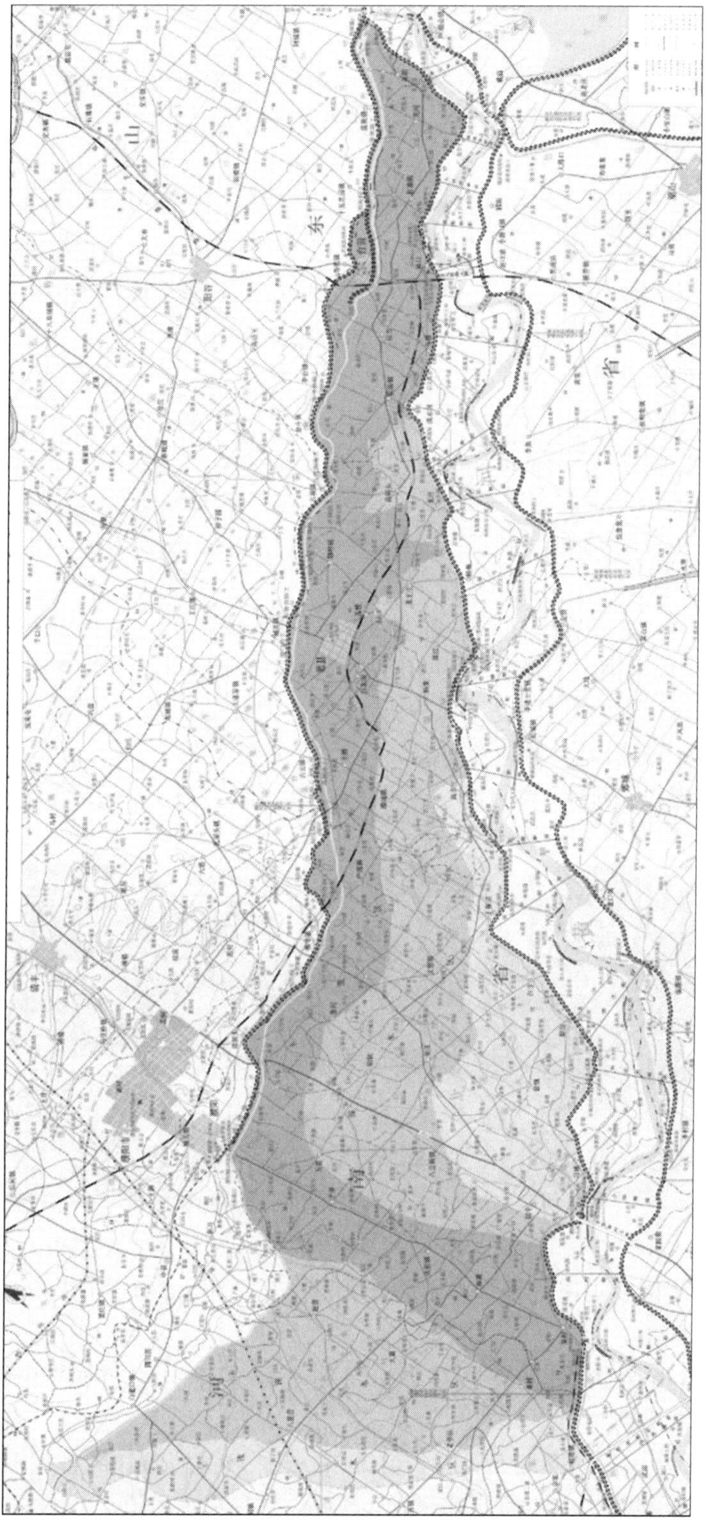

图 2-6　北金堤滞洪区图

滞洪区,先后经过三次大规模修建,形成滞洪区围堤,现状堤防长度 123.3 km,穿堤涵闸 24 座,提灌站 6 座。

北金堤滞洪区面积 2 316 km^2,在濮阳县临黄堤设置了渠村分洪闸,金堤河入黄口处修建了用于滞洪退水、防黄河倒灌及金堤河排涝的张庄闸。

三、黄河上游堤防

黄河在兰州以上流经高山峡谷,人烟稀少,几乎没有防洪任务,青海、四川两省境内没有堤防。自兰州以下至内蒙古的上中游分界河口镇,河道流经甘肃、宁夏、内蒙古的 28 个县(旗、市),其中兰州、包头等重要城市和宁夏、内蒙古的河套平原及包兰铁路、110 国道等,是上游河段的防洪重点。

(一)青海堤防

青海省境内长期以来没有正规的黄河水利工程建设,仅有少量低标准且不完善的民堤。2015 年,按照国家发改委审查批复的青海省黄河防洪建设规划,开始实施黄河干流水利工程建设,共布设 73 处水利工程,涉及 4 个市(州)15 个县,建成 185.95 km 堤岸防护工程。

设计标准:县城河段堤岸防护标准为 30 年一遇,设防流量自上游到下游为 4 200~4 400 m^3/s,乡镇以下河段设防标准为 10 年一遇,设防流量自上游到下游为 3 660~3 730 m^3/s。如上游贵德县城区河段堤岸防护为 30 年一遇设防标准,设防流量 4 200 m^3/s,其他乡村河段 10 年一遇设防,相应流量 3 660 m^3/s(见图 2-7、图 2-8);下游循化、民和县,城区河段 30 年一遇设防标准,设防流量 4 400 m^3/s,乡村河段 10 年一遇设防标准,设防流量 3 730 m^3/s。

图 2-7　贵德县城堤防

工程结构:堤防及护岸工程多采用前部宾格网笼护坡,后部修筑堤防或整修岸坡。

(二)甘肃堤防

黄河流经甘肃省多数在峡谷地带,部分穿越平原区农村,堤防工程重点在兰州市,其他地区多为护岸工程。

兰州是唯一一座黄河穿城而过的省会城市,是甘肃黄河防守的重点河段。该河段西起西柳沟口,东至桑园峡,市区河道长度 47.5 km,左右两岸河道岸线长度 95 km,其中天然陡坎 22 km;河道宽度一般为 300~400 m,最窄处仅 120 m,宽处 600 m。20 世纪 50 年

图 2-8　青海贵德乡村堤防

代前，城区段几乎没有堤防；1954～1958 年，经过逐步建设，建成堤防 30.49 km。

根据国家发改委 2014 年 6 月审查通过的《黄河干流兰州段防洪治理工程可行性研究报告》，甘肃兰州城区段防洪治理工程计划新建堤防 14.56 km（其中左岸 4.9 km、右岸 9.66 km），新建护岸 4.8 km（其中左岸 3.8 km、右岸 1 km），维修加固加高堤防 37.516 km（其中左岸 14.255 km、右岸 23.261 km）。堤防与城市道路建设相结合，左右岸滨河路护岸即为堤防工程，其设防标准为百年一遇，设防流量 6 500 m^3/s，堤防工程级别为 1 级。目前，兰州多数堤段已经基本达到百年一遇设计标准，其余部分堤段达到 5 年一遇（4 500 m^3/s）至 100 年一遇标准不等，还有少量堤防待建（见图 2-9、图 2-10）。

图 2-9　甘肃兰州段堤防加固

（三）宁夏堤防

“天下黄河富宁夏”，从古到今，宁夏经济社会发展无一不与黄河紧密相连，自古有灌溉和通航便利，素有“塞上江南”和“天下黄河富宁夏”之称，但历史上每遇洪水都会产生不同程度的淹没灾害，沿河人民群众也因此自发修筑堤埂，阻挡洪水，保护田园，即宁夏是在历次洪凌灾害过程中抢险填筑而成的，堤高 1～4 m，堤顶宽 3～6 m。特别是经过 1964 年、1981 年和 1992 年大洪水后的加高、加培和新筑，才形成了长 448 km（其中左岸 282 km、右岸 166 km）的堤防雏形。1998 年以来又对黄河部分堤防实施了裁弯取直和汊河封堵、护滩保堤等工程。

黄河宁夏段长 397 km，多年平均流量 1 005 m^3/s，年径流量 331 亿 m^3，年输沙量 1.37

图 2-10　甘肃白银段护岸工程

亿 t。该段河道宽窄相间,滩槽高差 1~5 m,主流摆动强烈,河势变化大,具游荡、分汊型河道特点。河道主槽宽 200~1 330 m、河宽 0.2 ~3.5 km,比降 0.16‰~0.73‰。

2007 年 6 月,宁夏回族自治区政府按照科学发展观要求,提出“建设沿黄城市带”,通过黄河标准化堤防建设,构建黄河“防洪保障线、抢险交通线、生态景观线、经济命脉线、特色城市线、文化展示线”,为打造“黄河金岸”,推动沿黄城市带建设,促进自治区经济社会的跨越式发展。

“宁夏标准化堤防”是以保障河段防洪防凌安全为核心、综合利用黄河资源为统领、基础设施联建共享为手段的“一堤六线”,即标准化堤防功能是“防洪保障线、抢险交通线、经济命脉线、生态景观线、特色城市线、黄河文化展示线”,具体抓手是堤防、交通、生态绿化和沿堤土地整理等工程建设(见图 2-11)。

1. 堤防工程设计

(1)设计范围。标准化堤防选定在黄河宁夏段洪、凌形势严峻的 267 km 平原河段上,该堤线总长 402 km,其中左岸 269 km、右岸 133 km。按照区域划分,卫宁河段长 144 km,其中左岸 78 km、右岸 66 km;青石河段长 258 km,其中左岸 191 km、右岸 67 km。按照堤线划分,利用原有堤防加固 207 km,裁弯取直新建堤防 195 km。

(2)设计标准。银川市区和吴忠城区河段防洪标准为 50 年一遇,设计洪峰流量 6 050 m^3/s。其余河段防洪标准为 20 年一遇,设计洪峰流量 5 620 m^3/s。控导工程治理流量:卫宁河段 2 500 m^3/s,青石河段 2 200 m^3/s。

(3)工程设计。宁夏黄河两岸堤距,青铜峡以上为 0.2~1.5 km、以下为 2.0~3.5 km,设计中对其没有做大的变动;考虑到泥沙淤积影响,堤顶高程为 20 年一遇洪水水位加 1.6~1.8 m 超高,50 年一遇洪水水位加 1.7 ~1.9 m 超高,堤身平均高 3.4 m,内外边坡 1:2;考虑到公共交通要求,设计堤顶宽度,卫宁河段为 14~19 m,青石河段为 26.5 m,个别城市段为 34.2 m。

2. 其他工程设计

(1)堤顶交通工程。参照一级公路标准,堤顶道路设计车速 80 km/h,为双向六车道或双向四车道,卫宁河段路面宽 12~17 m,青石河段路面宽 24.5 m,路面结构层厚 0.54 m。堤顶道路和引道的沥青路面总长 508 km,跨沟公路桥梁 40 座。

图 2-11　宁夏堤防工程

(2)近堤生态绿化工程。按照“宜林则林、宜农则农、宜水则水”的原则,在堤防附近,利用现有河道湿地、滩涂、湖泊资源,进行堤防防护林、滨河大道绿化和湿地建设,防护林带宽 40~80 m,植树约 907 万株,治理河道湿地 6 万亩,建设重要景点绿化 8 处,形成沿黄河 402 km 的生态绿色景观长廊。

(3)沿堤土地整理工程。主要包括:修建穿堤小型灌排建筑物,恢复沿堤渠沟和田间灌排设施及农村生产路,同时改造中低产田,扶持产业结构调整。

2010 年底采用堤路结合的方式建成辖区内 402 km 黄河标准化堤防,使两岸 135 万亩农田、76 万人的生命财产安全得到保障,并结合标准化堤防建设,在吴忠、银川等城区河段赋予堤防生态、景观的特色,实现了防洪与生态相结合的治河模式。

(四)内蒙古堤防

黄河内蒙古段地处黄河流域最北端,从右岸宁蒙界都思兔河入黄口处入境(左岸为麻黄沟入黄口),于准格尔旗马栅乡出境,流程 843.5 km,穿越内蒙古自治区乌海市、阿拉善盟、巴彦淖尔市、包头市、呼和浩特市与鄂尔多斯市共 6 个市(盟)的 20 个县(旗、区),扣除峡谷河段与海勃湾库区段 174.1 km,治理河段长 669.4 km。

堤防设防标准:都思兔河口—三盛公河段左、右岸堤防防洪标准为 20 年一遇;三盛公—蒲滩拐河段左岸及右岸西柳沟—哈什拉川河段堤防防洪标准为 50 年一遇,其余河段为 30 年一遇;蒲滩拐—喇嘛湾河段左岸堤防防洪标准为 30 年一遇,右岸为 20 年一遇(见表 2-3)。

2 级堤防采用洪汛期水位的堤段堤顶超高值为 2.1 m,采用凌汛期水位的堤段堤顶超高值为 2 m;3 级堤防采用洪汛期水位的堤段堤顶超高值为 2.0 m,采用凌汛期水位的堤段堤顶超高值为 1.9 m;4 级堤防采用洪汛期水位的堤段堤顶超高值为 1.9 m。

按照《堤防工程设计规范》(GB 50286—2013),并考虑凌汛洪水的严重性、抢险交通要求等因素,研究确定各堤段的堤顶宽度,2 级干流堤防堤顶宽度采用 8 m;3 级和 4 级干流堤防堤顶宽度采用 6 m,临背边坡均为 1∶3。

黄河内蒙古段现状有干流堤防 986.708 km,其中已铺设沥青路面的堤段 446.679 km,并对现状堤顶路面为砂砾石路面的段落进行堤顶路面硬化,其中二、三级干堤堤顶路面采用沥青路面,三级干堤堤顶路面采用混凝土路面,四级干堤堤顶路面采用泥结石路面;近年来,内蒙古自治区一些沿黄地市政府统筹防洪抢险与地方经济发展,相继实施堤路结合的堤防工程建设,建成一批高标准堤防工程(见图 2-12)。

表 2-3　黄河内蒙古段干流堤防防洪标准及级别

河段	岸别		防洪标准[重现期(年)]	堤防级别(级)
都思兔河口—三盛公库区末端	左岸		20	4
	右岸		20	4
三盛公库区	左岸		100	1
三盛公枢纽—蒲滩拐	左岸		50	2
	右岸	三盛公枢纽—西柳沟、哈什拉川—蒲滩拐	30	3
		西柳沟—哈什拉川	50	2
蒲滩拐—喇嘛湾拐上	左岸		30	3
	右岸		20	4

图 2-12　内蒙古巴彦淖尔堤防

四、重要支流堤防

黄河流域面积大于 1 000 km^2 的一级支流 76 条,其中上游 43 条,且基本流经高山峡谷,至今没有修筑堤防工程;黄河中游一级支流 30 条,河流上段基本为黄土高原,下段为秦岭和豫西山区,仅汾河、渭河、洛河、沁河等修筑有堤防,汾河、洛河堤防矮小,渭河、沁河堤防规模较大,管理较规范;黄河下游河道横贯于华北平原,河床高悬,仅有天然文岩渠、金堤河及汶河 3 条一级支流汇入。

(一)渭河堤防

渭河是黄河的最大支流,全长 818 km,总流域面积 13.5 万 km^2。渭河从甘肃渭源县至陕西宝鸡峡大坝长 429 km,为山区河流,称上游段;宝鸡峡大坝至咸阳铁路桥长 181 km,称中游段;咸阳铁路桥至潼关长 208 km,称下游段。中下游段处于关中平原,河床宽浅,两岸防洪任务较重。渭河下游段(三门峡库区段)是黄河三门峡水库(335 m 高程以下)的主要淹没区和影响区,包括黄河禹门口至潼关 132.5 km,渭河咸阳铁桥至入黄口段 208 km,北洛河洑头站至入渭口段 138 km,以及渭南市沈河以东 12 条南山入渭支流自老西潼公路以北的下游河段。

渭河上游属山区段河流,既有的乡镇农村堤防一般为 5 年一遇设防标准,顶宽 2 m,临背边坡 1:2。2011 年 12 月,陕西省委审议并通过了《陕西省渭河全线整治规划及实施方案》,自此渭河中下游堤防发生了较大的变化,中游宝鸡、杨凌、咸阳城区段堤防防洪标准为 100 年一遇洪水,其余堤防防洪标准为 50 年一遇或 30 年一遇洪水。

渭河下游现有干流防洪大堤 276.954 km(左岸 138.252 km、右岸 138.702 km),西安城区段堤防防洪标准为 300 年一遇洪水,渭南城区段堤防防洪标准为 100 年一遇洪水,其余为 50 年一遇洪水防御标准,堤防工程已基本建成;堤防采用堤路结合方式,西安城区段堤顶宽度 49 m,其他主要城市区段堤顶宽度 30 m,县乡农村堤防顶宽 20 m,临背边坡均为 1:3(见图 2-13)。

渭河下游各堤段的设计超高,左岸咸阳至大荔为 2.0 m,其中高陵至临渭区 1.5 m 不等;右岸咸阳至华县为 2.0 m,其中西安至临潼区为 1.5 m。

图 2-13　渭河西安城区段堤防

三门峡库区返迁移民安全建设工程防护范围为 335 m 高程以下的黄、渭河临水库区,包括大荔县黄河库区、渭河沙苑库区、渭河华阴库区。华阴围堤设防标准为渭河华县站5年一遇洪水位加0.5 m超高。沙苑围堤设防标准为临渭河堤段按渭河华县站5年一遇洪水位,临北洛河堤段按北洛河朝邑站5年一遇洪水位加0.6 m超高。朝邑围堤临黄河堤段按相应黄河龙门站5年一遇洪水,临北洛河堤段按北洛河朝邑站5年一遇洪水,堤防超高1.0 m。

(二)汾河堤防

建设始于20世纪70年代后期,在太原市管辖的河段建设堤防工程20 km左右(见图2-14)。1998年“三江”大水之后,为加强水利基础设施建设,治理河段共修建堤防437.61 km。鉴于汾河流经山区,两岸高崖、高坎多,堤防多不连续且以路代堤居多,其中三坝至义棠、赵城至洪洞、洪洞至临汾、临汾至襄汾和柴庄至西范河段修建的堤防长度分别为55.34 km、34.76 km、46.62 km、38.29 km和262.60 km。

图2-14 汾河太原城区段堤防

汾河两岸堤防主要担负着保护两岸村镇及农田不受洪水侵袭,除襄汾县城段为50年一遇标准外,其他均为20年一遇。相应的堤防级别为:襄汾县城段为2级堤防,柴庄至西范河段新绛县城、稷山县城、河津市段为3级堤防,其他均为4级堤防。

综合考虑汾河堤防现状、填筑条件、防汛交通、运行管理等各种需求,同时结合以往堤防建设和当地社会经济发展,汾河堤防堤顶宽度为8 m,险工段临河边坡为1:1.5~1:1.7,其他段落临河边坡为1:2,背河边坡均为1:2.5,临背河边坡采用草皮防护;堤顶硬化路面宽度6 m,硬化路面采用泥结石路面。

(三)伊洛河堤防

伊洛河是黄河三门峡水库以下的最大支流,流经陕西、河南两省,在巩义市神北村注入黄河,流域面积18 881 km^2。干流洛河发源于陕西省蓝田县霸源乡,流经陕西省的洛南县和河南省的卢氏、洛宁、宜阳、洛阳、偃师、巩义等县(市),河长447 km。伊河发源于河南省栾川县陶湾乡,流经嵩县、伊川县,在偃师市顾县镇杨村注入洛河,河长265 km,流域面积6 041 km^2。伊洛河水资源相对丰富,多年平均径流量28.32亿m^3,多年平均含沙量0.12亿t,是水多沙少的支流之一。

伊洛河水利工程主要由陆浑、故县水库及河道水利工程组成,建成洛河、伊河堤防及护岸工程总长度398.3 km,险工43处,主要分布在伊洛河下游的洛阳、偃师、巩义等城乡河段(见图2-15),不同河段河防工程设计标准差别较大。

图 2-15　洛阳洛河堤防

（四）沁河堤防

沁河发源于山西省沁源县霍山南麓的二郎神沟，流经山西、河南 9 个县（市），至河南省武陟县方陵汇入黄河，河长 485.5 km，流域面积 13 532 km^2，是黄河洪水重要来源之一。沁河从河南济源市五龙口出峡谷进入平原，至入黄河口长 89.5 km 为下游，是重要的防守河段，且与黄河下游防洪密切相关，历史上常有沁黄并溢之说，灾害频繁。

沁河筑堤年代较早，记载 1138～1140 年间已建有堤防，但标准不高。1949 年以来沁河堤防经历 4 次较大规模的堤防加培与除险加固，目前已建成较为完善的堤防和险工坝岸工程体系，堤防总长度 164.095 km，其中左岸自济源逯村经沁阳、博爱至武陟白马泉与黄河左堤相连（见图 2-16），长度 76.285 km；右堤自济源五龙口经沁阳、温县至武陟方陵接黄河左堤，长度 87.81 km。

沁河下游的治理按确保小董站 4 000 m^3/s 洪水时堤防安全为标准。左岸丹河口以下为 1 级堤防，防洪标准为 100 年一遇，其中丹河口—老龙湾段堤防超高采用 2.0 m，老龙湾以下采用 3.0 m，丹河口以上为 4 级堤防，防洪标准为 25 年一遇，超高采用 1.0 m；右岸为 2 级堤防，防洪标准为 50 年一遇，设计超高除沁阳马坡至温县上界因保护沁阳市安全而采用 1.5 m 外，其余堤段采用 1.0 m。顶宽：左岸丹河口以上为 6 m，丹河口—老龙湾 10

图 2-16　沁河博爱段堤防

m，老龙湾以下 12 m；右岸为 8 m。堤防内外边坡均为 1∶3。堤防后戗戗台宽 6 m，边坡 1∶5，当设置多级后戗时，相邻两级戗顶高差为 2 m，戗台顶宽及边坡同一级后戗。沁河下游堤防工程设计断面指标见表 2-4。

表 2-4　沁河下游堤防工程设计断面设计标准

岸别	起止地点	计算超高（m）	采用超高（m）	顶宽（m）	边坡	
					临河	背河
左岸	丹河口以上	1.15	1.0	6	1∶3	1∶3
	丹河口—老龙湾	2	2.0	10	1∶3	1∶3
	老龙湾以下	2.4	3.0	10		
右岸	五龙口—沁阳马坡	1.5	1.0	8	1∶3	1∶3
	沁阳马坡—温县上界	1.76	1.5			
	温县上界—沁河口	1.84	1.0			

（五）大汶（清）河堤防

大汶河（又称汶河）是黄河下游最大支流。大汶河在大汶口以上分为两支，北支为干流，称牟汶河；南支称柴汶河，系汶河最大支流。大汶河发源于山东省新泰、莱芜山区沂源县旋崮山沙崖子村，自东向西横穿泰安地区（见图 2-17），于东平县马口村入东平湖，河长 209 km，流域面积 8 633 km²（马口村以上）。河源至大汶口为上游，河长 119 km；大汶口至东平县戴村坝为中游，称大汶河，河长 59 km；戴村坝到马口村为下游，称大清河，河长 31 km。之后，大清河通过东平湖库区，经陈山口、清河门出湖闸下河道（同称大清河）在黄河右岸由庞口闸入黄。

20 世纪 50 年代初期，大汶河流域管理归属淮河，1955 年淮委与黄委商定并报水利部批准，于 1956 年 6 月将大汶河划归黄河流域，流域治理规划与实施完全由地方政府负责，黄委负责戴村坝以下大清河河段的水利工程建设与管理。

大清河南堤 20.00 km、北堤 17.80 km，设计堤顶高程分别为 49.9～58.9 m（黄海，下

图 2-17　大清河堤防与戴对坝

同)、48.7~53.0 m,堤顶宽度 6 m,部分 10 m;另有险工 4 处,坝、垛、护岸 30 座,工程长度 2.840 km;控导 5 处,护岸 13 座,工程长度 3.750 km。

目前,黄河中下游、干支流已建成黄委直管堤防工程 2 706.504 km,其中黄河下游干支流堤防 2 429.55 km(包括设防堤防 1 882.91 km、非设防堤防 546.64 km),渭河下游黄委直管堤防 276.954 km。

第三节　河道整治工程

一、河道概况

河道整治是为防治水害、兴修水利而采取的控导水流、稳定流势的工程措施河道整治工程是堤岸防护工程的组成部分。黄河河道整治源远流长,整治重点在下游,黄河下游河道高悬于两岸地面以上,"二级悬河"严重,河势游荡多变,大溜顶冲堤身,极易发生堤防冲决、溃决的危险,一旦决口,灾害不可估量。因此,早在西汉时期黄河在河南浚县即有修筑石堤御流、防堤决口记载。

为了控导主流、护滩保堤而修筑的河道整治工程,是防止堤防冲决的重要手段。因此,河道整治工程是黄河防洪工程的重要组成部分。黄河治理的重点历来在孟津白鹤以下下游河道,20 世纪 50 年代以来,宁夏至内蒙古河段、禹门口至潼关、潼关至三门峡大坝的黄河干流及渭河、沁河、大清河等支流也修筑了数量不等的险工和护岸护滩工程(见图 2-18),本节重点介绍黄河中下游的河道整治工程。

黄河在中游尾端孟津县白鹤镇出峡谷后,河面变宽,比降变缓,泥沙落淤,成为堆积性河道。自白鹤镇至利津河口长 878 km,大部分河道约束在两岸堤防之间,河道自上而下由宽变窄,比降由陡变缓,排洪能力由大变小。孟津以下河道总面积 4 240 km^2,其中滩地面积 3 527 km^2,人口 190 多万人,耕地 370 万亩。1958 年之后,黄河下游滩区普遍修筑了生产堤,缩窄了行洪河道,减少了洪水漫滩概率,导致河槽平均高程高于滩地平均高程,形成"二级悬河",不利于河道行洪,加大了堤防防守压力。

黄河下游防洪主要采用修堤束水的办法。但随着社会的进步和经济的发展,对防洪保安全的要求越来越高,单靠修筑堤防已不能满足经济社会对治河的需要。因此,从

图 2-18　黄河下游险工坝岸

1950 年开始黄河下游开展了以防洪为主要目的的河道整治。

依托黄河堤防及滩岸修筑的险工、控导、护滩、护岸等工程统称为河道整治工程，传统的河道整治建筑物包括丁坝、垛、护岸 3 种形式。一般以坝为主，以垛为辅，必要时坝垛之间修筑平行于水流的护岸。

对于一处整治工程，上段宜修垛，下段宜修坝，个别河段辅以护岸。如梁山蔡楼控导工程，上中段修筑 28 个垛，下段接一段护岸和 3 座丁坝（见图 2-19）。经验表明，采用短丁坝小裆距的布置形式为好。

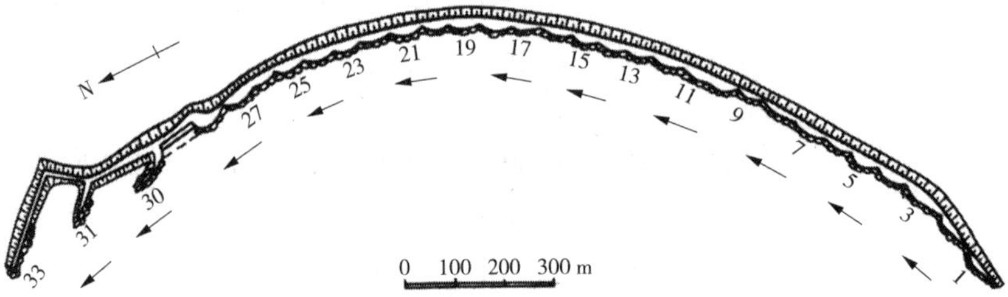

图 2-19　梁山蔡楼控导工程平面

丁坝较长，挑流能力强，保护岸线长，同时产生回流也强，坝前局部冲刷大。因此，丁坝适用于来流方向与丁坝的迎水面夹角较小的情况。

垛即短丁坝，长度一般在 20 m 以内。垛较短，间距小，单垛调流能力弱，产生的回流小，垛前冲刷坑较浅，因而对来流方向的适应性较强。在来流方向与迎水面的夹角大或来流方向变化大的河段，修垛比较合适。

护岸外形平顺，是沿堤防或滩岸修筑的防护性工程。

随着科学技术的进步，建筑材料、施工手段也得到相应发展，需要传承传统的经验，借鉴先进的技术，坝岸建筑物类型、结构形式也不断发生变化。如传统坝岸结构采用土堤（坝）基，迎水面构筑干砌石、浆砌石、乱石等护坡形式，当前一些地区采用格宾网笼、生态面板护坡形式，一些重要险工坝岸在土坝基与迎水面裹护层之间采用防渗土工布防护等。

二、黄河下游河道整治工程设计标准

（一）险工设计标准

险工为沿堤防修建并依附于大堤的坝垛护岸建筑物，主要作用是直接保护堤防，纳入整治规划的险工，经过调整改造，具有控导河势的作用。依据《堤防工程设计规范》（GB 50286—2013）及《防洪标准》（GB 50201—94），险工建筑物级别同相应堤防级别。险工依堤而建，保护堤防安全，由于经常受水流冲刷，出险概率大，为了保证堤防在设计洪水条件下的安全，需要有较大的强度和足够的超高。险工采用与堤防相同的设计水位。由于背靠堤防，超高中不再考虑安全超高部分，坝顶高程一般按低于设计堤顶高程 1 m 考虑。

1. 设计标准及建筑物级别

坝顶设计高程比 2000 年水平设计堤顶高程低 1 m。

根石台设计高程主要考虑坝体稳定和中水观测、抢险需要，并减少投资，根石台高程与 2000 年水平 3 000 m^3/s 的水位平。

险工沿堤防修建，属堤防的一部分，按 1 级建筑物设计。

2. 平面布置形式

险工丁坝坝长一般为 100 m 左右，有托溜外移、保护堤岸的作用。垛的轴线长度较丁坝短，一般仅 10~30 m，起迎托水流、消减水势的作用。垛的轴线长度为零时即为护岸，护岸是顺堤修建的防冲建筑物，起防止正流、回流及风浪对堤防的冲刷作用。

3. 结构形式

1）坝型

黄河下游险工坝垛现有三种结构形式：重力式的砌石坝和护坡式的扣石坝及乱石坝。乱石坝、扣石坝均属缓坡坝，外坡 1∶1.0~1∶1.5，主要区别在于护面石砌垒方式不同。乱石坝护面石一般用乱石粗排或散抛捡平而成，扣石坝护面石则用经过一定程度加工的料石或大块石砌垒而成。砌石坝属陡坡坝，外坡 1∶0.35~1∶0.4，护面石亦用经过一定程度加工的料石或大块石砌垒而成，与扣石坝的主要区别在于护面石的砌筑方式为平砌而不是斜砌。

乱石坝主要优点是坡度缓，稳定性好，结构简单，施工方便，能适应根石下蛰变形而随时加固，险情易于发现和抢护，因此是险工坝垛的主要结构形式。缺点是护坡透水性大，坝胎土易于流失，维修量大，管理不便。

扣石坝护面石长轴垂直于坝面，坡面平滑，主要优点是坝坦坡度平缓，稳定性好，水泥砂浆勾缝后外形美观，坝胎土不易被河水冲刷，管理方便。缺点是对基础变形的适应性差，拆坦改建投资较大。

砌石坝护面石为水平方向砌筑，坝面呈阶梯状。因受石料长度的限制坡度较陡，属重力式。分浆砌、干砌两种。浆砌石坝护面石一般用石灰砂浆砌垒，水泥砂浆勾缝，腹石不灌浆。砌石坝的主要优点是坝身封闭较严，外形美观，坝胎土不易被河水淘刷，管理方便，加高后对坝顶面缩窄较少。缺点是坝坡陡，稳定性差，易出现突然滑塌险情，不易抢护。

2）标准断面

（1）坦石。

扣石坝和乱石坝坦石厚度考虑了风浪、浮冰的作用力以及高水位时水流对坝胎土的冲刷，坦石顶宽采用水平宽度 1.0 m，坡度为 1∶1.5，内坡按 1∶1.3。

（2）土坝体。

考虑抢险、存放备防石等需要，土坝体顶宽采用 12～15 m，非裹护部分边坡采用 1∶2.0，裹护部分边坡 1∶1.3。

坝体与坦石之间设水平宽 1 m 的黏土胎，主要作用是防止河水、渗水、雨水的冲刷或渗透破坏。

（3）根石。

根石台顶宽考虑坝体稳定及抢险需要定为 2.0 m，根石坡度为 1∶1.5。根石深度取稳定冲刷深度 12 m，见图 2-20。

图 2-20　险工坝岸根石台

（二）控导（护滩）工程设计标准

控导工程为黄河河道整治工程的一部分，考虑到该类工程应用的特殊性，一般不参照水工建筑物级别进行分级。控导工程的作用是控导河势，保护滩岸，减少河岸坍塌后退，黄河上、中、下游控导工程的坝顶高程一般均按与整治流量相应的设防水位加超高确定。

顺堤线或河岸修筑的防护工程，一般修在两坝（垛）之间，也有修筑于山区或部分平原河道的平顺护岸，用于防御主溜、回溜冲刷，防止堤防或滩涂冲刷坍塌，以“段”（80～100 m）为单位计，属于河道整治工程的组成部分。修筑于堤线的护岸工程级别与堤防等同，护滩工程一般与控导工程级别相同。裹护断面结构与坝垛相同，主要有乱石、扣石和砌石三种形式。

同时，针对黄河下游河道宽浅、游荡、“二级悬河”严重的特点，为预防“滚河”后顺堤行洪，冲刷堤身、堤根，在一些可能发生滚河的河段，沿堤防修筑了坝间距较大且与堤轴线夹角较大（30°～60°）、坝长 100～300 m 不等的下挑式丁坝，统称滚河防护坝，又称“防洪坝”或“防滚河坝”，级别与堤防等同，见图 2-21。

1. 高程标准

控导护滩工程设计，考虑河道宽度、河势变化、凌汛影响等影响，坝顶高程取值不同。

图 2-21　黄河下游控导工程

控导工程顶部高程,陶城铺以上为 2000 年水平 4 000 m^3/s 流量对应水位加 1 m 超高,陶城铺以下为当地滩面高程加 0.5 m 超高。

2. 结构形式

(1)柳石结构:由土坝体及裹护体组成,平均坝长 100 m,裹护长度 100 m。土坝体顶宽 15 m(含 1 m 坦石),非裹护部分边坡 1∶2;裹护体顶宽 1 m,内坡 1∶1.3,外坡 1∶1.5。

(2)铅丝笼沉排坝:由下部铅丝笼沉排及上部传统坝体两部分组成,沉排与坝体之间利用钢筋混凝土镇墩铰链连接。铅丝笼沉排采用钢筋作框架,用铅丝将铅丝笼相互连接固定于钢筋框架上,形成一个整体,平铺于预挖的基槽内。沉排宽度 30 m(垂直于坝体方向),长 100 m,厚度 1 m。上部坝体为土坝体外围裹护体,与柳石结构相同。

(3)长管袋沉排坝:坝体用冲沙长管袋堆砌坝体,边坡用垂厚 1 m 的土工网块石笼护坡,坝顶用 1.5 m 厚的土工网块石压重。坝前排面宽度为 35 m,坝后沉排宽为 15 m。土工网笼选用单层无纺布与长管袋坝体之间铺设土工布隔离,防止坝体长管袋被笼石顶破、撕裂,土工布选用单层无纺布。

(4)混凝土桩坝:混凝土桩为灌注桩,桩径 0.8 m,桩长 29 m,桩之间中心距 1.1 m,净间距 0.3 m。

3. 设计断面标准

1)坦石

扣石坝和乱石坝坦石顶宽采用水平宽度 1.0 m。坦石采用顺坡或退坦加高。如改建坝的坦石质量较好,坡度为 1∶1.5,根石坚固,可顺坡加高;否则退坦加高,并将外边坡放缓至 1∶1.5,内坡按 1∶1.3。

2)土坝体

考虑抢险、存放备防石等需要,土坝体顶宽采用 10～15 m,非裹护部分边坡采用 1∶2.0,裹护部分边坡为 1∶1.3,见图 2-22。

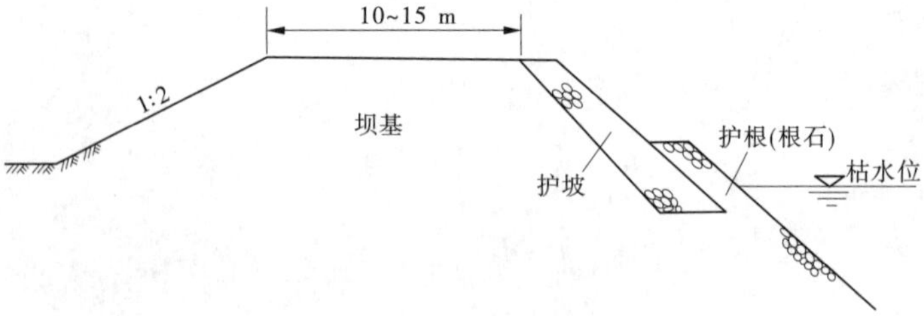

图 2-22　坝的结构示意图

坝体和坦石之间设水平宽 1 m 的黏土胎，主要作用是防止河水、渗水、雨水的冲刷或渗透破坏。

3) 根石

根石台顶宽考虑坝体稳定及抢险需要定为 2.0 m，根石坡度根据稳定分析成果结合目前实际情况定为 1:1.5。

黄河下游陶城铺以下窄河段经过整治主流已基本控制。高村至陶城铺过渡性河段的主流也初步得到控制，高村以上游荡性河段主流摆动范围有所缩窄，但在局部河段因工程不配套、不完整，控导主流能力很差，需要继续加强整治。

三、黄河小北干流河道整治工程

黄河小北干流即禹门口至潼关河段，该河段属无堤防河段，河道长度 132.5 km，其河道整治工程按设计标准划分为控导工程和护岸工程两类。控导工程主要是控制河势变化，沿滩区治导控制线修建，坝顶高程较低；护岸工程主要是防止河道冲刷引起高岸坍塌，同时也起控制河势摆动作用，部分坝顶高程较高。

控导工程设防标准按 4 000 m^3/s，对有保护重要设施、重点文物作用的可提高到 5 年一遇标准；护岸工程多依托高岸修建，设防标准按防御黄河龙门站 20 年一遇 20 000 m^3/s。

(一) 坝顶高程

控导、护岸工程的坝顶高程均按相应 2010 年设防水位加安全超高确定。

控导、护岸工程超高值，安全超高值对续建、新建及加高工程均按 1.0 m 考虑。

(二) 冲刷深度

根据河道特性、冲刷状况等因素考虑，冲刷水深平均按坝前 4 000 m^3/s 水面线以下 12.0 m 考虑。

(三) 工程平面布置形式

黄河上现有河道整治工程的平面布置形式大体上可分为凸出型、平顺型和凹入型三类。不同的布置形式对水流的控导作用有很大的差异。

结合黄河下游河道整治经验，在游荡型河段新建续建河道整治工程时尽量选择凹入型，遵循“上平下缓中间陡”的布置原则。也就是弯道上段弯曲半径要大，以迎多方向来溜，适应多种流量级的河势变化；中段弯曲半径要小些，但不能太陡，并且工程长度要较长,能够调整水流,控导溜势;下段弯道半径要较中段稍大,以便稳定送溜出弯。具体运用还要因地制宜,合理选择。

(四)坝型

目前,黄河小北干流河段已建河道整治工程主要有丁坝、垛和护岸三种。

1. 坝垛

1)坝垛长度

新建、续建工程以短丁坝、雁翅坝为主,丁坝长一般取38~65 m。垛取20~35 m长,半径均采用15 m,以迎托水流,保护弯道;坝、垛之间由护岸连接。

2)坝垛平面形式

丁坝平面采用下挑式,一般为直线形,坝头形状有流线形、圆头形,近年来多取圆头形。垛的平面形状有月牙形、磨盘形、雁翅形、鱼鳞形、人字形,近期采用常用的雁翅形,其迎水面长、背水面短。

3)坝的方位和间距

坝的方位是指连坝中心线与坝中心线的夹角。该河段取30°~40°。两坝之间的间距,已建工程为80 m、100 m、120 m、150 m、200 m不等,新建工程按50~85 m布置护岸工程。

4)裹护标准

对丁坝其裹护范围从临坡坝根到坝圆头下跨角与背坡直线交接处,联坝迎水面裹护范围从下一道坝向上游铺砌,然后由上一道丁坝坝头做一与该丁坝轴线垂直的线,该线与联坝相交处即是铺砌终端。垛考虑到对联坝的掩护范围较小,垛及联坝直接迎流,故垛和联坝迎水面全部护砌。

2. 护岸

护岸工程一般就岸修筑,主要起护村、护站、护高岸,防止主流直接顶冲高岸或围堤,防止高岸坍塌,保护沿河村庄及电灌站安全或防止围堤溃决主流改道等作用。垂直高岸距离300 m以内的工程按护岸标准修建。

(五)断面结构形式

新建、续建工程和老工程加高,仍采用黄河上常用的土石混合结构,即土坝基加裹护体。水中进占施工时,考虑用柳石搂厢作为进占体;旱地施工采用坝前挖槽2 m深,自槽底开始裹护。加高工程原则上按顺坡加高设计。

1. 土坝基

控导、护岸工程无论是新建、续建工程或老工程加高,其连坝、丁坝及垛的土坝基,坝顶宽均为10 m,裹护部分边坡1:1.3,非裹护部分边坡1:2.0,土坝基采用壤土填筑。土坝基背水坡考虑草皮护坡,并做好坝面排水。

2. 裹护体

裹护体顶宽控导、护岸均按1 m,外坡取1:1.5,内坡(和土坝基相邻)取1:1.3。

3. 进占体

进占体采用柳石搂厢,宽为4 m,高出施工水位0.5 m,临水坡坡比为1:1.3,内坡为1:1。

四、潼三河段河道整治工程

潼三段即黄河干流陕西潼关至三门峡大坝河段，该河段属于峡谷型河道，长度 113.5 km，河宽 1~4 km，河床比降 2.3‰~1.7‰，既有库区特点，又有自然河道的特性。工程从功能上讲主要是防冲、防浪两种类型。

（一）控导工程设计标准

河道整治工程丁坝（含护岸裹护体）顶部高程为 2000 年 5 000 m^3/s 水位加超高。超高由弯道横比降壅高和风浪爬高两部分组成，计算超高为 0.84 m，设计采用超高 1.0 m。联坝和护岸顶部高程按 20 年一遇洪水位加 1 m 超高设计（见图 2-23）。

图 2-23　东古驿控导工程

坝、岸冲刷深度采用水面以下平均冲刷深度 11 m，如顶部高程低于滩面，取与滩面平。

（二）防浪工程

根据水利部 1993 年颁布的《堤防工程技术规范》（SLU—93），防浪工程属 V 级建筑物，防洪标准为 20 年一遇。根据 2000 年 20 年一遇设计洪水水面线推算结果，潼三段洪水位低于最高防凌水位 326 m，故防浪工程设计水位取 326 m，防浪工程顶部高程按最高防凌水位 326 m 设计，不考虑超高。

（1）干砌石护坡：干砌石水平厚度 1.0 m，内外边坡 1∶2，下衬水平厚 0.35 m 的反滤层，底部设 1.3~1.0 m 干砌石护脚，护脚埋于土中，当护坡高度大于 10 m 时，设 2 m 宽戗台。

（2）浆砌石护坡：浆砌石水平厚 0.60 m，内外坡均为 1∶1.5，下衬水平厚 0.20 m 的碎石垫层，底部设 1 m×1 m 的浆砌石基础，基础埋于土中，每隔 2~4 m 设沥青伸缩缝，当高度大于 10 m 时设 2 m 宽戗台。

（3）浆砌石挡土墙，顶宽 0.5 m，内侧铅直，外侧边坡 1∶0.4，基础底板厚 0.5 m，两侧悬臂部分长度内外侧分别为 0.2 m 和 0.7 m，外侧下设 0.5 m×0.5 m 的齿墙，埋于土中。为了交通及养护，防浪工程顶部设净宽 3.0 m（不含工程顶宽）的戗台。

（三）防冲工程

防冲工程采用护岸形式就岸修筑，大致可分为紧靠高岸定高程、顶部与滩面平或顶部低于滩面三种情况。裹护部分断面形式及尺寸与库区上段河道整治工程的护岸相同，多为水中进占，进占体高出施工水位 1 m，其尺寸因地而异。对于紧靠高岸的工程，利用高岸削坡来填筑，高岸削坡坡度 1∶0.5，工程顶部设 5 m 宽戗台，以利工程抢险及维护；如顶部高程低于滩面，裹护体设计顶部高程按 2000 年 5 000 m^3/s 洪水水位加 1 m 超高，顶部以下尺寸同河道整治工程，以上内外边坡均为 1∶1，水平宽度 1 m，裹护至与滩面齐平。

（四）双防工程

双防工程由下部防冲、上部防浪两部分组成。防冲部分设计标准同防冲工程；防浪部分的设计标准同防浪工程，下部结构形式同防冲工程，顶部高程为 2000 年 5 000 m^3/s 水位加 1 m 超高，设 5 m 宽戗台，见图 2-24。

图 2-24　潼三河段双防工程

截至 2018 年底，黄河下游干支流及滞洪区已建成黄委直管河道整治工程计有各类险工 218 处，坝、垛及护岸 6 401 座，工程长度 420.100 km；控导工程 238 处，坝、垛及护岸 5 125 座，工程长度 487.240 km；滚河防护工程 97 处，防护坝 461 座，工程长度 101.890 km。黄河中游干流禹门口至三门峡水库大坝，建成黄委直管的控导、护滩、护岸工程共计 80 处，坝、垛、护岸 1 653 座，工程长度 1 560.099 km；支流渭河下游建成险工坝岸 49 处，坝、垛、护岸 982 座，工程长度 82.930 km。

五、渭河下游河道整治工程

根据国家计委 1996 年批复的《陕西省三门峡库区渭、洛河下游治理规划》，渭河下游堤防设防标准为 50 年一遇洪水，渭河下游设计洪水位按照潼关高程 328 m+0.5 m 和 50 年一遇潼关洪峰流量 23 600 m^3/s 相应水位 333.94 m 确定。

渭河下游河道整治多年来一直采用微弯型方案治理，取得了一定成效，河道主流基本得到控制，说明微弯型治理方案符合渭河河床的演变规律，规划仍采用微弯型治理方案

(见图 2-25~图 2-27)。

图 2-25　渭河河道整治工程施工

图 2-26　渭河西安段险工坝岸

图 2-27　渭河渭南段险工

整治流量：咸阳铁桥—耿镇桥河段采用 1 800 m^3/s，耿镇桥—赤水河口河段采用 3 500 m^3/s，赤水河口以下河段采用 3 000 m^3/s。

整治河宽：耿镇桥以上河段 700 m，耿镇桥—赤水河口段 600 m，赤水河口—渭淤 6 断面 500 m，渭淤 6 断面以下 400 m。

控导护滩工程坝顶高程按滩面高程加 0.5 m。根石冲刷深度耿镇桥以上按 2.0 m，耿镇桥以下按 2.5 m；加固工程耿镇桥以上按 1.0 m，耿镇桥以下按 1.5 m 考虑。

第四节　水闸工程

一、水闸工程设计

水闸是一种控制水位、调节流量、具有挡水和泄水双重功能的低水头水工建筑物，黄河堤防上的水闸按结构区分有涵洞式和开敞式两种形式。涵洞式主要为满足引用河水或排除涝水而穿越堤防修筑，穿堤箱涵断面小，结构较简单，引（排）水能力不大；开敞式主要用于下游河道向滞洪区分泄洪水修筑，孔径大，结构复杂，泄水能力大。

按照《堤防工程设计规范》（GB 50286—2013），“堤防工程上的闸涵、泵站等建筑物及其他构筑物的设计防洪标准，不应低于堤防工程的防洪标准，并应留有适当的安全裕度”。

黄河下游水闸工程设计，应执行黄委《黄河下游引黄涵闸、虹吸工程设计标准的几项规定》（黄委黄工字〔1980〕第 5 号）和《黄河河道管理范围内建设项目技术审查标准（试行）》（黄建管〔2007〕48 号）第七条之规定，即工程设计除执行水闸工程设计的规范外，还应符合如下要求（见图 2-28）：

图 2-28　黄河下游引黄水闸

(1)凡在临黄堤上修建的水闸,均属一级建筑物。

(2)以防御花园口站 22 000 m^3/s 的洪水为设计防洪标准。

(3)以水闸修建时前三年黄河防总发布的设防水位的平均值 H_m 作为设计防洪水位的起算水位,但仍应根据发展趋势,对特殊情况进行适当调整,设计防洪水位为 H_m+30a;以水闸建成后 30 年作为设计水平年;洪水位的年平均升高率(a),根据三门峡至山东利津河段年平均泥沙淤积量(t)计算,在小浪底水库建成运用后,预测未来 50 年黄河下游河道冲淤演变,各河段洪水位年平均升高率(a)见表 2-5。

表 2-5　洪水位年平均升高率(a)表

河段	铁谢—伊洛河口	伊洛河口—花园口	花园口—高村	高村—艾山	艾山—利津
a(m)	0. 050	0. 071	0. 080	0. 094	0. 096

(4)校核防洪水位:$H_m+30a+\Delta h$,Δh 值规定为 1 m。

因黄河下游洪水历时短,校核防洪水位认为形不成稳定浸润线,不控制建筑物不透水地下轮廓的长度,仅控制诸如机架桥和防渗斜墙等结构物的顶部高程。

(5)建筑物的挡水超高与临黄堤防的要求相同,从设计防洪水位起算,按表 2-6 执行。

表 2-6　水闸建筑物挡水超高

河段	沁河口以上	沁河口—渠村	渠村—陶城铺	陶城铺—利津
超高值(m)	2. 5	3. 0	2. 5	2. 1

(6)防渗设计标准

水闸建筑物的地下不透水轮廓线长度 L(m),按照下式做近似计算:

$$L = C\Delta H$$

式中　C——渗透系数,根据不同土质选定,一般中、粗砂及壤土取 8,细砂、砂壤土取 9~10;

ΔH——设计水头差,m,上游水位采用设计防洪水位,下游采用汛期最低水位,后者视情况采用下游汛期最低地下水位,或以下游海漫、分水闸、节制闸底板高程代替。

对于重要的开敞式水闸,其不透水地下轮廓应根据地基的土层、土质情况,对渗压线、出逸比降进行理论计算,以至电拟试验论证确定(见图 2-29)。

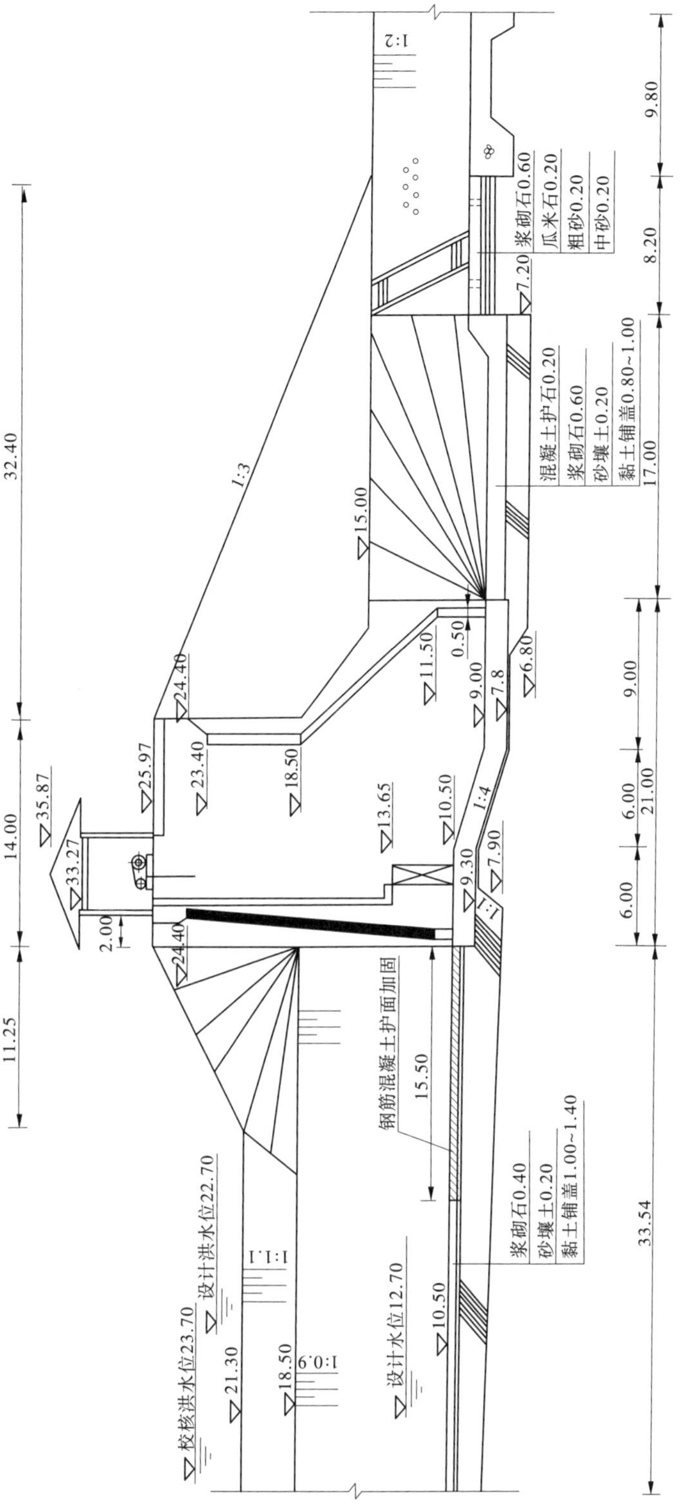

图2-29　打渔张水闸纵断面　（单位：m）

(7)抗震设计。

依据《水工建筑物抗震设计规范》(DL 5073—2000)规定进行设计。

二、水闸工程状况

截至2015年,黄委直管的黄河中下游各类水闸共计266座。其中黄河下游分泄洪闸10座(河南2座、山东8座;不含丧失功能的齐河北展堤、垦利南展堤上的4座分泄洪闸),设计分泄洪流量24 200 m^3/s;孟津穿黄堤涵洞10座;沁河穿堤涵洞51座;大清河及东平湖堤14座;北金堤9座;齐河北展、垦利南展排灌站共18座;山西放淤闸2座;另有温县移民围堤、长垣太行堤、槐荫睦里、垦利垦东等排涝闸5座。引黄水闸是黄河下游重要的引水工程建筑物,共有水闸105座(河南含5座防沙闸共42座,山东63座),设计引水流量4 507.7 m^3/s,多年平均引水量90亿~100亿m^3,灌区面积约4 000万亩,不仅为豫、鲁两省农业灌溉提供了可靠的水源,也为郑州、新乡、开封、濮阳、济南、聊城、德州、东营等大中城市用水及中原油田、胜利油田等工业用水提供了保障。另外,武陟张菜园、濮阳引黄入冀补淀、位山引黄闸具有向河北白洋淀和天津送水的功能,博兴打渔张闸具有引黄济青(岛)的功能任务。

第五节　水库枢纽工程

黄河流域90%以上的可开发水力资源集中在干流,沿黄城市、工业、能源基地及油田、农业主要依赖黄河干流供水,解决防洪减灾问题,也主要依靠在干流兴建的骨干水库工程。

根据国民经济发展对黄河治理开发的要求,结合黄河干流各河段特点,统筹考虑上中下游紧密联系、除害兴利相互制约的关系,规划在干流龙羊峡至桃花峪河段共布设36座梯级工程,总库容1 007亿m^3,长期有效库容505亿m^3,共利用水头1 930 m,发电装机容量24 926 MW,年平均发电量862亿kW·h。梯级工程采用高坝大库与径流电站或灌溉壅水枢纽相间布置,形成较完整的综合利用工程体系,龙羊峡、刘家峡、黑山峡、碛口、古贤、三门峡和小浪底等7座控制性骨干工程构成黄河水沙调控体系的主体(见图2-30)。截至目前,黄河干流龙羊峡以下河段已建、在建梯级工程28座,尚未开发建设的8座梯级工程已全部开展过前期勘测设计。

水库枢纽工程是黄河水沙调控体系的基础,是控制、管理、使用洪水、协调水沙关系、合理配置水资源的关键手段,其中对黄河下游防洪、水沙调控、水资源配置关系较为密切的干支流水库有黄河干流三门峡和小浪底、伊河陆浑、洛河故县、沁河河口村等5座水库。

一、三门峡水库

三门峡水库位于河南省三门峡市与山西省平陆县交界的黄河干流上,是黄河中游干流上修建的第一座大型水利枢纽(见图2-31),控制流域面积68.84万km^2,占全流域面积的91.4%。

三门峡水库大坝1957年4月开工建设,1958年11月截流,1960年9月开始蓄水。

图 2-30　龙羊峡水库

水库设计最高运用水位 340 m(大沽高程),总库容 162 亿 m^3,防洪运用水位为 335.0 m,相应库容 55.67 亿 m^3。大坝为混凝土重力坝,最大坝高 106 m,主坝长 713 m,坝顶宽 22.6~6.5 m,坝顶高程 353 m。汛期有 27 个孔、洞(12 深孔+12 底孔+2 隧洞+1 钢管)投入运用,现状启闭设备条件下连续开启或关闭一次约需 8 h,最大泄量 14 350 m^3/s。

三门峡水库防洪运用原则是根据 1969 年“四省会议”确定的,即当上游发生特大洪水时,敞开闸门泄洪。当下游花园口站可能发生超过 22 000 m^3/s 洪水时,应根据上、下游来水情况,关闭部分或全部闸门。增建的泄水孔,原则上应提前关闭。水库非汛期控制水位 310 m;汛期平水时按控制库水位 305~300 m 运用,一般洪水时敞开闸门泄洪,以利于水库的排沙和降低潼关高程。

二、小浪底水库

小浪底水库位于河南省洛阳市以北 40 km 处的黄河干流上(见图 2-32),上距三门峡水利枢纽 128 km,下距郑州花园口约 130 km。坝址控制流域面积 69.4 万 km^2,占花园口以上流域面积的 95.1%。小浪底水库的开发任务是以防洪(包括防凌)、减淤为主,兼顾供水、灌溉、发电。水库设计正常蓄水位 275 m(黄海标高),设计总库容 126.5 亿 m^3,包括拦沙库容 75.5 亿 m^3、防洪库容 40.5 亿 m^3、调水调沙库容 10.5 亿 m^3。兴利库容可重复利用防洪库容和调水调沙库容。设计安装 6 台 30 万 kW 混流式水轮发电机组,总装机 180 万 kW,年发电量 51 亿 kW·h。

水库大坝于 1997 年 10 月截流,1999 年 10 月 25 日下闸蓄水。汛期投入运用的泄洪建筑物有 3 条明流洞、3 条排沙洞、3 条孔板洞和正常溢洪道,最大泄洪能力 17 000 m^3/s。其中,孔板洞进口高程 175 m,运用高程 200 m 以上。1#孔板洞在水位超过 250 m 时不能使用(工程设计要求);排沙洞进口高程 175 m,运用高程 186 m 以上;1#、2#、3#明流洞进口高程分别为 195 m、209 m、225 m。正常溢洪道堰顶高程 258 m。各泄水建筑物闸门启闭设施均系一门一机,各泄洪洞闸门启闭时间不超过 30 min。

三、故县水库

故县水库位于洛河中游河南省洛宁县境内,东距洛阳市 165 km,是一座集防洪、灌

图 2-31　三门峡水库枢纽

溉、发电、供水等综合利用的大(1)型水库,控制流域面积 5 370 km^2,占洛河流域面积的45%,占三花间流域面积的 12.9%,设计总库容 11.75 亿 m^3。水库大坝为混凝土重力坝,主要泄水建筑物有 2 个泄流底孔、1 个泄流中孔、3 台发电机组和 5 孔溢洪道(见图 2-33)。

故县水库主要配合三门峡、小浪底、陆浑等水库以减轻黄河下游洪水威胁,同时提高洛阳市防洪标准。

水库建筑物由拦河坝、电站厂房及附设坝体内的泄水孔道所组成。拦河坝为混凝土实体重力坝,最大坝高 125 m,总库容 11.75 亿 m^3,坝顶高程 553 m(大沽高程系),坝顶宽9 m,坝顶长 315 m,由挡水坝段、电站坝段、底孔坝段、溢流坝段及中孔坝段组成,共 21 个坝段,坝段一般长 16.5 m,最大 19 m,最小 13 m。

电站建有坝后式厂房,安装 3 台机组,单机容量 2 万 kW,总容量 6 万 kW。

图 2-32　小浪底水库枢纽

图 2-33　故县水库枢纽

故县水库工程于 1958 年开工兴建，1992 年基本建成，经历了“三下四上”的漫长过程。1958 年 10 月首次兴工“上马”，1960 年停建；1970 年春第一次复工，当年底停工缓建；1973 年第二次复工，1975 年底又停工缓建；1978 年初第三次复工。工程设计方案和施工队伍几经变动。“五定”(定规模、定效益、定工期、定协作、定投资)规定工程于1989年竣工,因未能按“五定”年度计划安排投资等,至1992年基本竣工。1993年10月,水利部对故县水库工程进行竣工初步验收,提出初验工作报告。1994年1月20日国家验收委员会组织竣工验收。竣工验收鉴定书称:“国家验收委员会认为:故县水库工程是黄河中下游防洪体系中一项重要工程,工程设计合理,施工质量优良,投入运行以来,情况良好,工程符合设计要求,已初步发挥了防洪、灌溉、发电、养鱼等效益。国家验收委员会一致通过正式验收,并移交管理单位运用。”

四、陆浑水库

陆浑水库位于黄河二级支流伊河中游的河南嵩县,控制流域面积3 492 km^2,占该河流域面积6 029 km^{2}的57.9%,占三花间流域面积的8.4%,总库容12.9亿m^3,是以防洪为主,结合灌溉、发电、养殖等综合利用的水库。水库主要建筑物有黏土斜墙砂卵石大坝、溢洪道、输水洞、泄洪洞、灌溉洞、电站等(见图2-34)。

坝址处多年平均年径流量为10.25亿m^3(1951~1968年),多年平均流量32.5 m^3/s,多年平均年输沙量约300万t,平均含沙量3.2 kg/m^3,泥沙90%以上都集中在汛期7~10月,非汛期河水清澈见底。千年一遇洪峰流量12 400 m^3/s,万年一遇洪峰流量17 100 m^3/s,保坝洪水(万年一遇洪峰加20%)洪峰流量20 520 m^3/s。

陆浑水库的主要作用是配合三门峡水库削减三门峡至花园口区间的洪峰流量,以减轻黄河下游的防洪负担。

五、河口村水库

河口村水库位于河南省济源市克井镇河口村,坝址以上控制流域面积9 223 km^2,占沁河流域面积的68.2%。该工程是以防洪、供水为主,兼顾灌溉、发电、改善河道基流等综合利用的大(2)型水利枢纽工程,工程位于黄河一级支流沁河最后一段峡谷出口处,下距五龙口水文站约9 km,属河南省济源市克井镇,是控制沁河洪水、径流的关键工程,最大坝高122.5 m,总库容3.17亿m^3,工程设有大坝、溢洪道、泄洪洞、引水发电洞、电站厂房等建筑物(见图2-35)。水库建成后,可减轻黄河防洪压力,同时将使南水北调总干渠穿沁工程达到100年一遇设计防洪标准,也可使沁河防洪标准由当前不足25年一遇提高到100年一遇,是黄河下游水利工程体系的重要组成部分。水库500年一遇设计洪水位、2000年一遇校核洪水位和蓄洪限制水位均为285.43 m(黄海标高),相应库容3.17亿m^3;正常蓄水位275.0 m,相应库容2.51亿m^3。汛期7月1日至10月31日,前汛期(7月1日至8月31日)汛限水位238.0 m,相应库容0.86亿m^3;后汛期(9月1日至10月31日)汛限水位275.0 m。

该水库于2007年12月18日开工,2011年10月19日工程大坝截流,2014年9月通过下闸蓄水验收。由于沁河缺乏控制性水库工程,沁河下游及豫北平原的防洪和水资源问题均十分突出。沁河下游河床为地上悬河,河床高出两岸地面2~4 m,当前河道堤防防御标准为4 000 m^3/s。历史上沁河下游洪水灾害十分严重,自三国魏景初元年(公元237年)有记载以来,到1948年的1 712年中,决口193次。仅民国37年间,决口就达48次。

图 2-34　陆浑水库枢纽

图 2-35　河口村水库

1947 年武陟县大樊决口，溃水夺卫入北运河，淹没 5 个县的 120 多个村庄，面积达 400 km^2，灾民 20 余万人。随着黄河河床的淤积抬高，沁河下游从河口向上游也在逐渐淤高，黄河涨水时即发生顶托倒灌，1933 年、1958 年黄河均倒灌至武陟县城附近。受黄河洪水顶托，沁河洪水下泄不畅，木栾店以下堤防易决口。若发生“黄沁并溢”，因其位置处于黄河下游上端，其决溢灾害远大于其他位置的临黄堤决口。因此，沁河防洪与黄河防洪息息相关。沁河下游两岸平原人口密集，保护区面积 1 725 km^2，人口 117 万人，耕地 56.15 万亩，涉及 2 市（焦作市、济源市）5 县（济源、沁阳、博爱、温县、武陟），有京广铁路交通干线，又有新焦、焦枝铁路通过。

六、花果山水库

花果山水库位于泾河支流蒲河左岸一级支沟的南小河沟小流域内，距庆阳市城区 13 km，为黄委直管水库。

花果山水库控制流域面积 25 km^2。水库始建于 1960 年，初建坝高 20 m，经过 5 次加高。水库由拦河土坝、放水建筑物和溢洪道三部分组成，已经成为一座集防洪、拦泥、保护国家重点水土保持观测站和科研试验基地以及保障城市供水等功能为一体的小（1）型水库工程（见图 2-36）。

图 2-36　花果山水库大坝

拦河坝:均质土坝,坝体高 45.9 m,坝顶高程 1 197.3 m,防浪墙高 1.1 m,坝顶宽 5 m,坝顶长 205.0 m,总库容 524 万 m^3,防洪库容 243 万 m^3,死库容 140 万 m^3。大坝上、下游坝坡分别为 1∶2.8 和 1∶3、1∶2.5 和 1∶2.8。坝顶上游侧设置混凝土防浪墙,上游坝坡采用混凝土板护坡,下游坝坡采用草皮护坡;坝坡设有纵横排水沟。

放水建筑物:放水建筑物位于大坝左岸,由放水卧管、输水涵洞、泄水陡坡及消力池四部分组成。放水卧管共 14 级,圆形输水涵洞长 135 m,洞径 0.6 m,钢筋混凝土结构,洞壁厚 7 cm,设计最大泄量 1.0 m^3/s。

溢洪道:开敞式无闸控制宽顶堰,溢流堰顶高程为 1 192.80 m,梯形断面,钢筋混凝土衬护。由进口明渠段、溢流堰段、陡坡段、消力池及出口段 5 个部分组成。明渠段长 25.5 m,溢流堰段长 6.0 m、宽 1.5 m,陡坡段泄槽长 158.7 m、纵坡 1∶4,消力池长 15.0 m,出口段海漫长 25.0 m。

第三章　管理体制

第一节　管理体制沿革

黄河灾害频繁,复杂难治,历朝历代均受到高度重视。黄河下游的河防,历史上就是关系治国安邦的要事,伴随着水利工程的建设,河防工程运行管理也相应跟进。

堤防作为河防工程最重要、最可靠的防线历来受到重视,从汉代起,沿河各郡(州)都有专职防守河堤的官员和巡视河堤的制度。宋代开始配置治河机构,明代以前河防由各地行政长官负责,大都由朝廷的工部尚书、兵部侍郎等兼任总理河道,明代除有河兵分段管理外,还规定"每里十人以防",建立了"三旦一铺,四铺一老人巡视"的护堤组织,分管堤段、修补堤岸、浇灌树株(《明史·河渠志》)。清代设立专职河道总督,加强河务管理,除设河防营修守堤防外,另规定"每二里设一堡房,每堡设夫二名,住宿堡内,常川巡守""堡夫均由河上汛员管辖,平时无事搜寻大堤獾洞鼠穴,修补水沟浪窝,积土植树;有警,鸣锣集众抢护"。民国时期,黄河河防管理仍实行汛兵制。

1933 年黄河水利委员会成立,河防由流域机构统一负责,是黄河管理体制的一次重大变革;1936 年孔祥榕任黄河水利委员会委员长期间,开始成立若干工程队,每队百人左右,分住河南、河北、山东三省堤防险工与修防段协防。

1946 年中国共产党领导下的解放区开始了人民治黄,并于 1947 年使黄河回归 1938 年扒口前故道,沿黄冀鲁豫、山东渤海解放区,相继成立了黄河修防处(地级)及修防段(县级),普遍建立了护堤委员会,组织沿河群众开展堤防维护和防汛抢险,如 1948 年 3 月山东渤海区行政公署要求各县于沿河村村政委员中设护堤委员,专管护堤、看树等工作。

1950 年初,中华人民共和国成立后不久,政务院即决定成立黄河水利委员会。1951 年 1 月 7 日,黄河水利委员会在河南省开封市召开成立大会,山东、河南、平原三省治黄机构和西北黄河工程局统受黄河水利委员会领导,黄河中下游实行统一管理;河南、平原、山东三省沿河按地、市、县(区)健全了各级修防机构,县以下建立群众性护堤组织,实行专业管理与群众管理相结合的管理体制,如山东河务局规定,沿河各乡增设工程员一名,为半脱产干部,待遇与乡干部同,在修防段及乡的双层领导下进行护堤工作。1955 年前后,沿河各县、区、乡相继建立堤防管理委员会和管理小组,由当地政府负责人兼任管理委员会主任,下设委员若干名。管委会和管理小组,其任务是负责组织、协调、检查、监督管辖范围内的堤防维护管理工作。护堤员由管委会选派,负责本段堤防管理工作,同时与沿河各村订立护堤合同,增强其对堤防管理的责任心。1956 年农业合作化后,堤防普遍执行由农业合作社分段包干管理的办法,由农业合作社确定长期护堤员,并组成护堤班,负责以堤防工程为重点的维护管理工作。堤上收益与护堤员报酬,由修防段与农业合作社签订合同,明确权利与义务,有利于堤防管理、减轻社队负担、增加河产收益。1958 年农村实现人民公社化,堤防管理仍由社队分段承包管理养护,河南、山东共固定长期护堤员 3 460 人,每千米堤段有 2~3 人,常年住堤,平整堤顶,填垫水沟浪窝,捕捉害堤动物,植树种草,保持堤防完整和林草旺盛。到 1965 年,黄河水利委员会已初步形成了统一管理的治河体系,有力地促进了黄河流域的治理和开发。

1978 年,根据水利水电部"把水利工作的重点转移到以工程管理为中心上来"的指示,为加强水利工程(涵盖堤防、险工、控导、护滩护岸、水闸、水库工程),按照黄委部署,河南、山东河务局及所属地市修防处、县区修防段,相继调整充实了管理组织,各级领导均由一名副职分管管理工作。1982~1983 年,河南、山东河务局先后成立工程管理处,各地区修防处成立工程管理科,县修防段成立工程管理股。

1982 年开始,根据水利电力部、公安部有关通知,各县修防段先后建立了公安派出所或派遣公安特派员。到 1987 年,山东建立派出所 24 个,配干警 114 人,河南建立派出所 11 个,配干警 48 人。在当地公安部门的领导下,向沿黄干部、群众进行法制宣传教育,制止违章行为,清除违章建筑,查处违章案件,有效地打击了盗伐树株、偷盗防汛物料、偷盗通信电线、破坏工程设施的不法分子的破坏活动,维护工程管理秩序,保障了工程管理工作的正常开展。

黄河水利工程战线长,管理范围大,工程门类多,涉及业务广泛。概括而论,水利工程管理的主要任务是对黄河河道保护范围内干支流堤防、河道整治工程(包括险工、控导、护滩护岸工程)、水闸及跨河穿堤建筑物、水库及分滞洪区等工程设施进行检查观测、养护维修、管理运用,保持工程完整,维持工程强度,确保运用安全,发挥河道管理的综合效益。同时,按照水电部授权负责直管河道管理范围内大中型水库运行管理、安全鉴定、注册登记及流域管理范围内大中型建设项目技术审查。

为加强水利工程管理,1987 年黄委印发了《黄河下游工程管理考核标准》,河南、山东河务局按照标准普遍对县、乡、村三级管理组织和护堤员进行调整充实,一般按 5 km 左右配备 1 名专职管理人员,500 m 配备 1 名群众护堤员,到 1987 年底,共有堤防专管职工 2 667 人,群众护堤员 4 897 人。堤防管理专职人员的职责是:负责组织宣传、发动群众,管理护堤员与护堤村的联系工作。群众护堤员的主要职责:①经常保持堤身完整,堤顶平坦,及时填垫水沟浪窝。②经常检查堤身,发现隐患及时报告处理,发动群众捕捉害堤动物。③保持树草旺盛,旱天浇树保活,夏季治虫修树,冬春季补植树草,有计划地更新树木。④保护堤上防汛备料、公里桩、坝头桩、边界桩、分界牌标志等。⑤雨雪天堤上禁止车辆通行(防汛车除外)。群众护堤队伍经过调整和整顿,护堤员从年龄、身体状况、文化程度、政治素质等方面都有较大改善。1988 年《中华人民共和国水法》颁布后,从黄委、省、市、县级河务部门均设立了水政机构,形成"一文一武"相结合的执法管理体系,对维持良好的工程管理秩序发挥了积极的促进作用。

多年来,基层河务部门对所辖范围内工程实行专管与群管相结合的管理模式,一线按工程分类设工程班或分段,隶属县局领导,接受县局指令性管理维护任务,共同承担工程维护工作;工程维护经费由县局从河产收益中计列,按先干后支或预支后核;专职管理人员工资由县局按国家标准列支,沿黄乡村群管队伍的报酬主要是靠当地村队解决,河务部门河产收入分成、土地承包经营和压堤收费等渠道给予部分补助。

20世纪80年代之后,黄河下游堤防工程管理的各项工作逐步走向正规化、制度化。

1989年6月,经人事部报请国务院批准,黄河水利委员会升格为副部级机构。1994年3月水利部发文明确了黄河水利委员会职能配置、机构设置和人员编制。到1996年,黄河流域形成以黄河水利委员会为统一管理机构,陕西、山西、河南、山东沿黄地区各级治黄管理机构和各专业治黄机构及服务机构组成的完善的黄河治理与开发体系,已形成由水利工程管理、水行政管理、防汛管理、水情测报预报、水土保持、勘测规划设计、科学研究等专业组成的流域管理机构,黄河职工近3.9万人,在黄河防汛、勘测规划、水资源开发利用、水文测报、水利发电、水土保持等领域发挥了重要作用。

当前,黄河水利委员会是全国七大流域机构中唯一对中下游河道和堤防实行垂直管理的流域机构,晋、陕、豫、鲁四省和沿黄地(市)、县(区)设立河务局,人、财、物由黄委统管;晋、陕、豫三省三门峡库区设立管理局,工程建设与维修养护由国家预算列支,机构与人员经费归地方政府解决;同时,黄委管辖三门峡、故县两座水库枢纽和甘肃庆阳花果山水库。

第二节　现行管理体制

一、2002年之前

历代黄河治理均由皇帝出资。1946年开始的人民治黄,传承治黄历史,延续"修(筑)、防(守)、管(理)、营(运)"四位一体的管理体制,并曾在黄河水利工程管理中发挥了重要的积极作用。

随着社会主义市场经济体制的建立,传统的管理模式因体制单一、机制僵化,缺乏生机与活力,难以适应市场经济发展的要求,深层次问题逐渐暴露,矛盾日益突出,已严重制约工程管理工作的发展。

存在的突出问题如下:

一是黄河的管理体制与市场经济原则严重背离,"专管与群管相结合"的运行模式是长期计划经济体制下形成的,反映了国家、集体、个人模糊的经济关系,群管人员报酬无法解决,队伍不稳定,上堤出勤率低,工程维修养护难以得到保证。

二是外部缺乏竞争压力,内部缺乏激励机制,不适应市场经济要求,运行管理举步维艰。单位内部维修养护队伍和施工公司名义上独立而实际上与县局统收统支,干好干坏、干与不干一个样,维护队伍吃管理单位的大锅饭,管理单位吃国家的大锅饭。在水利事业费严重不足、规费收入水平低、经营创收条件差、产业格局不断调整面前显得老态龙钟、步履艰难。

三是缺乏严格定岗定员与职能划分,因而难以形成制度化、规范化管理,致使一些考评流于形式,群体效应下降,影响管理成效。

四是难以盘活水利固定资产,管理经费严重短缺,自身经营创收乏力,运行困难。据黄委1999、2000年度防汛岁修经费统计,国拨投资0.9亿元仅相当于实际所需的30%。

不解决上述问题,队伍难以维持,工程完整性难以保障,国有资产不但不增值,还会无形流失,水利工程综合效益将难以充分发挥。

二、现行管理体制

按照国务院办公厅2002年9月批转的《水利工程管理体制改革实施意见》,黄委完成所属水管单位分类定性、定岗定编等前期研究工作,并于当年底前完成《黄河水利工程管理体制改革实施方案》编制并上报水利部;2003年配合水利部开展水利工程管理单位定岗标准和水利工程维修养护定额标准研究;2004年,水利部部署各流域机构的水管体制改革试点单位编制改革方案报部审查,并在德国举办了水管体制改革培训班(见图3-1),黄委等部分流域机构和省水利厅(局)18人参加;2005年6月,黄委25个试点单位完成水管体制改革,为推动全面改革提供了可复制的经验;2006年6月,黄河水利委员会全面完成所属76个水管单位以"管养分离"为核心的水管体制改革工作,建立了与市场经济发展相适应的管理体制,落实了管养经费,明确了管理职责,促进了黄河水利工程管理的规范化、专业化和现代化发展。

图3-1　水利部(德国)水管体制改革培训班

改革之初,黄委明确水管体制改革总体格局是构建水管单位、维修养护公司与施工企业"三驾马车"并驾齐驱的格局,水管单位、养护公司、施工企业人、财、物由市级河务局管理,并由市级河务局组建养护、施工企业,市河务局可根据辖区内具体工程分布确定养护企业队伍布局,养护分公司不追求与县局一一对应。市级河务局作为出资人代表组建管理机构,同时负责养护、施工企业组建工作,改革方案须报委批准。

维修养护单位定性为企业,由市级河务局组建,县级河务局所属水利工程维修养护由不具备法人资格的维修养护分公司承担,且不与县级河务局一一对应。

施工企业应当由市级河务局统一组建,县级河务局不再保留施工企业,市级河务局应当根据实际情况提出整合方案,报黄委经管局批准;企业整合工作应当重点核实资本金,把非货币资产由企业注册资本中撤出;撤销后的施工企业经理、职工由市河务局负责按照改革程序予以安置。

以国务院《水利工程管理体制改革实施意见》为指导,以水利部、财政部《水利工程管理单位定岗标准(试点)》为依据,以适应社会主义市场经济体制为导向,在水管体制改革试点的基础上,结合黄河实际情况,理顺管理体制,实现水管单位、供水单位、维修养护单位和其他企业机构、人员、资产的彻底分离,形成基层单位事、企彻底分开的格局。通过改革,逐步建立适应社会主义市场经济体制要求、充满生机与活力、"事企分开、产权明晰、权责明确、运行规范"的水利工程管理体制和良性运行机制。

黄委将原县级河务局及其所属企业按照事企分开、产权清晰、权责明确、管理规范的原则,分离为由市级河务局管理的县级河务局、维修养护公司和其他企业,实现三者之间机构、人员、资产的彻底分离。

水管体制改革后,划定黄委、省、市、县河务局等四个层级,直管工程分别由山东、河南、陕西、山西河务局,三门峡、故县水利枢纽管理局,陕西省、山西省和三门峡市三门峡库区管理局等9个单位管理。其中三个库区管理局(陕西、山西和三门峡市局)行政上隶属于地方政府,工程建设与管理由黄委投资并对其进行业务指导。另有黄河上中游管理局,管辖一座花果山水库。

黄委所属县级水管单位共计68个,其中山东河务局水管单位30个,河南河务局水管单位26个,陕西河务局水管单位4个,山西河务局水管单位5个,三门峡、故县水利枢纽管理局及花果山水库管理所。黄委管工程、地方政府管人事的水管单位(三门峡库区管理局所属水管单位)共有11个,其中陕西省库区局水管单位6个、山西省库区局水管单位2个、三门峡市库区局水管单位3个。

黄委共有县(市、区)河道(水库)管理单位计79个,管理人员18 139人,占在职职工的60%,负责所属水利工程的建设、运行管理、防洪抢险及水行政管理工作。

黄委水管体制改革后管理体制组织结构图见3-2。

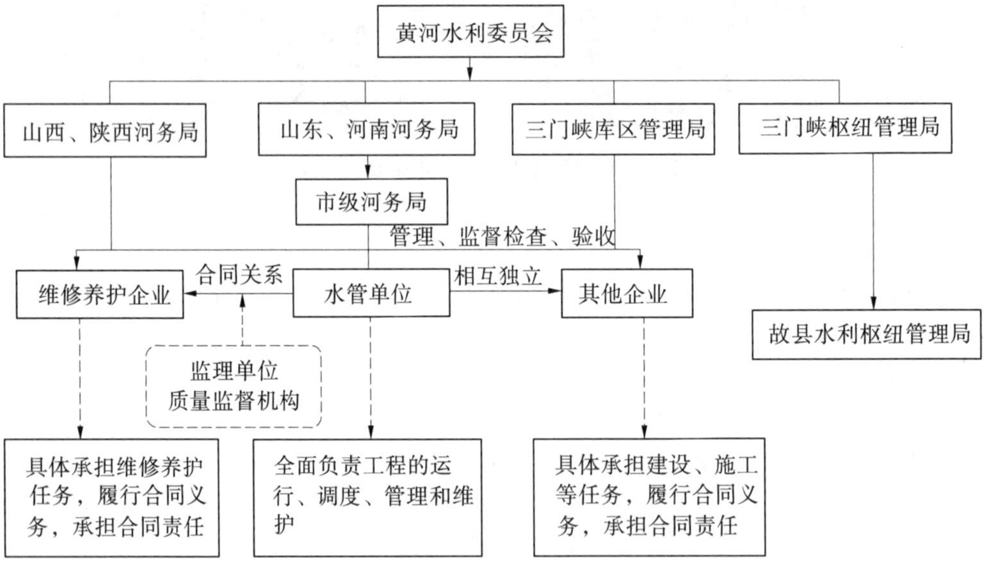

图3-2　黄河水利工程管理机构体系框图

第三节　黄委所属水管单位职能任务

一、黄委职能任务

黄河水利委员会为水利部在黄河流域和新疆、青海、甘肃、内蒙古内陆河区域内的派出机构，代表水利部行使所在流域内的水行政主管职责，为具有行政职能的事业单位（见图3-3）。

图3-3　黄河水利委员会机关

黄委在黄河治理方面的主要职能任务是：负责《水法》等有关法律法规的实施和监督检查，拟订流域性的水利政策法规；负责职权范围内的水行政执法、水政监察、水行政复议工作，查处水事违法行为；负责省际水事纠纷的调处工作；组织编制流域综合规划及有关的专业或专项规划并负责监督实施；按照授权，对地方大中型水利项目的前期工作进行技术审查；负责流域水资源保护工作，组织水功能区的划分和向饮用水水源保护区等水域排污的控制；负责流域内干流和跨省（自治区、直辖市）支流的主要河段、省（自治区、直辖市）界河道入河排污口设置的审查监督；组织制订或参与制订流域防御洪水方案并负责监督实施；组织或指导流域内有关重大建设项目的防洪论证工作；指导流域内河流、湖泊及河口、海岸滩涂的治理和开发；负责授权范围内的河段、河道、堤防、岸线及重要水工程的管理、保护和河道管理范围内建设项目的审查许可；指导流域内水利设施的安全监管。

在河道与水工程管理领域，主要是按照权限规定，负责流域内水利设施、水域及其岸线的管理与保护；负责直管河道、堤防、岸线、水库、闸坝等重要水利工程的运行管理；负责黄河系统内部质量技术监督和水利工程技术规程、规范、标准的宣传贯彻；负责系统内水利工程管理的现代化建设，组织水利工程管理新技术的推广应用；负责涉河工程建设项目的技术审查;指导流域内河流、湖泊及河口、海岸滩涂的治理和开发等。

二、水管单位职能任务

黄委所属水管单位主要担负黄河中下游及其主要支流的水利工程管理、防汛、水政水资源管理等任务,单位一般均设有办公室、财务科、水政科、工务科(防汛办公室)等科室,河南、山东局的水管单位还设有人劳科、服务处、经济办公室、通讯站、工会、纪检监察等科室。河道与水工程管理职能界定在工务科(防汛办公室)。

具体职责:①负责《水法》《防洪法》《河道管理条例》《防汛条例》等法律、法规的贯彻实施。②协助有关部门编制黄河及其主要支流(渭河、洛河、沁河等)的综合规划和有关专业规划。③拟订、编报黄河供水计划、水量分配方案,并负责监督管理;实施取水许可制度和水资源费征收制度。④依法进行水政监察和水行政执法,处理职权范围内的黄河水事纠纷,承办水行政诉讼事务。⑤依法统一管理、保护行政区域内各类黄河水利工程和设施;协助建设单位做好黄河水利基本建设项目前期工作和建设与管理工作。⑥负责黄河防汛管理,组织编制防御黄河洪水方案,承担防汛抗旱指挥部黄河防汛的日常工作,协助地方政府对抢险、救灾等工作统一指导、统一调度,指导黄河滩区的安全建设。⑦负责黄河水利工程的日常管理、维修养护。⑧制订黄河水利经济发展计划和经济调节措施;对水利资金的使用进行核算、调节与管理;指导、管理所属单位的经营工作;作为国有资产的代表者,负责国有资产保值增值的管理与监督。负责黄河水利和土地资源开发规划与经济发展,并开展综合经营。⑨负责黄河水利治理开发的科技工作,组织黄河水利科学研究和技术推广,不断提高治黄工作科技含量。

三、工程维修养护企业

2006 年水管体制改革完成后,进入维修养护企业 3 455 人,供水单位 1 000 人,2 080 人分流到其他企业。

维修养护单位定性为企业,由市级河务局组建,县级河务局所属水利工程维修养护是由不具备法人资格的维修养护分公司承担,且不与县级河务局一一对应;维修养护单位注册名称应统一为:“××黄河水利维修养护公司”。

黄委以市局为单位共组建了 19 个维修养护公司,维修养护公司全部为国有有限责任公司,实行独立核算、自负盈亏。山东河务局 8 个市级河务局、河南河务局 6 个市级河务局、黄河小北干流山西和陕西河务局、三门峡库区各管理局各组建一个维修养护公司。人员最少的公司 39 人,最多的 428 人。

施工企业应当由市级河务局统一组建,县级河务局不再保留施工企业,市级河务局应当根据实际情况提出整合方案,报黄委经管局批准;企业整合工作应当重点核实资本金,把非货币资产由企业注册资本中撤出;撤销后的施工企业经理、职工由市河务局负责按照改革程序予以安置。

改革中几个具体问题处理:

(1)由水管单位分别组建运行管理科,负责巡查观测,实行观测与抢险“一岗双责”。

(2)维修养护公司的人员编制要进行核定,防止其人员过多,并要严格控制人员经费支出在规定范围之内,保证维修养护经费的合理使用。

(3)市级河务局必须组建核心施工企业,核心施工企业国有资产产权100%由市级河务局管理。

(4)县级河务局退(离)休人员,有国家政策依据的开支部分,由国家财政负担,在国家财政拨款未全额到位的情况下,由市级河务局核定差额,从其他收入中调剂解决。

第四章　运行管理机制

加强水利管理政策研究,指导和推动流域尤其是黄委直管水利工程管理发展进步,需要立足黄河,关注水利管理发展趋势,紧盯国内水利管理发展前沿,围绕水利管理中心任务,研究国家水利发展政策,着眼水安全与水生态文明建设;加强国家法规、地方政府法规、管理行业规范标准研究,及时提出立法修法意见建议,不断提高水利政策法规的服务保障作用,为运行管理提供法制保障;强化内部管理制度建设,完善管理制度,规范运行管理;强化水法规宣传教育,规范水行政执法行为;注重指导与监督,强化管理考核,促进水利工程管理不断发展进步。

第一节　政策法规研究

一、加强政策研究,不断深化改革

2000 年初开始,黄委等单位配合水利部建管司开展了水利工程管理单位体制改革研究,通过水管单位人员定岗、工程维修养护经费定额的广泛调查研究,2002 年水利部提出了水利工程管理体制改革实施意见上报国务院,国务院当年批转了《水利工程管理体制改革实施意见》。该项政策的出台对全国水利管理工作意义重大,以《水利工程维修养护定额标准》和《水利工程管理单位定岗标准》两个标准为依据,通过水管体制改革,使广大基层水利工程管理单位理顺了管理体制,完善了管理机构,合理分流了人员,明确了管理权限,落实了管护经费,规范了管理运行,促进了水利工程管理工作的发展进步。

以国务院《水利工程管理体制改革实施意见》为指导,以水利部、财政部《水利工程管理单位定岗标准(试点)》为依据,以适应社会主义市场经济体制为导向,在水管体制改革试点的基础上,结合黄河实际情况,理顺管理体制,实现管理单位、供水单位、维修养护单位和其他企业的机构、人员、资产彻底分离,形成基层单位事、企彻底分开的格局。通过改革,逐步建立适应社会主义市场经济体制要求、充满生机与活力、“事企分开、产权明晰、权责明确、运行规范”的水利工程管理体制和良性运行机制。

通过改革,使黄河治理开发与管理事业更好地发展,使黄河职工队伍的生活水平、生活质量进一步提高。黄委在这次水管体制改革政策制定和改革工作实施中发挥了重要而积极的作用,当然也是改革的最大受益者,基层单位 12 829 人参与改革,解决了长期以来直管河道与水工程管理体制不顺、人员过多、机制不活、经费不足等突出问题,促进了基层单位水利工程管理工作有序、规范发展。

为深化水管体制改革,规范中央预算经费使用,培育健康的维修养护市场,按照水利部统一部署,2018 年水利工程维修养护项目须开展政府采购招标试点,3 年后全面推开。结合黄河实际,黄委着手组织开展了政府采购招标试点研究,提出了试点工作方案,并逐步推开。

(一)实施原则

(1)坚持深化改革,面向市场。以适应社会主义市场经济为导向,建立市场化、专业化和社会化的黄河水利工程维修养护体系。

(2)坚持权责匹配,激发活力。明晰水管单位的责任和权利,建立有效的激励、约束和监督机制,加强维修养护项目招标监督管理力度,规范养护市场秩序。

(3)坚持积极稳妥,逐步实施。按照积极稳妥的方针和先试点、后推开的原则,在积累试点经验的基础上,逐步推开。

(二)招标方式

按照《中华人民共和国政府采购法》《中国人民共和国招标投标法》《水利工程建设项目招标投标管理规定》,每个水管单位所属工程的维修养护项目作为一个标段,维修养护项目金额大于200万元的,进行公开招标;小于200万元的,进行邀请招标。

(三)招标范围

水利部《水利工程维修养护定额标准(试点)》和维修养护费用构成中规定的所有维修类项目和养护项目。维修类项目包括汛前或汛后工程整修、石料采购、堤防隐患探测、根石探测、硬化堤顶道路维修等项目;养护项目包括维修类项目之外的日常观测、保养和管护内容。

(四)投标人资格要求

(1)具备独立法人资格。

(2)具备有效的安全生产许可证。

(3)具备水利水电工程施工总承包二级及以上资质,具有投标承包堤防工程、河道整治工程、水库大坝工程维修业绩。

(4)拟派项目经理具备水利水电工程专业二级及以上注册建造师资格,取得水利部颁发的建筑施工企业项目负责人安全生产考核合格证书。

(5)拟派项目技术负责人具备工程系列及相关专业中级以上技术职称。

(6)投标人、投标人法定代表人、拟派项目经理和委托代理人一年内未发现行贿犯罪记录。

(7)没有处于被责令停产、停业或投标资格被取消等。

(五)合同有效期原则为1年。

相信经过几年的研究探索,黄河水利工程维修养护应与沿海发达地区一样,包括工程整修、庭院保洁、树草修剪养护等各类项目将全面实行政府购买服务,对维持工程完整、不断改善面貌、发挥工程防洪生态社会效益意义深远。

二、贯彻河长制度,保护河道与水工程

2016年,《中共中央办公厅 国务院办公厅印发〈关于全面推行河长制的意见〉的通知》,这是在总结江苏、浙江、江西河湖推行河长制经验基础上印发的加强河湖管理保护的纲领性文件,要求各地深刻认识全面推行河长制的重要性和紧迫性,树立“绿水青山就是金山银山”的强烈意识,切实增强使命感和责任感,扎实做好全面推行河长制工作,做

到工作方案到位、组织体系和责任落实到位、相关制度和政策措施到位、监督检查和考核评估到位，确保到2018年底前，全面建立省、市、县、乡四级河长体系，为维护河湖健康生命、实现河湖功能永续利用提供制度保障。

（一）河长制工作要求

什么是河长制？即由各级党政主要负责人担任河长，依法依规落实地方主体责任，协调整合各方力量，以保护水资源、防治水污染、改善水环境、修复水生态为主要任务，在全省河湖库渠全面推行河长制，构建责任明确、协调有序、监管严格、保护有力的河湖库渠管理保护机制，为维护河湖库渠健康生命、实现河湖库渠功能永续利用提供保障。

全面落实河长制的基本原则是：坚持生态优先、绿色发展；坚持党政领导、部门联动；坚持属地管理、分级负责；坚持问题导向、因地制宜；坚持城乡统筹、水陆共治；坚持强化监督、严格考核。

河长制的组织形式：实行省、市（地）、县、乡、村五级河长。

省、市、县、乡分级设立总河长、副总河长，分别由同级党委、政府主要负责同志担任。各河道按所辖范围分级分段设立河长，分别由省、市、县、乡、村党政及村级组织有关负责同志担任。河道所在市、县、乡党委、政府及村级组织为河道管理的责任主体；村组设专管员、保洁员或巡查员，城区按现有城市管理体制落实专管人员。

县级及以上河长设置相应的河长制办公室，负责河长制工作具体组织实施，落实总河长、副总河长和河长确定的具体事项。

（二）河长制主要任务

（1）加强水资源保护。全面落实最严格水资源管理制度，严守水资源开发利用控制、用水效率、水功能区限制纳污三条红线，实行水资源消耗总量和强度双控行动，加强节水型社会建设，严格水功能区管理监督，严格控制入河湖库渠排污总量，严格管控地下水开采。

（2）加强岸线管理保护。严格水域岸线等水生态空间管控，依法划定河湖库渠管理范围，严禁侵占河道、围垦湖库、非法采砂，落实防汛抗旱责任制。

（3）加强水污染防治。统筹水上、岸上污染治理，全面加强重要水功能区排污口监督管理，排查入河湖库渠污染源，严格治理工矿企业污染、城镇生活污染、畜禽养殖污染、水产养殖污染、农业面源污染、船舶港口污染，优化入河道排污口布局。

（4）加强水环境治理。依法清理饮用水水源保护区内违法建筑和排污口，保障饮用水水源安全，加大黑臭水体治理力度，实现河道环境整洁优美、水清岸绿。综合整治河道水环境，推进美丽岸线建设。

（5）加强水生态修复。禁止侵占自然河道、湿地等水源涵养空间，实施退田还林还湿，加强水生生物资源保护，强化山水林田湖系统治理，加强水土流失预防监督和综合整治，加强生态清洁型小流域建设。

（6）加强执法监管。完善行政执法与司法衔接机制，建立综合执法机制，严厉打击涉河违法行为，坚决清理整治非法排污、设障、捕捞、养殖、采砂、采矿、围垦、侵占水域岸线等活动。

(三)河长制的保障措施

(1)建立河长制工作机制。依托地方政府,建立部门联动制度,加强水利、环境保护、发展改革、工业和信息化、财政、国土资源、住房和城乡建设、交通运输、农业、卫生计生、林业等部门的协调联动,各司其职,共同推进。建立信息共享和工作督察制度,定期通报河道管理保护情况,全面督察河长制工作的落实情况。

(2)建立技术支撑体系。建立市、县、乡、村级河长及河湖库渠名录,开展河道跨界断面、主要交汇处和重要水功能区、入河排污口等重点水域的水量水质水环境监测和评价,及时发布有关监测结果,全面建立黄河干支流管理大数据信息平台,实现河长制工作信息化、一体化管理。

(3)落实河长制专项经费。按照国务院要求,将河长制工作专项经费纳入各级财政预算,积极引导社会资本参与,建立长效、稳定的河道管理保护投入机制。

(4)建立考核监督体系。依托当地河长办,全面建立省、市、县三级监督体系,对河长制工作情况和河长履职情况进行监督指导。建立河长制责任考核体系,针对不同河道,对河长实行差异化绩效评价考核,考核结果作为各级党政领导干部考核评价的重要依据,作为上级政府对下级政府实行最严格水资源管理和水污染防治行动考核的重要内容。建立考核问责与激励机制,对成绩突出的河长及党委、政府进行表扬奖励,对失职失责的严肃问责,实行生态环境损害责任终身追究制。建立社会参与监督体系,通过各类媒体向社会公告河长名单,在河湖库渠岸边显著位置竖立河长公示牌,接受社会监督。

河道管理保护是一项复杂的系统工程,涉及上下游、左右岸、不同行政区域和行业。实行河长制的目的就是以保护水资源、防治水污染、改善水环境、修复水生态为主要任务,协调整合各方力量,构建责任明确、协调有序、监管严格、保护有力的河道管理保护机制,是解决黄河复杂水问题、维护河湖健康生命的有效举措,是实现河道功能永续利用的制度保障。

全面推行河长制,对黄委是又一次重大机遇,对于黄河治理开发具有重要意义。黄委作为流域管理机构,应依照法律法规和现行管理体制及职能,指导黄河干流及主要支流的水资源保护、水域岸线管理等工作,协调跨行政区域的河湖上下游、左右岸联防联控机制建设及运行;所属各级河道主管机关,应针对所辖河道与水工程管理实际,主动融入分河段分级别河长办公室,围绕全面推行河长制的总体目标,按照赋予本单位职能任务,参与各项制度建设,针对所辖河道与水工程管理存在的问题,研究相应对策,借助河长办公室平台,逐一逐步加以解决,推动黄河河道与水工程管理的法制化、规范化和现代化。

(四)黄委贯彻河长制做法

为贯彻落实中央《关于全面推行河长制的意见》精神,按照水利部和环境保护部的工作部署,2016 年 12 月 21 日,由黄委主任岳中明主持委党组中心组进行了集中学习研讨,掌握河长制工作要求,统一思想认识,全面动员所属单位推进河长制工作开展;黄委成立了由岳中明任组长、其他委领导任副组长,机关有关部门、所属有关单位主要负责人为成员的全面推进河长制工作领导小组,领导小组下设办公室,2017 年 1 月底黄委所属有关单位也相继完成推进河长制组织机构组建。

2017 年,黄委研究制定印发了推进河长制工作方案,协商流域九省(区)相继完成重点河流（段）问题普查；印发黄河流域重点关注河湖名录及问题清单，涉及黄河干支流 82 条及 3 个湖泊；组织召开了流域片座谈会，建立联席会议制度，研究部署“一河一策”方案编制，并组织开展河长制工作督导检查；利用微信、QQ 等现代信息平台和新闻媒体，加强信息沟通，畅通联络渠道，推动河长制工作有序开展。

2018 年 12 月 7 日，由最高人民检察院和水利部统一领导，黄委和河南省检察院在郑州共同发起了“携手清四乱，保护母亲河”专项行动启动仪式，黄河流域九省（区）河长办和检察院负责人参加了会议，会议明确专项行动要聚焦当前群众反映强烈、直接威胁水安全的河湖突出问题，坚持问题导向，确保行动取得实效；各级河长办要与检察机关密切配合，协同发力，以专项活动为契机，搭建黄河流域行政执法与刑事司法有效衔接平台，同向发力，护航河长办，保护母亲河；要从全面强化法律监督职能出发，充分发挥各项检查职能，坚持以法律的武器治理黄河“四乱”（乱占、乱采、乱堆、乱建），用法律的力量保卫黄河流域的绿水蓝天，确保黄河生态环境健康。该项行动意义重大，应长期坚持，发扬光大。

2019 年黄委组织开展了黄河“清河行动”，目的是深入贯彻中央新时期生态文明策略，积极践行“水利工程补短板、水利行业强监管”的总基调，全面掌握黄河河道“四乱”问题及取水口、排污口现状，加强问题治理，强化河道管理保护，改善河道面貌，着力解决黄河流域生态突出问题。

“清河行动”工作目标是以全国河湖“清四乱”（乱堆、乱采、乱排、乱建）专项行动、黄河流域“携手清四乱，保护母亲河”专项行动为统领，2019 年完成陕西省境内黄河干流及重要支流河道管理范围内的“四乱”突出问题和取水口、排污口现状排查，建立“四乱”问题清单和取水口、排污口台账，积极推进“四乱”问题整治，严厉打击涉河违法违规行为，维护黄河健康生命，强力推进黄河生态带建设。

“清河行动”工作范围是排查落实黄河干、支流河道范围内的“四乱”问题。

“清河行动”工作内容如下：

（1）排查河道管理范围内“四乱”问题。现场检查现有清单上的“四乱”问题是否已清理整治完毕；有无新的“四乱”问题，并建立问题清单，包括问题所在位置、属性、规模等信息。

（2）排查取水口情况。现场检查现有台账上的取水口情况，有无新的取水口，建立取水口台账，包括取水口位置、取水方式、取水单位、年取水量等信息，对发现的问题建立清单。

（3）排查排污口情况。现场检查现有台账上的排污口情况，有无非法暗设的排污口，建立排污口台账，包括排污口位置、排放方式、入河污水量等信息，对发现的问题建立清单。

“清河行动”工作方式：根据各单位现已掌握的“四乱”问题清单、应用遥感获取的疑似“四乱”问题清单和现有取水口台账、排污口台账，对黄河干、支流河道进行实地查勘，复核“四乱”问题及取水口、排污口现状情况，排查有无新增问题。

通过沿河实地查勘，拨打监督电话，询问河长、河长办工作人员及向沿河群众了解情况等方式进行，在“查、看、问、访、核”基础上，对存在有关问题进行核实确认，掌握河道“四乱”的真实情况，如实反映存在的问题。在进行现场检查时，对存在问题的重要部位和有关情况应注意做好拍照、录音、录像等取证工作，留存相关资料。

黄河“清河行动”由黄委组织统一培训，组织排查小组成员认真学习有关政策、法规和规程规范，熟悉工作要求，掌握相关规定，明确检查内容，保证检查质量；按照责任分工，责任单位应选派业务精、作风硬、责任心强的业务骨干人员参加排查工作，提交排查工作报告、相关汇总表格、影像资料，建立排查台账；各排查小组要对排查的各类问题逐一提出处理或整改意见，为下一步全面清理整顿提供依据。

三、把握历史机遇，推进黄河治理与发展

2019 年 9 月 18 日上午，中共中央总书记、国家主席习近平在郑州主持召开了黄河流域九省（区）省委书记参加的黄河流域生态保护和高质量发展座谈会，这次会议对于黄河治理、开发和保护具有重大的现实与历史意义。

按照习近平指示精神，自古以来，中华民族始终在同黄河水旱灾害作斗争，“黄河宁，天下平”。黄河流域是我国重要的生态屏障和重要的经济地带，是打赢脱贫攻坚战的重要区域，在我国经济社会发展和生态安全方面具有十分重要的地位，保护黄河是事关中华民族伟大复兴和永续发展的千秋大计；黄河流域生态保护和高质量发展，同京津冀协同发展、长江经济带发展、粤港澳大湾区建设、长三角一体化发展一样，是五个重大国家战略之一。

加强黄河流域生态保护，推动流域经济高质量发展，积极支持流域省区打赢脱贫攻坚战，解决好流域人民群众特别是少数民族群众关心的防洪安全、饮水安全、生态安全等问题，对维护社会稳定、促进民族团结具有重要意义。要坚持“绿水青山就是金山银山”的理念，坚持生态优先、绿色发展，上下游、干支流、左右岸统筹谋划，共同抓好大保护，协同推进大治理，着力加强生态保护治理、保障黄河长治久安、促进全流域高质量发展、改善人民群众生活、保护传承弘扬黄河文化，让黄河成为造福人民的幸福河。

贯彻习近平总书记在黄河流域生态保护和高质量发展座谈会上的讲话精神，这是今后一个时期的中心任务。对于黄河水利工程管理，需要围绕水利部工作部署，把工作重心转移到“水利工程补短板、水利行业强监管”上来，大力推进黄河河道与水工程治理保护，研究制订具体行动纲领及工作方案，确保大堤不决口、河道不断流、水质不超标、河床不抬高，推动黄河河道与水工程生态保护，为黄河沿岸经济社会可持续发展提供安全保障。为此，黄河水利工程管理应统筹谋划，尽快认真研究，提出落实这次会议精神的工作意见，纳入黄委黄河流域生态保护与高质量发展重大问题研究总体工作方案，做好顶层设计。

针对黄委所辖黄河流域河道与水工程范围广、相关省区经济基础薄弱、直管工程多、运行管理任务重、检查监督管理难等特点，认真总结分析制约生态保护与高质量发展的突出问题，以问题为导向，研究提出加快流域河道与水工程运行管理的工作意见或工作大纲。

（1）理顺管理体制，完善运行机制。一是依据国家法律法规对黄河流域机构授权，提请水利部和相关省区，修订涉及黄河河道与水工程管理的地方法规或规章，实现相关法规或规章协调一致，以利于流域机构规范管理；二是河长制是国家层面的一项重要制度设计，全面贯彻落实河长制是今后一个历史时期的重要任务，黄委应充分发挥流域机构的监

督管理职能,协调沿黄地方政府河长办,持续开展河湖“清四乱”行动,着力解决影响黄河河道与水工程环境生态及安全的各类问题,精心打造完整坚固、生态友好的黄河水利工程岸线;三是完善以工程管理规范化、标准化为核心的制度体系,明确管理工作内容、人员岗位职责、工作程序步骤、监督考核标准等,促进工程管理工作有序、高效运行。

(2)强化安全管理,确保运用安全。各级管理单位应站在保护黄河河道与水工程生态、促进流域经济高质量发展的高度,着力开展河防工程断面标准化,完善各类工程设计与整修标准,消除各类工程的险点隐患,打造完整坚固的水利工程;积极实施下游综合治理,控制游荡性河势,减轻“二级悬河”形势;同时要注重防汛抢险传统技术传承,加强抢险新技术借鉴与研究,维持水利工程完整与安全运用,保障黄河长治久安。

(3)加强生态保护,打造人水和谐环境。进一步加大黄河干支流重点河段生态治理保护,逐步修复受损的水生态系统,推动黄河河道及岸线生态系统持续改善;以黄河河道和水工程为载体,积极推进水文化遗产保护,大力开展水文化建设,宣传黄河文化,服务沿黄地区人民群众;尽快补充完善生物工程灌溉系统设计,消除以淤背区适生林为重点的灌溉不足的短板,促进黄河生态廊道建设,让沿黄地区人民群众有获得感、幸福感。

(4)适应新时代管理要求,强化队伍能力建设。主要体现在以下几个方面:一是加强以信息传输手段为核心的信息化建设,包括传输网络建设、租网服务、重要水工程安全监测、视频监视、无人机遥感监视等,实现工程一线班组与各级管理单位(部门)之间互联互通,解决河道与水工程运行管理过程中的信息采集、传输和查询服务;二是建成黄河河道与水工程管理信息管理系统,完善工程管理数据库,实现各类工程基础信息录入、险点险段统计、除险加固状况、工程运行管理动态等在线服务;三是强化水管单位装备配备,配置皮卡工具车、喷灌车、全站仪、激光测距仪等监测仪器等,提高一线队伍的应急能力和管理操作水平;四是注重专业技术人才的引进与操作人员的岗位技术培训,坚持走出去、请进来,积极借鉴国内外先进技术和管理经验,提高水管单位一线人员的管理能力和操作技能。

(5)强化检查监督,考核引领进步。健全黄河河道与水工程管理行业监管体系,按照分级管理原则,明确各级监管职责,改善和优化监管方式,提升监管能力,提高监管效果;加强河道与水工程管理的标准化建设,完善监督考核制度,为强化监督管理提供制度保障;加强黄河干支流重点河道和水工程监管,做好监管人员培训,提高监管能力,坚持明察暗访,纠正违法违规行为,维护良好的黄河水工程安全、水生态健康的环境。

四、协调有关方面,促进立法修法

国家、沿黄各地人大和人民政府颁发的法律法规是规范水利工程运行管理的依据,是从源头上调整上下游、左右岸各方利益关系的重要手段。为此,应做到以下几点:

一是认真贯彻落实中华人民共和国《水法》《防洪法》《河道管理条例》《黄河水量调度条例》《黄河河口管理办法》等法规规章,严格河道与水工程管理,规范管理行为,维持良好水事秩序。

二是根据所辖黄河干支流河道与水工程管理需要,适时促请黄河流域相关省区人大或政府制定、修订相关水法规或规章,主要是省界和直管河道管理条例、管理办法的制定修订,提请地方政府修订相关法规,协调保障河道防洪安全与规范河道滩区有序利用关系,规范河道管理范围内非水利工程建设,协调省界河道管理相关法规的一致性等。

三是加强法制研究,坚持科学立法、民主立法。依托全面推行河长制工作实施,积极反映国家有关部委,组织开展《黄河法》《黄河管理条例》立法调研,畅通立法渠道,创新立法模式,实现从“闭门造车”“单兵作战型”向“服务外包”“专家参与型”转变,倡导开门立法、科学立法、民主立法,在保证法律公平正义的前提下,进一步增强了立法的科学性、针对性和可操作性;提请水利部报国家有关部委立项,成立了以分管委领导任组长,河道主管部门水政、水管、防办等相关人员参加的立法工作小组,制订了立法工作计划,组成专家参与的课题组,从体制机制、管理现状、现行水法规落实、立法必要性等方面展开专题研究。

四是创新宣传形式,提升宣传效果。应借助“世界水日”“节水宣传月”“12·4宪法宣传月”等时间节点,积极开展宣传,为依法管水、依法治水营造良好的法制氛围。应积极营造节约水资源、保护水生态氛围,借助媒体播放宣传短片,结合图片展览、有奖问答、文艺演出等形式,宣传保护水资源的重要性。加强黄河一线水文化宣传阵地建设,要结合黄委示范工程创建,在黄河干支流重点堤段、水闸、水库、近村河道整治工程上,着力打造集水生态、水文化、水法治宣传于一体的水管理标志,引导公众遵守水法规,自觉维护水工程安全,防止造成公众生命财产损失,提升水利工程科学化、精细化、法制化管理水平。

案例一:

黄河从内蒙古自治区托克托县河口镇流向由东转向南,一直到与渭河交汇处的潼关,这一河段称为北干流河段,长度725 km。其中,从河口镇至禹门口河段称为“大北干流”,禹门口至潼关河段称为“小北干流”。该河段存在水利部和山西省、陕西省关于黄河大北干流河段管理的有关规定不协调问题,需要水利部协调解决。

1999年,根据《中华人民共和国行政处罚法》和《中华人民共和国防洪法》,水利部下发了《关于流域管理机构决定〈防洪法〉规定的行政处罚和行政措施权限的通知》(水政法〔1999〕231号),将黄河干流托克托至入海口河段作为黄委管理的河段;在水利部授权黄委审查河道管理范围内建设项目权限的通知中(水政〔1993〕263号),明确黄河干流的托克托至入海口河段的各类建设项目都由黄委审查管理。

1994年7月21日,山西省人大通过的《山西省河道管理条例》第二条规定:对黄河的管理,依照国家有关规定执行。据此山西省地方水行政主管部门认为,黄河大北干流河段应由流域机构实施管理。

2000年12月2日,陕西省人大修订通过的《陕西省河道管理条例》第四条规定:省人民政府水行政主管部门是全省河道的主管机关。市(地区)、县(市、区)人民政府水行政主管部门是该行政区域的河道主管机关。该条例未排除地方水行政主管部门对黄河河道的管理。

水利部和山西省、陕西省关于黄河大北干流河段管理的有关规定不尽一致,导致该河段的管理事权不清,违规采砂、围河造田、河道弃渣、污水入河等问题频发,多次造成社会重大不良影响。

案例二:

黄河中下游河道滩区，它既是行洪滞洪沉沙的重要场所，也是滩区内群众赖以生存的家园。长期以来，滩区群众为了国家防洪安全大局做出了巨大的贡献和牺牲，受洪水淹没影响以及生产条件制约，经济发展落后，群众生产生活水平低，与国家提出的2020年全面建成小康社会的要求相距甚远。因此，滩区政府和群众谋求发展致富奔小康的愿望十分强烈，迫切希望河道主管机关分析滩区土地资源、风光资源、生态资源等基本情况和土地开发制约条件，修订滩区土地开发政策法规，研究开发方案，明确不同开发项目的管理对策。

2017年5月8日，国务院总理李克强在专题调研河南、山东黄河滩区居民迁建时指出："黄河安危事关国家政治安定和经济发展，黄河滩区群众脱贫事关全国脱贫攻坚大计，现在到了加快解决这些滩区居民安危与发展问题的时候了。"

围绕黄河中下游滩区治理未来发展方向，黄委有关科研院所开展了大量专题研究，从研究结果看，要处理好下游洪水泥沙问题，仍然需要维持滩区的行洪、滞洪、沉沙功能，维持宽河格局。国务院批准的《黄河流域综合规划》综合分析了不同滩区治理方案下的河道淤积速度、工程造价、工程抢险、对堤防的潜在危害、生产堤的危害性，预估黄河防洪形势，推荐逐步废除生产堤为主的综合治理方案。

充分考虑滩区经济社会发展对滩区开发的迫切需求，在现状滩区条件下并考虑河道防洪安全和非防洪建设项目自身安全，开展风电、现代农业和湿地生态开发项目方案研究是十分必要的，这是加快滩区群众脱贫致富奔小康的重要路径。

《防洪法》《河道管理条例》等涉水法规明确"禁止在河道、湖泊管理范围内建设妨碍行洪的建筑物、构筑物，倾倒垃圾、渣土，从事影响河势稳定、危害河岸堤防安全和其他妨碍河道行洪的活动"，"在水利工程设施保护范围内，禁止进行爆破、打井、采石、取土等危害水利工程设施安全的活动"。《河南省黄河防汛条例》《山东省黄河河道管理条例》等法规明确禁止在黄河滩区开发建设"厂房""工厂"，风电、现代农业等开发项目的企业是否允许建厂？所建厂房等是否属于"厂房""工厂"等禁止性内容？风电等永久建筑物达到一定的设防标准、安全风险较小是否允许建设？需要立法机关做出正式解释或者修订相关法规，这是非常必要的。

第二节 管理制度建设

一、制度建设的必要性

体制的转换并不意味着改革的真正到位，一定的体制总是需要一定的运行机制与其相适应，体制与机制相辅相成、互为促进，构成完整的整体。因此，在加快水管单位体制改革实施步伐的同时，需要更新观念，分析研究建立完整、全面、灵活、高效的管理运行机制，才能有效地推动改革工作持续深入进行。

制度建设属于运行机制范畴，是适应新体制条件下保证工程完整和安全运用的必要步骤与重要手段，"工程管理"作为一个体系，则运行机制就是指参与工程管理的各个方面（包括水管单位、主管单位、养护公司、监理单位等）在工程管理中发挥的作用、效能及运行过程中各单位之间相互作用的过程和方式,需要通过制度加以规范。

制度建设的内容主要包括行业约束(法律法规、行业标准)、单位间约束(责任、权力、义务划分)、单位内约束(规章制度)在内的约束机制;建立上级主管部门、水管单位、监理单位等按照规定对工程管理和维修养护作业进度、质量、资金使用等管理的监督机制;建立以竞争为核心,以经常检查、月度考核、奖惩严明、鼓励创新为手段的激励机制等。

二、制度建设的思路

2006年水管体制改革完成后,水管单位实行与企业彻底分开,管理与养护业务分离,如何适应新体制要求,规范水管单位与养护企业的工作行为,迫切需要建立管理科学、运作规范的运行机制,需要制定一系列的配套规章制度,使工程管理和维修养护有章可循,有效推动水管体制改革工作深入进行,确保改革的持续深入发展。

为建立职能清晰、权责明确、管理科学、运作规范的河道与水工程运行机制,促进水利工程管理和维修养护工作规范、有序、高效运转,适应经济社会发展对水利工程管理的专业化、规范化与现代化要求,确保水利工程完整与安全运用,追求防洪综合效益的最大化,黄委重点从工程标准化、管理规范化、养护操作精细化、检查制度化、审查监督法制化、监测监控现代化等几个方面入手,着力强化制度化建设。

黄委河道与水工程管理制度建设重点是立足于贯彻落实水利管理行业的规程规范,严格水工程鉴定探测评估,推动工程维护专业化、市场化,规范项目监理与质量监管,强化河道与水工程监督检查考核等,围绕堤防、水闸、水库及河道整治工程管理,先后建立了各类水利工程的安全观测探测巡视检查制度,如堤防隐患探测及河道整治工程根石探测管理办法,工程维修养护管理制度及质量标准,水利工程合同、监理、质量监管、验收等制度,一线人员岗位职责与责任追究办法,工程管理考核办法,黄河河道管理范围内建设项目技术审查标准、穿河越堤管理安全监督办法及防洪补救工程建设管理办法等。

三、制度建设的主要内容

(一)水管单位内部管理制度

按照《河道堤防工程管理通则》(SLJ 703—81),河道堤防管理单位均应根据该通则结合工程具体情况,制定或修订所辖河道堤防工程的管理办法有关规定,报上级主管部门批准后执行。

河道堤防管理单位应在岗位责任制的基础上建立健全以下管理工作制度:

(1)计划管理制度;

(2)技术管理制度;

(3)经营管理制度;

(4)财务器材管理制度;

(5)水质监测制度;

(6)请示报告和工作总结制度;

(7)事故处理报告制度;

(8)安全保卫制度;

(9)考核、评比和奖罚制度。

依据河道堤防管理通则,结合国家经济建设发展对黄河防洪保安全要求的不断提高,以标准化堤防建设为标志的水利工程体系逐步完善,国家级水管单位创建的制度建设要求等、水管单位内部适应当前要求的各项管理制度基本形成且比较完善。

(二)业务技术管理制度

黄委直管水利工程具有地域分布广,堤防战线长,水库水闸数量多、规模大等特点,要维持大量水利工程及附属设施的完整和安全运用,管理任务是非常繁重的,即便如此,每年跨坝、溃堤等险情和局部灾害时有发生。

为规范黄河水利工程管理,有序推动各项业务技术工作开展,依照水利管理行业的规范、规程等规定,黄委先后制定了《黄河河道巡查报告制度》、《黄河堤防工程隐患电法探测管理办法》、《黄河河道整治工程根石探测管理办法》、《黄河水闸技术管理办法》、《黄河下游水闸安全鉴定规定》、三门峡和故县《水库安全管理应急预案》、《黄河工程管理突发事件应急处理与报告制度》等管理制度,推动了黄河水利工程管理工作的健康发展。

(三)岗位职责制度

责任制是依照职责分工,将工作责任分解到水管单位相关科室及人员,并对其进行监督、检查和奖惩的工作制度。建立岗位责任制,可以强化员工责任意识,有助于减少随意性及盲目性。岗位责任制把各级管理者的职责权限和利益从制度上加以明确,可有效减少管理者在缺乏科学论证的情况下盲目地做出决策;同样也减少了一线人员工作中的失误及无效劳动,提高工作效率。

岗位责任制能较好地把职工的利益、责任和单位的生产状况有效地结合起来,克服单位内部分配中的平均主义,压力和动力共存,激励一线人员创造更好的业绩,真正体现责、权、利原则。水管单位要建立领导干部岗位责任制、科室人员岗位责任制、操作人员责任制等。

岗位责任制具有四要素,即要求明确各个岗位的工作内容、工程(作)量、质量标准及考核绩效;其核心是把各项工作按照内容、性质和特点层层分解到各个岗位上,并核定各个岗位的内容与数量、标准、权利,形成岗位职责与员工利益紧密相关的制度。

建立水管单位内部岗位责任制,可以强化员工责任意识,有助于减少决策的随意性及操作的盲目性。为此,黄委研究建立了《黄河水利工程运行观测岗位职责》《黄河水利工程运行观测与维修养护人员岗位责任制实施办法》等,其主要内容是要求对运行观测一线人员各岗位承担的工作任务内容、工程(作)量、完成时限、质量标准、工作责任、考核方法及既得利益等做出明确规定,要求管理班组将各个岗位的职责、工作内容、考核标准上墙公示,并确保一线运行观测人员上岗到位,应做到岗位具体、职责明确、标准量化、便于考核。

各水管单位应将每个人员的工作岗位、职责、内容、考核标准等以表格的形式进行分解,印发每个责任人,并在管护基地内将岗位职责上墙公示;同时,以县局为单位,在水管单位所辖堤防的主要上堤路口或两水管单位交界处、河道整治工程主要上坝路口分别设立工程管理责任牌;水闸工程以水闸为单元,在水闸管理区内醒目位置设立工程管理责任牌(以下简称“责任牌”)。

各水管单位应加强对运行观测一线人员的岗位职责履行情况进行考核(见图4-1),将每人每月的绩效考核与收入挂钩,促进了工程日常管理工作的顺利开展。

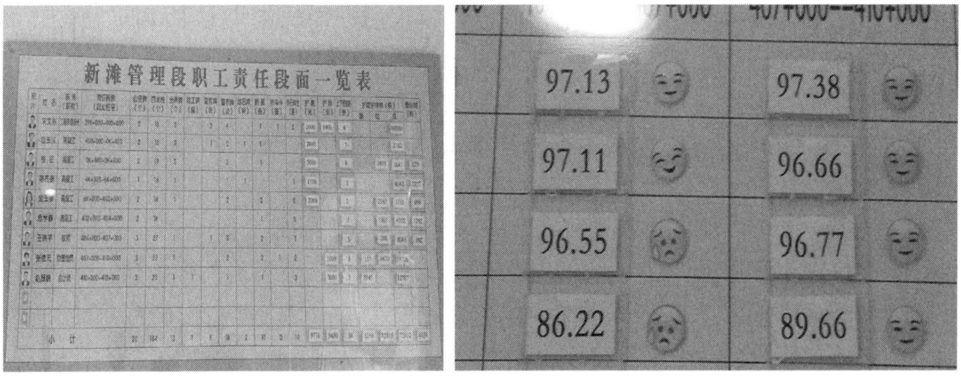

图4-1　长江某堤防管理所内部考核表

注意事项:

建立与落实一线人员岗位责任制,对于多数水管单位是个比较困难的问题,原因在于水管单位存在参公与事业身份混编,参公人员难以实行绩效考核;同时,水管单位科室人员工作(程)量不好量化。因此,不少水管单位缺乏行之有效的岗位责任制度,但对水管单位一线班组人员每月的检查考核是容易实施的,通过月度考核可以达到强化日常养护,减少突击整修,提高精细化、规范化管理水平的目的。

(1)水管单位应实行目标管理,并对目标进行细化分解,各科室、班组对个人实行岗位责任管理,一级抓一级、层层抓落实。

必须建立以岗位责任制为核心的内部管理制度,对运行观测业务划分岗位、实行分段包干,明确岗位内容、定额工程(作)量、考核标准及奖罚措施,每月的业绩考核与浮动工资或奖金挂钩,保证岗位职责落实到位。

(2)水管单位制定岗位责任制,应借助内部局域网或在工程一线或管护基地显要位置制作、安装责任牌,明确各个岗位人员的工作范围、岗位内容、职责等,便于检查考核。

(3)加强管护基地建设,改善职工的生产、生活、交通及文化娱乐条件,并将管护基地各种配套设施纳入上级年度目标考核指标,达到降低观测与养护成本的目的,以利于工程管理有序、高效开展。

(4)主管单位要研究职工工作环境与特点,了解员工需求,不断改善一线职工的生产生活条件,使大家安于岗位、热爱岗位,安居才能乐业,才能保证岗位责任制的实施效果。

(四)维修养护项目管理

为构筑管理规范的水利工程运行机制,作为黄委水管体制改革后的一项紧迫和重要的工作,2005年结合水管单位"管养分离"改革试点进行,按照改革后管理方与维修养护方合同管理关系,对水利工程管理和维修养护的业务流程及关键环节进行认真梳理,根据运行管理需要,结合黄河水利工程维修养护工作特点,制定了工程维修养护工作标准和相关管理办法,先后颁发了《黄河水利工程维修养护合同示范文本》《黄河水利工程维修养护项目验收管理规定》《黄河水利委员会维修养护经费使用管理有关规定》等多项配套管理办法。内容涵盖工作程序、实施方案、单位职责、维护标准、工程质量、过程监督、考核验收、经费管理、责任追究等，明确了责任主体和工作标准等，核心是抓住工程普查、编制与落实维修养护方案、确定维修养护项目、签订维修养护合同、监督养护操作、严格考核验收等关键环节，按照明确岗位职责、量化管理标准、引导精细操作、严格检查考核的工作思路，达到规范管理行为、促进精细操作的目的。

在新的运行机制中，提出了新体制下工程管理和维修养护规范的工作程序，保证了各项工作有序运作；研究制定了工程维修养护标准；研究制定了维修养护合同示范文本，规范了管养双方的合同行为，针对维修养护的业务特点，采用了“1+X”的合同管理模式，即堤防、河道整治、水闸工程日常养护分别签订 1 个年度合同，对工程量较大或技术要求高的维修项目实行专项管理，签订若干个维修养护专项合同；建立了水管单位、养护公司一线人员岗位责任制，促进了一线人员规范操作、奖惩兑现、有序运转；明确界定了“管养分离”后工程管理“管”“养”双方的业务范围，使双方职责清晰、权责明确；建立了系统的工程维修养护质量管理体系，明确了各方的质量责任，为确保工程维修养护质量提供了保障；建立了工程维修养护项目验收制度；建立了规范的工程运行观测与维修养护技术资料管理办法；建立了规范的维修养护经费使用与管理办法，确保维修养护经费使用规范、合理、安全、有效。

水管单位应建立基本管理制度（见图 4-2），并在实践中不断完善。例如，堤防管理单位应当制定岗位责任、巡查监测、维修养护、穿堤建筑物管理、查险报险、防汛物资管理、档案管理及应急管理等基本制度，经主管部门审核后执行；水库、水闸管理单位应当制定岗位责任、调度与控制运用、设备操作、检查监测、维修养护、档案管理及应急管理等基本制度，经主管部门审核后执行。

图 4-2　黄委管理法规制度汇编

第三节　工程管理标准化

一、工程管理标准化内涵

大家经常谈到工程管理标准、维修养护标准等概念。标准、规程、规范在水利工程建设及管理领域频繁出现,它们均是标准的表现形式,只有针对具体对象不同才加以区别,习惯上统称为标准。工程管理标准或维修养护质量标准是标准或标准化的组成部分,或者说是标准或标准化在水利工程管理领域的应用体现。

一般针对工程勘察、规划、设计、施工等技术事项所做的规定,通常采用规范。

一般针对工程维修养护操作、工艺、方法等技术要求,通常采用规程,如堤防或土石坝养护修理规程是养护修理的作业规范。

首先,简单讲标准就是尺度或衡量尺子,针对工程某部位进行的工艺操作应达到的尺度或程度。其次,工程管理标准化要求各类工程要满足设计尺度或设计指标,要求管理单位的制度设计能够规范职工的工作(操作)行为,通过管理或操作过程,使得各类工程的各个部位达到设计尺度或标准。第三,工程管理标准与维修养护标准有共同点,即对于某一特定对象而言,其衡量尺度或要求具有一致性,且均是针对操作层面的某一特定对象应达到的尺度或要求;其不同点在于"工程管理标准"是对水管单位的管理目标或衡量尺子,是对水管单位及一线管理人员的管理与操作综合要求,包括制度建设与执行、主体工程及附属设施等对象的各个部位应达到的尺度或要求,而"维修养护标准"是为适应水管体制改革需要,由水管单位或上级主管部门制定,用于水管单位与养护企业签订合同的专项技术条款,要求养护企业承揽的业务中各类工程的特定部位通过养护修理必须达到的尺度。

譬如黄河水利工程维修养护质量标准,就是为工程维修养护获得最佳秩序,对维修养护操作或其结果规定共同的和重复使用的规则或特性文件。因此,工程维修养护质量标准就是通过养护修理过程,使建筑物结构强度和尺度达到或满足设计指标。

黄河水利工程维修养护,除符合本标准外,还应符合国家及行业现行有关技术标准,如堤防隐患探测、根石探测、安全监测设施等项目的维修养护质量,应执行相关标准或规范实施管理。全面推行维修养护质量标准,建立健全质量保证体系,完善质量管理制度,明确岗位质量责任及考核办法,落实质量责任制,做好工程质量标准的全过程控制。

工程技术质量标准具备如下特点:一是为维持工程的设计功能,依据现行法律、法规和技术标准,对黄委直管的堤防、水闸、水库及河道整治工程实施维修养护后达到完整、坚固、安全、美观等综合性要求;二是以科学、技术和实践经验的综合成果为基础,经协商一致制定,并经专家审查和机构批准,以促进最佳的工程管理效果为目的;三是符合技术先进、安全可靠、经济合理、方便使用的原则。

二、构筑工程管理标准化体系

2006年水管体制改革完成后,新的管理体制和运行机制已经建立,水利工程维修养护经费得到了落实,黄河水利工程管理如何实现跨越式发展,将成为检验水管体制改革成效的标志。为此,黄委根据水利发展形势变化,依据水利管理行业的标准、规范,制定并建立了以《黄河下游标准化堤防工程规划设计与管理标准》为引领的水利工程管理标准体系,从工程基本建设到年度维修类项目安排,对照标准抓设计、审查,严格监督考核,实现主体工程及附属设施的标准化,促进水利工程管理不断上台阶。

长期以来,黄委比较重视标准化建设,在标准化堤防建设过程中,经多次专题研究讨论,2008 年确立了“规范管理、精细操作、量化标准、严格考核”的指导思想,明确了建立标准体系,严格量化考核的工作要求,并组织有关专家成立了专项研究组,集中力量开展研究,通过调研讨论和多次咨询,研究编制了《黄河堤防工程管理标准(试行)》《黄河河道整治工程管理标准(试行)》《黄河水闸工程管理标准(试行)》《黄河水利工程标志标牌建设标准》《黄河水利工程维修养护质量标准》《水库大坝工程维修养护质量标准》《黄河工程维修养护内业资料管理标准(试行)》,对黄河水利工程的管理、保护、现代化建设以及维修养护内业资料管理明确了详细、量化的指标要求,配套制定了《黄河工程管理考核办法》,形成了独具黄河特色的水利工程管理标准化体系,促进了黄河水利工程管理向精细化转变。为维持工程完整、不断改善工程面貌、全面提高工程综合管理水平打下了良好基础。

如《黄河堤防工程考核标准》,将堤防划分为堤顶、堤坡、淤背区、防浪林与护堤地、工程保护、工程观测与探测、现代化建设及管理庭院等 8 个部分,包含堤顶道路、堤顶排水、行道林、标志标牌、上堤辅道、淤区围堤、淤区管护、防浪林、确权划界、安全保护、工程观测、信息化建设、附属设施、绿化美化、卫生状况等 29 个项目,设置 143 个考核点次,检查考核点次全部计量测定,考核总分 1 000 分。

针对堤防、河道整治工程点多、面广、战线长、规模大及老化失修欠账多的特点,黄委实施了“示范工程”带动战略,引导工程管理逐步迈向标准化、精细化,制定了《黄委示范工程建设管理标准》,并进行统一部署,由各水管单位编制“示范工程”建设五年规划,结合每年维修养护实施方案制定,将“示范工程”建设纳入维修类项目,有计划、有重点、分步骤地开展整修,按照“建成一处、验收一处、保持一处”的要求,高起点地建设“示范工程”。2004 年至今,黄委所属水管单位已经创建堤防、水闸、河道整治工程及管护基地等示范工程 160 多处,以点带面,促进工程面貌持续改善。

近年来,随着水利工程管理工作的不断深入,浙江、江西等省区水利部门提出全面推动水利工程管理标准化建设的意见,其核心是针对不同类型水利工程,明确逐类工程管理职责,细化管理岗位及工作内容,制定相应管理或操作标准,强化监督考核,实现工程管理的标准化。如堤防工程按照检查观测、巡堤查险、维护操作、检查考核等工作内容,需要明确各个工作岗位人员的管理职责、管理内容及工作标准;工程管理标准可划分为:①岗位工作标准,即岗位工作内容、预期目标、工作程序、衡量的技术指标等;②技术标准,如堤防维修养护规程、堤防工程巡查观测技术要求、维修养护应达到的技术指标等;③考核标准,即水管单位内部及上级主管部门指定的工程管理检查考核标准,包括绩效考核标准等。黄河河道堤防、水库、水闸工程管理要全面提高现代化管理水平,就要从战略高度着眼,从管理细处着手,借鉴一些省区的经验做法,进一步加强工程管理规范化、标准化建设,推动工程管理实现新的跨越。

第五章　工程管理规划设计

工程管理规划以维持黄河健康生命治河理念、规范管理促进发展及黄河水利工程管理标准化为指导，认真总结上期规划期间工程管理工作经验，分析存在的问题，理清本规划期间黄河工程管理工作思路，明确工作目标、任务及安排，以指导黄河水利工程管理各项工作规范、有序、高效开展。针对黄河水利工程管理发展的阶段性特征，研究解决事关工程管理长远发展的重大问题，谋划工程管理行业的发展方向，科学编制黄河水利工程管理五年规划，对维持工程完整、保证工程安全、确保黄河防洪安全、保持黄河工程管理全国领先地位，具有十分重要的意义。

第一节　河防工程管理规划

以黄河水利工程管理“十二五”（2011～2015 年）规划编制大纲为例，作为“十二五”期间水利工程管理工作的指导性文件，是指引和推动委属各级主管部门和水利工程管理单位工作的依据，是编制黄河水利工程维修养护规划和年度实施方案的重要技术指导，要求各单位按照规划，进一步细化、分解本单位的水利工程管理规划与年度任务，用以指导工程管理各项工作开展。

一、工作回顾

过去五年回顾，如顺利完成了水管体制改革，建立了工程管理新体制；构建了新体制下的运行机制，各级管理单位的内部规章制度基本完善；黄河工程管理示范工程建设卓有成效；积极开展植树绿化、国家级水管单位及国家级水利风景区创建活动；通过坚持不懈地开展工程维修养护，保持了工程完整，保证了工程的安全，一大批具有生态功能的水利工程展现在黄河两岸，黄河工程面貌发生了历史性变化，工程综合效益得到了充分发挥，黄河工程管理继续保持全国领先水平。

（1）精心组织，顺利完成水管体制改革。

（2）规范管理，构建了新体制下的运行机制。

（3）强化基础，确保工程运用安全。

（4）周密安排，扎扎实实地开展维修养护工作。

（5）示范引导，工程面貌持续改善。

（6）创新管理，全面提高工程管理水平。

二、形势与任务

黄河水利工程管理工作是黄河治理开发与管理的一项重要的基础工作，在黄河防洪、水资源开发利用中有着不可替代的基础作用。“十二五”时期，深入贯彻科学发展观，推进传统水利向现代水利、可持续发展水利转变，践行维持黄河健康生命的治河理念，是黄河水利工程管理工作面临的重要任务，以"管养分离"为核心的水利工程管理体制改革，为黄河工程管理带来了千载难逢的发展机遇，同时也面临一些不确定因素，新的形势对黄河工程管理工作提出了更高的要求。

（一）有利条件

通过改革，理顺了管理体制，初步建立与新体制相配套的运行机制，畅通了工程管理和维修养护资金的来源渠道，稳定了职工队伍，增强了水管单位的活力，为黄河水利工程管理工作的可持续发展提供了可靠保证。

黄河标准化堤防建设，形成了以堤防、淤背区和防浪林为主体的防洪保障线，以堤顶柏油路形成的抢险交通线，以防浪林、适生林、护堤林、行道林和草皮防护措施构成的生物工程生态景观线，还有各种管理附属设施。

随着现代科技发展和"数字黄河"工程建设，"数字工管"系统建设取得可喜进步，先进管理技术手段的不断出现，为提高管理现代化水平提供了有力支持等。

（二）主要挑战和制约因素

认真践行水利部治水新思路和维持黄河健康生命的治河理念，对黄河工程管理工作提出了更高要求，这需要有科学的管理规划、健全的管理机构、健全的管理机制、完善的规章制度、完整的规程规范和技术标准、规范的维修养护秩序、科学和先进的管理手段。

黄河水利工程管理还不同程度地存在着"重建设、轻管理""重主体、轻配套""重经济、轻生态"等问题；水管单位运行机制不协调，激励机制尚不完善；水管单位机构经费不足，维修养护企业设备严重短缺，专业人才匮乏，发展后劲不足。"十二五"时期仍然面临着继续深化改革，解决制约工程管理实现可持续发展等重大挑战。

同时，沿海经济发达省区水利工程管理现代化发展较快，对黄河工程管理发展提出了严肃挑战；黄委工程管理信息化能力建设滞后、设施设备不能适应维修养护要求等现实条件，对"十二五"工程管理水平的提高也形成了制约。

三、规划指导思想、原则、目标

（一）指导思想

以国家水利发展"十二五"规划为指导，全面贯彻落实科学发展观，坚持可持续发展治水思路，围绕维持黄河健康生命的治河新理念，以安全管理为中心，实施精细化管理，保持工程完整，确保水利工程安全运用；实行最严格的河道与水工程管理制度，完善制度建设，依法规范工程管理工作；以工程管理信息化建设为核心，积极推动管理技术创新，全面提高黄河工程管理的现代化水平。

（二）规划原则

（1）以防洪安全为中心，保持工程完整和运用安全，充分发挥工程效益。

（2）不断完善工程管理规章制度，提高依法行政、规范化管理水平。

（3）围绕标准化堤防工程的建设理念，坚持"标准统一、管理规范、养护精细、考核严格"的管理要求，持续改善工程面貌。

（4）坚持示范引导，积极开展示范工程创建活动。

(5)以信息化建设为重点,改善工程管理技术手段,提高工程管理现代化水平。

(三)规划依据

(1)《中华人民共和国水法》《中华人民共和国防洪法》《中华人民共和国河道管理条例》等有关法律法规。

(2)《黄河近期重点治理开发规划》《堤防工程管理设计规范》《黄河下游标准化堤防规划设计与管理标准》。

(3)《黄河堤防工程管理标准》、《黄河河道整治工程管理标准》、《黄河水闸工程管理标准》、《黄河工程维修养护内业资料管理标准》、水利部《水利工程管理考核办法》、《黄河工程管理考核办法》。

(4)《黄河堤防工程隐患电法探测管理办法》《黄河河道整治工程根石探测管理办法》《黄河堤顶道路管理与维护办法》《黄河下游水闸安全鉴定规定》等。

(四)规划水平年及范围

规划水平年:规划基准年为2010年,规划水平年为2015年。

规划范围:黄委直管的黄河禹门口至河口河段水利工程,沁河、大清河及渭河下游等支流水利工程,三门峡、故县水库工程及管理工作。

(五)规划目标

(1)维持工程完整,确保防洪安全。

以防洪安全为中心,强化工程观测、汛前安全检查、根石探测、堤防隐患探测、水闸安全鉴定,及时发现并消除各种工程险情隐患。

(2)不断完善规章制度,促进管理工作规范运转。

黄委及各级管理单位要认真贯彻落实国家水利管理行业的标准、规范、法规,根据行业发展要求,完善相应的规章制度,形成符合黄河管理要求的完备制度体系,并督促指导各项业务工作有序开展。

(3)以信息化建设为重点,积极推动工程管理现代化。

继续推进"数字工管"系统建设,技术创新取得明显进步。2013年底前,在委属河务系统全面推广应用黄河工程管理巡查报告系统;按照3~5年内取消人工根石探测的既定目标,加快河道整治工程根石探测新技术的推广运用,并研究建成黄河河道整治工程根石管理数据库;切实做好堤防隐患探测,建成满足不同级别单位需要的堤防隐患管理数据库;完成黄河水利工程基础信息数据库升级改造及黄河中游各水管单位工程基础数据补充完善,建成覆盖全河的工程基础信息数据库;及时补充更新工程基础数据信息,全面实行计算机管理;建成涵盖堤防、水闸、河道整治工程在内的黄河历史洪水工程险情数据库。

(4)加强工程管理队伍能力建设。

(5)严格标准,精细养护,持续改善工程面貌。

(6)坚持示范带动战略,充分展示黄河治理开发与管理成就。

四、规划内容

(一)强化工程安全管理,确保工程安全运用

各水管单位每年要认真开展汛前徒步拉网式普查、堤防隐患探测、河道整治工程根石

探测等安全管理技术基础工作，严密排查工程安全隐患，及时发现水沟浪窝、獾狐洞穴等工程缺陷，为工程维修养护提供支撑。

认真组织开展维修养护规划、年度实施方案及维修类项目设计的编制，把握方案审查、监督实施、项目验收等环节管理，确保定额工程量足额完成。

（二）不断完善运行机制，进一步规范工程管理工作行为

建立与不断完善运行机制是促进工程管理高效、有序开展的基础。“十二五”期间，对以往出台的各项规章制度进行认真梳理分析，制定完善河道与水工程管理的相关规章制度，建立与完善符合水利管理行业快速发展、符合黄河特色的制度体系，保障工程管理工作持续深入开展。

强化依法管理，严格制度落实，促进河道和水工程的法制化、规范化管理，提高依法行政、依法管理的能力。

1. 规范维修养护合同管理

新机制运行的核心是维修养护合同管理，进一步加强维修养护合同管理，明确职责、义务和权利，增强合同履约意识，促进维修养护工作规范运行。

各单位应严格合同管理，从合同起草、签订、履行、归档等方面进行严格把关，保证合同管理各个环节规范有序。一是继续推行“1+X” 合同管理模式，即堤防、河道整治、水闸工程日常维修养护分别签订 1 个年度合同，根据各类工程状况、管理要求和养护经费额度，签订若干维修养护专项合同。二是按照委制定的合同示范文本签订合同，保证合同内容真实、规范，签订及时。专项合同必须附具专项设计。三是日常维修养护合同实施过程中，采取“两清单一说明”的形式下达月维修养护任务，进一步规范合同管理。四是禁止维修养护合同转包和违法分包。

2. 规范维修养护监理工作

认真落实《黄河水利工程维修养护监理管理办法》，依照合同约定，切实做好所承担的工程维修养护项目的监理职责，真正履行社会中介职能，加强对养护单位的监督协调，协助水管单位和上级单位做好工程维修养护工作的管理。

3. 加强监督管理，保证维修养护质量

认真落实《黄河水利工程维修养护质量管理规定》，在工程维修养护项目实施过程中，加强工程维修养护合同执行、工程进度、质量、资金使用及监理履约行为的监督与检查，按时组织工程项目竣工验收，规范参与工程维修养护各方的行为，保证工程维修养护质量。

4. 完善汛期工程安全管理制度

针对黄河汛期强降雨多的特点，黄委研究建立汛期工程水（雨）毁修复管理办法，明确水（雨）毁工程修复程序、时限及质量要求；各省级河务局制定实施细则，认真贯彻落实工程水（雨）毁修复管理制度，保证工程发生水（雨）毁后，及时发现、报告与修复，确保汛期工程安全。

（三）以“数字建管”建设为重点，推动工程管理现代化

信息化是工程管理现代化的前提和基础，也是“数字黄河”建设的必然要求。积极推进科技创新，以信息化建设为核心，完善专业化队伍能力建设，改善管理与操作手段，提高黄河工程管理的现代化水平,确保工程运用安全,充分发挥工程综合效益,这是工程管理的重要任务,必须提到重要的议事日程。

按照3~5年内取消人工根石探测的要求,全面推广河道整治工程根石探测新技术,进一步规范根石探测与资料整编工作,并研究建立"河道整治工程根石探测成果管理数据库",实现根石探测工作从探测生产到数据处理再到计算机信息管理形成一套完整系统,不断提高根石探测成果精度、工作效率和信息化管理水平。

推广"黄河堤防隐患探测技术",规范堤防隐患探测成果与资料整编归档,2013年底前,黄委及河南、山东河务局建立较为完备的堤防工程隐患管理数据库,满足黄河防汛、规划设计、工程管理等业务需求,为堤防工程安全管理工作提供技术支持。

补充完善基础信息数据,借助黄河历史洪水险情资料调查成果,建立《黄河历史洪水险情数据库》,并将其纳入水利工程维护管理系统,实现水利工程基础数据的资源共享与快速查询服务,为各治黄业务部门提供技术支持。

依据国家有关技术标准和规范,借助水利工程基本建设规划、可行性研究,加快观测与养护设备建设,促进黄河水利工程管理与维护初步实现专业化、机械化;继续加强工程管理科技引进与开发,加快新技术、新机具的推广应用步伐,不断改善工程管理与维修养护技术手段。

"十二五"期间,要着力加强水管单位能力建设,有计划地引进新技术、新设备;依据有关标准,加强水管单位办公附属设备如交通车辆和计算机、摄像机、照相机等数字化办公设备配置,满足水利工程管理现代发展要求;同时,要注重管理技术人员培训,提高工程管理人员素质,采取委托、参加、走出去、请进来等方式,强化对各级工程管理人员的技术培训及岗位练兵,提高水管单位的综合管理水平,逐步建立符合现代化发展要求的管理队伍。

(四)强化日常管理,继续改善工程面貌

按照黄委制定的黄河工程管理办法及考核标准,水管单位、养护公司切实落实一线人员岗位责任制;各上级业务主管部门加强监督、检查、考核,坚持工程管理半年检查、年终考核,保证各项管理制度落到实处,促使各类工程达到精心管理、精细操作,在维持工程防洪设计功能的基础上,促进工程面貌的持续改善。

克服困难,解决堤防管理的三大难题。近村庄堤段、堤顶道路超载车辆、上堤辅道三大管理难题已成为影响堤容堤貌的主要因素,"十二五"期间,各单位要采取多种措施,克服困难,努力加以解决。加强近村堤段管理,保持工程良好面貌;加强堤顶超载车辆管理,确保堤顶防汛道路畅通;加强上堤辅道管理,保持工程完整美观。

"十二五"期间,按照黄河标准化堤防"防洪保障线,抢险交通线,生态景观线"的建设理念,通过严格管理与精心维护,使黄河大堤成为国家名片——黄河堤防。

(五)继续推动示范工程建设,积极开展国家级水管单位创建

1.继续推动示范工程建设

工程管理"示范工程"建设是一个由点到面带动全河工程面貌改变的重要手段。黄委将研究建立示范工程考核、认定的管理机制,强化示范工程的带动效应,促进工程管理水平提高。各省、市河务局研究落实具体措施,有计划、有步骤地开展"示范工程"建设。

各水管单位进一步加大建设力度,结合所辖工程实际,综合考虑主体工程、生物措施、附属设施等各个方面,围绕防洪保障线、抢险交通线和生态景观线的建设要求,继续推进工程管理"示范工程"建设,通过严格管理与精心养护,高起点、高标准地建设一批精品工程,不断增加示范工程的数量和长度,促进工程面貌的全面改善。

"十二五"末建成堤防示范工程长度 700 km,水闸、险工、控导及管护基地等示范工程建设长度或数量不少于同类总量的 50%。

2. 积极开展国家级水管单位创建

按照水利部《水利工程管理考核办法》要求,加强对考核工作的管理与指导,把国家级考核引导到全面提高水管单位综合技术水平的健康轨道上来。本着积极稳妥、量力而行、逐步实施的原则,成熟一个,申报一个,确保国家级水管单位申报工作第次有序、保证质量。各水管单位要认真对照考核标准,从工程面貌、安全管理、绿化美化、内业资料及管理规范化、现代化建设等方面,找差距、定措施、抓整改,做好创建国家一级水管单位的准备。各上级管理部门积极创造条件,鼓励支持其申报国家级水管单位,争取 50% 的水管单位达到国家一级水管单位水平,进一步提升工程管理水平。对已通过水利部组织认定的 12 个国家级水管单位,应重视全面管理与精细养护,继续保持国家级水管单位荣誉,巩固黄委在全国工程管理中的领先地位。

(六)依法严格河道与水工程管理,营造良好的工程管理环境

1. 严格涉河建设项目管理

按照实施最严格河道管理要求,依据相关法规及《黄河流域河道岸线管理规划》,做好职责范围内涉河项目的技术审查、审核等水行政管理工作;各市、县级河务局针对所辖河道管理实际研究对策,加强对辖区内水利工程管理违章事项的巡查监督,大力开展清理工程管理范围内违章事项,保证"十二五"期间管理河段内无新增违章项目。

2. 全面完成黄河流域重要河段采砂管理规划编制

按照水利部工作部署,黄委组织协调有关单位于 2011 年底前,完成《黄河流域重要河道采砂管理规划》编制,规范流域内河道采砂活动,为依法开展河道采砂管理提供依据。

3. 规范林木采伐及旧堤、旧坝、故道管理

2011 年底前,黄委组织研究制定《黄河防洪林木采伐更新管理办法》,建立黄河防洪林木采伐更新管理审批制度,规范与指导黄河防洪林木采伐管理工作,为依法进行黄河防洪林木采伐更新管理提供制度保障。

4. 积极推进水利工程占地确权划界

黄河水利工程占地及管护范围土地确权划界,是维护工程完整与安全运用的重要环节和物质基础。黄委在"十二五"期间将根据国家经费到位情况,逐步完成黄河工程确权划界任务。各单位按照黄委的部署安排,依据国家《土地管理法》,做好土地确权划界的各项基础资料准备工作,尤其是 1998 年以来新建工程征占的 13.3 余万亩土地。尽快完成土地确权划界,为依法实施水工程管理创造有利条件。力争新建水利工程能够先确权划界再开工建设,保证工程管理土地权属界线明确。

5. 开展淤背区专项治理

淤背区是堤防工程的组成部分,依照《中华人民共和国河道管理条例》,任何单位和

个人不得侵占和破坏,其运行管理遵守堤防工程管理的有关规定。从目前情况看,淤背区范围内种植农作物、私搭乱建、林木断带等问题依然严重。

五、保障措施

各级各部门工程管理人员要深入研究黄河水利工程管理“十二五”规划,认真领会规划精神,结合本单位工程实际,把各项任务分解细化,严格落实以下措施,确保完成《黄河水利工程管理“十二五”规划》工作目标任务。

(一)提高认识,加强领导

新的管理体制和运行机制对工程管理提出了全新的要求,为此,管理者必须转变思想观念,对工程管理工作进行新的定位。以崭新的眼光看待工程管理,以崭新的思维思考工程管理,以崭新的标准要求工程管理,以崭新的理念指导工程管理,以崭新的方式方法从事工程管理,以崭新的目标确定工程管理的发展方向。从传统意义上单纯的工程安全管理向安全、生态、景观、人水和谐转变,从传统水利工程管理向现代水利工程管理转变。

“十二五”期间,各级管理单位要加强领导,树立工程管理的主业地位,把工程管理工作作为水管单位的主业来抓,并纳入水管单位的一项重要目标任务。各级领导要认真研究提高工程管理水平的措施,不断深化对工程管理发展规律的认识,及时解决工程管理工作中遇到的困难和问题,特别是高度重视基层水管单位工程管理工作,千方百计为工程管理的改革与发展创造有利的环境和条件,确保各项工程管理工作有序进行。

(二)完善制度,明确职责

“十二五”期间,要继续坚持改革创新,着力突破制约黄河工程管理工作的体制、机制性因素,以改革创新激活力、解难题、促发展。通过各项内部规章制度的建立与完善,保证工程管理和维修养护各项工作有序、高效、规范运转。

(三)明确目标任务,强化监督考核

黄河工程管理“十二五”规划,明确了规划期内黄河工程管理工作的目标任务,各单位要研究实现上述目标任务的方式方法和具体措施,并严格落实到“十二五”期间的维修养护三年规划和各年度实施方案中。将黄河工程管理“十二五”规划各个时期、各个环节的工作和责任,层层分解到各级工程管理单位和个人,从黄委、省局到市局,再到水管单位,层层签订责任状。

建立岗位责任制和目标考核制,细化考核指标和办法,严格落实奖惩制度和责任追究制度,将工作任务和责任与工资、福利、上岗资格、先进评比等挂钩,从政治待遇和经济待遇入手,充分调动工程管理人员的积极性。

(四)注重技术培训,提高管理能力

管理工作是一门科学,也是一门艺术。面对规划期内黄河工程管理面临的形势和要求,在内容和形式上充分体现依法行政、依法管理,在手段上需掌握现代网络信息技术,实现对管理目标和对象的动态控制。为此,必须不断提高广大职工的政治理论和业务技术培训,努力全面提高各级、各类人员素质。

(五)树立典型,发挥示范带动作用

在工程管理工作中,各级管理单位要尊重水管单位的首创精神,善于及时总结基层创造的新鲜经验,发现典型、培植典型、宣传典型,运用典型指导我们的各项工作。

同时,坚持“走出去、请进来”的方式,适时组织工程管理工作考察,借鉴兄弟单位和发达地区的先进经验和先进的管理方式,改善和调整本单位的工作方式、方法,为工程管理的持续深入发展创造条件。

第二节　河防工程管理设计

黄河大堤是抵御洪水的主要屏障,堤防工程完整与安全运用是各级主管部门和水管单位的中心任务。随着国家经济建设的发展,堤防断面结构也随之发生了相应变化,堤顶路面结构经历土质、灰渣、砂石、沥青的变化,堤肩经历子堰挡水、混凝土排水沟、挡土墙排水等多种形式,堤坡经历植树、种草、伐树、保留堤肩行道林的变化,临河防浪林、淤背区适生林及护堤地防护林种植布局日趋完善等(见图5-1)。

图5-1　黄河下游济南段河防工程

为规范水利工程管理,促进水利工程管理的现代化发展,保证工程运用安全,通过对黄河堤防、河道整治工程现状和存在问题的大量调查,黄委从规划、设计、建设及运行管理等角度对堤防断面结构与防护措施进行了分析研究,对堤防断面结构提出了具体的量化指标,并结合工作实际提出了黄河堤防工程规划设计与管理标准,力求为黄河标准化堤防(包括河道整治工程联坝道路等)建设与管理提供技术支撑。

一、堤防断面结构沿革

由于黄河堤防是在历史民埝基础上修筑的,一些堤段是抢险修筑,断面结构形式多样,堤身材料非常复杂。工程质量较差。同时,在长期运用和复杂的自然环境影响下,其状态也在逐渐发生变化,堤身内部存在着洞、缝、松等诸多缺陷,产生的各种损坏给堤防工程运用带来安全隐患,这就需要我们不断研究堤防防护措施,保证工程运用安全。

随着堤防工程设计规范与堤防工程管理技术标准的相继印发执行,黄河堤防工程在历次帮宽加高过程中,其断面结构也在不断调整优化。如堤顶宽度先后由中华人民共和国成立初期的 6~8 m 调整至 1985 年后的 8~10 m,2004 年黄河标准化堤防实施后调整为 10~12 m;堤顶路面先后经历了由土质路面转变为灰渣路面、砂石(或泥结石)路面再转化到 2002 年以来的沥青或混凝土路面的变化;堤顶由土质子堰挡水集中排水发展到经过测算降雨产流设计制作或现浇混凝土排水沟、混凝土挡板集中排水形式,对于堤身高度小、汇流面积小、堤坡植被好的散排水方式给予了传承和发扬;堤坡排水经历了由砖砌排水沟、草皮排水沟、三七灰土排水沟发展到现浇混凝土或预制混凝土排水沟。

按照历史传承,黄河大堤临背河堤坡长期种植大量树木,通过 20 世纪 60 年代开始的堤防树木开挖解剖与危害分析,依据堤防工程设计规范,借鉴国外江河堤防管理经验,黄委于 1988 年开始统一部署全面清除堤坡树木,为保持堤防的生态景观效果,仅保留堤肩行道林,这样堤坡就经历了植树种草、伐树、保留堤肩行道林的变化;大规模的临河防浪林建设始于 20 世纪 90 年代初,为减缓大洪水对堤岸的冲刷和淘刷,1996 年黄委编制印发了黄河下游防浪林建设规划并逐步实施,主要内容是在堤防平工段种植宽度 50~130 m 不等的丛柳和高柳用于临河防浪;堤防淤背区最早出现于 20 世纪 50 年代,由引黄灌溉的泥沙落淤改造堤防两岸盐碱地,逐步演变到放淤固堤,淤背区顶部高程按河段设防水位加一定超高控制,淤背体宽度 1985 年之前为 30~50 m,2002 年之后为 50~80 m,2004 年标准化堤防实施之后按 100 m 控制,淤背区经黏性土包边盖顶,顶部种植适生林;护堤地按确权划界宽度范围种植防护林等。

二、堤防设计存在的问题

1998 年长江、嫩江、松花江"三江"大水后,国家加大了对水利基础设施的投入,为统一堤防工程设计与建设标准,黄委研究印发了多项工程规划、设计及管理标准,但由于黄河工程门类多、战线长且受多重因素影响,黄河堤防、河道整治工程设计断面、高程、宽度存在不统一、不规范的现象,严重影响了以标准化堤防工程为标志的整体面貌,同时也增大了工程维护工作量。

(一)堤顶道路问题

黄河设防大堤,包括临黄堤、沁河、大清河、渭河及滞洪区堤防等约 1 883 km,堤防建筑物等级不同,堤顶路面结构、宽度等设计也有不同。存在的突出问题有:一是 1 371 km 临黄堤没有按规划全部硬化,抢险通行能力难以保障;二是部分堤段修筑的堤顶混凝土路面结构难以适应堤防沉降变化,断裂、损坏较多;三是部分堤段堤防帮宽加高后,堤顶路面低于两侧堤肩,导致排水不畅,路面雨后积水严重,造成堤肩渗透破坏;四是部分堤段上堤辅道侵蚀堤肩、堤坡及淤背区结构,影响堤防工程的完整和安全;同时,依据公路设计规范,三级公路路面使用年限为 10 年左右,超限车辆多,限宽装置形同虚设,不少堤顶道路达到或超过使用年限,但由于缺乏有效的道路更新机制,改建程序繁杂,堤顶道路更新改造项目难以如期实施,路面损坏严重。

(二)排水沟问题

堤防排水形式有集中排水与分散排水两种,排水沟按其材质划分主要有砖砌、混凝土(预制和现浇)排水沟两种类型。每年出现大量的排水沟损坏,产生问题的主要原因如下:

(1)布局不合理。一是堤顶纵向排水沟靠近路肩布置,结构采用预制矩形沟槽组装,与横向排水沟槽连接不严密且极易开裂,容易造成排水不畅、堤肩渗流、路面雨后积水,经雨水浸泡及载重车辆碾压,导致路面破坏或堤肩出现水沟浪窝;二是纵横排水沟没有形成网络,如一些堤段无挡水子堰或堤肩纵向排水沟,反而设置了堤坡横向排水沟;有些堤段设置堤顶集中排水却与淤背区下部排水沟不贯通,不少堤段护堤地排水无出路等。

(2)材料及结构设计不合理。如砖砌排水沟基础开挖深、断面大,容易造成路缘石松动、堤肩沉降变形,冬季产生冻融破坏,表层砖块易松动或挤压破坏;预制混凝土槽一般由素混凝土或少筋混凝土制作,运输、安装损坏较多,排水槽之间接头多,勾缝处理难,排水槽与土体接合部不易压实;散排水堤肩及堤坡草皮种植密度达不到设计要求,影响排水效果等。

(3)施工质量差。一些堤段堤顶纵向排水沟与路肩线距离过近,排水沟开挖过程中,挖透硬化路面灰土层,伤及路面基层结构,加剧了硬化路面的损坏,影响道路的使用寿命;混凝土排水沟底部未按设计要求铺设防渗地膜或采用三七灰土处理,容易产生渗透破坏。

(4)堤顶纵向排水沟不仅增大了维修养护工作量,也极大影响堤防面貌。修建纵横排水沟在一定程度上减少了水沟浪窝发生,但同时也增加了维修养护工作量。如砖砌、预制组装排水沟局部损坏多、勾缝破损多,排水沟藏污纳垢,杂草、杂物、淤泥等养护工作量很大,严重影响堤容堤貌,同时雨天容易产生堤身水淘浪窝。

(三)生物工程措施问题

堤防平工段临河防浪林缺损、断带,生物防护体系不完善;部分堤段追求种植利润,丛柳、高柳生长过高,树冠高于设防水位,难以发挥消防浪效果。

行道林种植突出问题:一是部分堤段每侧堤肩种植两排行道林,外侧树木植根于设防水位以下,对堤防造成安全隐患;二是部分堤段行道林选用塔松、白松、法桐等高度高、树冠大的树种,根系发达,修剪养护难度大,也容易产生安全隐患。

淤背区适生林主要问题:一是灌溉系统不配套,严重影响淤区树不种值;二是种植树苗太小(胸径多不足 2 cm),树木生长慢,缺损断带多,影响整体生态效果;三是大量种植农作物,违背淤背区种植抢险取材林的功能要求;四是违章建筑多,且长期得不到清除,影响适生林的规模种植效果。

三、标准化堤防设计

为适应堤防工程管理的需要,统一堤防工程管理设计标准,为堤防工程安全运行和充分效益发挥创造条件,促进堤防工程管理专业化、规范化、现代化,堤防工程管理设计,应符合安全可靠、经济合理、管理方便的原则,遵循绿色发展理念,倡导生态环境优先,在管理实践和试验研究的基础上,积极采用新方法、新工艺、新技术。

为规范堤防管理,保证工程运用安全,打造融生态、文化、景观为一体的现代化堤防,同时又能有效减少维护工作量,依据《堤防工程设计规范》《堤防工程管理设计规范》,按照临河防浪、背河取材原则,黄委分别从规划、设计、建设及运行管理等角度对优化堤防断面结构与防护措施进行分析研究,对堤防工程设计提出了具体的量化指标,明确了黄河堤防工程规划设计与管理标准,力求为黄河标准化堤防建设与管理提供技术支撑(见图 5-2

~图 5-4)。

图 5-2 部委领导查看标准化堤防

图 5-3 黄河下游标准化堤防概念图

图 5-4 黄河下游堤防绿化

(一)堤身结构

(1)堤顶宽度应满足施工、运行管理、防汛抢险等需要。设计堤顶高程处的堤顶宽度为 10~12 m。

(2)堤顶高程、宽度应保持设计标准,高程误差不大于±5 cm,宽度误差不大于±10 cm;堤肩线线直弧圆,平顺规整,无明显凸凹,5 m 长度范围内凸凹不大于 5 cm。

(3)临、背河边坡为 1∶3,坡面平顺,沿断面 10 m 范围内,凸凹小于 5 cm;堤脚处地面平坦,堤脚线平顺规整,10 m 长度范围内凸凹不大于 10 cm。

(二)淤背区结构

(1)淤背区顶部高程区分不同堤段分别低于设计洪水位 0~3 m,其中花园口、泺口堤段的淤区顶部高程与堤顶平;淤区盖顶厚度为 0.5 m。

(2)淤背区宽度原则为 100 m(含包边),移民迁占确有困难的堤段其淤区宽度不小于 80 m;淤区顶部平整,并种植适生林。

(3)淤背区边坡为 1∶3,坡面平顺,坡脚线清晰,沿坡横断面 10 m 范围内,凸凹小于 20 cm。

(4)在淤背区坡脚外依法划定护堤地,并种植防护林。

(三)堤防前后戗台结构

戗台外沿修筑边埂,顶宽、高度均为 0.3 m,外边坡 1∶3,内边坡 1∶1,戗台每隔 100 m 设置一格堤,顶宽、高度均为 0.3 m;戗台顶面平整, 10 m 长度范围内高差不大于 5 cm;戗台顶部种植树木防护。

(四)堤防道路结构

(1)堤防道路工程等级参照三级公路等级设计,路面采用沥青混凝土路面,宽度 6 m,设 2%的双向横坡。

(2)硬化道路两侧埋设与路面等高的路缘石,路缘石与堤肩混凝土挡土堰或排水沟之间采用水泥砾化或植草防护。

(五)排水沟设置与结构

(1)依据堤防高度及规模,堤顶可采用集中排水或散排水方式。

采用集中排水方式时,堤肩宜修筑宽顶边埂,高 0.15 m、顶宽 0.8~1.0 m,内侧埋设高×厚×埋深为 0.3 m×0.1 m×0.15 m 的侧缘石;采用散排水方式时,两侧堤肩顶部宜种植 0.5 m 宽的草皮防护带。

(2)采用集中排水方式的堤防应设置横向排水沟,间距 100 m,临、背河交错布置;险工丁坝非裹护段坝坡排水沟一般间距为 50 m。

(3)堤坡排水沟宜采用混凝土现浇结构,断面为倒梯形,排水沟在堤防坡脚处宜设置消力池,池顶面低于地面 2~3 cm;排水沟两侧及底部应铺设土工膜或做三七灰土垫层,并与基础结合密实。

(六)上堤辅道

(1)与当地乡镇道路连接的主要辅道宽度为 6~8 m,一般辅道宽度为 4~6 m,设 2%的双向横坡,纵坡不宜陡于 8%;辅道路面两侧草皮防护带宽度不应小于 0.3 m,两侧边坡为 1∶2,坡面植草防护。

(2)辅道路面一般应进行硬化,长度至临、背河护堤地边界。

(3)上堤辅道应保持完整、平顺,无沟坎、残缺及蚕食堤身或淤背区断面。

（七）防浪林种植布局

（1）防浪林宽度高村以上 50 m、以下 30 m；近堤侧种植高柳，外侧种植丛柳，高柳、丛柳宽度对半；株行距为高柳 2 m×2 m、丛柳 1 m×1 m，均梅花形布置。

（2）防浪林种植外边界应埋设边界桩，边界桩内侧修筑纵向边埂，边埂顶宽、高度均为 0.3 m。

（3）对于已成材或树冠高度超过堤顶的树木应进行间伐，间伐后应及时更新；防浪林不得出现断带现象，成活率不得低于 95%。

（八）适生林种植布局

（1）为保证防汛抢险用材需要，淤背区宜种植防汛抢险所需的杨树、柳树为主，也可结合当地情况种植其他适宜树种，株行距一般为 3 m×4 m，梅花形布置。

（2）植树应垂直堤防轴线进行布局，达到整齐美观；不同树种宜间断种植，减少病虫害发生；成活率不得低于 95%。

（九）行道林种植布局

堤顶行道林每侧一行，以常绿美化树种为主，株距根据树种选定，距堤肩线不小于 0.30 m；行道林宜乔灌结合，同类树种株距统一、胸径一致；成活率不得低于 98%。

（十）护堤林种植布局

背河护堤地防护林应先平整、后植树，种植柳树、杨树等乔木，株行距一般为 2 m×2 m；外边界埋设界桩；成活率不得低于 90%。

上述林木种植应选择适生林木、生态友好型树种，避免恶化土壤、地下水等生态环境，广东等南方沿海地区的桉树属于当地适生林木生命力强，生长发育快，但桉树生长需消耗大量水资源，从而降低土壤保水能力，造成土地板结甚至沙化，对生态极为不利，就不适于作为当地抢险取材或绿化树种。

（十一）草皮防护

为涵养水土，减少雨毁损失及水土流失，大堤两侧堤肩、临背河堤坡、辅道路面两侧、辅道边坡、险工坝顶、坝肩及土坝坡等应植草皮防护；草皮宜选择抗冲耐旱的葛芭草或适合当地生长的草种，葛芭草墩距 0.2 m，梅花形布置；覆盖率不低于 98%。

大堤两侧堤肩、辅道路面两侧及坝肩两侧草皮防护宽度均不小于 0.5 m。

（十二）监测监视系统

堤防工程安全监测设计内容应包括设置监测项目、布置监测设施、拟定监测方法、提出整理分析监测资料的技术要求。

安全监测应根据堤防重要性、结构形式及破坏模式确定监测类型、监测部位、监测项目，监测项目一般包括环境量、变形、渗流、应力应变等。

（1）监测项目和监测点应能够反映工程运行的主要状况。

（2）监测断面和部位应选择在有代表性的堤段，并应做到一种设施多种用途。

（3）在特殊堤段或地形地质条件复杂的堤段，可根据需要适当增加监测项目和监测断面。

（4）监测点应具有较好的交通、照明等条件，且应有安全保护措施。

（5）应选择稳定可靠、技术先进、实用方便的监测仪器、设备；有条件时，可利用卫星遥感等先进技术手段。

对于城市堤防工程、重点险工险段、重要交通路口、重要交叉建筑物等堤段，宜设置视频监视设施。

四、标志标牌建设标准

（一）堤防工程标牌

主要包括交界牌、简介牌、指示牌、里程桩、防汛责任段标志性碑牌等。

（1）交界牌：沿堤省、地（市）、县（市、区）、乡（镇）行政区交界处统一设置交界牌，交界牌设在行政区划的交界处。

交界牌设置原则：各行政区划交界处只设立一个界牌，应标示省、地（市）、县（市、区）分界含义，并由下游侧管理单位商上游侧单位合作共同完成。

省、地（市）级交界牌：采用横跨堤顶的门架式结构（式样、规格尺寸，下同），界牌面对行车方向。

县（市、区）、乡（镇）级交界牌：采用悬臂式结构，设置在背河堤肩处，界牌面对行车方向。

（2）简介牌：沿堤县（市、区）行政区交界处统一设置工程简介牌，设在行政区划交界的背河堤肩处，简介牌与堤顶平行。正面书写所辖堤防简介，背面可标示堤防工程示意图。

（3）指示牌：用于指示通往国道、省道、各地（市）、县（市、区）、乡（镇）及有关地点（名胜古迹、大桥、隧道）、堤防抢险道路管理站、河道整治工程及各级河务局的指示标志。另参照公路标准沿堤线设立警告、急转弯、禁行等警示牌。

（4）防汛责任段标志牌：沿堤防汛责任段上下界设立防汛责任段标志牌。

（5）里程桩：沿背河堤肩，面对行车方向设置里程桩。里程桩之间设立百米桩。

（6）边界桩：沿堤线临河防浪林带、背河护堤地边界埋设边界桩，边界桩以县局为单位从起点到终点依序进行编码，直线段 200 m 埋设 1 根，弯曲段适当加密。

（7）标志性建筑标志：沿堤标志性地点（历史决口处、历史名胜处、重大历史事件发生地等）设立标志性碑牌。

历史决口标志：堤防历史决口处背河侧设立简介牌。简介牌形式可以不拘一格，讲求美观大方，主要为历史决口发生的地点、原因、造成的损失及抢护等情况介绍。

历史名胜标志：近堤历史名胜应在堤顶设立标志牌，设立于堤防背河侧。

重大历史事件简介牌：历届党和国家领导人视察过的堤段（如花园口、柳园口、泺口等）设立简介牌。可结合生态环境美化，建设雕塑型石碑、亭子、花草、树木等，以达到爱国主义教育的目的。

（二）河道整治工程标牌

河道整治工程标志标牌主要包括工程简介牌、坝号桩、根石断面桩、高标牌、边界桩等。

（1）简介牌：险工、控导工程设置工程简介牌，设立于主要抢险道路与连坝交会处或其他醒目位置。正面书写所在工程名称与简介，背面标示工程示意图。

(2)坝号桩:设立于丁坝坝根处,正反两面标示坝号。

(3)根石断面桩:按黄委有关规定的要求设置。

(4)高标牌:工程每5道坝设立1根,设立于丁坝坝头处,两侧标注坝号数。

(5)边界桩:沿工程管护地(护坝地)边界埋设,以工程为单位从起点到终点依序进行编码,直线段200 m埋设1根,弯曲段适当加密。

(三)水闸工程标牌

水闸管理单位应当在必要的区域和场所设立工程简介、管理责任、管理保护、安全生产等标识标牌。如水闸工程所在地的醒目位置设立简介牌,正面书写水闸名称与工程简介,背面可标示水闸或闸管段示意图。

(四)滞洪区、滩区标牌

(1)滞洪区、滩区标志标牌主要包括避水台简介牌、撤退道路指示牌、水位标志桩等。

(2)避水工程简介牌:滞洪区、滩区避水台设立工程简介牌,书写所在避水台工程简介。

(3)撤退道路指示牌:滞洪区、滩区撤退道路设立明显指示标志,分别设置在上(下)堤路口处以及各乡(村)与主干道交叉口处。指示牌制作标准参照堤防指示牌。

(4)水位标志:按防汛有关要求,滞洪区、滩区原则上在每个自然村显要位置至少设立1处洪水水位标志桩。

(五)备防土石料存放标准

黄河堤防、水闸及河道整治险工、控导、护滩(岸)工程上的备防土石料应满足防汛抢险需要,方便工程维修养护,便于调运;集中存放、规范有序、整齐划一,有利于工程管理,维持良好堤容堤貌。

1.备防石料标牌

河道整治工程坝垛、护岸上的备防石存放,要充分考虑工程管理、维修养护和抢险交通要求,合理规划摆放位置,做到整齐美观、整体划一。

石垛距离迎水面坝肩须不少于3 m。每处工程及每道坝岸的备防石料码垛高度、宽度尺寸要尽量一致,垛高1~1.2 m,每垛20~50 m^3,且每垛方量以10的倍数为准。

常年不靠河的险工、控导、护滩(岸)工程备防石应采用水泥抹边、抹角,边、角抹面宽度15~20 cm。

险工、控导、护滩(岸)工程的一座丁坝(护岸、垛)上的备防石编号原则是:位于坝跟靠上游的备防石石垛编号为1号石垛,以下按备防石石垛距坝跟的距离由近及远连续编号。

涵闸、堤防等工程上的备防石按石垛距堤肩的距离,由近及远进行编号,位于上游距堤肩最近的备防石石垛编为1号垛。

备防石石垛应在每垛显著位置设立标志,标明管理单位、工程名称、坝号、方量等。标志上边沿距坝、垛顶30 cm。

险工、控导、护滩(岸)工程上的备防石石垛的标志应设置在面向大堤或水流上游侧。

水闸、堤防等工程的备防石,紧靠堤防的备防石石垛的标注应设在面向大堤的一面,其余的备防石垛的标注应设在面向上游一侧(见图5-5)。

图 5-5　黄河险工备防石

备防石标志外形尺寸:主石垛采用长度 0.6 m、宽度 0.4 m;一般石垛采用长度 0.5 m、宽度 0.3 m。要用水泥砂浆抹平,边角整齐,白底红字,油漆喷制,字体为黑体。

每道坝岸上的备防石的第一垛或能够反映该坝石料储备的显要石垛为主备防石石垛,用主备防石垛标志。

备防石主垛标志(每坝一标志):

黄防备-豫-郑-邙金
HFB-Y-ZH-MJ
花园口险工-10-1
HYKXG-10-1
* * m^3

大小:40 cm×60 cm ,边框 2 cm、线宽 1 cm。

字体:黑体(居中)。

内容:第一行,黄防备-(省简称)-(地市名称第一个汉字)-(县局名称前两个汉字)。

第二行,上一行汉字汉语拼音第一个字母缩写;

第三行,工程全称-(坝号或桩号)-(备防石垛号);

第四行,上一行汉字汉语拼音第一个字母缩写;

第五行,方量。

一般石垛标志(每垛一标志):

花园口险工-10-11
HYKXG-10-11
* * m^3

大小:30 cm×50 cm,边框 2 cm、线宽 0.5 cm。

字体:黑体(居中)。

内容:第一行,工程全称-(坝号或桩号)-(备防石垛号)。

第二行,上一行汉字汉语拼音第一个字母缩写。

第三行,方量。

2. 备防土石料存放

存放位置:备防土应集中存放在淤区,逐步取消堤坡修台备土;备防石可在险工坝顶存放,存放不了的可以在淤区集中存放;无淤背区的堤防,其土石料除放置坝顶外,也可在背河侧护堤地集中存放。

存放间距:沿堤线备防土堆放间距为500~1 000 m;备防石需存放淤区时,可以根据备石数量合理确定存放间距,确保整齐美观。

平面布置:备防土、石宜平行于大堤存放,距堤坡与淤区顶面内侧交线不少于2 m。备防土规整存放。集中存放淤区的备防石成垛堆放,每垛20 m^3以上,且方量以10的倍数为准。垛与垛之间留3 m以上宽度的通道。

外形规格:每堆备防土长度50 m以上、宽度5~8 m、高度以1.5 m为宜,四周边坡1∶1;备防石按照《黄河水利工程备防石规范化管理规定(试行)》(黄汛办〔2003〕3号)的规定执行,备防土堆、石垛高度均不宜超出设计堤顶高程(见图5-6)。

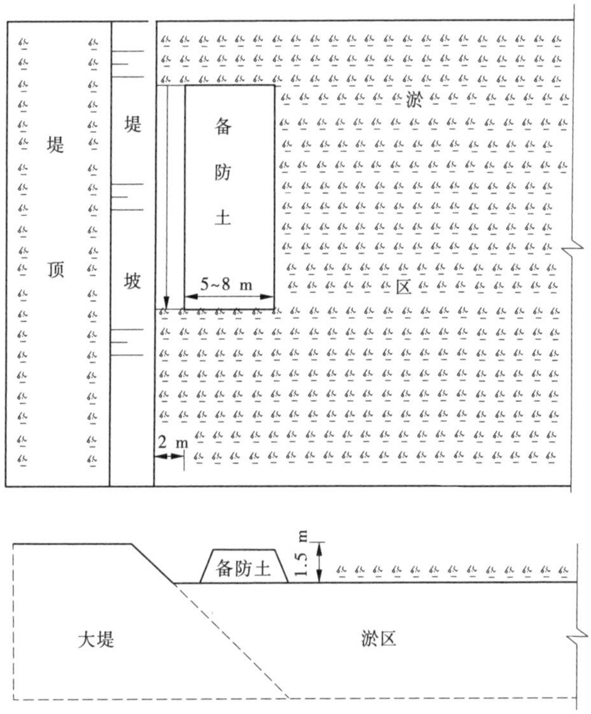

图5-6　备防土存放示意图

景区备防土:黄河花园口、柳园口、泺口等窗口景区段,在建设时其淤区高度、宽度均超过其他标准化堤段,可以将淤区超高、超宽部分视为备防土料,不再另行配置备防土。

已建成标准化堤防尚未配置备防土石料的,配置备防土石料时要按上述要求存放;已配置备防土石料的堤线,应在以后补充备防土石料时,按上述要求逐步调整。

目前,以黄河下游标准化堤防工程为标志的水利工程体系已经形成,集防洪保障线、抢险交通线、生态景观线为一体的工程体系，将为保障防洪安全、支持治黄地区经济社会可持续发展发挥重要作用。

第三节　河防工程维修养护方案

为指导水管单位年度工程维修养护实施方案编制，规范编制格式，保证编制质量，提高审查效率，有效指导水管单位年度工程维修养护工作开展，维持工程完整与安全运用，在广泛调研基础上，黄委2009年制定印发了水管单位年度工程维修养护实施方案编制大纲，以指导和规范各水管单位年度工程维护养护实施方案的编制。

一、工程概况

水管单位所辖堤防、河道整治工程或水闸、水库大坝工程状况。

二、存在的主要问题

（一）堤防工程

区分堤段，按照堤顶、堤坡、淤区、前（后）戗、临（背）河护堤地、上堤辅道及路口、防浪（护）林、标志标牌、备防石、管护庭院、工程保护设施等进行分析说明。可设置工程普查附表。

（二）河道整治工程

区分险工、控导（护滩、护岸），按照坝顶、坝坡、根石、护坝地、上坝路、标志标牌、备防石、管理房等进行分析说明。附工程普查附表。

（三）水闸工程

水闸工程包括水闸管理范围内主体工程、生物措施、标志标牌、附属设施等。可附工程普查附表。

（四）水库工程

水库工程包括水闸管理范围内主体工程、生物措施、标志标牌、附属设施等。可附工程普查附表。

三、编制原则、依据及目标

包括编制原则、编制依据、年度目标等。

四、日常维修养护内容

（一）堤防工程

堤防工程包括各堤段堤顶、堤坡、淤背区、前（后）戗、堤脚线修整、标志标牌、管理附属设施、生物防治、备防石等。

附表：包括维修养护工程量、经费预算、进度安排等。

（二）河道整治工程

抛根加固与根石排整、坦坡整修、沿子石维修、坝顶平整、坝坡及联坝坡维修、联坝顶维修养护、备防石整修、生物防护措施、标志标牌、管理房维护、护坝地边埂整修、上坝路维修等。

附表:维修养护工程量、经费预算、进度安排表。

(三)水闸工程

主体工程维护、生物措施维护、标志标牌维护、附属设施维护等。

附表:维修养护工程量、经费预算、进度安排表。

(四)水库大坝工程

主体工程维护、生物措施维护、标志标牌维护、附属设施维护等。

附表:维修养护工程量、经费预算、进度安排表。

五、维修类项目设计

维修类项目设计内容分堤防、水闸、水库及河道整治工程等,其设计编制大纲为:

(1)工程概况。

(2)维修养护缘由。

(3)编制依据、设计标准、原则及范围。

(4)工程设计。各个工程项目的结构设计、工程量及经费测算等。

(5)施工组织设计。包括施工组织、工期、临时工程设施、施工工序及方法、对外交通及物料供应、施工质量要求等。

(6)主要工程量、材料量及经费预算。

(7)工程预期效益。

附件:包括项目设计图、主要工程量表、经费预算表、施工进度图等。

六、内业资料管理

工程维修养护资料收集、整理、归档要求。

七、保障措施

主要包括施工组织、制度管理、合同监管、资金拨付、项目验收等工作措施。

附表1:维修养护工程量汇总表

附表2:维修养护经费预算汇总表

第六章　工程检查观测

堤防工程检查观测的目的是及时查找堤防工程病险隐患，按照堤防工程管理办法或规定，组织开展经常检查、定期检查、特别检查和专项检查；要求检查内容全面、记录详细规范；发现缺陷或异常需及时报告，并做出处置，确保工程完整与安全运用。

第一节　工程检查

一、堤防工程

黄河堤防检查主要依靠人工巡查、检查、监（探）测，内容包括堤防、堤岸防护（险工、控导、护滩）等河道整治工程、附属设施、生物工程、河势变化等，检查观测的工程部位、行进路线、内容应具体清晰，记录表格应详细准确。

（一）一般规定

（1）堤防工程检查范围应包括堤防工程管理范围和保护范围。

（2）堤防工程检查应包括外观检查和内部探测检查。

（3）堤防工程检查中发现的一般问题，应及时进行处理；情况较严重的，除查明原因采取措施外，还应及时报告上级主管部门；情况严重的，应对异常和损坏现象做详细记录（包括拍照或录像），分析原因，提出处理意见，并由堤防工程管理单位上报上级主管部门。

（4）堤防工程除正常的检查项目和内容外，应针对各堤段的具体情况和存在问题，做出相应调增。

（二）检查分类和次数

堤防工程检查可分为经常检查、定期检查、特别检查和专项检查。各类检查首先要明确巡查线路、停靠位置、检查与监测内容与要求；其次是落实人员组织与工作分工；第三是携带必备的工器具及记录本、照像机等。

1. 经常检查

经常检查主要指外观检查，护堤人员应对所管堤段每 1～3 d 检查一次；堤防工程的基层管理组织（班、组、站、段）应每 10 d 左右检查一次；堤防工程的管理单位应每月组织检查一次。具体频次根据堤防的重要性、所处位置及其运行状态等因素确定，汛期应根据汛情增加检查次数。

2. 定期检查

定期检查分为汛前检查、汛期检查、汛后检查、凌汛期检查等。汛前、汛后应进行一次堤防工程检查，遇特殊情况应增加检查次数。当汛期洪水漫滩、偎堤或达到警戒水位时，应对工程进行巡视检查。凌汛期间，当河面出现淌凌或岸冰时，应对流冰密度及岸冰长度、宽度等每天观测 1~2 次，当出现封河时，对封河段每天观测应不少于 1 次。

3. 特别检查

当发生大洪水、大暴雨、地震等工程非常运用情况和发生重大事故时，应及时组织特别检查。必要时应报请上级主管单位共同检查。

4. 专项检查

堤防工程的管理单位应邀请专业队伍对险工坝岸重要堤段裂缝、渗水、松散体等堤身、堤基隐患及根石基础进行专项探测检查。

（三）检查项目和内容

1. 经常检查的项目和内容

1）堤身外观

（1）堤顶：是否坚实平整，堤肩线是否顺直；有无凹陷、裂缝、残缺，相邻两堤段之间有无错动；是否存在硬化堤顶与土堤或垫层脱离现象。

（2）堤坡：是否平顺，有无雨淋沟、滑坡、裂缝、塌坑、洞穴，有无杂物垃圾堆放，有无害堤动物洞穴和活动痕迹，有无渗水；排水沟是否完好、顺畅，排水孔是否顺畅，渗漏水量有无变化等。

（3）堤脚：有无隆起、下沉，有无冲刷、残缺、洞穴。

（4）混凝土有无溶蚀、侵蚀、冻害、裂缝、破损等情况。

（5）砌石是否平整、完好、紧密，有无松动、塌陷、脱落、风化、架空等情况。

2）堤身内部检查

应根据需要，采用人工探测、电法探测、钻探等方法，适时进行各种堤身内部隐患探测，以检查堤身内部有无洞穴、裂缝和软弱层存在。

3）护堤地和堤防工程保护范围

背水堤脚以外有无管涌、渗水等。

4）堤岸防护工程检查

（1）坡式护岸：坡面是否平整、完好，砌体有无松动、塌陷、脱落、架空、垫层淘刷等现象，护坡上有无杂草、杂树和杂物等；浆砌石或混凝土护坡变形缝和止水是否正常完好，坡面是否发生局部侵蚀剥落、裂缝或破碎老化，排水孔是否顺畅。

（2）坝式护岸：砌石护坡坡面是否平整、完好，有无松动、塌陷、脱落、架空等现象，砌缝是否紧密；散抛块石护坡坡面有无浮石、塌陷；土心顶部是否平整、土石接合是否严紧，有无陷坑、脱缝、水沟、獾狐洞穴。

（3）墙式护岸：混凝土墙体相邻段有无错动，变形缝开合和止水是否正常，墙顶、墙面有无裂缝、溶蚀，排水孔是否正常；浆砌石墙体变形缝内填料有无流失，坡面是否发生侵蚀剥落、裂缝或破碎、老化，排水孔是否顺畅。

（4）护脚（根石）：护脚体表面有无凹陷、坍塌，护脚平台及坡面是否平顺，护脚有无冲动。

（5）河势有无较大改变，滩岸有无坍塌。

5）防渗及排水设施检查

（1）防渗设施：保护层是否完整，渗漏水量和水质有无变化。

(2)排水设施:排水沟进口处有无孔洞暗沟,沟身有无沉陷、断裂、接头漏水、阻塞,出口有无冲坑悬空;减压井井口工程是否完好,有无积水流入井内;减压井、排渗沟是否淤堵;排水导渗体或滤体有无淤塞现象。

6)管理附属设施检查

(1)观测设施检查应符合下列规定:

①各种观测设施是否完好,能否正常观测;

②观测设施的标志、盖锁、围栅或观测房是否丢失或损坏;

③观测设施及其周围有无动物巢穴。

(2)交通与通信设施检查应符合下列规定:

①堤防工程交通道路的路面是否平整、坚实,是否符合有关标准要求;

②堤防工程道路上有无打场、晒粮等现象;

③未硬化的堤顶道路有无交通卡等管护措施;

④堤顶交通道路所设置的安全、管理设施及路口所设置的安全标志是否完好;

⑤堤防工程通信网的各种设施是否完好,能否正常运行;

⑥堤防通信网的可通率是否符合要求;

⑦堤防通信设施和通信设备的配置是否符合要求。

(3)其他管理设施检查应符合下列规定:

①堤防上的公里桩、百米桩、界牌、界标、警示牌、护路杆等是否有丢失或损坏;

②堤岸防护工程的标志牌和护栏有无损坏、丢失;

③堤防沿线的护堤屋(防汛屋)或管理房有无损坏、漏雨等情况。

7)防汛抢险设施检查

(1)重点堤段是否按规定备有土料、砂石料、编织袋等防汛抢险料物。

(2)重要堤段是否按规定备(配)有防汛抢险的照明设施、探测仪器和运载交通工具。

(3)各种防汛抢险设施是否处于完好待用状态。

8)生物防护工程检查

(1)防浪林带、护堤林带的树木有无老化和缺损现象,是否有人为破坏、病虫害及缺水等现象。

(2)草皮护坡是否被雨水冲刷、人畜损坏或干枯坏死。

(3)草皮护坡中是否有荆棘、杂草或灌木。

2.定期检查的项目和内容

1)汛前检查

(1)堤身断面及堤顶高程是否符合设计要求,堤身内部有无隐患,外部有无冲沟、洞穴、裂缝、陷坑、堤身残缺,防渗铺盖及盖重有无损坏,以及有无影响防汛安全的违章建筑等。应对重要堤段,穿堤建筑物与堤防接合部,新建、改建和除险加固而未经洪水考验的堤段,以及其他可能出现险情的堤段进行重点检查。对专门性观测设施,应进行重点检查。

(2)堤岸防护工程应通过查勘河势,预估靠河着流部位,检查护脚、护坡完整情况以及历次检查发现问题的处理情况。

(3)当穿堤建筑物的底部高程在堤防设计洪水位以下时,其为防洪所设置的闸门或阀门是否能在防洪要求的时限内关闭,并能正常挡水。

按照黄委的传统做法,水管单位汛前安全检查要形成专题报告汇总报委,以便掌握各类工程的安全状况,及时作用除险加固部署安排,维持工程的完整与度汛安全。

2)汛期检查

应按防汛指挥机构所规定的巡堤查险内容和要求进行。

3)汛后检查

应检查堤身损坏情况、险情记录和洪水水印标记保管及施测情况,检查观测设施有无损坏,检查堤岸防护工程发生的沉陷、滑坡、崩坍、块石松动、护脚走失等情况。

4)凌汛期检查

除按汛期要求进行巡堤查险外,还应对淌凌、岸冰、封河、冰盖等情况进行观测。

3. 特别检查的项目和内容

1)事前检查

在大暴雨、大洪水到来前,应对防洪抢险的各项准备工作和堤防工程存在的问题及可能出险的部位进行检查。

2)事后检查

应检查大暴雨、大洪水、地震等工程非常运用过程、发生重大事故后堤防工程及附属设施的损坏情况进行检查。

4. 专项检查的项目和内容

(1)堤身内有无洞穴、缝隙、松土层。

(2)水下护脚有无损坏、冲失塌陷。

(3)穿、跨堤建筑物与堤防接合部有无缝隙或不均匀沉陷。

(四)检查方法和要求

(1)堤防工程检查应由堤防工程的管理单位负责组织。重要的检查应请上级主管部门参加或主持。检查人员应相对固定,分工明确,各负其责。

(2)外观观察应通过眼看、耳听、手摸和相应的仪器、工具进行(见图6-1);内部探测宜采用有效的探测技术和设备进行,并应符合SL 436的相关规定。

(3)堤防工程检查应有清晰、完整、准确、规范的检查记录(包括拍照或录像),每次检查完毕后,应及时整理资料,结合观测、监测资料,编写检查报告。堤防管理单位应结合所辖工程具体情况,制定符合实际的各种检查记录表。

二、水闸工程检查

(一)一般规定

1. 水闸检查观测的主要任务

(1)掌握水情及水闸工况,监视水流形态、工程状态变化。

(2)发现异常现象,及时分析查找原因,采取措施,保证水闸正常运行和安全。

(3)验证工程规划、设计、施工及科研成果,为不断提高管理水平提供技术支撑。

图 6-1　工程检查观测

2. 检查观测工作要求

(1)检查观测应按规定的项目、测次和时间执行;明确检查的线路、观测的位置与内容。

(2)检查观测应规范记录,观测成果应真实、准确,精度符合要求;资料应及时整理、分析,并定期进行整编。

(3)观测设施应妥善保护,观测、监测仪器设备应定期校验、维护及校正。

(二)检查分类与主要内容

1. 水闸检查分类

水闸检查包括经常检查、定期检查和专项检查。

2. 水闸检查的主要内容

水闸检查主要包括下列内容:

(1)管理范围内有无违章建筑和危害工程安全的活动,是否有影响水闸安全运行的障碍物,环境是否整洁。

(2)闸室结构垂直和水平位移变化情况,永久缝止水工作状况,闸室混凝土及砌石结构有无破损,混凝土裂缝和碳化情况,门槽埋件有无破损,交通桥结构有无破损等。

(3)混凝土铺盖完整性;黏土铺盖有无沉陷、塌坑、裂缝;排水孔有无淤堵,排水量、浑浊度有无变化。

(4)消能设施有无磨损冲蚀,河床及岸坡冲刷和淤积变化,过闸水流流态。

(5)岸墙及上、下游翼墙分缝是否错动,止水是否失效;翼墙排水管有无堵塞,排水量及浑浊度有无变化;岸坡有无坍滑、错动、开裂现象。

(6)堤岸顶面有无塌陷、裂缝,背水坡及堤脚有无渗流、破坏等。

(7)闸门有无表面涂层剥落、门体变形、锈蚀、焊缝开裂,螺栓、铆钉松动;支承行走机构是否完好,运转是否灵活;止水装置是否完好;闸门有无偏斜、卡阻现象;门叶上、下游有无泥沙、杂物淤积；闸门防冰冻系统是否完好，运行是否正常等。

（8）启闭设备运转是否灵活、制动可靠，传动部件润滑状况、有无异常声响；机架有无损伤、焊缝开裂、螺栓松动；钢丝绳有无断丝、卡阻、磨损、锈蚀、接头不牢；零部件有无缺损、裂纹、压陷、磨损；螺杆有无弯曲变形；油路是否通畅、泄漏，油量、油质是否符合要求等。

（9）电气设备运行是否正常；外表是否整洁，有无涂层脱落、锈蚀；安装是否稳固可靠；电线、电缆绝缘有无破损，接头是否牢固；开关、按钮动作是否准确可靠；指示仪表是否指示正确；接地是否可靠，绝缘电阻值是否满足规定要求；安全保护装置是否可靠；防雷设施是否安全可靠；备用电源是否完好可靠。

（10）监测设施有无破损，数据是否正常；远程监控系统是否正常；预警系统是否正常；照明、通信、安全防护设施是否完好。

3. 经常检查

经常检查由水闸管理单位负责。水闸建成或改建 2 年内每周检查 2 次，正常运行期每月不少于 1 次，汛期或调水调沙期间每天检查 1 次，当水闸处于引排水状态或遭受不利因素影响时，对容易发生问题的部位应加强检查观测。经常检查可与日常巡查结合进行。

4. 定期检查

定期检查一般为汛前与汛后检查，主要对水闸各部位及设施进行全面检查。

（1）汛前检查由水闸管理单位组织技术人员开展，应着重检查度汛应急项目的完成情况，对工程各部位和设施进行详细检查，并对闸门、启闭机、备用电源等进行试运行，对检查中发现的问题及时进行处理，对影响安全度汛而又无法在汛前解决的问题，应制订度汛应急方案。

（2）汛后检查一般结合年度检查进行，由水管单位或市级河务局组织技术人员开展，着重检查水闸工程、启闭设备度汛运用状况及损坏情况等。

5. 专项检查

专项检查由水管单位或市级河务局组织技术人员进行。专项检查包括特殊检查、引黄水闸远程监控系统运用检查、清淤检查等。

（1）当水闸遭受特大洪水、地震及其他自然灾害，发现较大隐患或缺陷时，水闸管理单位应及时报请上级主管部门，并组织开展特殊检查，对发现的问题进行分析，制订修复方案和计划。

（2）引黄水闸远程监控系统检查。

①应每月定期（4~6 月，半月一次，其他时段一月一次）组织进行系统远程联调检查，对各引水口现地站、分中心监测、监视和监控及通信网络等硬件设备和软件功能状况及运行维护质量、开机应用情况等进行检查分析，发现异常和问题，及时督促相关单位进行维护处理。

②引水高峰期每周至少开展一次水量调度网上督查，抗旱预警响应和小流量突发事件期间，应每天开展水量调度网上督查，及时发现和制止违规引水行为。

③在下达或调整引水计划当日，要运用系统对水闸启闭操作和引水情况进行检查；在大河流量变化较大时，应检查闸门开度是否及时调整，严格督促按计划指标引水。

(3)清淤检查由水闸管理单位负责,原则上与水闸安全鉴定同步实施,对淤积严重或存在安全隐患的水闸,应适时开展清淤检查。

6. 检查报告

应做好水闸检查记录,及时整理检查结果,编制检查报告。检查报告应包括以下内容:检查日期、目的和任务、检查成果(包括文字记录、略图、照片等)、与以往检查结果的对比、分析和判断、主要问题及原因分析、结论及建议、检查组人员名单。

三、水库大坝工程检查

(一)一般规定

1. 水库大坝检查的主要任务

(1)掌握枢纽建筑物、设备设施工况以及工程状态变化。

(2)发现异常现象,及时分析查找原因,采取措施,保证水利枢纽工程正常运行和安全。

2. 巡查与检查制度

水利枢纽工程管理单位应根据工程的具体情况和特点,制定切实可行的巡查与检查制度,明确巡视与检查的时间、部位、内容和方法,并确定其路线和顺序。

3. 工程巡查与检查要求

(1)工程巡查与检查应按相关制度和规范进行。检查的路线、部位、内容、频次应满足相关制度和规范要求。

(2)巡查与检查应有专门记录手册,记录应规范、真实、准确。对巡查发现的问题应有初步分析及处理意见。

(3)工程管理单位应及时准确地掌握工程存在的问题、隐患、险情的位置、类型、危害程度等,对险情及隐患及时采取措施处理。

4. 工程巡查与检查分类及次数

水利枢纽工程巡查与检查分为日常巡视检查、年度巡视检查和特别巡视检查三类。

(1)日常巡视检查的次数:大坝正常运行期间,每月不少于一次;汛期应增加巡视检查次数;水库水位达到设计水位前后,每天至少应巡视检查一次;在每年汛前、汛后及高水位、低气温时,应按规定的检查项目,对大坝进行较为全面的巡视检查。

(2)年度巡视检查,每年应结合汛前、汛后及高水位运用进行2~3次。

(3)特殊情况下的巡视检查,在坝区(或其附近)发生有感地震或大坝遭受大洪水以及发生其他特殊情况时应立即进行巡视检查。

5. 巡查的部位

巡查的部位包括大坝坝顶、坝体、迎水坡、背水坡及坝址、坝基、坝肩、下游地面、近坝库岸和坝区,输、泄水洞(管),溢洪道进水段、控制段、尾水区等。

6. 巡视检查的方法

主要依靠目视、耳听、手摸、鼻嗅等直观方法,可辅以锤、钎、量尺、放大镜、望远镜、照相机等工具进行;如有必要,可采用坑(槽)挖深、钻孔取样或超声波探测等特殊方法进行检查。

(二)混凝土坝巡查检查

(1)相邻坝段之间的错动。

(2)伸缩缝开合情况和止水的工作状况。

(3)上下游坝面、宽缝内及廊道壁上有无裂缝,裂缝中漏水情况。

(4)混凝土有无破损。

(5)混凝土有无溶蚀、水流侵蚀或冻融现象。

(6)坝体排水孔的工作状态、渗漏水的漏水量和水质有无显著变化。

(7)坝顶防浪墙有无开裂、损坏情况。

(三)坝基、坝肩巡查与检查

(1)基础岩体有无挤压、错动、松动和鼓出。

(2)坝体与基岩(或岸坡)结合处有无错动、开裂、脱离及渗水等情况。

(3)两岸坝肩区有无裂缝、滑坡、溶蚀及绕渗等情况。

(4)基础排水及渗流监测设施的工作状况、渗漏水的漏水量及浑浊度有无变化。

(四)输、泄水洞(管)巡查与检查

(1)进水口有无滑坡,进水塔或竖井有无裂缝、渗漏、溶蚀、磨损、空蚀、碳化、钢筋锈蚀和冻害等情况。

(2)洞身有无裂缝、渗漏、溶蚀、磨损、空蚀等情况,伸缩缝开合和止水情况是否正常。

(3)消能设施有无冲刷、磨损和空蚀情况。

(五)溢洪道巡查与检查

(1)闸墩、胸墙、边墙、溢流面、闸底板有无裂缝、渗漏、溶蚀、磨损、空蚀、碳化、钢筋锈蚀和冻害等情况,伸缩缝和排水孔是否完好。

(2)消能设施有无冲刷、磨损和空蚀,岸坡有无冲刷和滑坡等情况。

(3)工作桥和交通桥有无不均匀沉陷、裂缝、碳化和钢筋锈蚀等情况。

(六)电站厂房检查

(1)厂房整体结构有无不均匀沉陷、墙体裂缝等情况。

(2)机墩和尾水管有无裂缝和磨损等情况。

(3)梁、柱、板受力结构有无裂缝、碳化和钢筋锈蚀情况。

(4)屋顶有无渗漏和损坏情况,内顶抹面有无空鼓和脱落情况。

(5)尾水渠有无淤积和冻害,岸坡有无冲刷和滑坡,厂区排水设施工况是否正常。

(七)土石坝巡视检查

(1)坝面有无位移、沉陷、裂缝、滑坡、冲刷等现象。

(2)坝面护坡有无翻起、松动、塌陷、架空等现象。

(3)背水坡、两岸坝肩和坝址附近有无滑坡、塌陷、崩岸、淘刷、集中渗流等现象;截渗和减压设施有无破坏、穿透、淤塞等现象。

(4)排水反滤设施是否有堵塞和排水不畅,渗水有无骤增、骤减和浑浊现象。

(5)坝基、坝体浸润线和压力水测压管水位是否正常。

(6)坝内埋设的混凝土构造和与其他建筑物的接头、界面工作状况有无异常变化。

(7)坝顶路面及防浪墙是否完好,有无塌陷、裂缝现象,重点是两坝头防浪墙裂缝开度与主河床坝段防浪墙的挤压情况。

(八)机电设备巡视检查

(1)检查闸门设备维修养护情况,确保闸门启闭可靠灵活,关闭后应无漏水情况。

(2)检查金属结构及机电设备主要构件是否有损伤、锈蚀,润滑是否正常。

(3)自备发电机组养护及时,能随时启动;机房内整洁美观。

(4)自动化控制、监控系统控制系统各控制元器件应固定牢靠、工作正常,线路有无老化,盘柜无严重锈蚀。

(九)水情系统巡视检查

(1)水利枢纽管理单位每年汛前、汛后应组织人员对水情系统进行全面巡视检查。

(2)水情系统巡视检查内容包括中心站、遥测站等硬件设备检查,还包括水情测报等软件系统检查。

(十)通信和信息系统巡视与检查

(1)通信线路巡查人员参照通信线路质量标准,并按照规定的通信线路日常维护项目和周期,对通信线路巡视维护,要求每月不少于1~2次,遇到恶劣天气时,必须加强对通信线路的巡查。

(2)对重点地区(基建施工工地、电力变压器)的通信线路应加强巡视检查,并做好相应的记录,及时发现存在的问题和隐患。

(3)通信线路巡查要特别注意通信线路周边环境的变化,是否有施工、电力线路改造等情况,遇有可能危及线路安全的情况,要及时安排专人值守现场,保护通信线路安全,并及时通报和组织处理。

(十一)附属设施巡视与检查

附属设施巡查的内容主要包括管理房、道路桥梁、供排水、照明系统、电梯、山体边坡、坝区绿化、环境卫生等项目巡查。

第二节　工程观测

一、堤防工程观测

水管单位应结合所辖堤防工程实际,合理确定河道岸线观测项目、频次及时间;明确堤防工程监测部位、监测项目、监测方式及监测频次;携带必要的工器具、电子器材,及时完成拍照、观测记录、绘图、存储等内容;及时整编分析监测报告,发现问题及时处理或报告主管部门。

监测内容主要包括河道流量、水位、河势变化、滩岸坍塌等,堤防隐患探测、险工坝岸水下根石(抛石)探测,堤防工程水位、沉降、渗流监测等。

二、水闸工程观测

(一)观测基本要求

保持观测工作的系统性和连续性,按照规定的项目、测次和时间,在现场进行观测。

(二)水闸观测分类

水闸观测分为一般性观测和专门性观测两类,观测内容应按设计要求确定,设计未做规定的,可结合工程具体情况确定。必要时,可增列一些观测内容。

(1)一般性观测包括水位、流量、垂直位移、水平位移、扬压力、闸下流态、冲刷、淤积等。

(2)专门性观测主要包括永久缝、结构应力、地基反力、墙后土压力、水质、泥沙、冰凌等。

水闸观测项目和测次应遵守下列规定,见表 6-1。

表 6-1　水闸观测项目及测次

观测类别	观测项目	水闸类别			测次
		分泄洪闸	引黄水闸	排(退)水闸	
一般性观测	上、下游水位	●	●	●	过流时 2 次/d
	流量	●	●	●	自动测流时随时计量,人工时 2 次/d
	垂直位移	●	●	●	2 次/年
	水平位移	●	○	○	2 次/年
	扬压力	●	●	●	1 次/旬
	侧向绕渗	●	●	○	1 次/旬
	闸下流态	●	●	●	过流时,2 次/d
	上、下游冲淤	●	●	●	汛前汛后、洪水前后
专门性观测	接缝变化	●	○	○	2 次/年
	结构应力	○	○	○	1 次/季
	地基反力	○	○	○	1 次/季
	墙后土压力	○	○	○	1 次/季
	冰凌	●	●	●	按需要
其他项目	气温	●	●	●	逐日量
	水质分析	○	●	○	2 次/年
	起测基点校验	●	●	●	1 次/年
	工作基点校验	●	●	●	1 次/3~5 年

注:1. 有●者为应设项目,有○者为可选项目;具体观测项目可根据工程具体情况设定。
2. 表中测次均系正常情况下人工测读的最低要求,特殊时期(如洪水、地震等)应增加测次,自动化观测可根据需要适当加密测次。
3. 不靠水的水闸,取消上下游水位、流量和扬压力观测。
4. 具有相关性的观测项目应同时进行。

(三)观测要求

(1)位移观测应符合《工程测量规范》(GB 50026—2016)中有关变形观测的规定,大型水闸变形观测等级按二等,中型水闸可按三等;垂直位移观测水准等级自水准基点到起测基点大型水闸按一等,中型水闸按二等。

(2)扬压力和绕渗观测,必须同时观测上、下游水位,水闸在调水调沙期间及流量超过 4 000 m^3/s 时,应每天观测 1 次。

(3)测压管管口高程应按三等水准测量要求每年校测一次。应绘制水闸测压管平面位置示意图,并应 3~5 年进行一次灵敏度检查;当管内淤塞失效时,应及时清理测压管;水位观测后要分析是否符合渗透规律,若出现上下游测压管水位差不明显或下游测压管水位高于上游测压管水位等现象,要分析查找原因,提出处理措施。

(4)上下游冲淤观测主要观测河道主流变化、水面宽度变化、水闸靠溜状况、漫滩及滩岸坍塌等情况;一般每年汛前、汛后各观测一次,没有冲淤变化的水闸,可不进行上下游冲淤观测。

水流流态观测包括水流平面形态和水跃观测,可根据水闸运用方式、水位、流量等组合情况不定期进行。

(5)水位、流量、泥沙和冰凌等项目的观测,可参照现行水文观测规范的有关规定执行。

(6)引黄水闸的闸门开度—水位—流量关系曲线的率定,原则上与水闸安全鉴定同步实施。

(7)其他观测项目的观测方法及要求可参照现行各专业规范执行。

(四)观测分析报告

观测资料应及时整编,编写观测分析报告,并包括如下主要内容:

(1)工程概况;

(2)观测设备情况,包括设施的布置、型号、完好率、观测初始值等;

(3)观测方法及结果;

(4)主要成果及结论;

(5)工程安全状况和工作建议。

(五)观测成果分析

每次观测结束后,应及时进行计算和整理,并对观测成果进行初步分析,观测精度不符合要求的,应立即重测;如发现异常情况,应立即进行复测,查明原因并报上级主管部门。

(六)观测资料整编

每年初均应对上一年度的观测资料进行整编,并将整编成果报上级主管部门审查,对审查合格的整编成果应装订成册并归档。

三、水库大坝工程观测

(一)一般规定

(1)工程观测的主要任务是掌握枢纽建筑物的工况以及工程状态变化。

(2)工程运行管理单位必须按照《混凝土坝安全监测技术规范》(DL/T 5178—2003)、《土石坝安全监测技术规范》(SL 60—94)等规程的要求,对大坝进行安全观测和检查。

(3)观测资料应当及时整理分析,随时掌握大坝的运行状况,发现异常现象和不安全因素时,大坝管理单位应当立即报告大坝主管部门,及时采取措施。

(4)工程观测和检查应坚持仪器监测与人工巡视检查相结合的原则,保持监测工作的系统性和连续性。

(5)各监测项目的观测仪器仪表的精度应满足规程规范的要求,计量检验的水准仪、经纬仪和压力表必须委托有资质的计量检验机构定期进行校验,校验合格后方可使用;水准基点等测点应定期进行校核。

(6)应经常性地对监测仪器和设施进行检查与维护,必要时委托有资质的单位进行鉴定;对于不能正常工作的监测仪器和设施,应及时进行更新改造,改造时应尽量保留利用原有有效的仪器和设施,并确保能够与新增仪器和设施共同工作。

(7)大坝安全监测工作实行月报、年报和不定期专题报告制度。监测月报由运行管理单位报送主管单位;年报结合月报、年度巡视检查报告编制;发现异常情况应及时编制专题报告。

(8)凡对外发布的监测成果,事先必须通过主管部门的审查和批准。

(二)工程观测

(1)按照混凝土坝和土石坝监测项目分类(见表6-2、表6-3),大坝安全监测项目的设置,应满足规范及设计的最低要求。对必设监测项目,如有因工程实际情况难以实施者,应报上级主管部门批准后缓设或免设。

(2)上下游水位、气温和降雨量的观测数据,如能够从专业的气象、水文观测机构获取,工程运行管理单位可不再就此设置专门的观测仪器设施。

(3)在枢纽工程附近设置的专业地震台,应符合国家地震台网建设要求,也可在枢纽工程建筑物中设置强震观测点。

(4)应按照规定的项目、测次和时间进行监测。各监测项目的观测频次必须满足规程规范的最低要求,不得随意减少监测项目、测次和测点,保证监测资料的准确可靠。

(5)应大力推广自动化监测系统。已实现自动化监测的项目,可适当加密观测频次,并及时备份数据库。

(6)应按照规定的线路、部位、内容和频次进行人工巡视检查,记录规范并有巡视检查人员签名。对巡视检查记录应及时进行整理,若发现问题应及时上报,并提出初步分析及处理意见。

(7)在特殊情况下,如地震、非常洪水、运行条件发生变化以及发现异常情况时,应加强巡视检查,并应加密观测频次,必要时还应增加监测项目,及时上报监测情况。

(8)工程运行管理单位应做好大坝监测资料的日常整理和年度整编工作。日常整理工作在每次观测后及时进行,年度整编工作在日常整理工作的基础上进行,整编成果编印成册并存入数据库。

(9)工程运行管理单位应做好短期监测资料的日常分析工作,发现异常情况应及时上报。

(10)工程运行管理单位应定期(每隔3~6年)或结合大坝安全鉴定工作,委托有资质的单位对长期资料进行分析，揭示主要监测量的分布规律及变化规律，评价大坝工作性态，提出主要的大坝安全运行监控指标。

表 6-2　混凝土坝安全监测项目分类

序号	监测类别	监测项目	建筑物级别	
1	巡视检查	坝体、坝基、坝肩及近坝库岩岸	1	3
2	变形	(1)坝体位移 (2)倾斜 (3)接缝变化 (4)裂缝变化 (5)坝基位移	● ● ● ● ●	● ● ●
3	渗流	(1)渗流量 (2)扬压力 (3)绕坝渗流 (4)水质分析	● ● ● ●	● ● ●
4	应力应变及温度	(1)应力 (2)应变 (3)混凝土温度 (4)坝基温度	● ● ● ●	
5	环境量	(1)上下游水位 (2)气温 (3)降水量 (4)库水温 (5)坝前淤积 (6)下游冲淤	● ● ● ● ● ●	● ● ●

注：1. 有●者为必设项目。
2. 坝高 70 m 以下的Ⅰ级坝，应力应变为可选项目。
3. 对必设项目，如有因工程实际情况难以实施者，应报上级主管部门批准后缓设或免设。

表 6-3　土石坝安全监测项目分类

序号	监测类别	观测项目	建筑物级别	
一	巡视检查	巡视检查(含日常、年度和特别三类)	Ⅰ	Ⅲ
二	变形	(1)表面变形 (2)内部变形 (3)裂缝及接缝 (4)岸坡位移 (5)混凝土面板变形	★ ★ ★ ★ ★	★

续表 6-3

序号	监测类别	观测项目	建筑物级别	
三	渗流	(1)渗流量 (2)坝基渗流压力 (3)坝体渗流压力 (4)绕坝渗流	★ ★ ★ ★	★
四	压力(应力)	(1)空隙水压力 (2)土压力(应力) (3)接触土压力 (4)混凝土面板应力	★ ★ ★ ★	
五	水文、气象	(1)上、下游水位 (2)降水量、气温	★ ★	★ ★

注:1. 有★者为必设项目。

2. 对必设项目,如有因工程实际情况难以实施者,应报上级主管部门批准后缓设或免设。

第三节　堤防隐患探测

堤防是防洪保安全的重要物质基础,但由于黄河下游堤防是在历史民埝基础上逐步培修而成的,存在老口门、渗水段、腐烂植物、动物洞穴、裂缝及松散土层等诸多隐患,加上“地上悬河”与特定的沙性土层堤基,对防洪安全构成了极大威胁。

近代治黄历史表明,黄河决口除堤身高度不足所发生的少量漫溢决口和因河势顶冲造成的冲决外,多数是因为堤防存在隐患而造成的溃决。因此,研究堤防隐患探测技术,推广应用先进的探测仪器,快速、准确地探测判定堤身隐患并及时进行加固处理是非常必要的,隐患探测技术也从早期的人工普查、锥探、抽水洇堤等传统手段逐步过渡到电法探测,技术水平取得了长足的发展和进步。因此,开展堤防隐患探测,及时探测堤防隐患,为堤防加固和度汛防守提供依据,是堤防安全管理的重要技术基础。

一、堤防探测历史沿革

(一)人工探测

早在清代的河务机构,就用长 3 尺、上带手柄的铁签进行签堤,查找洞穴,探求堤防隐患探查的办法。1949 年 9 月黄河下游发生了 12 300 m^3/s 的大洪水,兰考东坝头以下两岸堤防发生漏洞 806 个,大量漏洞的发生表明堤防隐患是严重的。1950 年 6 月黄委部署:"各地对新旧堤防亟应进行普查而严格的检查,凡新旧堤结合部,施工分段衔接处,以及穿堤建筑物,都应列为检查的重点,新旧堤一律进行签试",并制定了《黄河大堤检查实施办法》。据此,河南、平原、山东河务局广泛发动沿河群众,普遍检查堤身隐患,各修防处、段组成小组沿堤检查,对群众举报隐患者给予奖励,同时,采用平原省封丘段工人创造的直径 5 mm 钢钎,在堤身进行钎探,凭感觉检查堤身隐患。1950 年山东共查出隐患 3 519 处,平原、河南查出各种隐患共 4 086 处,其中獾狐洞穴 559 处,战沟残缺 174 处,坑穴 50 处,井穴、暗洞、红薯窑 198 处。1952 年山东发现碉堡 66 处,军沟 206 条,防空洞 110 处,其中齐河县发现一条军沟长 20 多 m、宽 2 m 多,洞内有动物尸体和铁锅等物,有些洞口直接与大河相通。1953 年河南武陟秦厂村西大堤上发现一个獾狐洞位于堤顶下 3 ~9 m,洞穴横三竖四,上下交错,全长达 300 m。大量隐患的发现,加深了对消灭隐患重要性和长期性的认识,从而将隐患探测工作定为制度,要求每年各省都要组织大量的人力,对堤顶、堤坡进行全面的普查,对重点隐患堤段严格普查,还号召沿河群众举报隐患。从 1950 年至 1987 年,全河共发现隐患 35 万处。

(二)锥探隐患

1950 年开展群众性普查堤防隐患时,封丘县黄河修防段段长陈玉峰,启发工人靳钊把用钢丝锥在黄河滩区找煤的技术用到查找大堤隐患上来。同年 3 月,由陈玉峰和靳钊带领工人、民工 40 余人,首先用钢丝在封丘王集等堤段进行锥探隐患试验,10 d 内锥眼 5 万余个,发现獾狐洞、藏物洞、地窑、鼠洞等 90 余处,随即进行开挖回填处理,黄委及时把这种锥探隐患的技术在下游全面推广。由于钢丝锥细软,对高大堤防锥探深度不够,1952 年原阳段开始改小锥为大锥,锥径 10~19 mm,锥长 6 ~11 m,锥头直径 10 mm 增加至 20~25 mm,大锥 4 人操作,并配有各种扶锥支架,锥深 5~9 m,每班每日锥 25~30 眼。大锥布孔,一般孔距 1 m,行距 1~15 m,重点堤段孔行距 0.5 m,改用大锥后,操作人员多,锥力大,对小隐患感觉不灵,采用灌沙措施增加发现隐患率约 40%。

锥探灌浆也是一种发现并加固处理隐患的重要工程措施,这是治黄工作者的首创。1970 年曹生俊、彭德钊两位技术人员在河南温陟黄沁河修防段研制出手推式电动打锥机,锥杆直径 22 mm,锥头直径 30 mm。1974 年河南河务局彭德钊工程师在手推式电动打锥机的基础上,改进为"黄河 744 型"12 马力柴油机自动打锥机,1 人操作锥深 9 m,每台班可锥 300 眼左右,相当于人工打锥工效的 10 倍,在河南全面推广 30 台,并推广到汉江及漳卫河。1970 年山东鄄城段试制成功杠杆式机动打锥机,锥径 15~22 mm,锥头直径 24~26 mm,两人操作,两分钟可打一个 7 m 深探孔。1984 年山东河务局引进湖北省洪湖县全液压传动打锥机 10 台,探深 9~12 m,主要用于堤顶部位锥探与堤防加固,取得一定效果。

(三)抽水洇堤

抽水洇堤的基本方法和原理是在堤顶开挖纵向沟槽,槽底锥孔灌水,根据渗水、漏水情况,分别判断堤身隐患,然后用人工开挖翻修处理。山东河务局 1957 年东阿段在南桥和大河口进行抽水洇堤长 532 m,开挖槽沟底宽 1.0 m、深 1~2 m,沟底锥孔灌水,效果较好。1959 年在齐河老城东门外、王庄、大王庙、丁口、红庙、许坊、李家岸、荆隆口等堤段进行抽水洇堤,总计长 1 420 m,发现大小漏洞 45 个,堤顶陷坑 7 个,裂缝 50 条,长 1 121 m,

堤顶槽沟灌水,堤身出现冒水口 33 个,直径 0.1~0.5 m。

1965 年河南河务局在中牟赵口、兰考四明堂、原阳篦张堤段进行抽水洇堤,3 处计长 2 599 m,这 3 处均为历史老口门,堤防薄弱,土质多沙。按堤顶宽度 1/2 开挖沟槽,槽底以 0.5 m 间距锥孔,孔深 9 m,随后灌水,经洇水 3 处共发现洞穴 112 处(赵口 34 处,四明堂 52 处,篦张 26 处),洞径一般 0.5 m,最大 1.5 m,堤身、戗坡上出现冒水口 26 处,出水口径 0.1~0.5 m。洇水后堤顶有不均匀沉陷 0.01~0.15 m,后进行开挖填实和灌浆处理。1985 年沁河杨庄改道,新右堤出现裂缝,为查找隐患,在距临河堤肩 2.0 m 处开挖 1 m×0.5 m 槽,锥孔洇水,查找隐患效果较好。但是,采用此法必须慎重,以防止造成新的隐患和险点。

(四)电法探测

电法探测是在总结以往堤防探测加固方法的基础上发展起来的一门探测技术手段。1958~1960 年山东河务局与山东大学协作采用放射性钴 60 进行堤防隐患探测试验,20 世纪 70 年代开始应用地质勘探中的电法勘探来探测堤坝隐患,先后利用鞍山电子研究所研制的 YB-1 型裂缝探测仪和山东省水科所研制的 ED-80 型土坝探伤仪进行过试验;1985 年黄委引进美国 SIR-8 型地质雷达,经过 3 年试验效果不佳,难以解决埋深超过 2 m 的洞、缝隐患;1980~1985 年山东省水科所又研制了 TZT-1 型堤坝隐患探测仪,该方法采用电阻率剖面法探测裂缝位置和走向,利用经验公式确定裂缝顶部埋深,取得了可喜的进展,积累了一定经验,但对资料的解释尚停留在定性或半定量阶段,对裂缝的下延深度及探测宽度与规模等问题未能解决,且探测速度较慢,不能满足工程除险加固处理的需要。

电法勘探在堤防隐患探测中的应用效果,极大地推动了堤防隐患探测的研究,进入 20 世纪 90 年代,随着计算机技术的快速发展,为物探仪器和分析技术发展提供了条件,黄委设计公司物探院生产的 HWT-1 多功能数字激电仪和山东局科技处生产的 ZDT-Ⅰ型智能堤坝隐患探测仪,在探测速度、解释精度、仪器分辨率方面有了较大提高,为堤防工程隐患探测开辟了广阔的前景。

黄河下游堤防隐患探测技术从原始的人工锥探到目前的电法仪器探测经历了由原始到现代、从定性到定量、从落后到先进的发展过程,隐患探测技术的发展也凝结了治黄工作者的智慧和创造力。

二、堤防探测试验

堤防隐患探测方法从原理上可分为电法、电磁波法、瑞雷面波法,对不同的隐患,需采用相应的方法。

电法中的直流电阻率法对探测堤身横向裂缝、空洞、松散不均匀体效果较好;充电法、自然电场法、激发极化法对探测渗漏通道、管涌效果较好。

电磁波法可分为瞬变电磁法和脉冲地质雷达法,瞬变电磁法根据二次场的衰变特性来确定堤防隐患性质,适应于探测裂缝、空洞、松散不均匀体(含软弱基础)。

脉冲地质雷达在砂性土中探测深度较浅,对浅部空洞、松散不均匀体、老口门等杂物有反映。

瑞雷面波法是根据弹性波在不均匀介质中传波的频散特性求出堤身介质的横波速

度,根据横波速度与剪切模量的关系,确定堤身强度及软弱层分布。

电法探测堤防隐患的主要方法是直流电阻率法。其主要原理是通过供电电极对堤身供入直流电,形成一个人工电场,然后测量电场的分布情况,通过研究分析电场分布变化规律,查找隐患。这种方法简单易学、直观,实用性强,图像反映解释比较容易,同时仪器价格较便宜,便于推广。在理想条件下,将堤身视为均质体,其电阻率沿堤身水平方向和垂直方向变化不大,电场分布均匀;当堤身存在隐患时,均质的堤身遭到破坏,致使电场发生变化,反映在隐患部位所测视电阻率形成异常,根据所测视电阻率的变化大小及曲线形态,结合施工与地质情况,可推断堤身隐患的性质、部位和埋深。

1996 年,黄委通过国内调研,开始在黄河下游进行堤防隐患探测仪器的对比试验研究,整个过程分为三个阶段:

第一阶段为对比测试:1996 年通过广泛调研,选择了黄河设计公司物探院、山东河务局科技处、江西省九江水科所三家单位,在武陟、长垣、东平湖临黄大堤进行测试,成果报告提交后,选择长垣堤段进行压力灌浆,两个月后进行开挖验证,仪器优先在黄河大堤上进行生产性推广。

第二阶段为规范管理:经过探测仪器选型试验和生产性推广,1998 年黄委制定了《黄河堤防工程隐患电法探测管理办法》,加强探测管理,规范探测工作。

第三阶段为推广实施:1999 年 3 月,根据先急后缓的原则,重点安排黄委在册险点险段、重点防守堤段、堤防薄弱堤段进行隐患探测,累计完成 510 km 的普查任务,其中河南河务局探测长度 186 km,发现异常点 391 个;山东河务局探测长度 324 km,发现异常点 1 952 个;1999 年 4 月,在黄河防洪规划项目中对黄河下游三个确保堤段(郑州至开封 −1+072~90+000、沁河口至原阳 68+469~142+200、济南附近 5+000~50+000)进行了探测,共查出堤身裂缝 756 条,堤身不均匀体 201 个,隐患发育段 67 段;2000 年 4 月黄委要求山东、河南两河务局对 1999 年普查发现的异常点进行详测,共探测各类堤防 80 段,判定明显隐患 193 处。截至 2000 年 7 月底,共完成堤防隐患探测普查和详查长度 720 km,共发现 3 300 处隐患异常点(段)。

通过大量试验和推广应用,电法探测隐患具有经济、快速、实用、成本低的特点,可用于快速普查,确定隐患位置和埋深;如需进一步查清隐患性质,可利用高密度电法等方法进行详查,在较短的时间内,达到快速探测隐患的目的。

三、堤防隐患探测研究

探测仪器通过在黄河多年的应用研究和科技攻关,逐渐形成了以对称四极剖面法进行快速普查,以高密度电法进行详查的探测工作模式。该工作模式经济、实用、效果较好,适合土质堤坝的隐患探测,对堤坝中裂缝、洞穴、松散土夹层、渗漏等隐患的位置、性质、走向及埋藏深度,探测结果形象直观,为堤坝隐患的探测提供了一套实用有效的测量方法、测量仪器和资料整理分析方法。

(一)对称四极剖面法

对称四极剖面法是将供电和测量电极间距离保持不变,工作时整个装置一起移动,观测同一深度不同位置的视电阻率的变化规律,从而判断堤坝隐患的。

如图 6-2 所示,通过供电电极 A、B 由堤坝表面向地下供电,建立人工电流场,然后测出供电回路电流 I 和测量电极 M、N 间的电位差 ΔV,根据理论推导公式可算出测点 O 的视电阻率 $\rho(\mathrm{S})$ 值。即

$$\rho(\mathrm{S}) = K\frac{\Delta V}{I}$$

式中:ΔV 为 M、N 间的电位差;I 为供电回路电流;K 为装置系数。

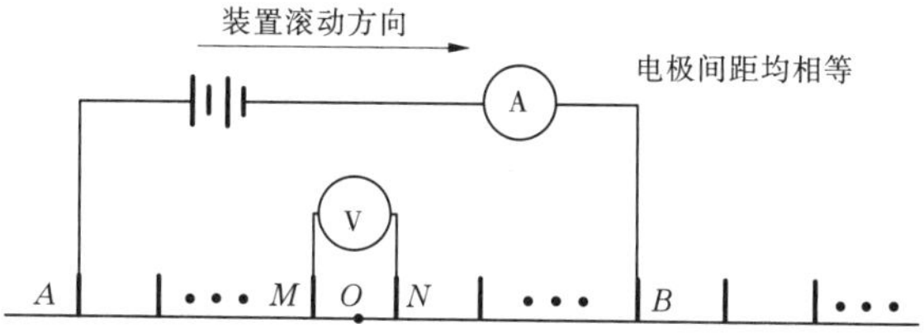

图 6-2　对称四极装置形式

$$K = 2\pi\frac{AM \times AN \times BM \times BN}{MN(AM \times AN + BM \times BN)}$$

对称四极剖面法操作简便、工效高,缺点是不同测点电位起伏较大,对分析隐患异常点造成一定干扰。

为实现快速测量,在仪器设备方面进行了改进,通过采取以下措施弥补了它的缺点:

(1)恒流供电,建立均匀探测电场。

在整个剖面测量过程中,始终以恒定值电流供电,使各测点等同于在一个相对均匀一致的探测电场下进行测量,因此测量精度得到提高;同时减小了背景电位的起伏幅度,使隐患异常值相应得到突出。恒流供电带来的优点还有,可以采用细小电极,使打电极作业变得轻松快捷,进一步提高了探测的速度,且减轻了整套装备的体积和重量。

(2)研制性能指标高、速度快的电测仪。

设计了独特的自适应动态补偿和极化电位抑制方式,对自然电位补偿精度高、范围大、响应速度快;采用了独特的通道零飘消除技术,使整机无零飘;运用了程控增益、高速率采样以及模拟量数字化处理技术。这些设计的实现不仅有利于快速探测,更提高了仪器的精度、分辨率,使分辨隐患异常或地质差异的能力相应提高,并且增强了探测的灵敏度,以弱小电场就可满足测量需要,使供电电源可以轻巧耐用。

(3)合理布设电极。

根据被测堤坝的几何尺寸,合理设定供电电极 A、B 和测量电极 M、N 的极距与测点间距,使打下的电极可重复利用,一次打下多根电极,测量过程中,只移动仪器,不移动电极。每测完一点,4 个电极夹同时向前移动一个测点,夹在相应的电极上,如此逐点测量,犹如四个测极在沿测线滚动,使探测操作简单快捷(见图 6-3)。

(4)资料解释方法。

对称四极剖面法测得的视电阻率 $\rho(\mathrm{S})$ 值,是各测点在一定深度范围内的 $\rho(\mathrm{S})$ 值,其成果图是以各测点的视电阻率 $\rho(\mathrm{S})$ 值为纵坐标,桩号或水平距离为横坐标的剖面曲线,

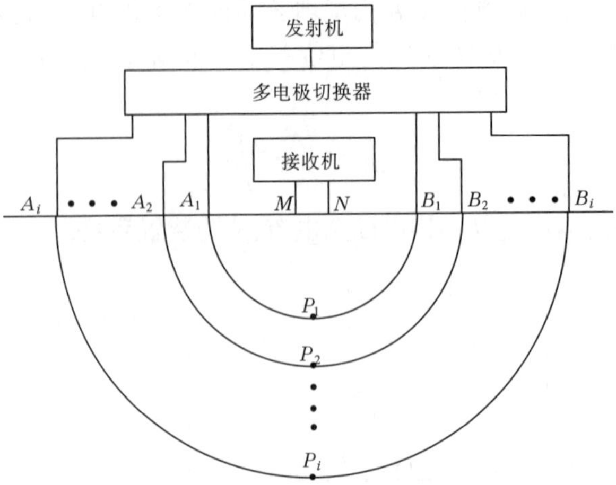

图 6-3　连续测深法原理图

称为视电阻率曲线。通过视电阻率曲线可分析判断隐患。

①定性分析。

定性分析是通过观察曲线变化的规律和形态,判别异常点或异常段。

较为突出的单峰窄幅(由一个点单独拉起,最大幅宽占一个点距)的高值异常点,一般为埋藏较浅的裂缝、洞穴或高阻异常体的反映,当它呈低值异常时可能是充水的裂缝、洞穴或金属涵管等低阻异常体的反映。

较为突出的单峰宽幅(由 1~2 个点组成,最大幅宽占 2~3 个点距)的高值异常段,一般为埋藏较深的裂缝、洞穴或局部松散土夹层或裂隙发育带等体积较大高值异常体的反映,当它呈低值异常时,可能是土质密实或高水位下隐患充水所致。

多峰宽幅(由多个点组成,最大幅宽占 4 个点距以上)的高值异常段,一般为松散土夹层、裂隙发育带、局部土质沙性较大或密实度低的反映,当它呈低值异常时,可能是土质密实或高水位下隐患充水所致。

大范围高值异常段一般为土质沙性较大或密实度低,当它呈低值异常时,可能是土质沙性小或密实度高,探测时如观察到对应区段背水堤脚附近有水,则可能存在散浸或渗漏。

曲线呈明显齿状如振荡波形态,一般是土质不均匀的反映。

应当指出的是,定性分析一定要结合工程修筑、历史沿革资料和周围地形地物等情况综合进行分析,以保证判断的准确性。

②定量分析。

在定性分析的基础上,常采用经验公式判断隐患异常的可靠程度及其大体埋藏深度。

(二)高密度电阻率法

对称四极剖面法虽能快速发现隐患位置,但成图结果是一条单根曲线,对隐患的反映较粗,不直观。要想获得较为翔实且形象直观的成果图,必须进行大信息量数据采集,不仅水平方向上要加大测点密度,垂直方向也要有分层测量,以构成整个断面的数据阵列,然后进行统计处理及层析成像反演,以取得形象直观的成果。

1. 高密度电阻率法探测方式

高密度电阻率法根据测量方式的不同可分为温纳装置、施龙贝格装置、微分装置、偶极装置、三极装置、二极装置等。

在堤防隐患探测工作中，一般使用施龙贝格装置，测量电极 M、N 布设于中央，两侧按探测深度要求布设多对供电电极，发射机通过电极切换按供电极距从小到大的顺序依次给各对供电电极供电，使探测深度逐步加大，接收部分同步进行数据采集，这样一次可完成一个测深点的不同极距的测量。然后沿测线逐点测量，最后得到整个剖面的测量结果。

施龙贝格装置与其他装置相比有以下优点：

（1）装置形式采用对称四极，并且为小 MN 装置，在一定范围内，探测深度越深，分辨率越高，对隐患异常反映清晰。

（2）测量结果的数据密度大、信息丰富，便于进行各种统计处理和成像反演。

（3）测量的断面成图为倒梯形，反映断面完整，且被测断面大小可根据隐患规模灵活控制。

（4）测量系统小巧、轻便，适合堤坝隐患探测。

2. 数据处理与成像反演

高密度电阻率法采集的数据呈矩阵排列，经专用软件处理可自动生成视电阻率断面灰阶图（或彩色分级图）、层析成像图、多层剖面曲线图、单根曲线图、等值线图；可横向提取某层剖面数据，或纵向提取某点的测深数据，单独处理成图；可进行剖面（断面）分割或连接等。

电阻率成像反演是将地电断面的视电阻率分布经反演转换为近似真电阻率分布，从而提高方法的分辨率和解释精度。

黄委堤防隐患探测使用仪器主要有黄河设计公司物探院研制的 HGH-Ⅲ高密度电法堤防隐患探测系统和山东河务局科技处研制的 ZDT-Ⅰ智能堤坝隐患探测仪和 FD2000 分布式智能堤坝隐患综合探测系统。

HGH-Ⅲ高密度电法堤防隐患探测系统是水利部“988”科技攻关项目。该仪器设计新颖、结构合理、数据采集和处理软件齐备，在堤防隐患探测中技术指标和功能总体上达到国际先进水平，其中分布式转换开关和专用于抗干扰电缆达到了国际领先水平。

ZDT-Ⅰ智能堤坝隐患探测仪是黄委山东河务局研制的，被列入了山东省科技发展计划，该仪器具有自主知识产权，取得国家发明专利，曾获国家科技发明奖、山东省科技进步一等奖等。在此基础上，进一步研发的 FD2000 分布式智能堤坝隐患综合探测系统，比 ZDT-Ⅰ型智能堤坝隐患探测仪更先进，2005 年 12 月通过专家技术鉴定，达国际领先水平，获得黄委创新成果一等奖。

为满足黄河堤防工程长期安全运行的要求，建立适应市场经济条件下的运行管理机制，堤防隐患探测任务一般按堤线长度划分标段，实行探测项目招标采购，选择专业队伍，确保隐患探测成果质量，实现探测资料分析成果有效指导堤防加固的目的。

堤防隐患探测技术是一种综合探测技术，在探测前一定要明确探测目的，选择合适的探测方法，才能取得最佳探测效果。同时，针对隐患探测结果验证偏少，对隐患性质的判定存在分歧，影响对隐患的危害程度估计问题，应尽量增加探测后的开挖验证，检验探测精度和隐患性质，提高隐患探测技术水平（见图 6-4、图 6-5）。

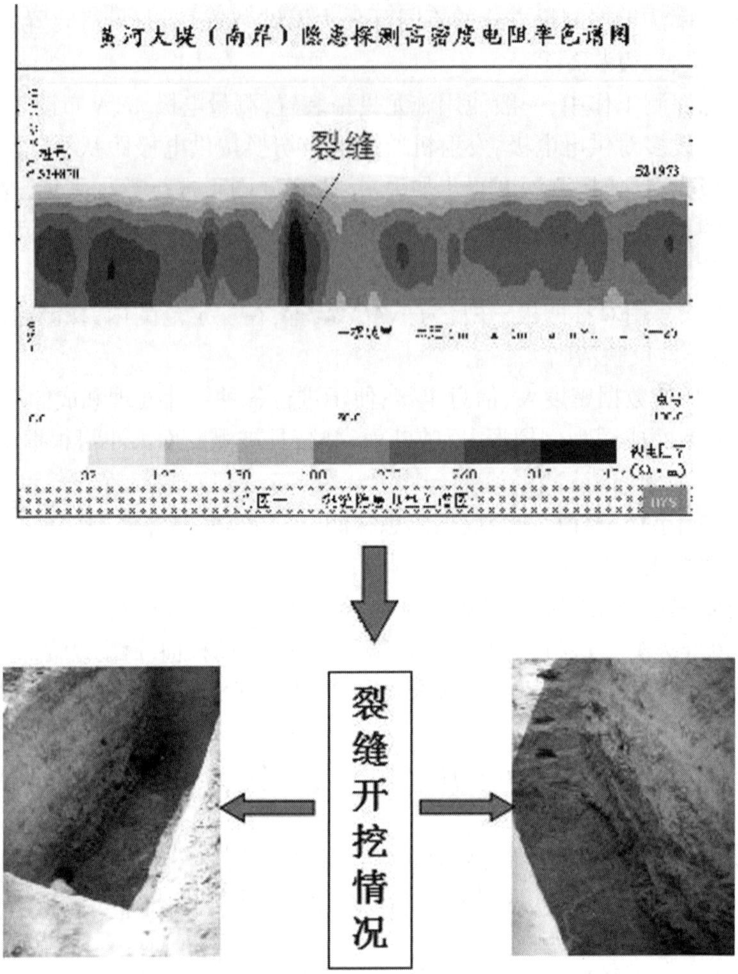

图 6-4　检测与实际开挖图（一）

开展堤防隐患探测，建立不同层级的堤防隐患探测数据库，组织开展探测成果分析，掌握堤身内部的隐患分布状况，适时安排堤防除险加固，是黄委堤防工程管理的一项重要技术基础工作，也是反映黄委堤防工程管理技术水平的一个标志，应引起各级管理部门的高度重视，以实现维持堤防工程完整、坚固、安全运用的目的，展现黄委堤防工程管理综合技术水平。

第四节　河道整治工程根石探测

河道整治工程是黄河水工程的重要组成部分，包括险工、控导、护滩、护岸工程等，等同于堤防工程设计规范中的堤岸防护工程。根石（也称护脚石）是坝、垛、护岸的基础，土坝体、堤岸护坡的安全依赖于根石基础的稳定，也是河道整治工程中石料用量最多、占用投资最大的部位，只有经多次不利水流条件的冲刷抢护，才能达到相对稳定。但由于受河

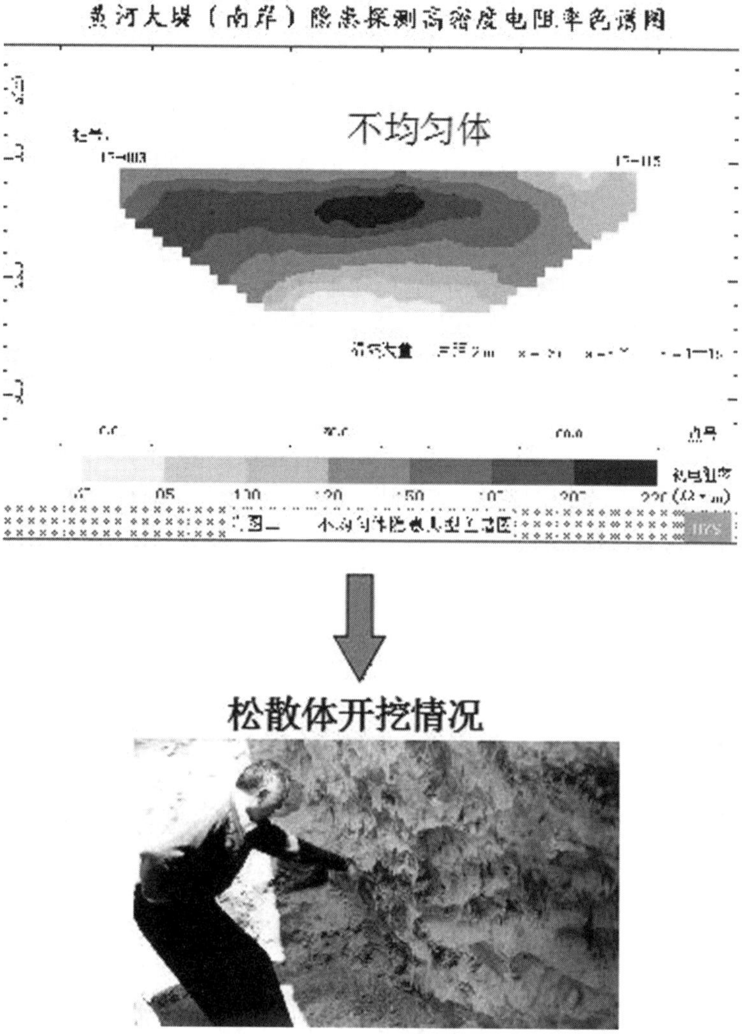

图 6-5　检测与实际开挖图(二)

流泥沙及探测技术手段的制约,黄河基层单位多数靠人工探摸,存在误差大、速度慢、精度差、不安全等问题。

1996 年开始,黄河设计公司物探院借助黄委引进的 X-star 水下地层剖面仪,经过对仪器设备软件的升级改造及反复试验研究,到 2008 年水下根石探测终于取得技术突破,能够探测并解析水下及淤泥层下部根石分布的深度和坡度,为黄河河道整治工程根石探测提供了重要技术支撑。

一、根石探测历史沿革

(一)探测历史沿革

根石探测是适时了解和掌握河道整治工程根石状况、适时进行根石加固、保证工程完整安全的重要技术基础工作,每年需要开展汛前、汛期或汛后的根石探测。

黄委所辖黄河中下游共有险工、控导、护滩(岸)及防等河道整治工程 585 处,险工坝岸 14 600 多座,工程长度 1 140 余 km,另有滚河防护工程坝垛 461 座。按照黄委《黄河河道整治工程根石探测管理办法》的规定,每年需要对靠河工程根石进行 1~3 次不等的探测,每道坝需探测 4~6 个断面、垛 3~4 个断面。经统计测算,黄河中下游不考虑汛期、汛后探测,仅每年汛前需探测坝垛数量的 35%,计有 5 400 余道坝岸、断面约 21 500 个,探测坝岸数量多、工程量大、任务繁重。

采用传统的人工锥探法探测根石(见图 6-6),存在几个突出问题:一是人工探测受船只定位、弯道水流及锥杆摩擦等因素影响,流速不宜大于 1 m/s,探测精度极差,难以为根石加固决策提供可靠的技术支撑;二是劳动强度大、功效低、成本高,1 船 10 人轮换作业,每天最多完成 3 道坝、15 个断面;三是探摸深度小,受河床淤一般只能探摸 6~8 m 深度;四是探测船只定位难、探摸人员水上作业安全得不到保证,曾发生过数起探测人员落水伤亡事故;五是锥探用于土工织物沉排等新结构坝岸容易造成坝体破坏,应用条件受限。因此,开发研究运用新的根石探测技术,对快速、准确地探测工程根石状况、提高水利工程管理决策水平、保证工程运用安全具有重要意义。

图 6-6　传统探水杆探测根石

河道整治工程根石探测技术手段落后是长期困扰黄河工程管理的重大难题之一。为了探测险工坝岸根石状况,治黄工作者进行了长期不懈的探索,解决水下根石探测手段问题,以便掌握根石的水下分布与稳定状况,及时安排根石加固,对减少河道整治工程出险、保证防洪安全至关重要。

长期以来,黄河根石探测采用的探测方法均是靠接触式并凭借操作者的经验判断水下工程基础分布状况的方法。

(1)探水杆探测法。由探测人员在岸边直接用 6~8 m 标有刻度的长木杆或细钢管探测。

(2)铅鱼探测法。在船上放置铅鱼至水下,用系在铅鱼上标有尺度的绳索测量根石的深度。

(3)人工锥探法(或称水下锥探法)。在船上用一定长度的钢(管)锥直接触及根石,遇到淤泥层锥杆要穿过淤泥层直至根石,并计量深度(见图 6-7)。

(4)移动式电动探测机。该机械需要布置在船上,模仿人工锥探根石的提升、下锥、

图 6-7　人工锥探法

脉冲进给的工作原理设计，探测机采用双驱动的两个同步旋转滚轮，靠一端能自锁的偏心套挤压探杆，两轮旋滚驱动探杆向下探测根石。

（二）探测工作要求

为加强工程管理，提高河道管理的规范化水平，及时了解黄委直管的黄河干支流河道的险工坝岸及控导护滩工程坝垛（见图 6-8）根石分布状况，做到适时加固，确保防洪安全，黄委对黄河河道整治工程根石探测做出了规定，要求汛前、汛期及汛后开展根石探测。

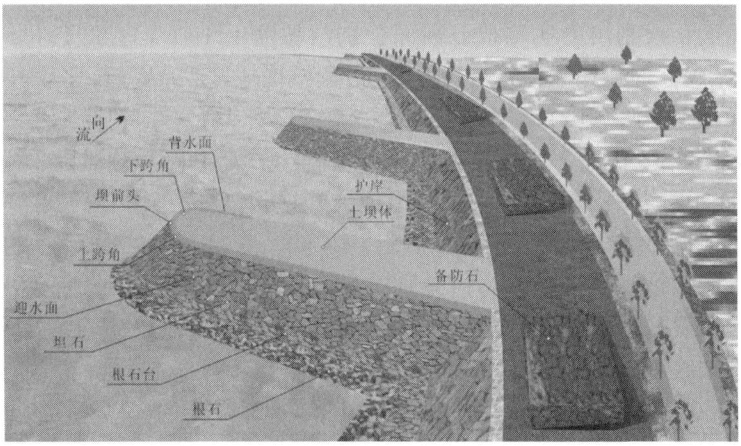

图 6-8　险工坝垛示意图

汛后探测一般在 10～11 月进行，探测的坝垛数量应不少于当年靠河坝垛总数的 50%。

汛前探测是重点，每年 4 月底前完成，对上年汛后以来河势发生变化后靠水坝垛进行探测。

汛期探测汛期对靠溜时间较长或有出险迹象的坝垛应及时进行探测，并适时采取抢险加固措施。

根石探测要求沿固定断面进行，探测断面布设的原则是上、下跨角各设 1 个，坝垛的圆弧段设 1～2 个，迎水面根据实际情况设 1～3 个断面。

断面编号自上坝根（迎水面后尾）经坝头至下坝根（背水面后尾）依次排序，坝垛断面编号附后；表示形式为 YS+×××、QT+×××等，“+”前字母表示断面所在部位（见图 6-9），“+”后数字表示断面至上坝根的距离。

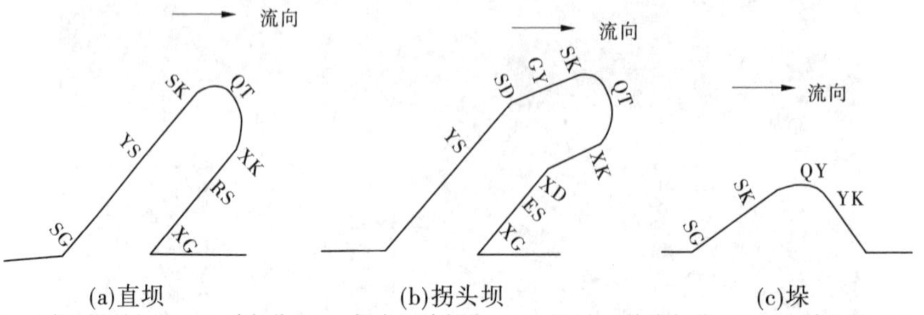

SG—上坝（垛）根；SK—上跨部位；SD—拐头上跨部位；QT—坝（垛）前头部位；XK—下跨部位；XD—拐头下跨部位；XG—下坝（垛）根；YS—迎水面；BS—背水面；GY—拐头迎水面。

图 6-9　坝垛平面部位图

探测时，要测出坝顶高程、根石台高程、水面高程、测点根石深度，高程系统应与所在工程的标高系统一致；根石探测各断面数据自动录入计算机。

根石探测断面图由计算机绘制，纵横比例一致，一般取 1∶100 或 1∶200；图上须标明坝号、断面编号、坝顶高程、根石台高程、根石底部高程、测量时的水位或滩面高程。

缺石量计算为缺石平均断面面积乘以两断面间的裹护周长。

缺石断面面积绘制出的实测根石断面分别与坡度 1∶1.0、1∶1.3、1∶1.5 的标准断面（按设计要求考虑标准断面的根石台顶宽，但最宽不得超过 2 m）进行比较，计算缺石断面面积。断面面积采用两个相邻实测断面缺石面积算术平均值。

断面之间裹护长度，险工坝垛及有根石台的控导护滩工程其直线段采用根石台外缘长度，控导护滩工程无根石台的直线段采用坝顶外缘长度；险工、控导工程圆弧段的周长采用根石台或坝顶外缘长度乘以系数 2 确定。

计算成果应汇总成表（见表 6-4），分别按 1∶1.0、1∶1.3、1∶1.5 的标准断面测算每处工程的坝垛数和缺石量，以县（市、区）河务局为单位测算缺石总量。上述计算成果，须经有关业务主管领导审查签字。

表 6-4　黄河河道整治工程根石探测统计

单位	工程名称	坝号	根石平均深度（m）	缺石量（m^3）		
				1∶1.0	1∶1.3	1∶1.5

审定：　　　　校核：　　　　填表：　　　　日期：

(三)探测成果分析

1. 探测记录表

在进行根石探测时,要及时准确地填写探测记录表,探测数据的记录分"起点距/高差"和"间距/高差"两种形式。

一是"起点距/高差"记录形式:探测时先选择某固定点为起点(记为0/0),其他各测点的位置均以与起点之间的水平距离和高差表示,即水平距离和高差都是对起点而言的,当测点比起点低时应在高差前加"-",当单趋势降低时也可省略"-"而在备注栏内注明"降低",该记录形式见表6-5。

表6-5　根石探测记录表

记录人:

坝号	时间	断面	断面情况												备注
			起点高程(m)	起点距(m)/高差(m)											
某坝	某时	SK	71.8	0	1.0	4.0	6.0	8.6	10.5	12.0	14.0	16.0	18.0		降低
				0	0	1.8	2.2	4.4	6.3	7.7	8.8	11.2	13.3		

二是"间距/高差"记录形式:探测时先选择某固定点为起点(记为0/0),其他各测点的位置分别以与前一相邻点之间的水平距离和高差表示,即水平距离和高差都是与前一点的差值,当测点比起点及相邻前一点低时应在高差前加"-",当单趋势降低时也可省略"-"而在备注栏内注明"降低",该记录形式见表6-6。

表6-6　根石探测记录表

记录人:

坝号	时间	断面	断面情况											备注
			起点高程(m)	间距(m)/高差(m)										
某坝	某时	SK	71.8	0	1.0	3.0	2.0	2.6	1.9	1.5	4	2.0	2	降低
				0	0	1.8	0.4	2.2	1.9	1.4	1.1	2.4	2.1	

2. 根石断面图

绘制根石断面图,首先是应分清根石探测数据的记录形式,估算出根石断面的大致尺寸范围;其次是根据图幅大小和根石探测断面的尺寸范围选择适宜的制图比例;第三是在图上标定出起点位置,并根据每组数据所代表的与起点之间的关系或与前一相邻点之间的关系依次将各测点绘在图纸上,连接各测点即得到探测的根石断面图,见图6-10。每一个断面图都必须标注工程名称、坝岸编号、断面位置及编号、坝顶高程、根石台顶高程、河床床面高程、探测日期、水位等。

若探测发现根石坡度不满足稳定安全要求或设计要求的坡度,应及时抛石护根。

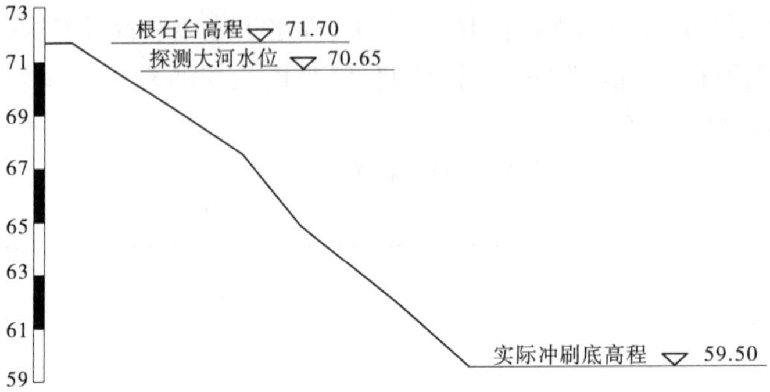

图 6-10 根石断面图

3. 数据整理分析

根据根石探测记录表可绘制出各个探测断面的实测坡面线(断面图),由每个探测断面的实测坡面线与设计坡面线比较可显示出该断面是否缺少石料并可据此计算缺石断面面积,根据同一座坝、垛(护岸)的各个探测断面缺石面积及断面间距或总围长可计算该座坝、垛(护岸)的缺石量,由各坝、垛(护岸)的缺石量可统计出某处工程的总缺石量,即可形成按坝、垛(护岸)统计的某处工程缺石量统计表,并据此编写出探测分析工作报告。

计算缺石量:①检查确认的实测数据绘制各个探测断面的实测坡面线(断面图);②当探测断面的实测坡面线陡于或局部陡于设计坡面线时则认为该断面的石料不足,由探测断面的实测坡面线(或其平均坡度线)、河床冲刷线及设计坡面线之间所围成的面积为该断面的缺石面积,见图6-11。该面积的大小按规则形状的面积公式或对非规则形状按割补法近似计算;③坝、垛(护岸)缺石量,可根据该座坝、垛或护岸上每个缺石断面的缺石面积乘以该断面所代表的长度并求和得到,或依次由相邻两断面的缺石面积取平均值再乘以断面间距并求和而得(也称为断面间距法),也可根据各缺石断面上缺石面积的算术平均值乘以该座坝、垛或护岸的裹护长度而得到(称为平均面积围长法);④某处工程的缺石量等于各坝、垛缺石量之和,一般需形成各坝、垛或护岸缺石量汇总统计表。

4. 编制根石探测报告

该报告应主要包括工程概况、探测目的、探测方法、探测成果分析(探测坝岸和探测断面总数、缺石坝岸和缺石断面数量、多数缺石断面的缺石部位、缺石部位的最陡坡度与平均坡度、总缺石量等)、缺石原因分析(如水情溜势原因、基础深度原因、抛石材料原因等)、建议采取的抢险或加固措施(如抛散石、大块石、石笼等)、探测存在的问题与建议。

根石探测报告由水管单位编制,对所辖河段的各处工程进行综合分析编写;之后由地市、省级主管部门逐级汇总上报黄委。

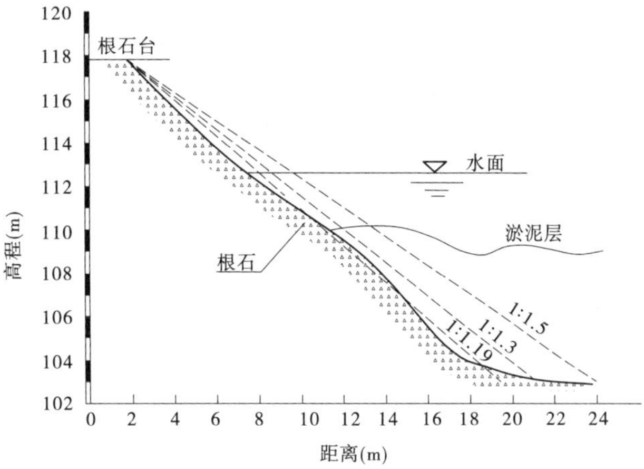

图 6-11 缺石断面示意图

二、电子仪器探测技术研究

1980 年,黄委水文局利用水下声纳反射原理研制的 HS-1 型浑水测深仪,解决了穿透不同含沙量情况下的浑水测深问题。但因该仪器不具备穿透淤泥沙层的功能,精度较差,未能推广应用。

1982 年,黄委与中科院声学所合作,利用声纳技术进行根石探测试验研究,经过 6 年试验,在浑水泥沙、沉积层衰减、散射、根石等效反射系数及沉积层声速等方面取得大量研究数据,但在电火花声源、电磁波冲击导致计算机死机和定位系统等方面技术问题未能解决,故无法投入应用。

1985 年,黄委在调研国内外情况后,引进了美国的 SIR-8 地质雷达,对淤泥层下根石分布情况进行多次探测试验,终因电磁波能量衰减快、散射特性复杂,目标回波与背景混合干扰在一起,目标识别难度增大,未能取得有效的探测结果。

1991 年,黄委水科院采用双偶极直流电阻率法在花园口险工 87 坝进行了根石探测,试验对比结果表明,此法可测到根石位置和厚度,因精度较差且只能在滩地上进行而未能推广应用。

1992 年开始,“丁坝根石探测技术研究”被列入国家“八五”重点科技攻关,黄河设计公司物探院承担研究任务,选择了多种物探方法进行了试验研究,如直流电阻率法、声纳探测试验、地质雷达探测试验、瞬变电磁法、浅层反射法等,已进行试验的几种物探方法及仪器探测效果都不理想。

1996 年开始,黄委将“黄河河道整治工程水下基础探测试验研究”列入国家“948”计划项目,从美国引进 X-star 水下剖面仪,其最大特点之一就是能够穿透淤泥层,同时进行水下根石探测,不受恶劣的水流条件限制。在黄委指导与协调下,黄河设计公司物探院利用 X-star 全谱扫频式数字浅地层剖面仪进行升级,通过设备改装、探测模式改进、主机升级、数据处理软件优化等步骤,开发研制出 3200-SX 浅地层剖面仪,于 2006 年底完成了黄河下游河道整治工程水下根石快速探测的应用试验,与人工定点探测和剖面对比探测,取得了良好的探测效果,实现了根石探测工作从探测作业、数据存储、计算机信息管理形成了一套完整的系统。该探测系统由浅地层剖面仪、GPS 动态差分仪、船载探测系统及相关软件集成,其中浅地层剖面仪由主机、拖鱼和传输线组成。

3200-SX 浅地层剖面仪由船上单元、电缆和拖鱼组成。拖鱼装有宽频带发射阵列和接收阵列,发射阵列发射调频脉冲,脉冲信号遇到不同波阻抗界面产生反射脉冲,反射脉冲信号由接收阵列接收并由数控放大器逐级放大,再由 A/D 转换器采样转换为反射波的数字信号,然后送到 DSP 板做相关处理,最后把信号送到工作站完成显示和存储处理。经时深转换与数据处理,可得到水面以下地层分布情况。

3200-XS 浅地层剖面仪:一是利用 GPS 动态差分功能测定并存储探测断面,长期固定探测断面与行船轨迹,便于与设计断面比较,减少因探测断面变化带来的探测误差,从而提高探测的准确性;二是开发了适用于黄河等高含沙河流的水下探测仪器、分析软件,能够有效区分河道淤泥层与根石顶面,提高了探测精度;三是实现了探测主机、传输、数据存储运算的一体作业,提高了探测与成果分析计算功效,同时,随着探测手段的改善,开发完善了与断面探测、区域探测相适应的网络版分析软件,以适应大数据分析、快速传递与查询服务;四是操作简便,进行根石探测仪需要 2 人作业,可以快速、准确地探测根石,为根石加固提供决策支持,同时安全性也大大提高。

三、根石探测新技术推广应用

2009 年 1 月,3200-XS 浅地层剖面仪研究成果通过水利部国科司组织的鉴定,鉴定委员会一致认为:研究成果总体达到国际先进水平,其中在小尺度精细化根石探测等关键技术的综合集成方面达到国际领先水平,“S-star 水下浅地层剖面仪的研制成功,将极大地提高水下根石的探测效率。2009 年汛前先后在郑州、新乡、菏泽等 3 个河务局开展了生产推广试验,进行了仪器与人工探测的对比,通过探测对比和现场条件分析,进一步确认了仪器探测的有效性和准确性,其探测速度达到每天 20 道坝垛。

2010 年该项技术扩大推广范围,完成了山东、河南两省黄河河务局所属 13 个县局的汛前根石探测业务;2011 年开始已经在黄委所属单位全面推广,在黄河上游及国内其他河流,该仪器已完成航道、水下地形等多项探测业务,取得了良好的社会、经济效益。

3200-XS 浅地层剖面仪开展根石探测,可以利用 GPS 动态差分功能测定并存储探测断面,长期固定探测断面与行船轨迹,便于与设计断面比较,减少因探测断面变化带来的探测误差,从而提高探测的准确性。

3200-XS 浅地层剖面仪开发了适应于黄河等高含沙河流的水下探测仪器、分析软件能够有效区分河道淤泥层与根石顶面,解决了长期以来黄河河道整治工程的根石探测问题,探测精度高。

3200-XS 浅地层剖面仪实现了探测主机、传输、数据存储运算的一体作业,大大提高了探测与成果分析计算功效。

利用 3200-XS 浅地层剖面仪进行根石探测(见图 6-12),仅 2 人作业,无须多人锥探,生产安全性大大提高,可以快速准确探测根石,为根石加固提供决策支持。

根石探测是黄委所属单位一项重要的技术基础工作,各级管理部门高度重视,技术手

图 6-12　3200-XS 浅地层剖面仪开展根石探测

段成熟先进，运行管理规范有序，能够保障河道整治工程的安全运用。

四、发展展望

据统计，黄河河道整治工程 80%的险情是由于根石走失导致坝岸坍塌造成的，探测根石走失或根石走失的严重程度，及时、准确地掌握水下根石的分布状况，对防洪保安全有着至关重要的意义。因此，为维持河道整治工程完整与安全运用，应适应市场经济需要选择专业队伍，应用现代科技手段，不断提高探测技术水平。

3200-XS 浅地层剖面仪，具有能够穿透淤泥层、探测速度快、结果完整直观、精度高等优点，并且可以节省大量的人力和物力资源，不仅适应黄河河道整治工程水下根石探测，也是目前多泥沙河流堤岸防护工程水下护根探测及航道测量的有效方法，应用前景是乐观的。

水利现代化发展对黄河工程管理提出了新的更高的要求。为此，黄委要求各级管理单位要从传统观念向现代化转变，从人工操作向机械化、信息化转变，提高对黄河水利现代化的认识，以根石探测技术应用为切入点，坚定不移地加快工程管理科技创新及新技术的推广运用，不断创新管理理念，改善管理手段，适应现代水利发展的新形势。根石探测新技术是“数字工管”系统建设的重要成果和组成部分，应采取经济、制度、行政等措施，加快推广应用步伐，达到促进工程管理良性运行、充分发挥工程效益之目的。因此：

（1）要更新观念，纠正模糊认识与错误思想，以根石探测新技术推广应用为切入点，坚定不移地加快工程管理科技创新及新技术的推广运用，不断改善管理手段，提高黄河工程管理水平。

（2）鼓励支持企业，加快探测技术和仪器推广，至少装备 3～4 套探测仪器和辅助设备，满足每年黄河河道整治工程尤其是汛前探测的需求。

（3）要在充分考虑探测仪器布设、抗风浪能力及人员、设备安全等因素的基础上，研制根石探测专用船，在专用探测船上增加 GPS 导航界面，直接沿测线巡迹探测。

（4）水管单位需要根据掌握所辖河道整治工程基础信息，并向探测承担单位提供每处工程不少于 2 个平面坐标和高程数据（标准 GPS 测量点），以便承担单位建立黄河统一的根石探测工程坐标、高程系统，把根石探测断面的固定坐标放在 GPS 手册中实现实时导航，便于长期开展水上探测。

为维持堤岸防护工程完整与安全运用,需要建立黄河河道整治工程根石探测信息数据库,借助黄河光纤专网或互联网+,实现水管单位与上级主管部门的互联互通,方便查询,以利于各级主管部门适时掌握根石分布状况,加强根石加固工作指导,确保工程运用安全。同时,会议专题立项,定期开展黄河不同河段大河流量、河道边界条件与相应整治工程的根石冲刷坍塌的关系研究,分析根石冲刷走失规律,科学指导根石加固。

第七章　工程安全管理

水管单位的中心任务是维持工程完整与安全运用。围绕安全管理的中心任务，在运行管理中需要贯彻落实水利工程安全管理法律法规、水利管理行业的规程规定，建立与完善安全管理责任制度，明确水利工程管理责任主体，落实安全管理责任人，完善安全管理组织体系，编制调度规程和应急预案，依法依规组织开展工程管理范围内土地划界确权，开展水库、水闸工程注册登记，组织开展安全鉴定与安全评价，组织进行工程安全检查及隐患排查，组织实施调度管理与控制运用等。

第一节　划定安全管护范围

水利工程是国民经济的重要基础设施之一，河道及水利工程划界确权是依法保护水利工程、水生态环境和水资源安全的重要措施，是各级水行政主管部门的重要职责，也是加强河道与水工程安全管理的一项基础性工作。水管单位需依法划定黄河水利工程管理与保护范围，为实现依法管理、规范管理、不断提高科学化管理水平奠定基础。

一、水利工程划界确权

（一）河道与水利工程管理范围

依照防洪法及河道管理条例，有堤防的河道，其管理范围为两岸堤防之间的水域、沙洲、滩地、行洪区，两岸堤防及护堤地；无堤防的河道，其管理范围根据历史最高洪水位或者设计洪水位。河道的具体管理范围，由县级以上地方人民政府负责划定。

按照水利部授权，黄委直管的黄河干流河道自内蒙古准格尔旗河口镇以下至入海口，河道长度约 1 992.0 km，其中河口镇至禹门口大北干流 725.1 km、禹门口至潼关小北干流 132.5 km、潼关至三门峡 113.5 km 和三门峡至西霞院坝下库区河道 139.9 km 均为无堤防河道；西霞院坝下至入海口河道长度 881 km，河道两岸有不连续堤防；支流沁河（紫柏滩至沁河入黄口）河道长度 89 km、大汶河（戴村坝至东平湖）河道长度 30 km、支流渭河（渭河耿镇桥至渭河入黄口）河道长度 208 km，支流河道均有堤防。上述河道堤防工程需要依法划定各类水利工程（堤防、水闸、水库、河道整治工程）的管理范围。

黄河水利工程管理范围需要确权，其范围包括堤防工程、控导（护滩、护岸）工程、水闸工程和水库大坝工程等四部分。堤防工程包括堤防占压地和临背河护堤地，控导工程包括工程占压地和护坝地，水闸工程包括水闸占压地和管护地，水库大坝工程包括大坝工程区和库区管理范围土地。同时，上述工程管理单位的生产生活用地也需划定管理范围并进行确权。

在河道管理范围内，禁止修建围堤、阻水渠道、阻水道路，种植高秆作物，弃置矿渣垃圾等；在堤防和护堤地内，禁止建房、打井、挖窑及开展集市贸易等。

兴建水库大坝时,建设单位应当按照批准的设计,提请县级以上人民政府依据国家规定划定管理与保护范围,竖立公示牌,埕设边界桩;已建水库大坝尚未划定管理和保护范围的,大坝主管部门应当根据安全管理需要,提请县级以上人民政府划定。

(二)水利工程保护范围划界

根据堤防的重要程度、堤基土质条件等,按照防洪法等有关法规、堤防工程设计规范及所在省区黄河河道管理条例或规定标准确定,河道主管机关应当按照批准的设计,在竣工验收前报经县级以上人民政府批准,可以在河道管理范围的相连地域划定堤防安全保护区,即堤防工程安全保护范围为堤防背水侧护堤地边界线以外的一定区域,由地方政府划定。控导工程不考虑设置安全保护范围。

如依据山东黄河河道管理条例,黄河堤防工程保护范围为临河侧护堤地以外 50 m、背河侧护堤地以外 100 m;河南黄河河道管理条例规定,黄河堤防工程保护范围为临河侧堤脚外 50 m、背河侧堤脚外 100 m;水闸工程作为堤防的组成部分,引黄水闸一般按照堤防划定其保护范围,大型分泄洪闸依据水闸工程设计规范制定保护范围。

水库大坝工程安全保护范围,根据国务院《水库大坝安全管理条例》(1991 年国务院令 78 号)、水利部《水库工程管理设计规范》(SL 106—96)规定标准确定,库区保护范围为水库征地范围线以上至第一道分水岭脊线之间的面积,大坝工程及管理区的保护范围,依据有关规定并结合大坝所在省区实际情况确定。

在水利工程设施保护范围内,禁止进行爆破、打井、采石、取土等危害水利工程设施安全的活动。

二、划界确权工作流程

(一)划界工作

1. 工作流程

前期准备→地籍测绘→划界成果公布→设置界桩→资料归档→验收。

2. 主要工作内容

1)前期准备

一是控制网升级加密。组织技术单位对 D 级 GPS 控制网和三等水准网进行升级,根据首级控制网,采用 GPS RTK 技术或者 GPS 快速静态技术完成基本平面控制和四等水准网(含)以下控制网的加密工作。

二是宣传动员阶段。各县工作小组要做好前期宣传、协调等准备工作,充分利用各种新闻媒体和宣传手段,通过召开村组干部会、群众座谈会,利用宣传栏、制作标示牌、发放宣传资料等通俗易懂的方式方法,向干部群众面对面地宣传相关政策、法规,从而提高思想认识,消除分歧,为开展河道管理范围划界确权工作营造良好的舆论氛围。

三是人员培训。各省组织对参加划界确权的工作人员进行业务技术培训,开展水域及堤防建设现状的调查,制定本县区划界确权工作技术细则、进度要求、工作计划和验收标准,上报市级河务局,经批准后开始实施。

四是器具准备。县级河务局做好划界确权工作勘察、测绘等器具准备和标志界桩等物资准备工作。

五是资料收集。根据水利部要求，开展水利工程土地划界工作，收集整理各市（县、区）形成的成果资料，近年来存在变更河道的详细资料及现状河道测绘图等，做好资料收集准备工作，确保河道划界确权工作顺利开展。

2）地籍测绘

县级划界工作领导小组，负责组织划界工作人员现场进行实地勘测调查，对宗地的权属线、位置、形状、数量、权属关系和利用状况等要素准确地绘制在图纸上和专门的表册中，对所取数据进行认真分析、分类登记、上图，形成河道管理范围和水利工程管理与保护范围河道带状图，用红线标注。在外业工作的基础上，进行内业资料整理，编绘宗地图，生成权属调查表，建立划界确权工作档案。

3）划界成果公布

将划界成果（“四线”，即岸线、堤线、管理范围线和保护线）上报县级人民政府，经批准后由政府发布文件，向社会予以公告。

4）设置界桩

开展河道管理范围内违法违规建筑、非法破堤取土、滥采乱挖砂石等违法违规行为的规范整治行动，特别是严重阻洪的建（构）筑物要依法限期拆除，同时要以政府名义制作标示牌、界桩进行定点立柱并现场埋设。

5）资料归档

严格按照有关法律法规和政策规定，全面收集、整理和完善水利工程划界确权资料，分门别类，整编归档。

6）验收

验收分自验和终验两部分。自验由县级河务局、县国土资源局联合组成检查组，重点检查工程用地权属合理性、确权界线是否分明、桩记是否醒目、图章是否齐全、手续是否完备、资料是否完整、界桩和标示牌布设是否符合标准。由省级河务局组织终验，对自验成果进行抽检，抽检比例不低于30%。

（二）确权工作

1. 工作流程

登记申请→地籍调查→权属审核→注册登记→核发土地证书。

2. 工作内容

1）登记申请

由县级河务局向当地土地登记机关进行申请登记，按照《土地登记办法》等相关规定的要求提供相关材料。

2）地籍调查

由县级河务局配合国土部门按照土地登记的要求，查清每一宗土地的位置、权属、界限、数量、用途和等级等基本情况，形成数据、图件、表册等调查资料。

3）权属审核

由国土部门对地籍调查材料是否齐全、用地范围确定是否准确、界址是否清楚、四邻认界是否合法进行审核，并签署审核意见。

4) 注册登记

由国土部门对批准土地登记的土地所有权、使用权或他项权利进行登卡、装簿、造册。一经注册登记,土地权利即产生法律效力。

水利工程用地登记发证应严格按照国家、省以及行业规定的项目和标准收费。必要时,国土主管部门应采取缓、减、免的收费办法,支持水利工程划界确权工作。

5) 核发土地证书

由工程所在地县级人民政府核发《国有土地使用证》,经依法登记确认的土地权利受法律保护,任何单位和个人不得侵犯。

三、黄委划界确权历史沿革

中华人民共和国成立后,国家实行土地社会主义公有制,即全民所有制和劳动群众集体所有制,为了国家利益,国家依法对公益性用地实行征收或者征用并给予补偿。在国家长期的计划经济体制下,黄河水工程建设占地、抢险用地地处黄河河道,无须办理征用手续,不需要国家投资补偿,部分国有土地、集体农田或个人宅基地占用,征占手续简便,占用集体农田及个人宅基地国家投入补偿也非常有限。

(一)1989 年开始的划界确权

1988 年 1 月和 6 月,《中华人民共和国水法》《中华人民共和国河道管理条例》相继颁发执行,明确国家对水工程实施保护,所有的水工程应当按照国务院规定划定工程管理和保护范围。国务院水行政主管部门或者流域管理机构管理的水工程,由主管部门或者流域管理机构商有关省、自治区、直辖市人民政府划定工程管理和保护范围,并强调在水工程保护范围内,禁止从事影响水工程运行和危害水工程安全的爆破、打井、采石、取土等活动。

1989 年,水利部部署各省区和流域机构开展水工程范围内的土地划界确权工作,印发了《关于抓紧划定水利工程管理和保护范围的通知》(水管〔1989〕5 号文),提出要结合土地登记发证抓紧水利工程管理和保护范围划定工作。国家土地管理局相继印发了《关于确定土地权属问题的若干意见》(国土籍字第 73 号)、《关于土地登记收费及其管理办法》(国土籍字第 93 号)、水利部和国家土地管理局《关于水利工程用地确权有关问题的通知》(国土籍字第 11 号)等政策规定。

按照国家土地管理局确定土地权属问题的若干意见等相关规定,黄河河道堤防工程管理范围内的土地,包括工程占地、护堤(坝)地、工程交通道路、防汛道路、水文测验、水利通信站(线)用地及保护用地、滩涂和河口改道前的老河道土地及改道后的新淤滩涂地等,均属于国家所有,不再补办用地手续;对于上述各项用地存在权属争议的,需要按国家土地管理局文件精神搞清楚范围、面积并登记造册,以明确国家所有权和管理单位使用权。

黄委高度重视所属水工程划界确权,把水工程划界确权作为水利工程设施管理和水利产业发展的重要物质基础工作,自 1989 年开始开展此项工作,主要工作内容如下。

1. 工作开展情况

一是提高认识,加强领导,建立健全各级专题领导与工作班子。建立健全工作组织,各级成立领导小组,下设业务技术人员组成的办公室;认真学习水法、河道管理条例、划界确权相关政策规定,学法释疑,及时印发工作意见,增强各级管理人员的大局意识,确保水工程安全需求,避免出现与民争地的问题发生。

二是加强调研,摸清家底,积极与各级政府土地管理部门联系。黄河工程堤线长、工程多,特别是历史遗留下来的废堤废坝多,情况非常复杂。其中有相当数量的工程年久失修,边界不清,历史资料不全,征地手续有的遗失,有的残缺,还有的工程建设中没有征地,也没有划拨手续,使许多工程用地成为有争议的土地,划界确权工作难度较大。针对以上情况,各单位组织专人深入开展对现有工程及其管理设施占地和管护用地现状、边界进行调查登记,广泛收集整理有关文书、地契、证件及政府在历史上颁发的有关文件、通告等,初步摸清了土地家底。在广泛收集资料的基础上,各单位深入进行宣传活动,使广大沿黄村民真正认识到水利工程管护地划界确权是保护水利工程安全的需要,关乎当地群众的生命财产安全。

三是内查外调,找知情人座谈,确保化解确权工作的真实可靠。黄委参加划界确权的工作人员,对工作严肃认真,在工作中坚持实事求是的原则,重调查研究,重收集证据,为保证划界确权工作的真实可靠,查询大量历史资料,遍访四邻知情人士,为划界确权提供了第一手资料。

四是土地权属登记,依法划界、依据确权,领取土地使用证。黄河工程用地的确权登记工作严格按照国家土地管理局《土地登记规则》规定的程序开展,分为申报、地籍调查、权属审核、注册登记、办理土地证书。其中申报阶段的土地权属来源证明花费的时间、精力最多,原因是不同时期复堤、放淤固堤和南北展宽工程修建过程中手续不完备,造成土地权属不明问题较多;地籍调查阶段需要与土地部门、有关乡镇、村协调处理的问题较多。

五是高标准、严要求,搞好资料的整理归档。划界确权工作是河道管理的一项重要的技术基础工作,其成果是永久性的历史资料,是依法管理的重要依据。按照黄委要求,各单位对工作人员提出严格要求,在认真调查、摸清情况的基础上,对每宗地块进行测量,对有关文件、数据、图纸等资料认真造册登记,各类资料均及时整理分类并按照工程技术档案要求归档。

六是及时组织验收。1998 年 12 月初,黄委组成黄河水利工程用地确权划界工作验收委员会,分技术资料、财务支出和外业核查三个专业工作小组,于 1998 年 12 月 7~26 日对黄委所属单位的确权划界工作进行了验收。

2. 工作完成效果

截至 1998 年底,黄委所属单位已基本完成所属工程用地的划界确权工作,并依法领取了国有土地使用证,山东、河南、山西、陕西 4 个省级河务局所属水管共确权领证土地 1 372 宗,确权面积 45.71 万亩,总投资 2 667.3 万元。仅剩余黄河河口地区堤防工程及三门峡大坝生活区等共计 4.792 万亩工程占地和管理用地没能办理确权手续。

(二)黄委第一、二期划界确权工作过渡

2004 年 12 月,水利部在潘家口水库组织召开了流域机构直属水利工程划界确权工作会议,对流域机构直属水利工程划界确权工作做出部署,计划编制提出了明确要求。为贯彻水利部的指示精神,积极做好黄委所属单位水利工程划界确权的各项前期准备工作,推进 1998 年以来新建工程用地、管护用地及历史遗留问题的解决,黄委编制了所属水利工程划界确权工作计划并上报水利部。根据测算,截至 2004 年底,黄委所属水利工程需划界土地面积为 265.64 万亩(管理范围 220.29 万亩、保护范围 45.35 万亩),需投资 5.84 亿元;新增工程占管等需要确权的土地面积共计 21.56 万亩,需投资 65.63 亿元。

四、2014 年以来的划界确权

随着国家经济建设的快速发展,沿黄两岸围河造地、违法占用岸线、违规占用河道等行为屡见不鲜,严重危害河道防洪安全及人民群众生命财产安全。开展黄委直管河道及水利工程划界确权,是维护黄河健康生命、促进治黄事业可持续发展、充分发挥综合效益的重要措施,事关沿黄地区经济社会发展和生态文明建设大局。

中共中央、国务院印发的《关于加快推进生态文明建设的意见》强调,要对水流滩涂等自然生态空间进行统一确权登记,开展河道管理范围划界,对于推进生态文明建设具有重要作用。根据水利部 2014 年《关于加强河湖管理工作的指导意见》、《关于开展河湖管理范围和水利工程管理与保护范围划定工作的通知》以及水利部办公厅《关于开展河湖及水利工程划界确权情况调查工作的通知》要求,黄委经过认真研究,委托黄河勘测规划设计有限公司作为技术承担单位具体负责划界确权资料收集、现场勘查、资料汇总、实施方案编制等技术性工作。2015 年 3 月,水利部办公厅印发《河湖管理范围和水利工程管理与保护范围划定工作实施方案编制大纲》,据此,黄委编制了工作实施方案,经征求流域省(区)地方人民政府意见,最终形成《黄委直管河道和水利工程划界确权工作总体方案》并上报水利部。该总体方案主要包括以下几方面内容。

(一)划界确权现状

各单位水利工程划界确权工作进展不一。1998 年以前已建水利工程的划界确权工作基本完成,取得了土地使用证,但未设置界标和标志牌;1998 年以后建设完成的水利工程均未开展划界确权工作。

截至 2014 年底,黄河干、支流无堤防河道管理范围应完成划界面积 358.84 万亩,已完成划界面积 193.35 万亩,占 53.88%,未完成划界面积 165.49 万亩,占 46.12%;应完成水利工程确权面积 77.79 万亩,已完成确权面积 56.23 万亩,占 72.29%,未完成确权面积 21.56 万亩,占 27.71%。

(二)指导思想

深入贯彻水利部有关文件和会议精神,对水流等自然生态空间进行统一确权登记,健全自然资源资产产权制度和用途管制制度,依法有序地推进黄委直管河道和水利工程的划界确权工作,逐步建立范围明确、权属清晰、责任落实的河道管理和水利工程管理保护责任体系。

(三)基本原则

(1)坚持依法划界确权;

(2)坚持先划界、后确权;

(3)坚持突出重点;

(4)坚持因地制宜;

(5)坚持先易后难;

(6)坚持试点先行。

(四)划界进度安排

按照水利部总体工作部署,划界确权工作遵循“先划界、后确权,先试点、后全面推开”的原则稳步推进。黄委划界工作于 2016 年启动试点,2018 年完成全部划界任务,2019 年进行预算绩效考核和验收;2016 年开展确权试点前期工作,2017 年进行确权试点,在试点的基础上稳步推进确权工作,计划 2020 年底前基本完成黄委直管水利工程管理范围确权任务。

(五)费用构成

依据中央直管河湖和水利工程划界确权的实际需要,参照《水利工程设计概(估)算编制规定(建设征地移民补偿)》(水总〔2014〕429 号)等有关规定,费用构成包括划界经费和确权经费两部分。

1. 划界费用

划界经费主要包括专度所属 79 个水管单位地籍测绘费、界桩制作安装费、标示牌制作安装费、公告费、实施管理费、划界确权数据库建设等项目。

2. 确权费用

确权费用包括征地补偿补助费、有关税费、地籍调查费、勘测设计费(仅计列技施阶段)、协调管理费、地方政府实施管理费、基本预备费等项目。

上述费用不包括黄河大北干流河道划界经费。

五、确权划界实施状况

(一)划界工作

按照水利部 2020 年 7 月专题会议部署,全国河湖管理单位要全面完成河湖管理范围划界工作,黄委直管河道划界工作也应全部完成。受国家投资预算及新冠疫情影响,截止 2020 年底,黄委所属 79 个水管单位河道管理范围内划界工作完成约 95%,后续的部分水管单位河道管理范围划界、数据库建设、划界范围成图等扫尾工作预计 2021 年底完成。

按照水利部授权及工作要求,黄委须将直管的黄河干流托克托至禹门口 725.1 km 无堤防河段纳入河道管理范围划界工作,涉及黄河大北干流内蒙古、陕西和山西 3 省 9 市 25 个县,截止 2020 年底已完成 25 个县(市)河道管理范围划界政府公告,具体河道管理范围划界预计还需要国家预算经费安排,通过 3~5 年的逐步实施完成。

通过划界工作的实施,形成归属清晰、权责明确、监管有效的河道及水利工程管理保护制度,明确工程管理和保护范围,为依法行政、依法管理奠定基础,主要成效如下:

1. 地面:标示牌、界桩规范统一,界线明确清晰;

2. 纸质:划界有地图、有坐标,管理范围和保护范围清晰;

3. 计算机:有图形、有数据,管理范围与保护范围直观显现;

4. 手机 APP:划界成果中公开数据成果录入系统,查询其数量、空间位置、分布情况和基本属性等信息,实现对界桩标示牌的移动信息化管理功能。

5. 社会公告:划界成果以县为单位由人民政府向社会公告,初步实现依法管理、规范管理,划界范围内违法违规事项明显减少,黄河防洪安全得到有效保障,保护了黄河健康,保障水利工程良性运行,对于推进生态文明建设具有重要的作用。

图 7-1　管理和保护范围标示牌、界桩

(二)确权工作

黄委新增工程管理范围内土地确权面积 21.56 万亩,所需投资 65.63 亿多元。确权费用包括征地补偿补助费、有关税费、地籍调查费、勘测设计费(仅计列技施阶 段)、协调管理费、地方政府实施管理费、基本预备费等项目。鉴于土地确权面积大、所需投资多,必须与国家产权制度改革发展进度相适应,还需要相关国家部委出台相关政策指导,这是今后水利工程管理的技术基础工作,完成土地确权、领取使用证还需要一个长期的过程。

第二节　完善安全管理制度

水管单位是所辖水利工程管理的责任主体,应认真贯彻落实水利工程安全管理法律法规,建立与完善安全管理的工作制度,落实安全管理责任制。

一般要求:

(1)各级水利工程管理机关负责所辖区域内水工程运行安全管理,按照工程分类与分级标准,执行国家和水利管理行业的安全管理法规、标准、规程等。

(2)水工程实行安全管理责任制。各级人民政府应当按照安全管理责任制规定,对本辖区黄河水工程安全负责,明确并公布各类水工程安全管理责任人;水行政主管部门对所辖水工程安全负行业监管责任;水工程管理单位对所辖水工程安全管理负直接责任。

(3)水工程管理单位应当建立健全工程运行安全、应急管理等相关制度,加强水工程日常巡查、安全检查、隐患排查,及时消除工程的各类险点隐患,确保工程运用安全。

一、安全管理制度建设

(一)堤防工程

堤防及河道整治工程, 按照《河道堤防工程管理通则》《堤防工程管理设计规范》《水利工程管理考核办法》等规范规定,河道管理单位需要建立的制度主要有岗位责任制、河道堤防观测制度、堤防巡查制度、事故处理与报告制度、检查考核制度等。

如应当制定岗位责任、检查监测、维修养护、穿堤建筑物管理、查险报险、防汛物资管理、档案管理及应急管理等各项制度，经主管部门审核后执行。

（二）水闸工程

按照《水闸技术管理规程》《水利工程管理考核办法》相关规定，水闸管理单位需要建立的制度主要包括调度运用制度、闸门及启闭机操作运行制度、工程观测制度、工程巡视检查制度、工程维修养护制度、重大事件报告制度、防汛值班制度及档案管理制度等。各项制度的内容应满足安全管理需要，具有可操作性。

水闸管理单位应当制定岗位责任、控制运用、设备操作、检查监测、维修养护、档案管理及应急管理等各项制度，经主管部门审核后执行；按照防汛责任制和安全生产责任制要求落实安全管理责任；应当落实安全生产责任，按规定配备安全生产管理人员，明确管理职责，健全安全生产操作规程，强化安全生产管理；应当按照相关规定组织制定大中型水闸安全生产、防汛抢险应急预案，组建应急抢险队伍，储备必要的应急物料和抢险器械，开展应急演练和培训宣传，严格执行事故报告制度；水闸管理单位应当向主管部门申请办理注册登记并定期开展复验，登记信息发生变化的，应及时办理变更登记，并报水利部汇总备案；首次安全鉴定应在竣工验收后 5 年内进行，以后每隔 10 年进行一次安全鉴定。运行中遭遇影响水闸安全的自然灾害或工程发生重大异常后，应及时进行安全鉴定。

（三）水库大坝工程

按照《水库大坝安全管理条例》规定，“大坝管理单位应当建立、健全安全管理规章制度”。主要包括安全管理制度、巡视检查和安全监测制度、调度运用制度、闸门启闭机操作规程、工程维修养护制度、防汛物资管理制度及技术档案管理制度等。水库大坝工程相关制度的建立与水闸工程相近，不再重复。

二、落实安全管理责任制

按照《中华人民共和国水法》规定，对于水库大坝、水闸及堤防工程，“县级以上地方人民政府应当采取措施，保障本行政区域内水工程，特别是水坝和堤防的安全，限期消除险情。水行政主管部门应加强对水工程安全的监督管理”。《中华人民共和国安全生产法》规定，“生产经营单位必须遵守本法和其他有关安全生产的法律、法规，加强安全生产管理，建立、健全安全生产责任制度，完善安全生产条件，确保安全生产”。

按照国务院水行政主管部门的要求，各地要根据《水库大坝安全管理条例》的有关规定，全面建立和落实水库大坝安全责任制。大坝安全责任制要以地方政府行政首长负责制为核心，按照隶属关系，逐库落实同级政府责任人、水库主管部门责任人和水库管理单位责任人，明确各责任人的具体责任，并落实责任追究制度。乡镇、农村集体经济组织管理的水库，由所在地的乡镇人民政府承担主管部门责任，县级人民政府行政首长为政府责任人。

上述河道堤防、水库、水闸工程，在安全管理责任制的法规、制度要求方面，多数是通用和共性的。

第三节　堤防工程安全管理

一、堤防管理单位安全管理职责

（1）贯彻执行国家法律法规和技术标准，建立健全堤防工程管理制度。

（2）掌握堤防工况，了解雨情、水情，负责堤防的防洪预案编制、度汛措施落实。

（3）根据控制运用原则和上级主管部门的指令，做好堤防工程防守。

（4）按规定开展堤防工程检查观测，及时分析研究，掌握堤防工程运用状况。

（5）及时消除各种隐患和缺陷，确保堤防完整与安全运用。

（6）制订堤防防洪预案、安全管理应急预案，适时组织演练，确保堤防工程安全。

（7）建立职工培训教育制度，学习掌握堤防管理技术标准、操作规程、安全法规等知识，熟知检查观测、养护修理等业务，提高管理与操作业务技能。

二、完善安全管理制度

河道堤防管理单位应建立安全生产组织，制定安全责任制度，落实安全责任人；制定安全生产责任制度及责任追究制度；要建立技术责任制，配备技术负责人，从技术上保障工程安全，制定水利工程技术管理细则，并报上级批准后实施。

按照防汛责任制、安全生产责任制、运行管理责任制要求，落实防汛、安全生产、运行管理责任；应当编制防汛应急预案，开展应急演练和培训宣传，严格执行事故报告制度。

三、运行安全管理

堤防管理单位应加强对堤防险工险段的管理，增加检查、监测频次，适时开展安全探测与评价，掌握工程运行状况。

堤防工程除险加固前应进行安全评价，提高加固设计的针对性和有效性。

堤防管理单位应当及时通过养护、修理、加固等措施消除工程缺陷和安全隐患。

在除险加固实施完成前，应采取有效措施，制订应急预案，确保工程安全。

堤防管理单位应当落实安全生产责任制，编制安全生产应急预案，配备安全生产管理人员，明确管理职责，健全安全生产操作规程，强化安全生产管理。

堤防管理单位应当落实防汛责任制，编制防汛应急预案，开展应急演练和培训宣传，严格执行事故报告制度。

按照相关规定组建应急抢险队伍，储备必要的应急物料和抢险器具。

第四节　水闸工程安全管理

一、水闸管理单位安全管理职责

（1）贯彻执行国家法律法规和技术标准，建立健全水闸工程管理制度。

(2)掌握水闸工况,了解雨情、水情、墒情,负责水闸的防洪预案编制、度汛措施落实等工作。

(3)根据控制运用原则和上级主管部门的指令,做好水闸的控制运用。

(4)按规定开展水闸检查观测,及时分析研究,掌握水闸工程状况。

(5)做好水闸的维修养护,及时消除各种隐患和缺陷,确保水闸完整与安全。

(6)制订水闸安全生产应急预案,严格安全管理。

(7)做好水闸注册登记、安全鉴定等工作。

(8)建立职工培训教育制度,学习掌握水闸管理有关技术标准、操作规程、安全法规等知识,熟知控制运用、检查观测、养护修理等业务,提高管理与操作业务技能;特种作业人员须经专业培训合格并持证上岗。

二、水闸注册登记

(一)注册登记管理

水闸注册登记实行分级负责制及一闸一证制度,水闸注册登记是水闸工程改建、扩建、除险加固的主要依据之一。

国务院水行政主管部门负责指导全国水闸注册登记工作,委托水利部建设与管理总站负责全国水闸注册登记的汇总工作。县级以上地方人民政府水行政主管部门负责本地区所管辖水闸的注册登记、汇总和上报;流域机构、新疆生产建设兵团水行政主管部门负责所属水闸的注册登记、审核、汇总、上报工作。其他行业管辖的水闸向所在地县级水行政主管部门注册。

河道、堤防上已建成水闸,由其管理单位申请注册登记;新建水闸竣工验收之后3个月内,由其管理单位申请注册登记。

(二)注册登记程序

1.申报

由申请注册登记单位向注册登记机构填报以下材料:

(1)水闸注册登记表;

(2)管理单位登记法人、主管部门责任人、政府防汛责任人;

(3)工程建设立项文件、初步设计批复文件及文号;

(4)工程竣工验收鉴定主要文字结论;

(5)水闸安全鉴定报告书或由具备该等级水闸设计资质的勘测设计单位出具的工程安全评估意见;

(6)河道上新建水闸工程应提供有管辖权的水行政主管部门或流域机构审查意见;

(7)水闸全景照片。

2.受理与审核

水闸注册登记机构网上接受注册登记单位的水闸注册登记申请,负责对申报材料进行审核,对审核合格的申报材料予以网上登记。

3.发证

水闸注册登记机构审核通过后,网上自动生成电子注册登记证书。

水闸注册登记机构可根据工作需要对自动生成的电子注册登记证书打印盖章，形成正本存档备查，副本发放水闸管理单位。自动生成的电子注册登记证书，附有唯一的二维码(存储该闸注册登记基本信息)，该二维码水管单位要在适当地点明示。

(三)注册变更

已注册登记的水闸，如管理水闸的单位或水闸管理单位的隶属关系发生变化，或者因加固、扩建、改建、降等而导致水闸的主要技术经济指标发生变化，水闸管理单位应在 3 个月内，向水闸注册登记机构网上申请办理变更事项登记。水闸注册登记机构应对水闸注册登记变更事项 1 个月内完成审核及变更事项登记。

(四)水闸注销

经主管部门批准报废的水闸，其管理单位应在 3 个月内，向水闸注册登记机构网上申请办理注销登记。水闸注册登记机构应在 1 个月内完成原注册登记证注销事宜。

三、水闸安全鉴定

为规范水闸工程安全鉴定，适时开展除险加固，消除水闸工程隐患，确保工程运用安全，水利部先后于 1998 年、2008 年制定了《水闸安全鉴定规定》《水闸安全鉴定管理办法》，2002 年黄委制定印发《黄河下游水闸安全鉴定规定》，规定大中型水闸由黄委负责，小型水闸由所属单位负责，这与国家“放管服”要求不协调，不利于发挥省级主管部门的责任担当和积极性发挥，为此，2018 年黄委废弃该规定，直接执行水利部规定，并将各类水闸安全鉴定交由各省级河道主管部门负责。

(一)安全鉴定制度

全国河道范围内河道(包括湖泊、人工水道、行洪区、蓄滞洪区)、堤防(包括海堤)、灌排渠系上依法修筑的，由水利部门管理的大中型水闸实行定期安全鉴定制度；黄委直管的干、支流河道堤防上的各类水闸执行该制度。

首次安全鉴定应在竣工验收后 5 年内进行，以后每隔 10 年进行一次全面安全鉴定。运行中遭遇超标准洪水、强烈地震、工程发生重大事故等，应及时进行安全检查，如出现影响安全的异常现象时，应及时进行安全鉴定。闸门等单项工程达到折旧年限，应按有关规定和规范适时进行单项安全鉴定。

(二)鉴定工作监管

国务院水行政主管部门负责全国水闸安全鉴定工作的监督管理。

县级以上地方人民政府水行政主管部门负责本行政区域内所辖水闸安全鉴定工作的监督管理。

流域管理机构负责其直属水闸安全鉴定工作的监督管理，并对所管辖范围内的水闸安全鉴定工作进行监督检查。

水闸管理单位负责组织所管辖水闸的安全鉴定工作(鉴定组织单位)。水闸主管部门应督促鉴定组织单位及时进行安全鉴定工作。

县级以上地方人民政府水行政主管部门和流域管理机构按分级管理原则对水闸安全鉴定意见进行审定。其中，省级地方人民政府水行政主管部门审定大型及其直管水闸的安全鉴定意见，市(地)级及以上地方人民政府水行政主管部门审定中型水闸安全鉴定意见，流域管理机构审定其直管水闸的安全鉴定意见。

（三）鉴定内容

水闸安全鉴定的工作内容包括工程现场调查分析、现场安全检测、工程复核计算、水闸安全评价、水闸安全鉴定工作报告等5个部分。

1. 现场调查分析

现场调查应收集设计、施工、运行管理等技术资料，在了解工程概况、设计、施工及运行管理等基本情况的基础上，初步分析工程存在的问题，提出现场安全检测和工程复核计算项目，编制工程现场调查分析报告。

2. 现场安全检测

现场安全检测要研究确定检测项目、内容和方法，主要是针对地基土和填料土的基本工程性质，防渗导渗和消能防冲设施的有效性、完整性，混凝土结构的强度、变形和耐久性，闸门、启闭机的安全性，电气设备的安全性，观测设施的有效性等，按有关规定进行检测后，分析检测资料，评价检测部位和结构的安全状态，编写现场安全检测报告。

3. 工程复核计算

工程复核计算以最新的规划数据、检测观测资料和安全检测成果为依据，按照有关规定，进行闸室、岸墙、翼墙的整体稳定性、抗渗稳定性、抗震能力、水闸过水能力、消能防冲、结构强度以及闸门、启闭机、电气设备等复核计算，编写工程复核计算分析报告。

4. 水闸安全评价

安全评价报告应在现场调查、现场安全检测和工程复核计算基础上，充分论证数据资料可靠性和安全检测、复核计算方法及其结果的合理性，提出工程存在的主要问题、水闸安全类别评定结果和处理措施建议。

5. 水闸安全评价工作报告

综合上述四个方面的分析评估，提出水闸安全鉴定总结工作报告。

（四）鉴定结论与问题处理

水闸安全鉴定类别划分为四类：

一类闸，运用指标能达到设计标准，无影响正常运行的缺陷，按常规维修养护即可保证正常运行。

二类闸，运用指标基本达到设计标准，工程存在一定损坏，经除险加固后可达到正常运行。

三类闸，运用指标达不到设计标准，工程存在严重损坏，经除险加固后才能达到正常运行。

四类闸，运用指标无法达到设计标准，工程存在严重安全问题，需降低标准运用或报废重建。

水闸主管部门及管理单位对鉴定为三、四类的水闸，应采取除险加固、降低标准运用或报废等相应处理措施，在此之前必须制定保闸安全应急措施，并限制运用，确保工程安全。

四、闸门启闭机等级评定

钢闸门和启闭机安全检测：首次钢闸门和启闭机安全检测应在竣工验收后5年内进

行,以后应每隔 10~15 年进行一次安全检测。

金属结构报废检测:水闸金属结构不能满足安全要求,经改造仍不能满足要求,应申请报废;大型水闸超过 30 年、中小型水闸超过 20 年的折旧年限,应进行金属结构报废检测,经检测不能满足安全运行要求的,应申请报废。

省级河务局供水局、市级河务局负责组织所辖水闸的钢闸门和启闭机安全检测、金属结构报废检测工作。省级河务局负责对钢闸门和启闭机安全检测报告、金属结构报废报告进行审定 。

闸门及启闭机设备管理等级评定每 4 年应进行一次。评级工作按照评级单元、单项设备、单位工程逐级评定。单项设备被评为三类的应限期整改;单位工程被评为三类的,在限期整改的同时,向上级主管部门申请安全鉴定。

省级河务局负责大中型水闸闸门及启闭机设备管理等级评定;省级河务局供水局 、市级河务局负责对小型水闸闸门及启闭机设备管理等级评定 。

五、水闸控制运用

(一)水闸控制运用原则

(1)统筹兼顾除害与兴利,局部服从全局,兴利服从抗灾。

(2)综合考虑上下游、左右岸的要求,合理利用水资源。

(3)服从黄河防洪、防凌、抗旱和水量调度。

(二)控制运用依据

水闸管理单位应根据水闸设计特征值及工况,结合所承担的任务,确定下列指标,作为控制运用的依据:

(1)上、下游最高水位和最低水位;

(2)最大过闸流量,相应单宽流量及上、下游水位;

(3)最大水位差及相应的上、下游水位;

(4)上游河道的安全水位和流量;

(5)兴利水位和流量。

(三)控制运用计划编报

水闸管理单位应根据水闸所承担的任务和黄河防汛抗旱预案,按年度、分阶段制订控制运用计划(方案),报上级主管部门批准后执行。

(1)分泄洪闸的控制运用方案报有调度权限的防汛指挥部批准。

(2)引黄水闸的控制运用计划报省级河务局批准,省区内调水由省级河务局批准,跨省区调水报黄委批准。

(3)排(返)水闸、放淤闸的控制运用方案报有相应权限的防汛指挥部批准。

(四)控制运行执行

水闸的控制运用,应按照批准的控制运用计划(方案)或上级主管部门的指令进行,对上级主管部门的指令应做详细记录。

当水闸需要超过设计控制指标运用时,应进行充分的分析论证和安全复核,提出可行的运用方案和保障措施,报上级主管部门批准后施行。

对于闸前或下游渠道淤积严重的水闸,应优化调度方式,防淤减淤。

水闸泄流时,应防止船舶和漂浮物影响闸门启闭或危及水闸建筑物安全。

1. 分泄洪闸的控制运用要求

(1)接到分洪预备通知后,应立即做好开闸前的准备工作。

(2)接到分洪指令,必须按指令开闸分洪,开闸前要鸣笛预警或以其他方式通知上下游人员及船只撤离。

(3)分洪初期,应严格按照实施细则的有关规定进行操作,并严密监视消能防冲设施的安全。

(4)分洪过程中,应做好巡视检查和观测工作,随时向上级主管部门报告泄洪情况,按照指令及时调整水闸泄量。

2. 引黄水闸的控制运用要求

(1)根据水资源量及用水需求,有计划地进行引水;配置远程监控系统的水闸,应加强运用远程监控系统实施引水控制。

(2)引黄水闸的闸上最高水位因河床淤积抬高,超过设计运用指标时,应停止引水,并采取必要的安全防护措施。

(3)引水时应密切关注水质变化情况,当水质不能满足用水单位要求或可能形成污染时,应及时报告,并按上级部门指令减少引水流量直至停止引水。

3. 排(退)水闸、放淤闸的控制运用要求

(1)双向运用的排灌闸,应根据排灌需要,适时开启。

(2)蓄、滞洪区的返水闸,应严格执行上级主管部门的指令。

(3)放淤闸应严格执行上级主管部门的指令。

六、闸门运用操作

(一)基本要求

(1)过闸流量应与下游水位相适应,使水跃控制在消力池内;当初始开闸或流量大幅度增加时,应采取分步开启方式,每次泄流应按照闸门开度—水位—流量关系曲线确定闸门开启高度。

(2)过闸水流应平稳,避免发生集中水流、折冲水流、回流、涡流等不良流态。

(3)关闸或减少过闸流量时,应避免下游河道水位陡降。

(4)开闸或关闸过程中,应避免闸门停留在发生振动的位置。

(二)闸门启闭准备

(1)检查上、下游管理范围内有无船只、漂浮物或其他施工作业,并进行妥善处理。

(2)检查闸门启、闭状态,有无卡阻。

(3)检查启闭设备和机电设备是否符合安全运行要求。

(4)观察上、下游水位和流态,核对流量与闸门开度。

(三)冰冻期间运用

(1)水闸管理单位应做好防冻、防冰凌的准备,配备必要物资。

(2)应因地制宜地采取防冻措施,防止建筑物及闸门受冰压力或冰块的撞击损坏;闸

门启闭前,应消除闸门周边和运转部位的冻结。

(3)封冻期间,应保持闸上水位平稳,以利上游形成冰盖。

(4)解冻期间一般不宜引排水,如必须引排水,应将闸门提离水面或小开度引排。

(5)雪后应立即清除机械设备上的积雪、积水,防止冻结、冻坏设施设备。

七、远程监控系统安全运用

(1)水闸管理单位应加强水闸远程监控系统运用(见图 7-2、图 7-3),严格远程监控系统操作要求,加强远程监控系统维护,保障远程监控系统正常运行。

图 7-2　黄委水闸远程监控系统

(2)抗旱应急响应期间或当水闸所在河段出现小流量突发事件期间,相关河段所有水闸远程监控系统现地站及相应各级分中心必须 24 h 开机运行。

(3)遇预报有雷雨天气、电压不稳或其他可能危及系统安全的异常情况时,应及时采取关机断电、断开线路连接等安全防护措施,并将处理情况及时上报上级水调部门。情况正常后,应及时重新开机运行。

(4)系统出现故障时,经逐级请示上级水调部门同意后,维修期间可暂时停止运行或停止部分功能设备运行。

第五节　水库大坝安全管理

一、水库大坝注册登记

水库大坝注册登记的目的是加强水利行业主管部门的安全管理与监督,掌握各地区各类水库大坝的安全运用状况。

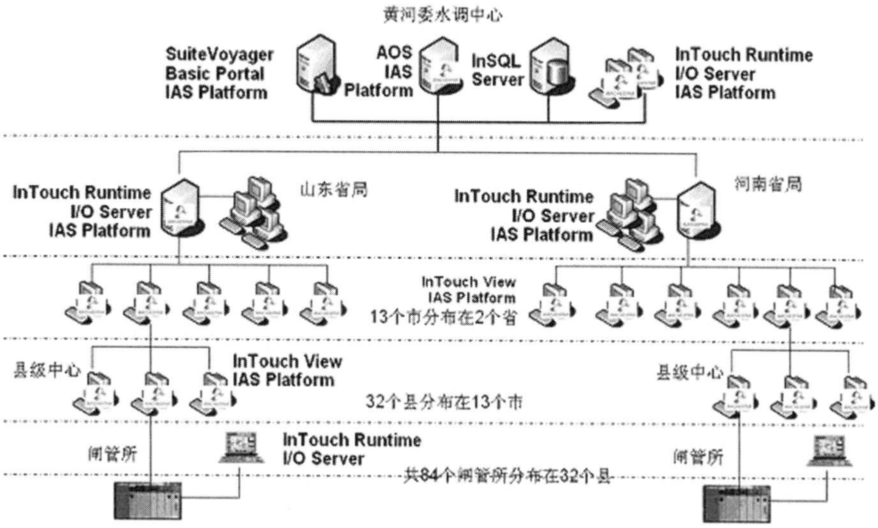

图 7-3　黄河下游引黄水闸远程监控系统

(一)大坝注册登记管理

水库大坝注册登记实行分部门分级负责制。县级及以上水库大坝主管部门是注册登记的主管部门。

省一级或以上各大坝主管部门负责登记所管辖的库容在 1 亿 m^3 以上大型水库大坝和直管的水库大坝;地(市)一级各大坝主管部门负责登记所管辖的库容在 1 000 万~1 亿 m^3 的中型水库大坝和直管的水库大坝;县一级各大坝主管部门负责登记所管辖的库容在 10 万~1 000 万 m^3 的小型水库大坝。

国务院水行政主管部门负责全国水库大坝注册登记的汇总,各级主管部门负责登记结果的汇总、建档,并逐级上报水利部大坝中心。

(二)注册登记程序

水库库容在 10 万 m^3 以上已建成的水库大坝,包括永久性挡水建筑物及配套运用的泄洪、输水等建筑物,应到指定的注册登记机构申请登记,并履行下列 3 个程序:

(1)申报。已建成运用的大坝管理单位应携带大坝主要技术经济指标资料和申请书,按库容大小向大坝主管部门或指定的注册登记机构申报登记。注册登记受理机构认可后,即应发给相应的登记表,由大坝管理单位填写,经所管辖水库大坝的主管部门审查后上报。

(2)审核。注册登记机构收到大坝管理单位填写的登记表后,应进行审查核实。

(3)发证。注册登记机构经审查核实后,应向大坝管理单位发放注册登记证。注册登记证应注明大坝安全类别,属于险坝的,应限期进行安全加固,并规定限制运行的指标。

(三)注册登记要求

已建成并经验收投入运用的水库大坝,6 个月内不申报注册登记的,属违章运行,造成大坝事故的,按照《水库大坝安全管理条例》罚则的有关规定处理。

已注册登记的水库大坝完成扩建、改建的，或经批准升、降级的，或大坝隶属关系发生变化的，应在此后 3 个月内向注册登记机构办理变更事项登记。大坝失事后，应立即向主管部门和登记机构报告。

水库大坝应按照国务院各大坝主管部门规定的制度进行安全鉴定。鉴定后，大坝管理单位应在 3 个月内将安全鉴定情况和安全类别报原登记机构，大坝安全类别发生变化者，应向原登记受理机构申请换证。

经主管部门批准废弃的大坝，其管理单位应在撤销前，向注册登记机构申请注销，填报水库大坝注销登记表，并交回注册登记证。

水库大坝注册登记的数据和情况应实事求是、真实准确，不得弄虚作假。

二、水库大坝安全鉴定

水库大坝安全鉴定是强制性标准，是水管单位必须开展的技术基础工作，其核心是对工程开展局部或全面的安全“体检”，目的是通过现场探测、检测及分析计算，核查工程存在的各类问题，以便研究落实除险加固措施，消除各种险情隐患，确保工程运用安全。

（一）大坝安全鉴定制度

按照水利部《水库大坝安全鉴定办法》（水建管〔2003〕271 号），水利部门及农村集体经济组织管辖的坝高 15 m 以上或库容 100 万 m^3 的水库大坝，包括永久性挡水建筑物，以及与其配套运用的泄洪、输水和过船等建筑物，实行定期安全鉴定制度。

首次安全鉴定应在竣工验收后 5 年内进行，以后应每隔 6～10 年进行一次；运行中遭遇特大洪水、强烈地震、工程发生重大事故或出现影响安全的异常现象后，应组织专门的安全鉴定。

（二）安全鉴定的实施与监管

国务院水行政主管部门对全国的水库大坝安全鉴定工作实施监督管理；水利部大坝中心对全国的水库大坝安全鉴定工作进行技术指导。

县级以上地方人民政府水行政主管部门对本行政区域内所辖的大坝安全鉴定工作实施监督管理。

县级以上地方人民政府水行政主管部门按照分级管理原则对大坝安全鉴定意见进行审定。其中省级水行政主管部门审定大型水库和影响县城安全或坝高 50 m 以上中型水库的大坝安全鉴定意见；市（地）级水行政主管部门审定其他中型水库和影响县城安全或坝高 30 m 以上小型水库的大坝安全鉴定意见；县级水行政主管部门审定其他小型水库的安全鉴定意见。流域机构审定其直属水库的大坝安全鉴定意见。

大坝主管部门（单位）负责组织所管辖大坝的安全鉴定工作，水库管理单位协助鉴定组织单位做好安全鉴定有关工作。

（三）鉴定程序与组织

大坝安全鉴定包括大坝安全评价、大坝安全鉴定技术审查和大坝安全鉴定意见审定三个基本程序。

鉴定组织单位负责按照水库大、中、小规模及重要程度，委托具有水利水电勘测设计甲、乙、丙级资质的单位或科研院所承担，对大坝安全状况进行分析评价，并提出大坝安全评价报告和大坝安全鉴定报告书。

由鉴定审定部门或委托有关单位组织并主持召开大坝安全鉴定会,组织专家审查大坝安全评价报告,通过大坝安全鉴定报告书。

鉴定审定部门审定并印发大坝安全鉴定报告书。

(四)鉴定结论与问题处理

现场安全检查包括查阅工程勘察设计、施工与运行资料,对大坝外观状况、结构安全情况、运行管理条件等进行全面检查与评估,提出大坝安全评价的重点和建议,编制大坝现场安全检查报告。

大坝安全评价包括工程质量评价、大坝运行管理评价、防洪标准复核、大坝结构与稳定评价、渗流安全评价、抗震安全复核、金属结构安全评价和大坝安全综合评价等。

大坝安全评价过程中,应根据需要补充地质勘探与土工试验,补充混凝土与金属结构检测,对重要工程隐患进行探测等。

大坝安全状况分三类,标准为:

一类坝,市级抗御洪水标准达到《防洪标准》(GB 50201—94)规定,大坝工作状态正常;工程无重大质量问题,能按设计正常运行。

二类坝,实际抗御洪水标准不低于水利部颁发的水利枢纽工程除险加固近期非常洪水标准,但达不到国家《防洪标准》(GB 50201—94)的规定;大坝工作状态基本正常,在一定控制运用条件下能安全运用的大坝。

三类坝,实际抗御洪水标准低于部颁水利枢纽工程除险加固近期非常洪水标准,或者工程存在较严重的安全隐患,不能按设计正常运用的大坝。

鉴定审定部门应当将审定的大坝安全鉴定报告书及时印发鉴定组织单位。省级水行政主管部门应当及时将本行政区域内大中型水库及影响县城安全或坝高 30 m 以上小型水库的大坝安全鉴定报告书报送相关流域机构和水利部大坝安全管理中心备案,并于每年 2 月底前将上年度本行政区域内小型水库的大坝安全鉴定结果汇总后报送相关流域机构和水利部大坝安全管理中心备案。

鉴定组织单位(一般指大坝管理单位)应当根据大坝安全鉴定结果,采取相应的调度管理措施,加强大坝安全管理。

对于鉴定为三类坝、二类坝的水库,鉴定组织单位应当对可能出现的溃坝方式和对下游可能造成的损失进行评估,并采取除险加固、降等或报废等措施予以处理。在处理措施未落实或未完成之前,应当制定保坝应急措施,并限制运用。

经安全鉴定,大坝安全类别改变的,必须自接到大坝安全鉴定报告书之日起 3 个月内向大坝注册登记机构申请变更注册登记。

三、水库大坝应急管理

水库大坝应急管理,是避免或减少水库大坝发生突发事件可能造成生命和财产损失,是提高社会、公众及大坝运行管理单位应对突发事件能力,降低大坝风险的重要非工程措施,是风险管理理念下的重要技术工作。

为加强水库大坝应急管理,2015 年水利部印发了《水库大坝安全管理应急预案编制导则》(SL/Z 720—2015)。该导则编制的目的在于规范和指导水库大坝安全管理应急预案编制,提高应对水库大坝突发事件能力,切实保障水库大坝安全,防灾减灾及社会、生态效益显著;内容主要包括编制说明、突发事件及其后果分析、应急组织体系、运行机制、应急保障、宣传、培训与演练等。黄委所属三门峡、故县、花果山等3座水库管理单位均按要求编制了安全管理应急预案,并报相应政府主管部门审查审批。

(一)编制目的

为规范水库大坝安全管理,提高应对突发事件能力,最大限度地保障人民生命财产安全,促进社会经济发展。

(二)编制依据

《中华人民共和国防洪法》、《中华人民共和国防汛条例》、《水库大坝安全管理条例》、《国家突发公共事件总体预案》、《水库大坝安全管理应急预案编制导则》(SL/Z 720—2015)及该水库大坝实际运行状况编制。

(三)编制原则

(1)贯彻"以人为本"原则,体现风险管理理念,尽可能避免或减少损失,特别是生命损失,保障公共安全。

(2)按照"分级负责"原则,实行分级管理,明确职责与责任追究制度。

(3)强调"预防为主"原则。通过对故县水库大坝可能突发事件的深入分析,事先制定减少和应对突发公共事件发生的对策。

(4)突出"可操作性",预案以文字和图表形式表达,形成书面文件。

(5)力求"协调一致"原则,预案应和地区、部门其他相关预案相协调。

(6)实行"动态管理"原则,预案应根据实际情况变化适时修订,不断补充完善。

(四)突发事件分类分级

1. 突发事件分类

水库大坝突发事件是指突然发生的,可能造成重大生命、经济损失和严重社会环境危害,危及公共安全的紧急事件,一般包括:

(1)自然灾害类,如洪水、水库大坝溃决、地震、泥石流地质灾害等。

(2)事故灾难类,如因大坝质量问题而产生的滑坡、裂缝、渗流破坏而导致的溃坝或重大险情;工程运行调度的事故及管理不当等导致的溃坝或重大险情;影响生产生活、生态环境的水库水污染事件。

(3)社会安全事件类,如战争或恐怖袭击、人为破坏等。

(4)其他水库大坝突发严重灾难事件。

2. 突发事件分级

(1)水库工程概况。

(2)大坝安全现状及存在的主要问题分析。

(3)水库下游影响范围内的社会经济概况。

(4)可能突发事件分析。

(5)突发事件的可能后果分析。

根据水库大坝突发事件的严重程度、可控性、影响范围可分为Ⅰ级(特别重大)、Ⅱ级

(重大)、Ⅲ级(较大)以及Ⅳ级(一般)等四级。

(五)应急组织体系

绘制预案编制、审查、批准、启动、实施、结束等过程的应急组织体系框架,明确政府、水行政主管部门、行业主管部门或业主、水库管理单位之间的相互关系及其工作职责,也包括应急指挥机构、专家组及抢险队伍等。

1. 预案运行机制

预案运行机制包括预测预警、不同突发事件的应急预案启动、应急处置、善后处理、调查与评估、事件后信息发布等。

2. 应急保障

根据当地实际,明确应急队伍、应急经费、应急物资、紧急救援、基本生活、医疗与防疫、交通运输、治安、通信等应急保障措施,明确相关部门与责任人、联系人及联系方式。

3. 宣传、培训与演练

告知社会公众水库大坝存在的风险与预防措施;培训职能部门人员了解突发事件的处理流程,演练预案的实施过程等。

第八章　工程维修养护

相比工程建设的短暂性、一次性，工程运行管理具有长期性、持续性、反复性的特点。因此，水利工程管理是水管单位永恒的主体，即维持工程完整，保持工程设计功能，不断改善工程面貌，确保工程安全运用，不断提高现代化水平，充分发挥工程综合效益，这是水管单位的基本任务。工程维修养护是运行管理的重要工作环节，具有内容丰富、涉及面宽、业务量大、反复性强的特点，因而不能靠一朝一夕、涂涂抹抹来实现，需要持之以恒、坚持不懈常管常新。

随着以标准化堤防工程为标志的黄河水利工程体系建成，以堤防、水库、水闸、河道整治工程及蓄滞洪区为主体的“上拦下排、两岸分滞”工程体系进一步完善，对于保障防洪（凌）安全、促进经济社会可持续发展发挥着不可替代的作用。同时，国家经济发展对防洪保安全提出了新的更高的要求，大量的水利工程及附属设施运行，要维持其完整和安全运用，管理与维护任务是十分繁重的，即便如此，每年工程坝岸坍塌、水毁雨毁等险情和局部灾害仍时有发生，防洪保安全任重而道远。

第一节　维修养护目的与任务

一、明确管理与保护范围

为保证水利工程的安全运用，工程设计、建设及验收时，必须依法划定并落实工程管理范围与安全保护范围。

工程管理范围应包括工程主体、附属设施占压土地及管护用地，如堤防工程临、背河管护用地应依据有关法规、规范，结合当地堤防工程运行管理和防汛抢险的需要划定，在堤防工程续建或改建加固时征购，并完成划界确权；堤防安全保护范围是指与堤防管护用地边界相连的区域，在堤防工程建成时应依法划定。

二、明确职能任务

水利工程管理的主要内容包括检查观测、维修养护、工程保护、控制运用及管理现代化建设等。

（一）检查观测与维修养护

开展堤防、河道整治工程、管护与保护范围日常巡查、定期检查、特别检查、专项检查。检查观测是做好工程管理与维修养护的工作基础，通过工程检查观测，及时发现工程存在的各种问题，详细记录缺陷类别、发生部位、长宽深等指标，提出初步处理意见，进而研究适宜的养护修理措施或工作方案，以消除工程缺陷，保证工程的完整和安全。

工程维修养护应遵循以防为主、防重于修、修重于抢的原则。首先，要做好经常性的养护工作,防止工程缺陷的发生和发展;其次,工程产生缺陷后,要及时进行养护或修理,做到小坏小修,不等大修,随坏随修,不等岁修,防止缺陷扩大,保持工程经常处于良好的工作状态(见图 8-1)。

图 8-1　黄河下游堤防工程

(二)不断提高管理水平

水管单位应积极研究开发、引进推广先进的管理维护设备、机具,加强新技术应用推广,不断改善观测检查及养护操作的手段,增加管理科技含量;应强化工程一线信息化建设,不断改善信息采集与传输手段,逐步提高工程管理信息化、现代化水平;应注重业务技术培训和岗位练兵,不断提高水管单位人员的管理与操作技能。

随着国家生态文明建设方针的提出,国内主要江河、沿海经济发达地区的水利工程管理理念不断创新,制度日趋完善,手段不断更新,工程管理与环境治理步伐不断加快,水利工程水平不断提升,生物工程体系日渐完善,生态景观工程纷纷呈现,“管”出了一批集防洪、生态、文化功能于一体的河防工程,很多好的做法值得分析、总结和借鉴。

三、明确维修养护工作要求

水利工程的养护修理应遵循“经常养护,及时修理,养修并重”的原则,并遵守下列规定:

(1)执行水利工程管理的法规和有关技术标准,做好养护工作。

(2)修理可按工程损坏调查、修理方案设计、施工、验收四个程序进行。

(3)涉及度汛的修理工程应在汛前完成,汛前完成确有困难的,应采取临时安全度汛措施。

(4)水利工程发生险情,应立即组织抢修,并及时上报。

水利工程养护修理应积极地推广应用新技术、新材料、新工艺,逐步实现机械化、信息化,提高社会化、专业化水平。

第二节　维修养护组织实施

一、工程主要安全隐患

黄河下游堤防工程安全是重中之重的工作,发现与消除工程隐患尤为重要。小浪底水利枢纽建成后,黄河干流三门峡、小浪底与支流陆浑、故县四座水库联合调度,黄河花园口站百年一遇洪峰流量为 15 700 m^3/s,千年一遇为 22 600 m^3/s;小浪底至花园口区间的无控制区百年一遇洪峰流量为 13 400 m^3/s,千年一遇为 21 600 m^3/s,且预见期短,安全防守难度大;同时,下游河道为槽高、滩低、堤根洼的“二级悬河”,决定了河道冲淤变化剧烈,河势善淤、善徙难以得到有效控制,如黄河“96 · 8”洪水,花园口站 7 600 m^3/s 洪水,下游堤防偎水长度达 951 km,占堤防总长度的 70%,局部发生顺堤行洪,背河侧出现渗水、管涌、裂缝等险情 170 处,险情环生,防洪形势严峻,如若发生设防标准洪水,情况将更为严重。

(一)堤防工程

黄河下游堤防工程是防洪的最后防线,但堤身、堤基存在较多的安全隐患。一是土质不良,黄河堤防是在原民堰基础上逐步加高培厚,筑堤土料多为就近取土,淤泥块、有机质等杂物多,土质复杂,堤身大多为砂壤土和粉细砂,少数为壤土和黏土。土壤渗透系数大,洪水期易发生渗水、管涌等险情;局部堤段黏土含量高,易形成干缩裂缝,尤其是贯穿性横缝,威胁堤防安全。二是填筑不实,受当时施工技术等条件限制,堤身干密度达不到设计要求,部分堤段的干密度仅 1.3 t/m^3,三是洞穴隐患,獾、狐、鼠类等动物洞穴隐患,每年堤防检查均有发现,堤身内甚至发现碉堡、藏物洞、墓坑等空洞,严重消弱堤防的抗洪能力,尤其易形成漏洞,造成堤防失事。四是现状大堤堤基存在 390 多处老口门,长度 95.21 km,多处口门长期未遭遇大洪水、长时段靠河,问题未暴露,存在较大安全隐患。

堤身内部“洞、缝、松”隐患多,仍然是黄河防洪的老大难问题。据 1998~1999 年黄河下游 720 km 堤防隐患探测成果分析,共发现洞、缝隐患异常点 3 000 多处,重大隐患异常点 783 处,即每千米至少一处重大洞、缝隐患;2000 年原阳河务局汛前普查,在 117+700~118+300 背河堤肩以下 4 m 处发现一条宽度 3~5 cm、最大 10 cm、深度 2~3 m 的裂缝,经开挖断面上遍布鼠洞、腐烂树根和纵横裂缝,并做了 25 组干密度试验,最大值 1.48 t/m^3,平均为 1.22 t/m^3,达不到不小于 1.5 t/m^3 的设计要求。武陟沁河右堤 2000 年截渗墙施工时,在 75+391~75+488 堤段发现锯槽内泥浆从堤坡、坡脚严重泄漏,后经开挖验证,堤身内洞穴洞径 0.5~0.7 m,长度 58.5 m,75+392 处发现 15 m×0.8 m×1.2 m 的洞室,与洞相连的是一条通向坡脚的长度 24.7 m 的裂缝。同时,近堤安全保护范围内临背河存在大量塘坑、鱼塘、藕池等,存在可能发生平工靠溜的严重堤沟河 19 条,这些险点险段不仅影响水利工程的完整性,更有碍河道行洪、查险抢险及堤防防守,对防洪安全构成威胁。

(二)水闸工程

一座水闸就是一处险点,其险点隐患处理难度大,尤其是土石接合部抢险更是薄弱环节,一旦失守,危害不堪设想,必须加强养护维修。据近年来水闸安全管理年度报告,黄河下游水闸工程存在的主要问题是：

(1)部分水闸存在上下游护坡、翼墙浆砌石脱落、混凝土勾缝脱落现象；洞身混凝土老化，出现裂缝。

(2)部分水闸存在螺杆弯曲、锈蚀现象，影响闸门正常启闭；钢丝绳维护保养不到位。

(3)部分水闸启闭机和机电设备老化，配电盘电缆堆放杂乱。

(4)水闸测压管和沉降观测设施破损较多，顶端盖板有损坏，测压管已不能正常使用。

(5)远程监控系统虽已建立，但监控系统损坏、失效较多；个别水闸不能正常开机，运行不可靠。

(三)水库工程

1. 三门峡水库大坝

1)泄流排沙建筑磨蚀

左岸1号、2号泄流排沙洞，溢流坝24个泄流底孔、深孔，以及消力池等，由于高含沙水流的长期冲磨，底板、边墙等表面抗磨层出现不同程度的磨蚀。由于工程运行时间长，有必要采用抗磨材料进行大修处理。

2)大坝水工建筑物老化

大坝水工建筑物存在混凝土碳化、破损等问题，对于20世纪五六十年代的老工程，有必要进行全面整修和防护处理，以改善和提升枢纽工程的功能和面貌。

3)闸门、启闭设备和机电设备老化

三门峡枢纽闸门、启闭设备和机电设备运用时间普遍在40年以上，机电设备老化，有必要进行更新、改造。

4)金属结构磨蚀、锈蚀

枢纽现有的泄流孔洞，自建成以来从未进行过系统的检查和维修，使用最长的达50年，最短的也已经运行了20年，主要存在如下问题：闸门、拦污栅锈蚀，部分门楣、轨道、底槛、水封座板有磨蚀现象。

5)大坝监测与排水设施失效

部分测压管套管及法兰盘锈蚀，溢流坝段排水廊道原堵塞孔洞漏水、冒泥浆。

6)坝容坝貌不美观

三门峡水利枢纽坝顶是承担设备检修维护、闸门大修、闸门启闭等生产工作的重要场所，且部分区域对游客开放，是枢纽对外宣传的主要窗口。目前，存在闸门及金属构件大修区域、维护保养区域、闸门启闭区域等划分标识不明显，个别区域防护围栏锈蚀、存在安全隐患等问题。

2. 故县水库大坝

1)坝体裂缝多

故县大坝运行状态正常，但坝体混凝土裂缝较多，局部碳化深度较大，钢筋外露锈蚀。如IP1、IP4垂线上大部分观测点水平位移呈缓慢增大趋势，各坝段坝顶上游、坝基垂直位移呈不同程度的增大趋势，大部分裂缝开度呈逐渐增大趋势；库水位超过523 m，高程515 m施工水平缝出现渗水，随水位升高，渗水长度和渗漏量加大。

2)中孔出口冲刷较严重

中孔出口护坡大面积冲刷破坏,淘刷下游右岸基础,影响中孔综合效益发挥。

3)上坝道路塌方隐患

上坝公路及电站场区存在山体坍塌落石隐患,影响生产安全。对外交通道路存在山体坍塌落石等问题。故县局已经制定了临时整改措施,加高了重点部位的浆砌石挡墙,安装被动防护网,增加警示标志,发生极端天气时对隐患较大的路段进行交通管制,限制人员车辆通行等措施,防止事故发生。

4)升降电梯老化

大坝电梯已经运行10多年,加之电梯井潮湿,电梯故障率高,存在安全隐患。故县水库枢纽管理局正在申请资金对电梯进行更换。在资金没有落实之前,每年将做好电梯维修保养工作,出现故障及时进行维修,严禁带病运行。每年联系质量监督部门对电梯进行年检。

5)观测手段落后

故县大坝安全监测多年采用人工观测;技术手段落后监测设施老化,部分设施支架变形,多点位移计、应力、应变等观测设施已经失效。2020年才立项开展自动观测信息化系统改造。

3. 花果山水库

1)输水涵管断裂

花果山水库大坝的突出问题是输水涵管管道存在严重的破裂、错位、渗漏、腐蚀、胶圈脱落等结构性缺陷。严重的结构性缺陷造成水库正常蓄水位与汛限水位之间的100万 m^3 左右的库容汛期无法合理调度,按照原设计涵管泄量0.38 m^3/s 计算,100万 m^3 库容需30 d左右才能降到汛限水位;同时南小河沟试验场地和科学试验用水无法通过涵管排放,存在较大防汛安全隐患和运用缺陷,急需进行除险加固。

2)溢洪道裂缝多

混凝土溢洪道表面大量开裂,泄洪存在较大风险。

3)防汛道路边坡多处滑塌

花果山水库左坝肩上坝道路路肩、输水涵管周边坡面、道路及溢洪道左侧边坡局部滑塌。花果山水库左坝肩道路路肩滑坡到水库,滑坡路面长20.0 m、高2.5 m,滑坡坡长18.0 m,滑塌进入水库土方量约900.0 m^3,左坝肩上坝道路高陡边坡滑塌隐患断面长46.0 m,混凝土道路路基被洪水继续冲淘失去稳定,引起大范围塌方的险情。

花果山水库进出防汛道路第二弯道段陡崖处道路坍塌,出险断面长10 m×宽3 m×深30 m,坍塌土方量900.0 m^3,混凝土沥青路基被洪水继续冲淘失去稳定,引起大范围塌方的险情,车辆无法正常通行。

蓁萃亭防汛道路路基沉陷2处,险情区域分别为长5 m×宽2 m×高5 m、长10 m×宽1 m×高5 m,裂缝明显,随时有可能塌方,渗水砖东侧沉陷区域面积12 m^2,沉陷区域长6 m×宽2 m。

为了保证工作人员和车辆的安全,目前对上述路段已采取了封堵措施。

4)无防汛物资仓库

花果山水库的防汛物资仓库现设在南小河沟场部,距离大坝约3 km,且为山路,甘肃省及庆阳市多次防汛检查提出整改,防汛仓库建设是水库防汛抢险的迫切需要,现有的水库临时物资仓库无法满足防汛工作需要。但没有经费来源,未能解决。

5)无大坝监测设施

花果山水库无大坝变形位移、渗流监测设施及设备,没有开展水库大坝正常安全监测工作。

(四)河道整治工程

黄河河道整治工程包括险工、控导(护滩)及防护坝工程等,作为抵御洪水的首道防线,存在的主要问题是:少数控导护滩工程常年脱河,工程较多存在老化失修;部分护滩工程属于抢险修筑而成,不符合河道整治规划,平面布局不尽合理;小浪底水库调水调沙多年,河道自上而下河床冲刷下切3~2 m不等,不少险工坝垛根石滑塌走失,根石坡度较陡,不满足稳定坡度设计标准。近年探索利用土工织物充填长管袋筑坝或利用土工布铺底筑坝,一旦出险发展迅速,抢护抛石往往造成长管袋或土工布损坏,不利于运行管理和防汛抢险。

二、年度实施方案编审

为规范水利工程维修养护,不断提高黄河水利工程管理水平,依据水利部《水利工程维修养护定额标准》,针对黄委所辖堤防、河道整治、水闸、水库工程及其附属设施的年度维修养护实际,将工程维修养护项目划分为日常类和维修类,其中将堤防隐患探测、堤顶整修、堤坡整修、道路维修、根石探测、根石加固、坝坡整修等工程量大、技术含量高的项目划定为维修类项目。

水管单位应根据所辖水利工程运行状况,在完成工程检查观测、堤防(根石)探测、河势查勘预测等技术资料分析的基础上,依据工程设计标准和水利工程管理发展要求,编制年度维修养护实施方案,确定年度维修养护计划及维修类项目设计报告。

由水管单位负责组织,编制年度维修养护实施方案及维修类项目设计,按照规定权限申报审查。

山东、河南河务局负责所属水管单位的工程维修设计审查,并报黄委备案。

山西、陕西河务局,故县水库枢纽管理局及三门峡库区各管理局所属水管单位的维修类项目设计,由黄委组织审查。

工程维修项目一经审批下达,原则上不得调整,确需调整的,须按程序逐级上报原审查单位核准。

工程维修项目变更应在变更申请得到核准后实施;情况紧急的,应在及时维修的同时将项目变更申请报原批准单位核准。

三、工程维修养护

维修养护是对水利工程设施进行日常与定期养护和维修,维持、恢复或局部改善原有工程面貌,保持工程设计功能的工作。

按照堤防工程养护修理规程,堤防工程维修养护包括工程养护、修理、抢修,当工程发生较大损坏或缺陷且工作量大、技术复杂的修复即为修理;当工程发生突发事故危及运行安全时进行的抢护(险)措施即为抢修;通过对已建堤防工程进行的经常防护保养,维持、恢复或局部改善原有工程功能即为养护;修理,即对堤防工程发生的损坏或存在缺陷所进行的修复工作;加固,即当堤防工程的强度、标准、稳定性等不满足设计要求时所采取的加固、补强措施;抢修,即工程险情抢护,规程中将抢修纳入修理的内容;同时按照水利工程维修养护定额标准,工程维修养护包括工程养护和维修,重大险情、超标准洪水,造成的工程抢险或水毁修复需另行申报,不列入维修养护。

水利工程维修养护定额标准包括工程日常养护和工程维修两类项目,一般将根石加固、堤顶道路整修、堤坡整修等界定为维修类项目。堤防工程养护修理规程与水利工程维修养护定额标准所反映的堤防工程修理与维修内涵是一致的,二者没有本质区别;同时,随着国家经济预算改革的深入,计划经济体制时期水利工程维护管理所沿用的岁修、大修将不再提及,岁修泛指年度维修养护,大修一般泛指工程修理,当年实施的维修类项目,依照基本建设项目,其土、石方施工应符合《堤防工程施工规范》(SL 260—2014)的有关规定,概预算定额可参照水利工程维修养护定额标准或执行基本建设土石方施工定额标准。

(一)工程日常养护

1. 堤防养护

堤防养护应做到经常保养和时常防护,及时修补表面缺损,保持堤防的完整、安全和正常运用。

1)堤顶养护

堤顶、堤肩、道口等的养护应做到平整、坚实、无杂草、无弃物。

堤顶养护应做到堤线顺直、饱满平坦,无车槽,无明显凹陷、起伏,平均每 5 m 长堤段纵向高差不应大于 0.1 m。

堤顶应设双侧横向坡,坡度宜保持在 2%~3%。

堤肩应做到无明显坑洼,堤肩线平顺规整,堤肩宜植草防护。

未硬化堤顶降雨期间,及时关闭护路杆(拦车卡),排除积水;雨后应及时对堤顶洼坑进行补土垫平、夯实;旱季宜对堤顶洒水养护。

硬化堤顶应及时清除堤顶积水;泥结碎石堤顶应适时补充磨耗层和洒水养护,保持顶面平顺、结构完好。

2)堤坡养护

堤坡应保持设计坡度,坡面平顺,无雨淋沟、陡坎、洞穴、陷坑、杂物等。

戗台(平台)应保持设计宽度,台面平整,平台内外缘高度差符合设计要求。

堤坡、戗台(平台)出现局部残缺和雨淋沟等,应按原设计要求修复,所用土料应符合筑堤土料要求,并应进行夯实、刮平处理。

堤脚线应保持连续、清晰。

上下堤坡道应保持顺直、平整,无沟坎、凹陷、残缺,禁止削堤为路。

土质坡面宜植草覆盖,背水侧堤坡的草皮覆盖率达到 95%以上;有景观功能要求的绿化工程,可参照园林标准养护。

3）护堤地养护

护堤地的养护应做到边界明确、地面平整、无杂物。

护堤地有界埂或界沟的，应保持其规整、无杂草，界埂出现残缺应及时修复，界沟阻塞应及时疏通，有巡查便道的，应保持畅通。

2. 河道整治工程养护

应按原有标准，及时修复堤岸防护工程表面的缺陷、洼坑、洞穴、雨淋沟及局部砌石松动变形或脱落等，所用材料应符合原设计要求并严格控制工程质量。

堤岸防护工程养护应做到封顶严密、整齐美观，土石结合部无脱缝等现象。

1）坝顶养护

坝（垛、护岸）顶、高程、宽度、坝坡坡度及险工根石台的高程、宽度等主要技术指标符合设计或竣工验收时的标准。

坝（垛、护岸）顶、根石台顶面平整，无凸凹、陷坑、洞穴、水沟浪窝，无乱石、杂物及高秆杂草等。

沿子石规整、无缺损、无勾缝脱落，眉子土（边埂）平整、无缺损。

2）坝坡养护

土坝坡坡面平顺，草皮覆盖完好，无高秆杂草、水沟浪窝、裂缝、洞穴、陷坑。

散抛块石护坡坡面平顺，无浮石、游石，无明显外凸里凹现象，保持坡面清洁。

干砌石护坡坡面平顺、砌块完好、砌缝紧密，无松动、塌陷、架空，灰缝无脱落，坡面清洁。

浆砌石护坡坡面平顺、清洁，灰缝无脱落，无松动、变形。

3）根石养护

根石台平整，宽度一致，无浮石、杂物；根石坡平顺，无明显外凸里凹现象，无浮石、游石。

联坝参照堤防工程标准执行。

4）备防石养护

备防石位置合理，摆放整齐，便于管理与抢险交通，无坍垛，无杂草、杂物，坝号、垛号、方量标注清晰。

3. 水闸养护

管理范围内环境应保持整洁美观，搞好绿化美化。

土工建筑物无水沟浪窝、塌陷、裂缝、渗漏、滑坡和洞穴等，排水系统、导渗及减压设施无损坏、堵塞、失效，土石结合部无异常渗漏。

石工建筑物块石护坡无塌陷、松动、隆起、底部淘空、垫层散失；墩墙无倾斜、滑动，无勾缝脱落；排水设施无堵塞、损坏、失效。

混凝土建筑物（含钢丝网水泥板）无裂缝、腐蚀、非正常磨损、剥蚀、露筋（网）及钢筋锈蚀等情况。

水下工程无冲刷破坏，消力池、门槽内无砂石杂物，伸缩缝止水无损坏，门槽、门坎的预埋件无损坏。

闸门无变形、锈蚀、焊缝开裂或螺栓、铆钉锈蚀、松动，支承行走机构运转灵活，止水装置完好,门体表面涂层无大面积剥落。

启闭设备运转灵活、制动性能良好,无腐蚀,运用时无异常声响;钢丝绳无断丝、锈蚀,端头固定符合要求;零部件无缺损、裂纹、非正常磨损,螺杆无弯曲变形;油路通畅,油量、油质合乎规定要求。

机电设备及防雷设施的设备、线路正常,接头牢固;安全保护装置动作准确,指示仪表指示准确,接地可靠,绝缘电阻值合乎规定;防雷设施安全可靠;备用电源完好。

4. 管理附属设施

位移、渗流、应力应变、震动反应等安全监测设施完好。

远程监控系统的现场设施、设备(仪器、传感器等)完好无损坏,运行正常。

排水沟完好,畅通无损坏,无孔洞暗沟,沟身无蛰陷、断裂,接头无漏水、阻塞,出口无冲坑悬空,沟内无淤泥、杂物。

公里桩、百米桩、边界桩、断面桩、坝号桩、高标桩、交界牌、指示牌、标志牌、责任牌、简介牌、纪念碑等埋设坚固,布局合理、尺度规范,标识清晰、醒目美观,无涂层脱落、无损坏和丢失。

水尺无损坏,标尺清晰,基座涂层无脱落;测流测沙桥完整、稳固,铁件无锈蚀、无涂层脱落。

照明、通信、安全防护等设施完好。

护路闸(杆)开合灵活,标识齐全、醒目美观,埋设坚固、无损坏,涂层无脱落。

管护基地房屋、防汛屋、守险房、启闭机房、测流测沙房等坚固完整,门窗齐全、无损坏,墙体无裂缝,墙皮无脱落,房(屋)顶不漏水。

景点建筑物、构筑物及其他设施干净整洁、无损坏,涂层醒目、无脱落。

5. 生物防护工程

防浪林、行道林、淤背区适生林、护堤地林及险工、控导、护滩(岸)、水闸的树木生长旺盛,无病虫害,无乱砍滥伐和人畜破坏。

行道林和险工、控导、水闸的树木修剪整齐、美观,鱼鳞坑、浇水沟规整,存活率达到98%以上。

防浪林、适生林、护堤地林株行距适宜,存活率达到95%以上;区内无高秆杂草。

堤防、险工、控导、水闸等适宜植草的工程部位,草皮整洁美观,覆盖率达到95%以上,无高秆杂草。

有景观功能的工程绿化,可参照园林景区进行养护。

(二)工程维修

对堤顶、堤坡、护坡、防洪墙、防浪墙和防渗及排水设施的缺陷或损坏,应按原设计要求及时修复;对堤身裂缝和堤防隐患,应依据其成因和性质分别采取不同处理措施。

1. 堤顶修理

堤肩土质边埂发生损坏,宜采用含水量适宜的黏性土,按原标准进行修复。

土质的堤顶面层结构严重受损,应刨毛、洒水、补土、刮平、压实,按原设计要求修复,堤顶高程不足,应按原高程修复,所用土料宜与原土料相同。

硬化堤顶的土质堤防,因堤身沉陷使硬化堤顶与堤身脱离的,可拆除硬化顶面,用黏性土或石渣补平、夯实,然后用相同材料对硬化顶面进行修复。

堤顶陷坑的修理,宜采用翻筑回填的方法,翻出陷坑内的松土,分层填土夯实,恢复堤防原状。

2. 堤坡修理

土质堤坡出现大雨淋沟或损坏,应按开挖、分层回填夯实的顺序修理,所用土料宜与原筑堤土料相同,并在修复的坡面补植草皮。

浅层(局部)滑坡,应分析滑坡成因,采用全部挖除滑动体后重新填筑的方法处理,新填筑的堤坡应达到设计稳定边坡要求。

深层圆弧滑坡,应采用挖除主滑体并重新填筑压实的方法处理;重新填筑的堤坡应达到重新设计的稳定边坡。

堤坡陷坑的修理,宜采用翻筑回填的方法,翻出陷坑内的松土,分层填土夯实,恢复堤防原状;临水坡的陷坑宜用防渗性能不小于原设计堤身土的土料回填,背水坡的陷坑宜用透水性能不小于原设计堤身土的土料回填。

3. 护坡修理

散抛石、干砌石、浆砌石、混凝土等护坡的残缺或损坏应及时修复,保持原设计标准。

1) 散抛石护坡修理

散抛石护坡局部下滑脱落,可按设计坡度挂线,将线上残留石料补抛至下滑部位的底部,再将下滑部位上部(顶部)缺石处用新石补齐,整好坡面,修好封顶;当土体被雨水冲刷或水流淘刷,造成护坡沉陷时,应将石料及垫层拆除,修复土体后重新铺设垫层、恢复坡面。

2) 砌石护坡修理

干砌石、浆砌石护坡出现局部松动,应拆除松动块石,重新砌筑,达到坡面平顺、砌石紧密。

砌石护坡出现局部塌陷、隆起,应将损坏部位拆除,拆除范围超出损坏区 0.5~1.0 m,保持好未损坏部分的砌体,清除反滤垫层,修复土体,按原设计恢复护坡。

砌石护坡块石尺寸偏小、厚度不足、强度不够,宜按设计要求翻修;不具备翻修条件的,可在原砌体上部浇筑混凝土盖面。

垫层松动,滤料流失或原垫层厚度不足,应按设计要求翻修填补;浆砌石护坡的排水孔阻塞,应及时修理。

3) 混凝土护坡修理

现浇混凝土护坡发生剥蚀损坏,出现局部破碎,可将表层松散部位凿掉并冲洗干净,用较高强度等级的水泥砂浆填补。

预制混凝土块护坡严重损坏,应及时更换。

混凝土护坡发生沉陷和淘空的,应将其拆除,修复土体、铺设垫层、浇筑面层混凝土或重砌混凝土预制块,其施工应与原有结构形式、标准、质量要求相一致。

4) 土质护坡修理

土质护坡及坝胎出现大雨淋沟、陷坑,宜采用开挖回填的方法修理,挖除松动土体,由下至上分层回填夯实。

4. 防洪墙(堤)、防浪墙修理

混凝土或浆砌石防洪墙(堤)、防浪墙表面发生局部侵蚀剥落或破碎时,宜采用水泥砂浆等材料进行表面抹补、填塞或喷浆。

混凝土防洪墙(堤)、防浪墙出现裂缝,应首先进行裂缝调查并加强检查观测,查明裂缝性质、成因及其危害程度,研究制定相应修理措施。

浆砌石防洪墙(堤)墙身出现裂缝或渗漏严重的,可采用充填法或灌浆法处理;浆砌石防浪墙出现裂缝,宜采用水泥砂浆等材料进行表面抹补、填塞或喷浆。

防洪墙(堤)墙基出现冒水冒砂现象,应对墙基进行地质勘探、渗流分析,确定渗流控制措施,进行处理。

变形缝填料冲失,应及时填充。止水设施损坏,应予以修复。

5. 防渗及排水设施修理

黏土斜墙及土工合成材料坡面防渗体的保护层发生损坏,应采用与原设计要求相同的材料修理。

排水导渗体或滤体发生损坏或堵塞,应将损坏或堵塞部分拆除,按原有结构修复。

在堤顶、堤坡设置的排水沟发生沉陷、损坏,应拆除损坏部位,回填夯实堤身,按原有结构修复堤坡及排水沟。

减压井排渗功能明显减小时,应对减压井进行清洗,清除淤积物,疏通反滤层,以保证减压井排水通畅。

堤防防渗土工膜或复合土工膜发生损坏,应拆除局部护坡体,对防渗土工膜的损坏部位进行修补,并恢复原有结构。

6. 堤身裂缝修理

堤身裂缝修理应在查明裂缝成因,且裂缝已趋于稳定时进行。

土质堤防裂缝修理宜根据裂缝走向、部位和尺寸,选择开挖回填、横墙隔断、灌堵缝口、灌浆堵缝等方法。

1)纵向裂缝修理宜采用开挖回填的方法处理

开挖前可用经过滤的石灰水灌入裂缝内,了解裂缝的走向和深度,以指导开挖。

裂缝的开挖长度超过裂缝两端各 1 m,深度应超过裂缝底部 0.3~0.5 m;坑槽底部的宽度应不小于 0.5 m,边坡符合稳定及新旧土结合的要求。

坑槽开挖时宜采取坑口保护措施,避免日晒、雨淋、进水和冻融;挖出的土料宜远离坑口堆放。

回填土料与原土料相同,并控制适宜的含水量。

回填土分层夯实,夯实土料的干密度应不小于堤身土料的干密度。

2)横向裂缝修理宜采用横墙隔断的方法处理

与临水相通的裂缝,在裂缝临水坡先修前戗;背水坡有漏水的裂缝,在背水坡做好反滤导渗;与临水尚未连通的裂缝,从背水面开始,分段开挖回填。

除沿裂缝开挖沟槽,还宜增挖与裂缝垂直的横槽(回填后相当于横墙),横槽间距 3~5 m,墙体底边长度为 2.5~3.0 m,墙体厚度不宜小于 0.5 m。

3)堤顶或非滑动性的堤坡裂缝宜采用灌浆填充的方法修理

缝宽较大、缝深较小的宜采用自流灌浆修理,缝宽较小、缝深较大的宜采用充填灌浆修理。

7.堤防隐患处理

堤身隐患应根据其类型、性质、位置等具体情况,采用开挖回填、充填灌浆、劈裂灌浆等方法处理。

位置明确、埋藏较浅的土质堤身隐患,宜采用开挖回填的方法处理,应将洞穴等隐患的松土挖出,再分层填土夯实,恢复堤身原状。

位于临水侧的隐患,宜采用黏性土料进行回填;位于背水侧的隐患,宜采用砂性土料进行回填。

范围不明确、埋藏较深的洞穴、裂缝等堤身隐患,宜采用充填灌浆、劈裂灌浆处理。

8.穿、跨堤建筑物及其与堤防接合部修理

堤防管理单位应重视和加强堤防与穿、跨堤建筑物接合部的养护与修理,接合部发生损坏时,应通过调查和勘测查明原因,针对损坏原因采取修复措施。

穿堤、跨堤建筑物发生损坏,建筑物管理单位应按堤防工程管理单位的要求及时修理或抢修,确保堤防及穿堤、跨堤建筑物的安全。

穿堤建筑物与堤防接合部的修理工作,应由堤防工程的管理单位和穿堤建筑物的管理单位共同商定修理方案和修理工作计划。

所有穿堤闸涵、管道、线缆及道口管理设施,其管理单位均应按有关规定进行养护,发现损坏应及时修理。

9.根石修理

水面以上护脚平台或护脚坡面发生凹陷时,应抛石排整到原设计断面。排整应做到大石在外、小石在里,层层错压,排挤密实。

水面以下,探测的护脚坡度陡于稳定坡度或护脚出现走失时,应抛散石或石笼加固,有航运条件的可采用船只抛投。完成后应检查抛石位置及坡度是否符合要求。

散抛石护坡的护脚修理,可直接从坝顶运石抛卸于护坡或置放于护坡的滑槽上,滑至护脚平台上,然后进行人工排整,损坏的护坡于抛石结束后整平;砌石护坡的护脚修理,应防止石料砸坏护坡。

护脚坡度陡于设计坡度,应按原设计要求用块石或笼石补抛至原设计坡度。

10.排水设施修理

排水沟(管)堵塞或破坏,应挖除破坏或堵塞的部分,按原设计进行修复。

排水沟(管)的基础被冲刷破坏,应先修复基础,再按原设计要求修复排水沟(管)。

排水孔损坏或堵塞,应按原设计要求补设。

(三)堤防工程除险加固

针对黄河堤防工程存在的防洪标准不足、堤身残缺及安全隐患所采取的一系列消除险情、加固工程的措施,即为工程除险加固。消除工程险点隐患,不断提高抗洪强度,保证黄河防洪安全,历来是黄委工程管理的重点任务。为消除堤防工程隐患,20 世纪 50 年代开始实施堤防工程抽水洇堤、抽槽换土、人工锥探吹填灌浆等措施,70 年代实施了机械锥探压力灌浆及大规模的放淤固堤,80 年代开始实施前戗与截渗墙加固等措施。

1985 年黄委通过对黄河下游临黄大堤的现场调研与反复论证,明确了划定险点险段标准,发布了第一批堤防险点险段,并进行统一编号,明确堤防加固与防守的重点:①老口门潭坑按背河 100 m 范围内有历史决口遗留的口门潭坑,目前常年积水;②管涌按曾出现过管涌,而未彻底处理;③渗水按堤背 100 m 范围内渗水较严重,有明显渗水痕迹;④裂缝指因施工质量,黏土固结、基础沉陷和偎水滑动等原因产生的连续裂缝;⑤堤身残缺指垂直地面深达 1 m 以上,对堤身削弱严重,堤身缺口指大堤上的缺口,且影响防洪安全者;⑥顺堤行洪按滩面横比降较大,沿堤较长范围内有明显堤河,大堤靠水后有固堤行洪的可能;⑦穿堤建筑物指工程存有问题对度汛安全有影响的穿堤工程,如各种管线低于设防水位;⑧涵闸虹吸工程达不到设计防洪标准等。在此基础上,统计 8 大类共 78 处险点险段,涉及堤防长度 145.538 km,发布了“黄河大堤险点险段统计表”,引起水利部及黄委的高度重视,每年在安排堤防工程建设项目时,采取重点投资倾斜,优先安排黄委编号险点消除;同时,河南、山东两河务局将黄委编列险点作为防守的重点,制订险点险段度汛方案,层层落实责任制,明确专人负责,落实抢险队伍和物质器材。

1995 年通过再次调查统计,1996 年黄委发布了第二批险点险段 35 处、病险水闸 10 座,黄委作为基本建设的重点,通过采用放淤固堤、修筑前后戗、构筑截渗墙、改建病险涵闸等多种措施,到 2001 年底,完成前后两次所发布的 123 处堤防险点险段除险加固,黄河下游标准化堤防实施,进一步巩固了上述险点险段的消除成效,堤防除险加固也由早期的人工锥探、抽水洇堤和开挖回填阶段逐步发展到机械筑戗、压力灌浆、放淤固堤、截渗墙等多种加固措施并举的新阶段,在工程加固取得巨大成效的同时,加固技术也有了长足进步,尤其是放淤固堤和截渗墙技术出现许多创新。

1. 黏土斜墙与抽槽换土

1955~1957 年,为加固处理 1954 年汛期部分临黄堤出现漏洞、渗水、管涌等险情,根据当时的施工条件,在河南的郑州花园口、中牟赵口和山东鄄城四龙村、济阳马圈等 28 个堤段堤身临河侧修筑了黏土斜墙,同时在堤脚抽槽换筑黏土,达到临河截渗的目的。

2. 砂石反滤与减压井

按照背河导渗的原则,在背河贴堤脚处铺筑反滤体,或在堤脚处开挖导渗沟,打减压井降低堤防背水侧地下水位,减小出逸比降。从 20 世纪 60 年代开始,黄河下游部分堤段采用了这种措施,效果良好。但由于早期井管材质较差和施工方法简陋,加上年久失修,之后均已损坏废弃。

根据黄河堤防和长江荆江大堤修建减压井的运用经验和室内试验研究,减压井在运用中普遍存在化学淤堵、减压排水失效或效率衰减以及难以维护等缺陷,尤其对我国北方像黄河这样枯水期很长的河流,堤防偎水时间短,堤身难以形成浸润线,修建减压井实用价值低,且维护费用较高。因此,堤防管理单位现已不采用。

3. 抽水洇堤

抽水洇堤是一种传统的查找隐患和加固堤防的方法。20 世纪 70 年代以前黄河下游多有应用,其主要作用是通过对堤身土壤洇水饱和、渗压、排水固结过程,使土粒结构重新结合,增加土体密度,提高堤身干容重。实践证明,抽水洇堤对堤身内存在的松土层、施工接头及洞穴隐患的加固有一定成效。经现场测试,对砂性土堤,洇水后堤身内土的干容重可提高 5%~10%;对黏性土,由于洇水崩解和排水固结缓慢,加密效果甚微。

4. 灌浆加固

自 20 世纪 50 年代的人工锥探查找隐患并进行开挖回填,到 60 年代发展为机械锥探、自流充填灌浆;70 年代以来,随着先进的锥探机械和压力灌浆机组合运用(见图 8-2),压力灌浆处理堤身隐患技术在深度和广度上有了飞跃发展,大大提高了劳动生产效率和加固效果。

图 8-2　堤防锥探灌浆

在压力灌浆过程中,经多次开挖检验,结果表明:①所有裂缝(包括小至 1 mm 宽的缝)都被泥浆充填密实,所有贯通缝 40 m 长度可一次灌实;②对各种洞穴、小碎石层、树根洞均可灌实;③对散抛石基础或土石结合部空隙均能灌实;④经取样试验,灌进土体与周围结合密实,且干容重达 1.5 t/m^3;⑤松土层、沙土层不易灌实,钻孔未穿过的洞穴灌不进泥浆。由于灌浆效果较好,故自 1970 年以后,不再进行人工开挖,全部采用压力灌浆加固。此项技术在黄河运用广泛,如黄河下游自 1950 年到 1995 年共完成锥探灌浆约 1 亿眼,部分堤防已普遍锥灌 2~3 遍,灌入土方近 200 万 m^3,处理隐患约 40 万处,也在长江、淮河、汉江等流域推广,还在援外土质堤坝工程加固中运用,都取得了良好效果。

5. 放淤固堤

放淤固堤是利用黄河下游水流含沙量大的特点,将浑水或人工制造的泥浆抽引至沿堤洼地或人工围堤内,降低流速,沉沙落淤,加固堤防的一种措施。20 世纪 50 年代末期开始起步,之后发展迅速,先后采用了自流、扬水站、吸泥船放淤、泥浆泵放淤固堤等方式,技术和设备的不断改进,大大提高了生产效率,已成为黄河堤防加固的主要措施,并取得了显著成效。

黄河难治在于泥沙,把有害的泥沙用于加固堤防是治黄的一项创举。通过放淤固堤,抬高了背河地面,减小了临背悬差,消除了历史决口老口门、潭坑和多处堤防险点险段,显著地提高了堤段的抗洪能力。其主要作用为:①改善堤防的防洪环境。放淤固堤淤填了黄河下游背河历史上决口造成的口门和潭坑,起到了填塘固基的作用;淤填了常年积水的背河洼地，缩小了临背悬差，背河地面普遍淤高了 1 m 以上；疏浚了河槽，引出了泥沙，起到了减缓河床淤积的作用。②增大了堤防断面。淤背体使堤身断面宽增加了 80~100 m，淤背部分的土质渗透性较强，淤背固堤符合背河导渗的要求。大堤断面加宽，使堤身、堤基内部隐患可能发生的险情得到有效遏制，大堤淤宽大大增加了防洪的安全度。③提高了堤防抗震能力。试验和计算表明，在地震情况下，堤身和基础将会部分失稳滑动，通过淤背加宽堤身 80~100 m，即使地震作用下发生下滑，淤背区还有相当大的宽度可以抵御洪水，并能争取抢护时间，保证大堤安全。④减少了资源消耗。放淤固堤比人工修堤，可节省劳力、节约投资、少挖耕地。⑤有利于改善堤防工程环境。放淤固堤为植树造林、绿化堤防、改善堤防工程环境奠定了基础。自 20 世纪 50 年代开始放淤固堤以来，累计完成土方超 5 亿 m^3，加固堤防超 1 300 km，大大提高了堤防抗洪能力。

6. 截渗墙加固

黄河堤防战线长，制约因素多，施工条件复杂，一些近村堤段不适宜采用放淤固堤方法，故选用截渗技术进行加固处理。

按截渗材料的不同，截渗技术可分为土工膜截渗、混凝土截渗墙、水泥土截渗墙和黏土斜墙截渗。

1) 土工膜加固

采用土工膜加固大堤，就是在堤身或堤基修建以土工膜为主体的防渗体。按其铺设方向的不同，分为斜铺防渗、垂直防渗和水平防渗；按其位置的不同，分为堤身防渗和堤基防渗。

20 世纪 90 年代，随着土工合成材料的发展，采用土工膜作为防渗材料在黄河堤防加固中开始应用。河南武陟沁河新右堤、新左堤是沁河杨庄改道工程项目，在经历了“82 · 8”超标准洪水以后，由于堤身黏性土含水量过大，土体固结后产生大量干缩裂缝，分别于 1995 年、1997 年采用复合土工膜进行加固处理。武陟新右堤采用斜铺和垂直铺设土工膜截渗，新左堤采用斜铺和水平铺设土工膜截渗；山东济南黄河大堤秦家道口堤段，在历次洪水偎堤时，均出现不同程度的渗水，属黄委在册险点，于 1997 年采用土工膜堤基垂直截渗和复合土工膜堤身斜铺截渗进行加固。

应用土工膜防渗技术加固堤防具有以下优点：投资少；工期短、用工少，减少挖占耕地；施工技术简单，操作简便；料源充足，运输量少，尤其适应购地、挖地取土困难的堤段。

2) 混凝土截渗墙加固

自 20 世纪 60 年代开始，黄河下游在截渗墙施工方法、机具创新以及材料的使用方面进行了大量的研究，并取得了可喜的成绩，并于 2004 年开始实施了大规模的堤防基础截渗墙加固。

截渗墙位置：一般截渗墙布置在堤顶，嵌入到堤基相对不透水层，截断堤防所有贯通裂缝、洞穴及堤基的透水层，防止动植物对大堤的穿透破坏；对深层透水地基，考虑到机具、施工等方面的因素，可将截渗墙设置在临河堤脚，上接土工布防渗护坡。

截渗墙厚度：截渗墙体设计厚度主要是考虑抗渗能力的要求。截渗墙的抗渗能力不是由它的厚度而是由它的均匀性所决定的，即墙体的薄弱点如蜂窝、接头的有无、多少及程度大小是影响墙体抗渗能力的主要因素；当墙厚为 0. 22 m 时，经渗透计算，满足渗流稳定要求;在机具方面,射水法造墙设备的设计厚度为 0.22 m、0.35 m,锯槽法造墙设备的设计厚度为 0.2~0.6 m。

截渗墙深度:截渗墙一般应嵌入到隔水层或相对不透水层中;对于双层结构地基,若下卧土层的渗透系数比上覆土层的渗透系数小 100 倍以上时,将下卧土层视为相对不透水层;若地基的表层渗透系数比堤身的渗透系数大 100 倍以上时,则视堤身为不透水层。黄河大堤地基大多数为双层结构或多层结构,粉细砂层中有一天然隔水层,截渗墙一般应嵌入到此隔水层中 1 m;对于老口门处,由于隔水层被局部冲毁,使得老口门秸料层与粉细砂层贯通,变成了单一结构,强透水层局部增厚,处理这些堤段时,截渗墙应嵌入到深层(粉细砂层)之下的粉质黏土层和壤土层中 1 m,以保证截渗效果。

设计指标:混凝土截渗墙防渗标号可按 S6 考虑,墙体混凝土强度 10 MPa,墙体倾斜度小于 1/300,截渗墙墙体厚度 0.22 m,墙底高程根据地质情况嵌入到相对不透水层中 1 m,墙顶高程超设防水位 1 m。

黄河上多采用河南黄河河务局研制的 YK90 液压开槽机连续槽法建造混凝土截渗墙(或垂直铺塑)、福建省水利科学研究所研制的射水法建造混凝土截渗墙和淮河水利委员会设计研究院开发的多头小直径搅拌桩截渗墙。

采用截渗墙加固堤防,可有效阻断堤身的横向裂缝、洞穴,也能阻止树根横穿堤身,减免害堤动物破坏,防止新的隐患产生;与增大堤防断面的放淤固堤相比,技术先进,能有效地消除堤防隐患,减免征地赔偿,工程维护管理费用也较低。

第三节　维修养护招标采购

一、维修养护市场化

按照国务院办公厅《水利工程管理体制改革实施意见》(国办发〔2002〕45 号)提出的“力争在 3~5 年内初步建立符合我国国情、水情和社会主义市场经济要求的水利工程管理体制和运行机制,建立市场化、专业化和社会化的水利工程维修养护体系”要求,黄委于 2006 年完成所属 76 个水管单位的水管体制改革,实现了机构、人员、资产的分离。

鉴于黄委所属水管单位分离的养护企业人员多、改革政策不配套、分流人员年龄偏大,且没有为养护企业配备必要的维修养护作业设备和办公用房等原因,应该讲黄委水管体制改革没有完全到位,改革只是取得了阶段性成果。

为保证转入养护企业 3 000 多员工的生存和发展,黄委工程维修养护的相关制度设计,要求养护企业下属分公司人员接受水管单位领导,与水管单位一线观测人员同等管理,制定了《黄河水利工程运行观测与维修养护人员岗位责任制实施办法(试行)》,要求水管单位对运行观测和养护人员实行岗位责任制,落实日常运行观测及养护人员的堤防分段责任制、班坝责任制、水闸岗位责任制,并建立绩效考核制度。各水管单位和维修养护公司应将每个人员的工作岗位、职责、内容、考核标准等以表格的形式进行分解,印发每个责任人,并在管护基地内将岗位职责上墙公示;水闸工程以水闸为单元,在水闸管理区内醒目位置设立工程管理责任牌(以下简称“责任牌”)。责任牌应注明:县级河务局(水管单位)局长、分管局长、养护公司经理、分公司经理姓名,运行观测、维修养护责任人姓名,相应堤防工程责任段桩号、河道整治工程责任坝号、水闸工程责任部位或设施设备名称等。

各水管单位、养护公司为加强对运行观测与维修养护人员的岗位职责履行情况考核,将每人每月的绩效考核与工资挂钩;市级河务局的半年检查,将所属水管单位与养护公司人员岗位职责履行状况、管理绩效、考核激励机制等纳入目标任务进行考核;省级河务局建立抽查、年度检查通报制度,将工程运行观测与维修养护人员岗位责任制、考核激励机制的执行情况纳入年度工程管理检查考核;黄委实行工程管理检查、抽查通报制度,将检查结果纳入工程管理检查考核。

为最大限度地实现工程维修养护业务由所属养护企业承担,黄委制定了《黄河水利工程维修养护项目外包管理办法(试行)》,明确黄河水利工程维修养护项目原则上应由市级河务局所属维修养护企业承担,确因缺乏工程设备、技术手段或工期制约无法承担的项目可进行工程外包;采用新技术、新方法、新工艺的工程项目,水管单位可以根据工程管理需要在合同文件中明确允许进行工程外包的项目及要求;工程外包应根据项目大小分别由省局、市局、水管单位书面确认,并按照要求格式履行申报程序,其中 50 万元以上(含 50 万元)项目由省级河务局确认,20 万元(含 20 万元)至 50 万元项目由市级河务局确认,20 万元以下项目由水管单位确认。

鉴于工程维修养护业务原则由黄委所属养护公司承担,由水管单位与养护公司签订委托合同,必然导致水管单位、养护企业之间“人混着用、钱混着花、活混着干”,养护企业在事权、财权上受制于水管单位,成为水管单位事实上的附属或“下属单位”;多数水管单位运行管理经费存在较大缺口,往往通过房屋租赁、观测人员投劳等方式截留养护企业合法收益,造成“管”“养”双方事企不分、职责不清、机制不活、经费使用不规范等较严重问题,与社会主义市场经济发展要求不相适应,严重制约了黄河工程维修养护市场的健康发展。

二、政府购买服务

为加快推进政府购买服务改革,财政部依据《中华人民共和国预算法》、《中华人民共和国政府采购法》、《中共中央关于全面深化改革若干重大问题的决定》、《国务院办公厅关于政府向社会力量购买服务的指导意见》(国办发〔2013〕96 号)等有关要求和规定,制定了《政府购买服务管理办法(暂行)》(财综〔2014〕96 号),其核心是通过政府购买服务,发挥市场机制作用,把政府直接提供的一部分公共服务事项以及政府履职所需服务事项,按照一定的方式和程序,交由具备条件的社会力量和事业单位承担,并由政府根据合同约定向其支付费用。明确政府购买服务范围应当根据政府职能性质确定,并与经济社会发展水平相适应,属于事务性管理服务的,应当引入竞争机制,通过政府购买服务方式提供,并遵循以下基本原则:

一是积极稳妥,有序实施。从实际出发,准确把握社会公共服务需求,充分发挥政府主导作用,探索多种有效方式,加大社会组织承接政府购买服务支持力度,增强社会组织平等参与承接政府购买公共服务的能力,有序引导社会力量参与服务供给,形成改善公共服务的合力。

二是科学安排,注重实效。突出公共性和公益性,重点考虑、优先安排与改善民生密切相关、有利于转变政府职能的领域和项目,明确权利义务,切实提高财政资金的使用效率。

三是公开择优,以事定费。按照公开、公平、公正原则,坚持费随事转,通过公平竞争、择优选择方式确定政府购买服务的承接主体,建立优胜劣汰的动态调整机制。

四是改革创新,完善机制。坚持与事业单位改革、社会组织改革相衔接,推进政事分开、政社分开,放宽市场准入,凡是社会能办好的,都交给社会力量承担,不断完善体制机制。

为深化水利工程管理体制改革,规范中央直管水利工程维修养护市场行为,研究建立市场化、专业化和社会化的水利工程维修养护体系,全面提升水管单位管理水平和管理能力,2014 年水利部印发了关于深化水利改革的指导意见,对进一步深化水管体制改革提出总体目标、做出工作部署、明确具体要求。黄委在巩固和扩大已取得的水管体制改革成果基础上,正确处理改革、发展与稳定的关系,充分考虑黄河水利工程点多、线长、面广,中、常洪水险情的突发性、经常性特点,经研究采取试点先行、逐步推开的方式,借鉴沿海发达省区的经验做法,积极探索直管水利工程维修养护市场化管理模式,逐步推行维修养护政府购买服务,推动黄河工程维修养护专业化、市场化和社会化。

(一)理清管养双方职责

(1)水管单位作为黄委基层水利管理的责任主体,加快职能转变,建立"事权清晰,权责一致,规范高效,监管到位"的管理体制,强化水利工程、防汛抗旱、水行政、水资源等方面的管理。履行维修养护项目法人职责,按照国家和行业技术标准、招标投标和合同文件等对维修养护项目实施过程检查和考核验收,实现对所辖水利工程的有效管理。

(2)维修养护公司进一步完善企业法人治理结构,建立产权明晰、权责明确、政企分开、管理科学的现代企业管理制度,构建走向社会、自主经营、自负盈亏的新型企业,通过政府采购的方式,水管单位与维修养护企业形成真正的"甲乙方"关系。

(3)上级主管部门要切实履行监管职责,负责制定相关配套政策、制度,及时进行工程运行管理业务指导,加强维修养护实施过程监督检查,确保工程管理责任和日常管理制度落到实处;强化维修养护经费使用监管,确保维修养护经费使用合理规范。

(二)研究养护企业发展策略

总结水管体制改革以来的实践成果,厘清养护企业的人员情况、财务资产、经营状况等,分析存在的问题,重点分析机构设置、人员配备是否合理,职责任务是否清晰,资产资源是否充分利用,现有的制度办法是否符合市场经济发展要求等;针对存在的问题,探索解决办法,编制科学可行的改革实施方案,提出黄委所属养护企业的发展策略。

(1)建立市场化、专业化和社会化的水利工程维修养护体系是社会主义市场经济发展的必然要求,是进一步深化工程维修养护改革的重大举措,应深刻分析当前水利工程维修养护政府采购市场形势,理清工作思路,明确养护企业发展定位。在此基础上,筛选考量选定水管单位作为 2018 年政府采购改革试点;同时,按照"试点先行、逐步推进"的原则,明确工作目标,争取用 3 年时间,实现全局水利工程维修养护市场化。

(2)维修养护项目政府采购必须符合有关法律法规,招标公告要发布媒体并满足政府采购的有关规定。

(3)水管单位是政府采购招标主体;市级河务局履行政府监督职责;省级河务局应制定工程维修养护项目采购相关制度、办法,按照政府采购相关规定,制定评标办法、投标人资格条件、招标范围及相关要求等。

(4)政府采购招标范围:纳入中央预算的水利工程维修养护经费支出项目,其中石料采购可与维修养护项目一并招标,或者单独集中招标采购由省级河务局研究确定;设计、监理等单位选择同样应招标采购,试点期间作为过渡期可按照现行办法实施。

(5)政府采购招标项目期限原则上宜一期 1 年,也可每次采购服务期 2 年,在签订服务合同时可设置续签条件,以激励中标单位按照黄河工程管理考核标准高质量地完成维修养护业务。

(6)政府采购交易场所应尽可能选择县级、市级政府采购招标公共平台,招标代理机构由省级河务局统一确定。

(7)评标办法原则应采用综合评标法,评分条款设置要充分考虑在黄河工程维修养护作业特点,合同约定中标企业所应担负的汛期查险、报险、抢险等防汛抢险责任与业务技能,以确保黄河水利工程的安全运用。

(8)投标人资格,工程维修养护类项目原则上应择优选定具有黄河防汛查险、报险及抢险经验的企业;堤防隐患探测、根石探测及生物工程防护防治项目,原则上应选择具有相应资质的企业承担。

(三)黄委全面实行政府采购

1. 实施原则

(1)坚持深化改革,面向市场,以适应社会主义市场经济为导向,建立市场化、专业化和社会化的水利工程维修养护体系。

(2)坚持权责匹配,激发活力。明晰水管单位责任和权利,建立有效的激励、约束和监督机制,加强维修养护项目招标监督管理,规范养护市场秩序。

(3)坚持稳妥推进,维持开展稳定。按照积极稳妥的方针和先试点、后推开的原则,在积累试点经验的基础上,逐步推开。

2. 具体实施意见

1)招标方式

按照《中华人民共和国政府采购法》《中国人民共和国招标投标法》《水利工程建设项目招标投标管理规定》,维修养护项目金额大于 200 万元的,进行公开招标;小于 200 万元的,进行邀请招标。

2)标段划分

每个水管单位所属工程的维修养护项目为一个标段。

3)招标范围

招标项目为《水利工程维修养护定额标准(试点)》中的所有维修类和养护项目。维修类项目包括汛前或汛后工程整修、石料采购、堤防隐患探测、根石探测、硬化堤顶道路维修等项目;养护项目包括除维修类项目之外的日常观测、保养和管护内容。

水利工程维修养护项目勘测设计和养护监理暂不招标,由水管单位按现行模式选择合作队伍。

3 投标人资格要求

按照财政部《政府购买服务管理办法》，投标人应具备如下条件：

（1）依法设立，具有独立承担民事责任的能力。

（2）治理结构健全，内部管理和监督制度完善。

（3）具有独立、健全的财务管理、会计核算和资产管理制度。

（4）具备提供服务所必需的设施、人员和专业技术能力。

（5）具有依法缴纳税收和社会保障资金的良好记录。

（6）前三年内无重大违法记录，通过年检或按要求履行年度报告公示义务，信用状况良好，未被列入经营异常名录或者严重违法企业名单。

（7）符合国家有关政事分开、政社分开、政企分开的要求。

（8）法律、法规规定以及购买服务项目要求的其他条件。

鉴于黄河水利工程的重要性和维修养护的作业特点，黄委同时要求投标人具备以下条件：

（1）具备有效的安全生产许可证。

（2）具备水利水电工程施工总承包二级及以上资质，投标承包并在近 5 年承担的堤防工程、河道整治工程施工项目，合同额累计不少于人民币 4 000 万元。

（3）具有水利工程维修养护 10 年以上经历，近 5 年承担的堤防工程、河道整治工程维修养护项目，合同额累计不少于人民币 1.0 亿元。

（4）拟派项目经理具备水利水电工程专业二级及以上注册建造师资格，取得水利部颁发的建筑施工企业项目负责人安全生产考核合格证书。

（5）拟派项目技术负责人具备工程系列及相关专业中级以上技术职称。

（6）投标人、投标人法定代表人、拟派项目经理和委托代理人一年内未发现行贿犯罪记录。

（7）法定代表人为同一人或存在控股关系的不同单位，不得参加同一标段投标。

（8）接受联合体投标。

联合体投标，应满足联合体各方应具有独立法人资格；组成联合体的单位不得超过 2 个，须提供有效的联合体协议书，以一个投标人的身份共同投标。

4. 合同有效期

试点阶段合同有效期为 1 年。

5. 招标评标

（1）招标单位：水管单位。

（2）主管单位和行政监督单位：市级河务局。

（3）招标代理机构：根据《中华人民共和国政府采购法》和《中华人民共和国招标投标法》，招标人有权自行选择招标代理机构。

（4）招标平台：维修养护项目招标应进入当地市县级公共资源交易管理中心进行交易。

（5）维修养护项目招标的评标方法：应符合国家、水利部以及当地人民政府的有关规定。

6. 合同签订与履约验收

按照《政府购买服务管理办法》，水管单位按规定程序确定投标人后，应当及时与投标人签订合同，并可根据服务项目的需求特点，采取购买、委托、租赁、特许经营、战略合作等形式。

合同应当明确购买服务的内容、期限、数量、质量、价格等要求，以及资金结算方式、双方的权利义务事项和违约责任等内容。

投标人应当按合同履行提供服务的义务，认真组织实施服务项目，按时完成服务项目任务，保证服务数量、质量和效果，主动接受有关部门、服务对象及社会监督，严禁转包行为。

投标人完成合同约定的服务事项后，水管单位应当及时组织对履约情况进行检查验收，并依据现行财政财务管理制度加强管理。

第四节　工程维修养护质量标准

按照水利管理行业要求，依据水利部《堤防工程维修养护规程》《土石坝养护修理规程》《混凝土坝养护修理规程》和黄委《黄河下游标准化堤防规划设计与管理标准》等规程、标准，黄委 2005 年研究制定了黄河水利工程维修养护质量标准，2014 年经修订完善，形成了《黄河水利工程维修养护技术质量标准》《黄委水利枢纽工程维修养护技术质量标准》，针对黄河干支流堤防、水闸、水库大坝及河道整治工程的不同特点，明确了各类型工程的各个部位、各类设备养护修理具体、可操作的质量指标；花果山水库为小型均质土坝，工程养护修理参照黄河堤防工程维修养护质量标准，执行《土石坝养护修理规程》（SL 210—2015）。

一、堤防工程

（一）明确范围与管护内容

为保证堤防工程安全运用，依据《堤防工程设计规定》及有关法规，工程设计、建设及验收时应依法划定并落实工程管理范围与安全保护范围。堤防工程管理范围应包括工程及设施的占压土地与管护用地；堤防安全保护范围是指与堤防管护用地边界相连的区域，在工程建成时应依法划定。

堤防工程维护范围为自临河护堤地（含防浪林）外边线至背河护堤地外边线；防汛道路维修养护范围为自一侧护路地外边线至另一侧护路地外边线；管护范围则包括堤防工程安全保护区域。

堤防工程维护内容包括堤顶、前戗、后戗、淤背区、淤临区、堤坡（淤区边坡）、护堤地、辅道等。

（二）一般要求

堤防工程维护的技术指标是应达到设计或竣工验收时的标准。

工程管理范围内禁止取土、爆破、打井、钻探、挖沟、挖塘、建窑、建房、葬坟、违章垦殖、堆放杂物、破堤开道、打场晒粮、摆摊设点、违规设置广告牌等现象，无害堤动物较严重危害及其他危害堤防安全的活动。

图 8-3　黄河堤防工程鸟瞰

(三)质量标准

1. 堤顶

堤顶高程、宽度应保持竣工验收标准,堤顶高程误差为 0~5 cm,堤顶宽度误差为 0~10 cm。

1)未硬化堤顶道路

未硬化堤顶道路应达到如下要求:

(1)堤顶道路保持平顺、平整、饱满。

(2)沿堤轴线方向每 10 m 长度范围内高差不大于 5 cm,横向坡度保持在 2%~3%;采用小粒径(不大于 2 cm)碎石铺设路面。

(3)堤顶无车槽,凸凹起伏不大于 5 cm,降雨后无积水。

2)硬化堤顶道路

硬化堤顶道路应达到如下要求:

(1)硬化路面中间为黄色虚线,两侧沿路缘石为白色实线,标志线顺直、线宽一致。

(2)道路运行期在 6 年以内的,应保持路面无坑槽、裂缝、起伏、翻浆、脱皮、泛油、龟裂、啃边等现象;运行期超过 6 年的,对出现的坑槽及时进行修补,局部破损面积不大于 0.5 cm^2,并保持道路畅通,满足抢险需要。

(3)硬化路面两侧路缘石完整无损;设置防护墩的应保持齐全完整,反光涂饰明亮清晰。

限宽墩应达到坚固完整,标识清晰,涂层无脱落。

3)堤顶排水设施

堤顶排水设施应达到如下要求:

(1)堤顶设有纵向排水沟的,路缘石与排水沟之间需硬化或植草防护。排水沟保持完好,无损坏、无孔洞,沟身无垫陷、断裂,接头无漏水、阻塞,出口无冲坑悬空,沟内无淤泥、杂物。

(2)堤顶无纵向排水沟的,路缘石以外应硬化或植草防护 。

2. 堤肩

(1)堤肩修筑边埂的,边埂内边坡1:1,外边坡1:3,顶面10 m长度范围内高差不大于5 cm。

(2)堤肩没有修筑边埂的,应植草防护。

(3)堤肩线线直弧圆,平顺规整,无明显凸凹,长度5 m范围内凸凹不大于5 cm。

(4)堤顶硬化路面路沿石两侧应硬化或植草防护。

3. 堤坡

(1)坡面平顺,沿断面10 m范围内凸凹小于5 cm。

(2)排水沟应达到排水顺畅,沟身无损坏、孔洞、垫陷、断裂,接头无漏水、阻塞,沟内无淤泥、杂物。

(3)堤脚处地面平坦,10 m长度范围内凸凹不大于10 cm,堤脚线线直弧圆,平顺规整,明显、清晰。

4. 前(后)戗高度、顶宽、坡度保持竣工验收标准

(1)顶面平整,10 m长度范围内高差不大于5 cm。

(2)前(后)戗外沿设边埂,顶宽0.3~0.5 m、高0.3 m,内边坡1:1,外边坡1:3。

(3)每隔100 m设一条隔堤,顶宽0.3 m、高0.3 m,边坡1:1。

5. 淤背(临)区

(1)淤背(临)区围堤标准为顶宽2 m,高0.5 m,外坡1:3,内坡1:1.5,应做到顶面平整,10 m长度范围内高差不大于10 cm ,植草防护。

(2)每100 m设一条横向隔堤,顶宽1.0 m,高出淤区顶面0.5 m,边坡1:1;相邻两隔堤顶部高差不大于30 cm,应做到顶面平整,10 m长度范围内高差不大于10 cm,植草防护。

(3)淤区顶部设置纵向排水沟,同堤坡横向排水沟连接,淤区排水系统完整,沟身无损坏、无孔洞、无垫陷断裂,接头无漏水、阻塞,沟内无淤泥、杂物。

(4)淤区边坡应保持竣工验收时坡度,坡面平顺,沿断面10 m范围内凸凹不大于20 cm;淤区边坡堤脚线清晰,坡面无残缺、水沟浪窝、陡坎、洞穴、陷坑。

6. 备防石

存放要考虑工程管理和防汛抢险需要,尺寸及标志符合有关规定,做到整齐美观,顶面平整,侧面凸凹不超过5 cm;石垛无缺石、坍塌、倒垛、杂草等。

7. 护堤地

临背河护堤地外边界修筑纵向边埂或开挖边界沟,并埋设边界桩;护堤地应根据地形变化修筑横向隔堤,区块范围内地面平整,高差不大于20 cm。

8. 上堤辅道

(1)上堤辅道与堤坡交线顺直、整齐、分明。

(2)上堤辅道应保持完整、平顺,无沟坎、凹陷、残缺,无蚕食堤身、淤区现象。

(3)上堤辅道两侧无高秆杂草,无垃圾、杂物。

二、河道整治工程

（一）范围与内容

险工坝岸维护范围为每道坝岸沿坝轴线方向自护坝地外边线（靠河险工为水边线）至坝堤结合部；每处工程沿堤轴线方向自上游护坝地外边线至下游护坝地外边线。

控导、护岸、防护坝工程维护范围为每道坝岸沿坝轴线方向自临河护坝地外边线（靠河工程为水边线）至背河护坝地外边线，每处工程沿联坝轴线方向自上游护坝地外边线至下游护坝地外边线。

河道整治工程维护内容包括坝（垛、护岸）顶、护坡、根石、备防石、联坝等。

（二）质量标准

1. 坝顶

顶面平整、碾压密实，每 10 m 长度范围内凸凹不超过 5 cm；坝面无凸凹、陷坑、洞穴、水沟浪窝、乱石、杂物及杂草。

2. 沿子石

无凸凹、墩垫、塌陷、空洞、残缺、活石；沿子石与土坝基结合部无集中渗流。

3. 坦石护坡

（1）干砌（浆）砌结构，坡面平顺，砌缝紧密，沿横断面范围内凸凹不超过 5 cm；已勾缝坝垛灰缝无脱落，坡面清洁无凸凹、松动、变形、塌陷、架空、浮石、树木及杂草。

（2）散抛石结构，坡面平顺，无塌陷、架空，无树木、杂草、杂物等。

（3）踏步无破损、勾缝脱落、凸凹、墩垫、塌陷、浮石。

（4）险工根石顶平坡顺，沿围长方向 10 m 范围内高差不大于 5 cm，无浮石、凸凹、松动、变形、塌陷、架空、树草。

（5）排水沟保持完好，沟身无损坏、无孔洞、无垫陷断裂，接头无漏水、阻塞，出口无冲坑悬空，沟内无淤泥、杂物。

4. 联坝

（1）控导（护滩、护岸）工程联坝坝面整齐、平顺，中间高、两侧低，横向坡度 2%～3%，采用碎石进行砾化。无残缺、冲沟、陷坑、狼窝、破坝修路、开沟引水、铺设管道等。

（2）联坝顶采用集中排水的，控导工程联坝两侧设置边埂顶平坡顺、碾压密实，外沿轮廓线平顺，每 10 m 长度范围内凸凹不超过 5 cm；联坝采用分散排水的坝肩应植草防护。

（3）联坝坡坡面平顺，植草防护，沿横断面方向凸凹不超过 5 cm，坡面无水沟、浪窝、洞穴、陷坑、杂物；排水沟无损坏、塌陷、架空、淤土、杂物；联坝坡坡脚线平顺。

5. 护坝地

边界清晰，修筑边埂或开挖边界沟，并埋设边界桩。地面平整，10 m 长度内凸凹不大于 20 cm。

6. 备防石

存放要求与堤防相同。

7. 上坝路

路面平整，坡面平顺，无水沟浪窝，路肩行道林无缺损；上坝路两侧应达到无高秆杂草，无垃圾、杂物。

三、水闸工程

（一）范围与内容

黄委管辖的水闸分引黄闸、分泄洪闸和排涝闸三类，且多数为涵洞式水闸。工程维护范围为上游防冲槽前沿至下游防冲槽后 100 m，沿堤防两侧为水管单位划定的界线。

水闸工程维护内容包括土工建筑物、石工建筑物、混凝土建筑物（含钢丝网水泥板）、水下工程、闸门、启闭设备、机电设备及防雷设施、安全防护设施等。

（二）质量标准

1. 基础处理及铺盖

（1）闸基础防渗设施完好，无破坏性渗漏。

（2）混凝土铺盖无破损、侵蚀、露筋、钢筋腐蚀和冻融损坏等；浆砌石铺盖无松动、破损、勾缝脱落和冻融损坏等；黏土铺盖无不均匀沉陷、冲蚀等。

2. 闸室

（1）闸墩、胸墙、闸底板、涵洞等混凝土结构完整，无渗漏、腐蚀、剥落、冻融破坏、露筋、钢筋锈蚀及超过规定的裂缝、碳化等现象；浆砌石牢固平顺，整洁美观，无松动、勾缝脱落、破损、塌陷、隆起、底部淘空和垫层流失；表面无杂草、杂物等。

（2）工作桥、检修便桥、交通桥混凝土构件无破损、断裂、露筋、钢筋腐蚀及超过规定的裂缝、碳化等现象；桥面整洁、平整。

（3）闸墩、底板、涵洞永久缝完好，无错动及渗漏，止水无损坏、充填物无老化脱落现象；沥青井经常保养，并按规定加热、补灌沥青。

3. 消能防冲工程

（1）消能防冲工程混凝土无破损、空蚀、侵蚀、露筋、钢筋腐蚀和冻融损坏等，浆砌石无变形、松动、破损、勾缝脱落等。

（2）排水孔无淤塞，井口完好、排水通畅。

4. 两岸连接工程

（1）岸墙及上、下游翼墙混凝土无破损、渗漏、侵蚀、露筋、钢筋腐蚀和冻融损坏等；浆砌石无变形、松动、破损、勾缝脱落等；干砌石工程保持砌体完好、砌缝紧密，无松动、塌陷、隆起、底部淘空和垫层流失。

（2）上、下游翼墙与边墩间的永久缝及止水完好、无渗漏；沥青井及时保养，并按规定加热、补灌沥青；上游翼墙与铺盖之间的止水完好；下游翼墙排水管无淤塞，排水通畅。

（3）上、下游岸坡及围堰符合设计要求，顶平坡顺，无冲沟、坍塌；上、下游堤岸排水设施完好；硬化路面无破损。

（4）上、下游衬砌渠道的护底和护坡平顺，砌块完整、砌缝紧密，无勾缝脱落、松动、塌陷、隆起、淘空及垫层流失。

（5）两侧渠堤应达到顶面平整、坡面平顺、堤肩线顺直，无塌陷、裂缝、水沟浪窝。

5. 闸门

(1)闸门清洁,无水生物、杂草和污物附着。

(2)闸门面板及主要构件无明显的局部变形、裂纹或断裂,防腐涂膜无破损、裂纹、生锈、鼓包、脱落等现象。

(3)闸门紧固部件无松动和损坏;运转部位润滑完好、油路通畅、油量适中、油质合格。

(4)闸门滑块或主轮无破损、裂纹、老化;闸门运行时无偏斜、卡阻现象,部分开启时振动无异常 。

(5)牺牲阳极与闸门的固定及短路连接保持良好,牺牲阳极工作面清洁,无油漆、油污。

(6)闸门止水完好,无破损、老化,设计水头下每米长度渗漏量不大于 0.2 L/ s,止水橡皮适时调整,门后无水流散射现象。

(7)闸门埋件防腐涂层无脱落,埋件的二期混凝土无破损。

6. 启闭机

(1)启闭机金属结构表面卫生清洁,无铁锈、氧化皮、焊渣、油污、灰尘、锈迹及掉漆。

(2)启闭机的联接件保持紧固,无松动现象,维修采用的螺栓、螺母等紧固件符合有关规定。

(3)启闭机各传动部位润滑良好,黄油杯注满,定期加油;齿轮箱加注符合规范的齿轮油,并保持在油尺标线位置。

(4)启闭机制动装置整洁、无污物,工作灵活、可靠,刹紧时无滑动、冒烟、噪声等现象,制动带与制动轮接触面积不小于总面积的 75%。

(5)卷扬启闭机限位装置运行可靠,动作准确;螺杆式启闭机行程开关动作灵敏,高度指示器指示准确,电气设备无异常发热现象。

(6)启闭机齿轮箱各轴头、检查孔等无漏油、渗油现象。

(7)启闭机各轴系、各箱体等的定位、同轴度、同心度等保持在规定范围内。

(8)启闭机运行时各机械部件均无冲击声和其他杂音。

(9)启闭机金属结构有良好的接地,其接地电阻不大于 4 Ω。

(10)电动机工作时无异常响声,三相电流不平衡率在±10%以内,电动机绝缘电阻大于 0.5 MΩ。

(11)启闭机钢丝绳经常涂抹防水油脂,定期清洗保养(见图 8-4),无油污、锈蚀、断丝、硬弯 、松股、缠绕等缺陷,钢丝绳端部固定连接符合规定。

(12)启闭机滑动轴承的轴瓦、轴颈无划痕或拉毛,轴与轴瓦配合间隙符合规定;滚动轴承的滚子及其配件无损伤、变形或严重磨损,各滑轮组转动灵活,轴承工作时无噪声、发热,轴承室注入占其 80%容量的钙基油脂,滑轮磨损量不超过有关标准。

(13)启闭机各指示仪表定期检验,指示准确。

7. 电动机

电动机保持清洁,运转灵活,润滑良好,无尘土、污渍;外壳保持无尘、无污、无锈;接线盒有防潮设施,压线螺栓无松动;轴承润滑良好,无松动、磨损,轴承内的润滑脂保持填装

图 8-4　某水闸启闭机钢丝绳防尘装置

空腔内 1/2～1/3，油脂合格；绝缘电阻值应定期检测，无绝缘老化现象，小于 0.5 MΩ 时，应干燥处理。

8. 操作设备

(1) 开关箱应经常保持箱内整洁；设置在露天的开关箱应防雨、防潮。

(2) 各种开关、继电保护装置应保持干净，触点良好，接头牢固。

(3) 主令控制器及限位装置应保持定位准确可靠，触电无烧毛现象。

(4) 保险丝按规定规格使用，严禁用其他金属丝代替。

9. 输电线路

(1) 各种电力线路、电缆线路、照明线路无漏电、短路、断路、虚连等现象。

(2) 线路接头联结良好，铜、铝接头无锈蚀。

(3) 架空线路畅通，无树障。

(4) 一次回路、二次回路及导线间的绝缘电阻值不小于 0.5 MΩ。

(5) 变压器、指示仪表维护和检验符合供电部门的有关规定。

(6) 自备发电机按有关规定定期维护、检修。

四、混凝土大坝工程

(一) 范围与内容

黄委所属三门峡、故县水库均为混凝土大坝，工程维修养护为大坝工程管理范围内的枢纽工程主体、附属设施设备、道路桥梁等。

水库大坝工程维修养护内容包括主体工程、闸门、启闭机、机电设备、自动控制设备设施、附属设施的维修养护及坝前清污等。

(二)质量标准

1. 混凝土外观

保持清洁,无剥蚀、磨损、空蚀、凹坑,无积水、散落物及垃圾等。

2. 混凝土表面

无裂缝,出现裂缝应适时采用喷涂法、粘贴法、充填法、灌浆法等处理。

深层裂缝和贯穿裂缝,用水泥灌浆或化学灌浆后应进行钻孔取芯、压水或声波检测,以评价处理效果。每条至少有两个检查孔。

廊道裂缝处理后应保证工作缝止水正常、无渗漏现象。

3. 坝下防冲工程

坝下防冲工程包括消力池、防冲护坦、挑流鼻坎、导墙和防浪墙、护坡等,无剥蚀、磨蚀、裂缝等(见图8-5)。

图8-5　三门峡坝下抗冲磨加固(中间为本书主编)

砌石工程应达到砌石紧密,无松动、砂浆脱落、坡面塌陷、架空等现象;护坡表面整洁,无杂草、杂物等。

4. 金属件冲磨部位

金属件冲磨部位包括闸门槽、门楣、胸墙、底槛、轨道等。

(1)根据对闸门槽的检测结果,轨道磨损量超过4 mm,应更换轨道;磨损量小于4 mm可以通过调整闸门滑块高度来补救。

铸件加工面上气孔、砂眼等缺陷,单个面积在2 cm^2 内,深度不超过壁厚1/5,且缺陷总面积不超过加工面积的10%时,允许补焊,修补面应平整光滑;其余部位气孔、砂眼等缺陷,单个面积在5 cm^2 内,深度不超过壁厚的1/5,且缺陷总面积不超过15%时,允许补焊,修补面平整光滑;铸件上有裂缝及超过上述补焊范围缺陷时,应予更换。

(2)门楣气蚀补焊,修补面局部不平度应小于0.5 mm/m,全长范围内应不超过2 mm。

(3)胸墙锈蚀处理后,局部不平度应小于1 mm/m,全长范围内应不超过3 mm,胸墙表面及时涂刷环氧树脂,厚度不低于150 μm。

(4)底槛补焊处理后,表面不平度不得超过2 mm/m,全长范围内不得超过3 mm。

(5)主轨道工作面弯曲度全长范围内应小于 2 mm;主轨道、反轨道局部不平度应不超过 2 mm/m,全长范围内应不超过 4 mm。

5. 观测设施

观测设施包括边角网及视准线观测墩、引张线及垂线、水准点、测斜管、多点位移测孔、静力水准、渗流设施、表面安装仪器、观测电缆等。

(1)边角网及视准线观测墩基础牢固,无松动,表面无缺损;强制对中底盘保持水平;保护盖及螺栓无锈蚀,开启灵活;通视条件良好。

(2)引张线及垂线应达到如下要求:

①观测墩(支架)基础牢固、无松动,表面清洁、无锈蚀、无缺损。

②坐标仪、引张线基座保持水平,方向正确。

③引张线保护管之间、保护管与测点箱之间连接平顺且密封良好;保护管无弯曲、破损、锈蚀、错位等,保护管、竖井内无杂物。

④线体无弯(拆)痕迹、无卡阻,固定端无松动,与浮子、重锤连接牢固;线体活动范围满足仪器最大量程或测值最大变幅要求,复位差不超过 0. 15 mm。

⑤浮筒内浮液高度符合要求,无渗漏;浮船无卡阻、无沉底。

⑥引张线重锤无坠地,引张线读数尺分划线平行于线体。

⑦步进式仪器的滑杆、丝杆、光电探头表面洁净,无污物;光路上无遮挡物。

(3)水准点标点加盖保护,表面清洁,无锈蚀、无杂物;标点无变形,基底混凝土完整无缺损、无裂缝、无松动;标记清晰醒目,漆面无气泡、无起皮、无污物。

(4)测斜管孔口保护装置完好,表面清洁,无锈蚀,锁具开启灵活;导槽无偏扭、错位、锈蚀、穿孔等,测斜仪探头在导槽中能够自由滑动;测斜管孔内无杂物。

(5)多点位移测孔孔口保护装置完好,表面清洁,无锈蚀,锁具开启灵活;位移计与锚杆连接螺丝无松动、无脱节。

(6)静力水准观测墩与建筑物或被监测对象牢固结合,无松动;观测墩表面清洁、无缺损;钵体及管路内的液体清澈,无杂物、无气泡、无漏液;连通管、三通、钵体连接牢固,保温材料包裹严实;人工读数装置表面清洁,无污物。

(7)测压管管口和管口保护装置完好,无渗漏、锈蚀;冲洗后管内无杂物、无淤堵。

(8)排水孔(沟、井)内无杂物、无淤堵;护栏、排水泵、管道、阀门表面无锈蚀;盖板、护栏完好,强度满足防护要求。

(9)表面仪器的保护及固定装置完好,固定牢靠无松动;电缆外观及芯线接头完好,保证仪器读数准确。

(10)观测电缆。

①外观及标牌(签)完好,无老化、氧化、断裂、破损等。

②电缆外皮与芯线之间绝缘电阻应不小于 50 MΩ。

③三芯或四芯电缆每 100 m 单芯电阻应不超过 1. 5 Ω,每 100 m 电缆芯线之间的电阻差值应不大于单芯电阻的 10%,五芯电缆每 100 m 单芯电阻应不超过 3. 0 Ω。

④各芯线接头错开并保持长度、编号一致,无虚焊、毛刺、断丝等,无短路、断路,绝缘及密封良好。

(11)自动监测系统。

电源电压符合设计要求,新换电池质量合格;接地电阻一般不大于10 Ω(强雷击区不大于5 Ω),焊点圆滑,无虚焊、毛刺,外露焊点涂胶水防潮;有锈蚀、破损、渗漏时予以更换;接线端子螺丝及线头无松动、无短路;通信信号正常;系统软件及数据库运行正常,数据采集、计算、存储、输出正常。

(12)量水堰。

堰板直立且与水流方向垂直,矩形堰口水平,三角形堰口下游边缘交角45°;堰板无缺损、无变形、无松动;堰槽段两侧平行,无缺损、无渗漏、无溢流;堰槽内无杂物、无淤堵,水流畅通;水尺或水位计安装牢靠,位置合适,读数准确。

6. 闸门表面

(1)无水生生物、泥沙、污垢、杂物附着,保持闸门外观整洁。

(2)钢闸门门叶和梁系应无明显变形或锈损,门叶连接紧固件无松动,门体焊缝无开裂。

(3)钢闸门防腐层无锈斑、鼓包、龟裂和脱落掉漆等现象。发现局部破损时,应及时处理;当损坏涂层面积大于25%时,应重新防腐。

7. 定期检查

(1)闸门无漏水,止水装置固定螺栓无松动和脱落现象。

(2)当止水橡胶出现磨损、变形、老化且漏水量超过规定值时,应予更换。

(3)水封安装后平整度误差不大于2 mm;闸门处于关闭位置时无间隙;闸门在承受设计水头压力时,通过任意1 m止水范围内的漏水不超过0.1 L/s。

8. 行走支承装置

(1)每年汛前和汛后两次定期清理和注油,保证装置转动灵活,无卡滞和异常声响。

(2)行走支承装置无锈蚀、磨损、裂缝和变形。

(3)滚轮踏面磨损,致使尺寸、形状公差超过设计标准的1倍时,应进行修复;同侧滚轮中心线极限偏差不得大于2 mm。

(4)滑道工作面应光滑平整,无破损、脱落;滑道工作面应高于其挡块10 mm;滑道更换必须在同一平面内,相对误差应小于2 mm。

(5)吊耳及锁定装置应保持清洁。吊耳与闸门连接部位无松动,轴销每半年进行一次清洗和注油润滑;连接螺栓及螺孔腐蚀严重时,应进行更新。

(6)平板闸门充水阀阀口处应保持清洁;导向机构应灵活可靠,密封件与阀座应接触均匀,满足止水要求。

9. 启闭机机架

(1)不得有明显变形和损伤,结构件应连接牢固可靠,焊缝不得有裂纹。

(2)启闭机锈蚀面积大于20 cm^2应进行处理;锈蚀面积之和大于总面积的15%时,应对启闭机整体进行防腐处理。

(3)出现锈蚀深度达构件厚度15%的锈蚀坑,应进行补焊处理。

(4)防腐涂层应均匀一致,无漏涂、针孔、流挂、起皱、起泡和脱落现象。

10. 油泵

(1)转动灵活,无异音、过热、渗漏等异常现象。

（2）液压油加注时，应补入合格的同型号油品。

（3）油箱、贮油罐应保持清洁，无破损、无渗漏；油面加至规定的高度。

（4）管路无破损、锈蚀、裂纹、渗漏；管路及附件应按规定着色；管路及附件检修后应按规定进行试压，符合要求才能使用。

（5）液压油缸外部无渗漏；闸门 48 h 内下滑量应小于 200 mm，否则更换油封；油缸内壁、活塞、活塞杆外表面无划伤、麻点、裂纹、脱落现象，否则应进行处理。

11. 阀件拆装

拆装后应通过气密性试验；阀件动作应灵活，无剧烈振动、杂声和渗油等现象。

12. 制动器

（1）制动准确可靠，动作灵活。制动器的闸瓦不得有油漆、油污和水。

（2）制动瓦磨损量应不大于其厚度的 50%，超过应及时更换。

（3）拉杆、制动臂、弹簧不得有疲劳裂纹。

（4）制动轮工作面不得有缺陷和裂纹。

（5）制动轮工作表面爪痕深度径向磨损不得大于 1.5 mm，制动轮磨损量不得大于原厚度的 40%，超出后应及时修复或更换。

13. 减速器

（1）密封处无渗漏现象，油位正常。

（2）减速器运转平稳，不得有冲击性噪声和振动。

（3）减速器齿面磨损、点蚀、撕裂不得超过标准。

14. 卷筒

（1）筒壁磨损量不得大于原壁厚的 20%（绝对值不超 4 mm），磨损超限应予更换。

（2）卷筒、卷筒轴无裂纹；卷筒轴磨损超过名义直径的 5%时应予更换。

（3）吊钩滑轮组应按规定注油，运转灵活；吊钩和横梁、滑轮轴、不得有裂纹，螺纹部分无松脱滑牙现象，轴承完好；螺纹退刀槽处有刀痕或裂纹应更换；更换吊钩后应做荷载试验。

（4）滑轮槽径向磨损不应超过钢丝绳径的 30%，槽壁磨损不应超过壁厚的 30%。

（5）钢丝绳应无锈迹，保持清洁、润滑良好；钢丝绳端部固定牢靠；钢丝绳断丝数、磨损量、径变量符合规范要求。

15. 车轮

（1）滚动面磨损不得超过原厚度的 20%，否则应更换车轮。

（2）主动轮直径偏差不应超过名义直径的 0.1%；从动轮不应超过名义直径的 0.2%，轮缘磨损不得超过原厚度的 50%，否则应更换车轮。车轮轴不得有裂纹。

（3）大车行走轨道不应有裂纹，轨顶、轨道头侧面等磨损量不应超过 3 mm，纵向倾斜度不应大于 5/1 000，轨距偏差不应超过±10 mm，同一截面两条轨道相对标高偏差不应超过 10 mm；超过上述标准，应及时调整。

（4）小车轨道接头上下、左右偏差不得超过 1 mm。小车轨道标高：当轨距 $K \leq 2.5$ m 时，公差为 3 mm；当轨距 $K > 2.5$ m 时，公差为 5 mm。超过上述标准，应及时调整。

（5）联轴器的同轴度符合规范要求；内外齿圈端面允许摆动量应符合规范要求；联轴器润滑良好，无渗漏现象。

16. 电动机

(1)停止使用3个月及以上,再次投入使用时,应测量绝缘电阻;电动机的各种控制装置应定期检查、调整及试验,每年至少一次。

(2)备用中的电动机应定期检查、试验或轮换运行,以保证随时启动。

(3)电动机运行温度正常,无异常声音和振动,无异味;轴承应无漏油、甩油,油温、油色正常;自动装置、继电保护应完整可靠,接地良好;电动机的转动部分遮栏或护罩完好,引出线盒密封良好。

17. 变压器

(1)油温、油位、油质应正常,无渗漏、无异常声音,接地良好;套管外部无破损、裂纹、油污、放电痕迹及其他异常现象;呼吸器完好,干燥剂变色符合规定引线。

(2)接头、电缆、母线应无过热现象;压力释放器或安全气道及防爆膜应完好无损。

(3)分接开关的分接位置及控制装置应正常;各控制箱和二次端子箱应关闭,无受潮;各种保护装置应齐全、良好。

(4)冷却、通风装置完好;储油池及排油设施应保持良好状态;变压器外表面应无积污、裂纹及放电现象。

18. 架空线路

(1)电杆无倾斜、变形等现象;线路上无杂物悬挂;拉线和扳桩完好,绑扎线牢固可靠;导线接头接触良好,无过热发红、断股现象,绝缘子无破损和放电现象;绝缘子瓷件与铁件应结合紧密,铁件镀锌良好;横担上下歪斜和左右扭斜不得超过20 mm;防雷、防震设施良好。

(2)电力电缆线路电缆头及瓷套管无破损及放电现象;电缆外皮无锈蚀、损伤,沿线支架或挂钩无脱落;线路上各种接地良好,无松脱、腐蚀现象。

19. 配电装置

(1)电气预防性试验应按照电力行业标准定期进行,并出具试验合格报告。

(2)各表计指示正常,信号指示正确。

(3)开关跳合闸正常,接头接触良好,无渗漏油现象;绝缘瓷瓶无脏污、破损;各部件无放电、烧损现象;互感器油位正常,油色清洁,各部无渗漏油现象;互感器绝缘良好,各部分接线正确,端子接触牢靠无松动损坏现象;接地装置良好。

20. 避雷设施

(1)设施完整,参数应符合要求,并应对接地网进行定检,接地电阻值符合规定。

(2)在汛期,应每周对备用柴油发电机启动一次;非汛期,应每两周对备用柴油发电机启动一次,每次空载运行10 min;空气滤清器、柴油滤清器等部件累计运行时间达到规定值时,应进行一次维护保养。

(3)大坝电梯应至少每15 d进行一次日常维护保养,对电梯进行清洁、润滑、检查、调整,更换不符合要求的易损件,保证电梯正常运行。应对电梯进行定期检验。

(4)按照电力行业标准,通风机的电气预防性试验应定期进行,并出具试验合格报告,保证正常运行。

21. 自动控制系统

(1)硬件保持机房环境整洁、温度、湿度符合标准;计算机卡件的冗余、备用状况良好,无扰动、切换良好。

(2)软件操作系统应创建还原点,防止数据文件丢失;应备份重要数据和文档;应安装防病毒软件和网络防火墙软件;每月应进行软件数据、功能、软件适用性及安全性检查;必要时对软件进行升级。

(3)仪表保持表面清洁;无锈蚀、损坏;铭牌、标志清晰无误;仪表应定期校验,不得超过周期使用;校验工作应符合国家有关规定。

(4)PLC 系统各模块运行正常;每 3 个月更换电源机架下方过滤网。

22. 工作门行程控制装置

(1)行程限位固定牢靠、动作准确。

(2)行程限位控制线路外皮完好、无破损;线路相序、相色正确,标志清晰;线路连接可靠、牢固,端子无松动。

(3)编码器安装位置无偏差,固定牢靠,传动灵活;编码器电缆屏蔽线接地可靠;编码器表面清洁,无油污,无光栅污染。

23. 继电保护装置

(1)保持清洁;各电气元器件标志、名称应齐全,固定牢靠、动作准确。

(2)配线整齐,固定卡子无脱落;保护装置应按照规定定期检验。

(3)供水系统包括集水井、水泵、电机设备、供水管路等,排水系统包括坝面、廊道及其他表面排水沟(孔)、坝体、基础、溢洪道边墙及底板的排水孔、集水井、集水廊道。

(4)供水系统设备完整,管路无堵塞、渗漏,阀门开关灵活,系统运行正常;集水井定期清理;管道设备定期除锈防腐。

(5)排水系统沟(孔)无破损、断裂,及时清理,保持畅通;集水井、集水廊道的淤积物应及时清除;井盖无缺损;排水设施设备保持清洁,运行正常。

24. 坝区管理

(1)坝体两端、河道上下游及上坝路沿线山体边坡应定期检查处理,防护设施应牢固可靠,防止坡面落石和塌方。

(2)围墙护栏基础牢靠稳固,外观完整、无缺损,高度符合安全要求。

(3)上坝公路(桥梁)基础牢固稳定、路(桥)面平顺畅通,路肩线直弧圆;边坡平顺、无缺损;排水系统完整、顺畅;桥梁栏杆完整无缺损;照明设施完好。

(4)坝前清污包括树木、芦苇杂草、农作物、生活垃圾等清理。拦污设施应完整可靠;应及时清理污物,保持水面清洁。

五、土石坝工程

(一)范围与内容

土石坝工程维修养护范围为大坝工程管理范围内的工程主体、附属设施设备、道路桥梁、绿化美化等。

土石坝工程维修养护内容包括水库大坝工程主体、引水涵管、自动监视设备、附属设施的维修养护等。

(二)质量标准

1. 坝体

(1)坝体无裂缝、塌陷、滑坡等破坏。

(2)坝体无异常渗漏,渗漏部位和渗漏量基本稳定。

2. 坝顶

(1)坝顶表面整洁、平整,无杂草、杂物。

(2)坝顶路面饱满平整,无杂草、杂物;路面完好,坝肩线顺直,路沿石平整,无破损。

(3)管线、电缆入沟,沟盖板完整无破损。

3. 坝坡

(1)坡面平顺,坡度不陡于原设计坡比,坝面无冲沟、蛰陷等,表面整洁,无杂草、杂物。

(2)砌石或浆砌石护坡结构完整,砌缝紧密,填料密实,无松动、塌陷、架空等现象;浆砌石砂浆勾缝完整,完好率不低于90%。

(3)坝坡草皮及时灌溉,生长良好,修剪规范,高度不超过20 cm,覆盖率不低于90%,无高秆杂草。

4. 坝肩

(1)坝肩结构完整,轮廓分明;渗透压力和渗漏量均不高于原设计允许值;坝肩山体结构稳定,无松动或裂缝等病害;无杂草、杂物。

(2)近坝库岸地质灾害得到有效防治,岸坡防护锚杆、防护网坚固可靠。

(3)库岸坡脚防护工程基础稳定,结构满足原设计要求。

5. 排水导渗设施

(1)排水、导渗设施结构完整,排水畅通。

(2)排水沟无淤泥、杂物,结构无破损、断裂、失效现象。

六、其他工程与设施维护质量标准

堤防、水闸、水库大坝及河道整治工程,均包含生物防护及其他设施,其养护修理质量标准存在共性特点与个性差异,在此归纳一并论述。

(一)生物工程

根据树木的生长情况,及时进行除蘖、修枝、整形及浇水、施肥等抚育;树木生长旺盛,无病虫害,无乱砍滥伐和人畜破坏。

(1)堤顶行道林胸径不小于5 cm,存活率达到100%。

行道林同种树株距统一,树木修剪整齐、美观,无明显枯枝、死杈,顺堤100 m范围内最大最小胸径相差不超过4 cm。

控导工程联坝道路两侧行道林胸径不小于3 cm,存活率达到95%。

(2)防浪林、适生林、护堤(坝)林生长旺盛,无缺损断带,存活率达到95%。

林木每年入冬前采用石灰水刷白,高度1.3 m,整齐美观。

(3)工程宜植草部位,草皮整齐美观,生长旺盛,无高秆杂草,单块裸露面积不大于0.25 m^2,草高不超过10 cm,入冬前不超过5 cm。

(4)水闸、水库及堤防管理庭院绿化。

①应适时浇水、施肥、修剪、除草、扶正等,植物生长茂盛,品相良好。

②绿篱、灌木形状轮廓完整、清晰,色块分明,线条清晰流畅;草坪地面平整,修剪整齐(见图8-6)。

③及时防治虫害,无明显病虫害现象。

④有景观功能的工程绿化,可参照园林景区要求进行养护。

图8-6　簸箕李闸管所庭院

(二)附属设施

附属设施包括观测设施、启闭机房、管护基地、管理房、排水设施、护路闸(杆)、标志标牌、通信照明、纪念碑及景点建筑物、防汛道路等。

1. 观测设施

(1)水平、垂直位移等观测基点完好,定期校测,能满足观测需要。

表面清洁,无锈斑、无缺损。

基底混凝土或其他部位无损坏现象。

观测基点保护设施完好,保护盖及螺栓无锈蚀,润滑良好,开启方便。

(2)渗压计、测压管等观测设施完好,能够正常观测使用;各观测设施的标志、盖锁、围栅或观测房完好,整洁、美观;主要观测仪器、设备完好,并按规定进行检测。

(3)监视监控设备清洁无尘,无短路、放电等故障出现;按规定现场校验检测仪表,保证其测量精度;监测监控设备工作正常,数据准确,图象清晰;按规定保养云台及设备的防雷设施;现场设施、设备(仪器、传感器等)完好无损坏,运行正常。

(4)水尺安装牢固,表面清洁,标尺数字清晰,无损坏,每年汛前、汛后进行校验。

(5)根石断面桩、滩岸观测断面桩按规定设置,桩体完整无残缺,标志清晰。

(6)各观测设施的标志、盖锁、围栏或观测房,如有损坏应及时修复。

(7)水尺无损坏,标尺清晰,基座涂层无脱落。

(8)测流测沙桥完整、稳固,铁件无锈蚀、无涂层脱落。

2. 供排水系统

设施设备完整,管路无堵塞、渗漏,阀门开关灵活,系统运行正常;集水井定期清理;管道设备定期除锈防腐。

排水系统沟(孔)无破损、断裂,及时清理,保持畅通;集水井、集水廊道的淤积物应及时清除;井盖无缺损;排水设施设备保持清洁,运行正常。

排水沟完好,畅通无损坏,无孔洞暗沟,沟身无蛰陷、断裂,接头无漏水、阻塞,出口无冲坑悬空,沟内无淤泥、杂物。

3. 标志标牌

(1)公里桩、百米桩、边界桩、坝号桩、高标桩、警示桩、交界牌、指示牌、标志牌、责任牌、简介牌、纪念碑等材料、水法规宣传牌规格符合规定。

(2)各类桩、牌、碑应布局合理,埋设牢固,无损坏和丢失;标示正确,字迹清晰,涂层无脱落;无乱涂、乱设广告现象。

4. 通信照明

(1)各类动力线、照明线、通信线、网络线布局合理,无私拉乱扯现象,容量满足要求,安全防护设施完好。

(2)照明、通信、安全防护等设施线路完好;灯具、灯柱固定牢靠;接头连接良好,开关动作灵活;灯光照度符合所在场所要求。

(3)通信设备及设施故障或损坏(如雷击),应及时修理或更换。

(4)电源等辅助设施故障或损坏,应及时修复或更换。

(5)通信专用塔(架)防腐涂层脱落,接地系统损坏,应及时修复。

5. 远程监控系统

远程监控系统设备清洁无尘,无短路、放电等故障出现;按规定现场校验检测仪表,保证其测量精度;监测和监控设备工作正常,数据准确,图像清晰;按规定保养云台及设备的防雷设施。

(1)视频服务器、可编程控制器(PLC)、监视器、计算机等出现故障,应及时修复、更换部件或更新。

(2)现场检测仪表损坏,应更换。

(3)图像故障、云台及其控制器(BNC)出现故障,应及时修复、更换部件。

(4)防雷系统的部件或设备损坏,应更换。

(5)远程监控系统发生故障或显示告警信息时,应查明原因,并及时排除。

6. 管理庭院

(1)管理庭院各类建筑物及附属设施完整、协调美观;庭院三面透绿,植物种植生长旺盛,达到四季常青、三季有花,草地、花卉和林木多彩搭配,修剪整齐、生长良好。

(2)管理庭院办公和生活设施齐全完好、整齐美观,卫生设施齐全,环境整洁。

(3)管护庭院房屋、守险房、启闭机房、测流测沙房等,室内整洁,坚固完整、门窗齐全无损坏,墙体无裂缝,墙皮无脱落,房(屋)顶无漏水;室内线路布局合理;室外排水系统完整、畅通。

(4)管理庭院整洁,无杂草、无垃圾、无杂物堆放。

第五节　维修养护项目监管

一、项目监理

为加强黄河水利工程维修养护项目管理,提高工程维护的投资效益,确保工程维修养护质量,依据有关法律、法规和行业管理规定,结合黄河水利工程维修养护特点,黄委要求所属的堤防、河道整治、水闸、水库等水利工程及附属设施的维修类项目必须实行监理。

黄河水利工程维修养护监理是指监理单位受水管单位委托,依据有关法律、法规,以及批准的维修养护方案、维修养护合同、维修类项目设计文件和技术标准,按照监理合同的约定,对黄河水利工程的维修类项目作业实施监督管理。

(一)监理合同内容

黄河水利工程维修养护项目的监理单位须由水管单位通过政府采购或委托方式选定,签订监理合同,依据有关法律、法规以及批准的维修养护实施方案、维修养护合同、维修类项目设计文件和技术标准等,按照监理合同的约定,对黄河水利工程的维修养护作业实施监督管理。

监理合同主要内容应包括:合同当事人的名称和住所;监理项目名称;监理的范围与内容;监理的技术标准和要求;双方的权利、义务和责任;应提供的工作条件;保密内容及措施;监理费的计取与支付;违约责任;合同生效、变更和终止;争议的解决方式;双方约定的其他事项。

(二)监理单位责任

监理单位应依据监理合同,按照“公正、独立、诚信、科学”的原则,维护水管单位和维修养护单位双方的合法权益。

监理单位在监理过程中由于过失造成工程重大损失的,应承担相应的违约责任和经济赔偿责任。

监理单位在维修养护监理工作中违反国家其他法律、法规规定的,由有关管理部门依法处理。

监理单位应根据所承担的监理业务,组建项目监理部,监理机构由总监理工程师、监理工程师、监理员以及其他工作人员组成;派驻现场的监理人员配备必须满足项目监理需要,人员配置如有变化,应事先征得水管单位同意。

工程维修养护监理的主要内容是对维修养护项目实施“四控制、两管理、一协调”(质量、进度、投资和安全控制;合同、信息管理;协调各方关系),指导、监督、协调所辖工程维修养护工作,参加维修养护项目质量检查、质量事故调查处理和验收工作。

水管单位必须在监理单位实施监理前,将委托的监理单位、总监理工程师姓名、监理工作内容及所赋予的权限书面通知维修养护单位,并报主管部门备案。

总监理工程师应将其实施维修养护监理的实施细则以及对监理工程师、监理员的授权范围和授权期限,以书面形式通知水管单位及维修养护单位。

（三）监理方式与工作协调

监理单位应根据维修养护项目的特点采取巡视检验、现场旁站、跟踪或平行检测等不同的监理方式。

维修养护单位必须按与水管单位签订合同的约定接受监理，并向监理单位提供监理所需要的技术资料，包括原始记录、自检记录等。

水管单位与维修养护单位在维修养护合同履行过程中发生的争议，须提交维修养护监理总工程师协调解决，监理总工程师接到相关请求后，应进行充分调查研究，尽快做出公正处理，并书面通知双方。

二、质量监督

黄河水利工程维修养护质量实行水管单位负责、监理单位控制、维修养护单位保证和质量监督机构监督相结合的质量管理体制。

参与黄河水利工程维修养护的单位应积极推行全面质量管理，切实健全制度、完善措施、落实人员、保证维修养护质量。

工程维修养护专项实行质量终身制和监理责任终身制，建立质量责任终身制档案。

黄河水利工程的维修养护质量实行质量监督制度，按分级管理原则由相应质量监督机构实施质量监督。

（一）监督机构责任

质量监督机构应依法监督参与维修养护各方的质量行为，负责检查、督促水管、监理、设计、维修养护单位建立健全质量管理体系，掌握维修养护质量的整体情况，对工程维修养护实行全过程质量监督，并采取措施，保证工程质量始终处于受控状态；负责编制工程质量评定报告等。

黄河水利工程质量监督机构，应按照工程维修养护标准和设计文件实施项目质量监督，对影响工程维修养护质量的行为进行监督检查。

（二）水管单位责任

水管单位应按照规定向黄河水利工程质量监督机构办理工程质量监督手续，主动接受质量监督机构对其质量管理体系的监督检查。

水管单位在与设计、维修养护、监理单位签订的合同中，必须有工程质量条款，并明确质量标准及合同双方的质量责任。

水管单位应加强工程质量管理，依据维修养护工作特点，健全质量管理制度，维修养护质量检查体系。

（三）监理单位责任

监理单位必须持有资质等级证书，并接受黄河水利工程质量监督机构对其监理质量控制体系及质量监理工作的监督检查。

监理单位必须严格执行国家法律、法规及有关技术标准，根据设计文件和维修养护工程监理合同，对维修养护质量实施监理，并依法承担相应监理责任。

监理单位应根据所承担的监理任务，结合工程实际，向工程维修养护现场派出相应的监理机构，人员配备应满足维修养护项目监理需要。

监理单位应严格履行监理合同,指导监督维修养护单位严格按标准组织实施维修养护作业,控制维修养护质量;参加维修养护项目质量检查和验收工作。

(四)设计单位责任

设计单位在批准的资质等级和核定的业务范围内承担设计任务,并应主动接受黄河水利工程质量监督机构的资质等级及质量体系的监督检查。

设计单位必须建立健全设计质量保证体系,加强设计过程质量控制,健全设计文件审核、会签批准制度,做好设计文件的技术交底工作。

(五)维修养护单位责任

维修养护单位应主动接受水管单位及质量监督机构对其质量保证体系的监督检查。

维修养护单位应依据工程维修养护标准、设计文件和合同要求进行维修养护作业,对维修养护质量负责,并向水管单位提交完整的技术资料。

维修养护单位不得将其承揽的维修养护项目进行转包,工程分包须征得水管单位同意。

维修养护单位应推行全面质量管理,建立健全质量保证体系,制定和完善岗位质量规范、质量责任及考核办法,落实质量责任制。在维修养护过程中要加强质量检验工作,切实做好工程质量的全过程控制。

因维修养护工作不力导致工程发生质量事故,维修养护单位必须按有关规定向监理单位和水管单位报告,并保护好现场,接受工程质量事故调查,认真进行事故处理。

(六)维修养护用料和设备质量管理

用于工程维修养护的用料和设备应按有关规定进行检验,经检验不合格的产品不得用于工程维修养护。维修养护用料和设备的质量由采购单位负责。

维修养护用料和设备的采购单位具有按合同规定自主采购的权利,其他单位或个人不得干预。

工程维修养护用料和设备应符合下列要求:

(1)有产品质量检验合格证明。

(2)有标明的产品名称、生产厂名和厂址。

(3)产品包装和商标式样符合国家有关规定和标准要求。

(4)工程设备有产品详细的使用说明书,电气设备还应附有线路图。

(5)实施生产许可证或实行质量认证的产品,应当具有相应的许可证或认证证书。

(6)石料规格、质量符合黄河石料管理有关规定。

第六节　维修养护项目验收

一、验收组织

黄河水利工程维修养护验收包括合同验收、水管单位自验、维修类项目验收、上一级主管部门年度验收及上级主管单位抽查复核。

工程维修养护年度验收,应依据签订的合同、年度实施方案和审查核准文件,有关法律、法规和技术标准；维修类项目验收还应包括设计文件等。

按分级管理原则，年度验收由山东、河南所属市（地）级河务局，山西、陕西河务局及三门峡库区各管理局分别负责组织，成立年度验收委员会（或专家组），成员由组织单位相关处（科）室代表和专家组成。

维修类项目合同验收和自验由水管单位主持，质量监督、设计、监理、维修养护单位的代表及有关专家参加。

年度验收时，验收委员会可根据需要对工程质量进行抽检，抽检内容和方法由验收委员会确定。

验收过程中发现的问题，其处理方法原则上由验收委员会协商确定。主任委员对争议问题有裁决权。若有 1/2 以上的验收委员会成员不同意裁决意见，应报请验收主持单位或其上级主管部门决定。

二、考核验收条件

（1）维修养护项目按照合同已全部完成。

（2）维修养护单位对维修养护质量进行了自检，水管单位完成了初验。

（3）工程运行期间和历次检查、考评中发现的问题已处理完毕。

（4）维修养护技术资料的整理、归档工作已完成。

（5）财务结算已经完成。

三、维修类项目验收

（一）维修类项目验收条件

（1）维修养护项目已按合同完成。

（2）维修养护单位完成自检，监理单位已经做出认定。

（3）相关单位的维修养护资料齐全。

（4）检查中发现的问题全部处理完毕。

（5）财务结算已完成。

（二）维修类项目验收内容

（1）审查水管单位、监理单位、设计单位、维修养护单位的工作报告。

（2）核定完成的工作（工程）量，检查经费使用是否符合有关财务管理的规定。

（3）检查工程维修养护质量，根据需要对工程维修养护质量做必要的抽检。

（4）检查维修养护资料是否符合归档要求，对维修养护内业资料做必要的抽检。

（5）对验收中发现的问题提出处理意见。

（6）发生设计变更后，是否按规定程序履行报批手续。

（7）讨论并通过“项目验收鉴定书”。

四、年度维修养护验收

（1）审查验收工作报告，包括年度初验工作报告，维修类项目验收鉴定书。

（2）核定完成的工作（工程）量，检查维修养护经费使用是否符合财务管理规定。

(3)检查工程维修养护质量,根据需要对工程维修养护质量做必要的抽检。

(4)检查维修养护资料是否符合归档要求,对维修养护内业资料做必要的抽检。

(5)对验收中发现的有关问题提出处理意见。

(6)讨论并通过“年度验收鉴定书”。

第九章　生物防护工程管理

生物防护措施是水利工程不可或缺的重要组成部分。1946 年人民治黄以来，生物防护工程作为水利工程体系的有机组成部分始终得到重视，除堤防临河侧种植柳树防浪外，堤坡植草防护也逐步发展完善，为保障水利工程安全和水生态文明建设发挥了不可替代的作用。

堤防生物防护工程建设主要包括临河防浪林、堤顶行道林、淤背区适生林、背河护堤林、堤坡草皮防护及庭院种植绿化等。经过多年的建设，按照临河防浪、背河取材、乔灌结合、适地适树原则，大力发展黄河生物防护工程建设，已经构成以“防洪保障线、抢险交通线和生态景观线”为标志的标准化堤防体系的重要组成部分。

第一节　生物防护工程沿革

一、堤防植树沿革

黄河堤防植树有悠久的历史。历史上虽然未曾明确提出生物防护的概念，但对生物防护措施是有明确表述的，如宋代为巩固堤防，有植树与保护“河上榆柳”的文字规定；明代刘天和总结堤岸植树经验提出的“卧柳、低柳、编柳、深柳、漫柳、高柳”的植柳六法，把堤防防护林种植进行了较为全面的概括和总结，除植柳外，还因地制宜地在堤前密栽芦苇和菱草，防浪护坡（《问水集 · 植柳六法》）；至清代已明确规定“堤内外十丈”都属于官地，培柳成林既可护堤，还可就地取材，提供修防料物。

1947 年，黄河归故后，解放区人民在各级政府的领导下，在沿河两岸开展植树造林活动。1948 年，渤海行署和山东河务局联合发布训令：“为保护堤身，巩固堤根，应于内外堤脚二丈以内广植树木，禁止耕种稼禾，以期保证大堤稳固。”1949 年渤海区公布的《黄河大堤植树暂行办法》中规定：“植树种类以柳为标准，植树范围：无论平工险工，一律在大堤堤脚下二丈以内。”

1949 年，中华人民共和国成立后，黄河河道主管机关总结历史经验，提出“临河防浪，背河取材”的植树原则，将植树种草、绿化堤防作为指导方针并列入年度工程管理计划，每年春、冬两季开展植树绿化活动。1958 年，根据“临河防浪，背河取材”的原则，着手对绿化堤防、发展河产实行统一规划，规定凡设防的堤线，堤身一律暂不植树，除堤顶中心酌留 4~5 m 交通道外，普遍植草；后来受“大跃进”影响，大搞植树造林群众运动，沿堤线盲目种植果树，但树木成活率不高，特别在 1959~1961 年 3 年自然灾害时期，树木遭到严重破坏；1966~1976 年的 10 年“文化大革命”期间，部分堤段树木再次被乱砍滥伐，盗窃树木案件也很严重。

1965 年，黄委植草绿化规定：临黄堤及北金堤在临河堤坡栽植白蜡条、紫穗槐、杞柳等灌木；险工的坝裆、后戗、南北金堤的背河堤坡等地，可以根据具体条件栽植一部分苹果树；所有堤防的背河坡，除上述植苹果树的堤段外，可植榆、杨、椿等一般树株或其他经济林木，如桃、杏等；在临河柳荫地内，从护堤地外缘至 1 m 开始至堤脚，栽植丛柳、低柳各一行，高柳两行。

1970 年 3 月，在水利电力部的倡导下，山东河务局在鄄城县召开了山东黄河绿化工作会议，会议决定："黄河大堤（包括南北金堤、大清河堤、东平湖堤、河口防洪堤）临背河柳荫地、临背堤肩、背河堤坡和临河防洪水位以上堤坡种植乔木；临河柳荫地和临河防洪水位以下堤坡也可乔灌结合，适当种植条料；临河堤坡（包括戗坡）全部种植葛芭草（或铁板牙草），废堤废坝、空闲地带除留作育苗的部分外，其他一律植树。"

1976 年，黄委印发了《关于临黄堤绿化的意见》："为了便于防汛抢险，避免洪水期间倒树出险和腐根造成隐患，临河堤坡一律不植树，均种葛芭草护堤；临背河堤坡原有乔灌木，应结合复堤逐步清除；临河柳荫地可植丛柳，缓溜护堤，使其成为内高外低的三级防浪林；背河柳荫地以发展速生用材林为主；堤肩可植行道林，选植根少、浅的杨树、苦楝、泡桐等。"

1979~1985 年，黄河堤防植树均按照"临河堤坡设防水位以下不植树；背河堤坡已经淤背的可以全部植树，没有淤背的在计划淤背高程以上可以植树；临河柳荫地植一行丛柳，其余为高柳；背河柳荫地因地制宜，种植经济用材林；临背堤肩以下 0.5 m 各植两行行道林，但不准侵占堤肩；堤顶两旁（除行车道外）及临背堤坡种植葛芭草，逐步清除杂草；淤背区主要发展用材林和苗圃"。对济南、开封等城区堤段，在铁路、公路大桥、主要涵闸及城镇附近，沿堤线要求高标准绿化，并取得较好成效。

二、堤身植树的变革

黄河堤身植树由来已久，树种主要以柳树为主，还有橡柳、榆树、杨树、桐树、柏树等。在黄河堤身植树的利弊一直存在争论，一种意见认为：堤身植树是防洪生物工程措施之一，对防风固沙、防冲固堤、缓溜落淤、维护工程完整、提供抢险料物、改善与调节区域气候、保证黄河防洪安全作用重大；同时，堤身植树可取得一定的经济收益，对稳定护堤队伍有益。另一种意见认为：堤身植树投资大，经济效益差；堤身植树影响工程查险、抢险；遇大风雨则树身摇摆，加剧堤身渗流破坏，特别是腐烂树根会削弱堤身强度。

为了对堤身树株种植产生的防洪和经济效益作出科学的评价，必须对堤身树木的生长规律和危害进行实事求是的分析研究。据 1965~1986 年对黄河堤坡柳树、橡柳、榆树等进行的解剖实例，树龄在 17~31 年不等，在黄河大堤堤身上的树根有如下特点：

一是树根为了吸取水分，向含水量大的方向发展。如 31 年生柳树种在临河堤坡，该树的多数根扎向临河险工下面，甚至扎深到枯水位以下；18.5 年生橡柳也种在临河堤坡，但因临河为高滩，背河为潭坑，所以该树树根横穿大堤，扎向背河；20 年生榆树所在堤段多年未靠水，主根为吸取水分顺堤坡向堤肩蔓延。

二是土质越松软，树根长得越粗、越长。在沙壤土中，树根生长发育旺盛；遇有淤块或坚硬的土层，树根就萎缩或分杈后改变方向，向松软土内生长。

三是复堤一次、生根一层，如 17 年生柳树根分两层，31 年生柳树根分三层，27 年生榆树根分两层，层与层之间基本是相差 1 m，这是由于新复堤土层含水量大，树为了吸取水分而形成的。

四是树根长期吸收不到水分就萎缩、干枯、腐朽，如 17 年生柳树，由于上层树根吸收不到水分，根系已腐朽。

堤身植树危害主要表现在以下几个方面：

一是削弱堤身抗洪能力。从黄河大堤开挖解剖的树株分析，7 年生树株根系在地表以下一般埋深 2~3 m，最深可达 6 m 以下，最长的根系曲线长 17 m，水平长 13 m。直径在 1 cm 以上的根最多的可达 75 条，树根扩散范围最大的为 124 m^2。由于树根在堤内埋藏深、数量多、扩展范围大，树株更新时不可能全部挖除。每次复堤都要在堤身内留下大量的树根，并且会使后种植的树根和以前留在堤内的树根串在一起，经过几次复堤，这些树根大都在洪水位以下，这势必削弱大堤的抗洪能力。

树根腐烂后产生的孔洞将加剧堤身渗流，抬高浸润线出逸点；渗流进入孔洞，由于水的浸泡，孔洞附近土体颗粒变松散，产生不均匀破坏，进而造成堤身塌陷、裂缝出现。如裂缝进一步向背水坡发展，水就有可能由堤防背水坡流出；水在裂缝和孔洞内流动阻力小、流速大，易于将土体内的土粒带走，最后形成横贯堤身的通道而造成漏洞甚至冲决。同时，由于树根孔洞破坏了原堤身土体结构，无论孔洞在临河坡或背河坡内，孔洞经渗水浸泡，土体的容重增加、摩擦力减小、抗剪强度降低，因土体失去稳定而发生滑坡，造成大的险情。

二是树根破坏水闸、虹吸管黏土防渗层和止水设置，威胁工程安全。树株种在涵闸和虹吸管附近，大量的树根可穿透涵闸和虹吸管的止水设置，造成渗水通道。从 1986 年 8 月 20 日济阳大柳树店虹吸开挖的实际情况看，在粉沙土层内，8 年生的杨树根可深入堤身 5 m 以下的虹吸管底部。

三是堤身植树影响堤坡草皮生长，降低堤坡防冲能力。由于树枝、树叶遮挡阳光，树根吸取大量的水分和养料，抑制草皮的生长，往往造成树下成片的草皮枯萎，使草皮护坡防风浪和雨水冲刷的能力大大降低。

四是堤身植树容易引发水沟浪窝。1983 年中牟黄河修防段由于暴雨袭击，30 多 km 大堤遭到严重雨水冲刷，出现水沟浪窝 873 个，冲失土方 2.24 万 m^3。分析总结堤坝工程遭受暴雨破坏的经验教训，除筑堤土质、施工质量等因素外，植树不当是造成大堤损坏的因素之一，在中牟堤防 56+700 处一冲沟发现一柳树根，直径 22 mm，长 23.6 m，该柳树根从背河堤肩直伸到临河前戗堤脚，冲沟基本上沿着树根走向。由此可见，堤身植树影响堤身结构完整，不利堤防安全。

堤身是否适宜植树？堤身能否植树？不仅要考虑经济效益，更重要的是分析堤防植树对防洪保安全的影响。对此，黄委高度重视，经过河南、山东两河务局所属单位的多年多次开挖和分析论证，基本结论是树有多高，根有多深；有的树植在背河侧，根系穿扎到临河侧；堤防植树对堤身有破坏作用，也不利于防汛查险、抢险。

1987 年，黄委借鉴国外江河堤防工程生物防护经验，并经多次研究和多方征求意见，决定堤身不再植树，逐步清除现有堤身树木，堤坡、堤肩草皮化，并在 1987 年颁发的《黄河下游工程管理考核标准》第五条规定：堤防绿化，临黄堤身上，除每侧堤肩各保留一排行道林外，临、背坡上一律不种树；临河坡现有树株，1988 年底以前全部清除，背河坡现有树株，1990 年底以前全部清除；堤肩和堤坡全部植草防护，草皮覆盖率不低于 98%；临河护堤地植低、高二级柳林防浪；背河护堤地植柳树或其他乔木；淤背区有计划种植片林或发展其他种植，开发利用率达到 90%以上；每亩宜树面积的树株存活数不应少于 100 棵。

自 1990 年开始，经过逐步建设发展，形成了如今临河防浪、背河取材、堤肩美化、堤坡草皮独具黄河特色的生物防护工程体系。

三、草皮护坡

草皮属于生物防护措施之一，它具有护坡防冲、保持水土、绿化美化工程的功能，在维护工程完整、保持其应有的抗冲强度、改善生态环境等方面起着重要作用。

有计划地种植葛芭草始于 20 世纪 50 年代第一次大复堤时期。1950 年第一次黄河大复堤时，河南濮阳县修防段先在桑庄试种约 5 km 葛芭草。葛芭草根浅枝蔓，节生根、叶旺盛，就地爬、棵不高，每平方米 4 丛，可以覆盖严实，防护效果好，群众说："堤上种了葛芭草，不怕雨冲浪来扫。"之后，濮阳县修防段的植草经验在黄河普遍推广，对大堤防护发挥了很好的作用，如 1979 年 6 月 18 日，沁阳县降雨 45 mm，沁阳南关 21 km 的堤防由于草皮覆盖率高，堤身没有出现水沟浪窝，而其他堤段则出现较多。

葛芭草属暖季型草种，喜光照，一般朝阳堤坡生长较好，背阴坡面繁殖能力较差，且对杂草、害草的拒斥力较弱，如若管理粗放，不能适时更新复壮，草皮易退化，覆盖率会逐年下降。从葛芭草的生长情况看，阳面堤坡生长旺盛，放冲效果好；阴面堤坡生长较差，生物防护作用减小，如若排水系统不完善，夏、秋季降水极容易出现水沟浪窝，使工程遭到严重毁坏。据统计，1990 年 7 月 6～10 日，济南地区降雨超过 100 mm，天桥区北岸大堤桩号 133+920～134+440，长 520 m，共流失土方 560 m^3。其中临河向阳面堤坡葛芭草覆盖率达 80%左右，出现水沟浪窝 18 条，流失土方仅 58 m^3，占该堤段流失土方总量的 10%，而背河阴面堤坡植被差、杂草多、覆盖率约 30%，出现水沟浪窝 144 条，土方流失 502 m^3，占流失土方总量的 90%。

自 1980 年开始，台前修防段进行了葛芭草更新复壮的研究。1986 年黄委组织在中牟修防段开展了堤防防冲试验，对葛芭草、三七灰土和砖砌体 3 种排水沟做了投资、维护和放冲效果的对比分析，试验表明葛芭草具有投入少、便于维护、放冲效果较好的特点。在此期间，黄河其他一些县（区）修防段还分别引进了龙须草、铁板牙、羊胡草、本特尔草、地毯草等优良草种进行试种，经过多年探索尝试，上述草种投入较大、养护困难、地域适应性差，葛芭草因具有较明显的优势而得以普遍应用。

总体分析，中华人民共和国成立后，在黄委的指导和沿河各级政府的支持下，黄河两岸堤防统一规划，逐年进行植树造林和草皮种植，不仅营造了黄河防护林带，改善自然环境，绿化了堤防，有效防护了堤防，也为水利工程建设和防汛抢险提供了大量梢料。但随着大堤的逐步加高，树木灌溉难度加大，尤其是苗木根系不发达，与土壤接触不牢靠，浇灌次数和水量不足，则极易导致植树成活率低、河产（树木为主、农作物为辅的经济收入）收益差。据 1972～1985 年统计，河南、山东两河务局绿化投资约 1 100 万元（不包括基建投资），收入为 769 万元，收入占支出的 70%（不包括护堤群众分成部分）。总体分析，防洪效益较好,经济收益率不高。

第二节　生物防护工程现状分析

《堤防工程管理设计规范》(SL 171—96)明确指出,“为保护堤防安全和生态环境,堤防沿线设置生物工程,主要包括防浪林带、护堤林带、草皮护坡等项目”。按照黄河下游标准化堤防建设规划,生物防护工程建设内容主要包括临河防浪林、堤顶行道林、淤背区适生林、背河防护林及草皮护坡等。经过多年努力,黄河生物防护工程建设取得明显成效,但也存在一些不可忽视的问题,尤其是淤背区适生林种植问题突出,造成“年年植树不成树”,苗小、茎细、歪径树、老头树时常显现,偷伐、损毁树木偶有发生,拔树、毁树、抢种农作物杜绝困难,生物防护体系不完善的原因是多方面的,需要研究解决。

一、政策偏差影响

2011 年 12 月,国家发展改革委在批复黄河下游近期水利工程可行性研究报告中,没有按照《中华人民共和国土地管理法》中关于“征转一体”规定办理,而是要求黄河水利工程建设新增淤背区占地采用“只征不转”模式,即淤背区占地由国家按现行征地补偿补助标准征收,但是土地性质不变;对淤背区土地采取综合措施进行复垦,经国土、农业部门验收合格后仍作为种粮耕地使用,保证耕地数量不减少、质量不降低,土地复垦综合措施费用列入建设项目总投资,建设单位不再缴纳耕地占用税和耕地开垦费;工程建成后,由黄河主管部门对淤区土地进行统一管理,土地耕种方式由县级黄河主管部门与当地政府协商确定,土地耕种收益归耕种农民所有。

采用“只征不转”的方式批复放淤固堤工程用地,不符合国家土地管理法,存在的突出问题:一是与现行土地管理法“征转一体”的相关规定不一致;二是征地补偿标准低,农民权益未得到落实;三是工程概算中未计列被征地农民的社保资金;四是复垦后的土地如何长期稳定地耕种,缺乏明确保障措施。

黄河下游标准化堤防淤背区工程长度为 1 025. 15 km,总面积为 16. 61 万亩,涉及“只征不转”的淤背区面积为 5. 1 万亩,约占淤背区总面积的 31%。这无疑给黄河堤防淤背区林木种植、堤防维护、运行管理及防汛抢险等传统管理方式提出了新的课题与挑战,也将对以往已经形成的淤背区管理造成不利影响,甚至产生重大冲击。

国家发展改革委明确了新增淤背区占地采用“只征不转”模式,在工程设计批复中列计了打井、井房、管道、供电等灌溉配套设施,新增淤背区土地属于农用地,收益归耕农所有,由国家投资、黄河河务部门负责建设,并由黄河主管部门对淤背区土地进行统一管理,耕种方式由县级黄河主管部门与当地政府协商确定,其结果是淤背区农民耕种与堤防工程运行管理之间难以协调,造成堤防管理诸多困难。

针对这种状况,今后如何推动生物工程建设,依法规范堤防管理,保持工程完整与安全运用,黄委组织开展了专题调研,通过河南、山东、江苏等省区走访和网上调研,了解了国内一些省区水利工程征占土地管理情况,只有广东案例,即国土资源部批复广州市“万亩果园”以保护开发为主,征收农民集体所有农用地 11 850 亩,广州市投资 60 多亿元,征地采取“只征不转”方式,保留原来土地用途不变,在全国属首次。但这种情况与黄委基本建设土地“只征不转”模式相差甚远,它不涉及土地与工程的关系,没有借鉴意义。黄委只能面对现实,协调地方政府,积极引导当地农民,强化淤背区树木种植,落实堤防管理职责,维护堤防工程完整与安全运用。

二、监督管理缺乏

堤防淤背区管理伴随淤区形成而出现,淤背区种植理应服从堤防安全管理要求。为此,黄委应认真研究,统一思想,明确淤背区的利用与管理方式方法。存在的突出问题是:工程管理部门强调依据黄河防洪规划,要求种植适生林,维持工程完整、面貌及安全运用,禁止淤背区外包;经 济管理部门强调淤背区开发利用,鼓励承包增加经济效益,不管承包方式与时限,不提种植品种与要求,如某市级河务局经管处出台文件鼓励淤区外 包,强调淤背区开发利用,突出淤区开发效益。水管单位缺乏结合本地实际编制针对性的淤 背区种植规划或实施方案,各行其事,随心外包淤区,随意开发种植,如一些单位将淤背区长期外包,淤区内种植混乱,私搭乱建,难以满足工程管理需求。表现在:一是多数水管单位采用统一种植、一线人员分段负 责管理的方式,职能未明晰、责任制难落实,种植成效不佳;二是淤背区承 包给职工种植,多重视树木种植,忽视堤防养护,影响工程面貌;三是水管单位缺乏林草种植管理的专业人才,对树种选定、施肥、灌溉、病害防治等缺乏技能。上述问题必然导致淤背区种植混乱、管理粗放,开发利用效益差,规范管理、促进发展工作方针不落地的结果。

三、种植管理粗放

淤背区种植管理方式:一是由水管单位统一管理,即由单位植树,后期由堤防一线 人员负责管护,单位投入经费进行打药、除虫、浇水、除草,这种管理方式较为粗放,没有与个人利益挂钩,存在吃"大锅饭"现象,不利于调动职工的积极性,种植效益 不高。二是将淤背区土地分段承包给本单位职工植树,承包期限不等,多数在 10 年左右, 以种植适生林为主,每年收取比例不等的承包费,协议明确由承包人的管理职责与工作标准,但实际操作中存在重视树木管理,忽视淤区保护的现象,种植较随意,管 理不规范。三是职工、企业或农户大面积承包的经营模式,以种植苗圃、果园等经济林为主,县局 每年收取一定费用,这种管理模式主要由承包人负责淤背区种植、工程维护等,利用与管理效果效益较好。

现有淤背区树木种植效果不仅与淤背区管理方式有关,也存在其他影响因素,如淤背区设计标准与顶面高程不同,就不利于修筑淤区灌溉渠道;堤防 工程管理范围内又不允许打井取水,基本建设批复未安排灌溉配套设施,影响树木灌溉及后期管护;淤背区盖顶黏土层厚度小(设计厚度 0.50 m),防渗性能差,影响树木后期生长;部分淤背区远离河道水源,难以进行及时有效的灌溉等。这些问题势必影响生物防 护体系的完善及生态环境效益的发挥。

第三节　优化土地利用方式

一、把控淤背区利用方向

淤背区既是堤防工程的重要组成部分，开发利用必须服从堤防工程管理与防汛抢险；同时，淤背区又具有土地的使用性质，要在服从防洪安全的前提下，提高土地开发利用效果。水管单位把握防洪保安全与促进国家经济发展的关系，统筹水利工程管理与土地资源开发利用，协调处理新形势下淤背区管理的各种矛盾，实现对淤背区的有效管控，维持工程完整，确保安全运用，争取淤背区开发利用效益的最大化。

对于新建成的存在土地权属矛盾的淤背区管理，由水管单位负责，市级河务局协助，应与当地县级、市级政府协商，确定淤背区开发利用管理方式：一是按照以往淤背区的管理方式由水管单位种植适生林，探索有效的开发经营方式，发挥淤背区综合经济效益，协议明确村民分成比例；二是适度放宽淤背区林木种植方式，允许发展苗圃，适度种植果树等经济树种，以提高经营效果，明确收益分成；三是对于"只征不转"政策条件下建成的淤背区，由水管单位主导，协议交由林业企业或村民小组种植，实行共建、共管，引导种植适生林或经济林，初期可套种农作物，但应坚决禁止种植高秆作物，以维持淤背区管理秩序与良好的工程面貌。

二、加快淤背区划界确权

2014 年，水利部已部署开展新一轮流域机构直属水利工程划界确权，黄委按照要求编制了工作计划，成立了工作组，完成了委属单位及三门峡库区各管理局所属单位划界确权外业调查，设定并统计核查了各水管单位划界确权地籍数据，按照有工作基础且具备条件的应同步划界确权的思路，积极推动包括新增淤背区在内的水利工程用地划界确权工作，核算、落实相关税费，推动土地划界确权手续办理，明确管理界限，设立界桩等保护标志，为淤背区工程管理提供法律依据。对"只征不转"淤背区土地，在进行划界确权之前，淤背区工程的管理和利用仍按原有的堤防工程管理规定执行。

三、加强淤背区规划编制

山东、河南河务局应依据国务院批复的黄河防洪规划，督促指导市、县级河务局，结合当地生态建设及城乡发展规划，开展所辖堤防淤背区开发利用规划或实施方案编制，争取市级或县级政府批复后实施，以法律法规和规划为依据，有效规范淤背区管理，推动淤背区种植开发利用，实现淤背区综合效益的最大化。

鉴于新建淤背区土地受"只征不转"问题的困扰，统一管理有困难，则宜实行分类管理，而摸清新、老淤背区土地面积是实施分类管理的基础。因此，山东、河南两河务局应组织开展新、老淤背区调查摸底，按照 2012 年批复的设计图，尽快摸清新、老淤背区土地的数量、面积、位置界限，并分别落实到图纸上。对于老淤背区，必须按照国家批准项目、性质及功能定位种植适生林，对淤背区内种植农作物、违章建筑等问题，必须限期纠正；对新增淤背区种植开发利用,应采取措施实现有效管控,引导种植适生林,可适度种植经济林。

四、加快淤背区水利设施配套

要强化淤背区功能定位。淤背区是堤防工程的重要组成部分,是有效防止堤基、堤身隐患,提高堤防工程整体稳定性的重要工程措施,与原堤防工程同等重要,属于水利工程。依据国务院批复的《黄河流域综合规划(2012—2030 年)》和《黄河近期重点治理开发规划》,均明确要求种植适生林,为防汛抢险提供场地和料源。

新建淤背区权属与责任主体为河务局,设想的淤背区开发利用方案是:县(区)级河务局负责,与当地政府协商一致,委托专业企业,引进资金、技术,开发种植林木、苗木(但鉴于村民、村庄情况复杂,各种矛盾交织,应禁止县(区)河务局与当地村民或村庄合作开发),同时需要考虑水利设施配套的建设、管理、维护等问题。第一,淤背区灌溉机井应作设计变更,机井不应布设在群众耕地内,允许灌溉井沿背河护堤地边界布置,并对井底做反滤处理,设施的建设、管理统一交由河务局负责;第二,鉴于不同时期淤背区标准变化,淤背区顶面高低不一,原初步设计批复的灌溉井征占农田补偿经费应调整为淤背区渠道填垫与修筑;第三,县(区)级河务局必须担起淤背区开发利用的主体责任,依靠政府支持,统筹企业、农户利益关系,发挥管控作用。

同时,要进一步明确淤背区开发利用的管理原则:①新淤背区倡导种植适生林;②靠城区堤段,可以种植景观林带;③无土地使用证且矛盾突出堤段,禁止种植经济林,可以发展苗圃;④无争议堤段,可以适度种植经济林;⑤淤背区不允许修建永久性管理用房,临时用房应在市级河务局范围内统一规划,报省级河务局审查同意。

山东、河南两河务局应指导市、县级河务局结合自身实际,编制淤背区开发利用规划或实施方案,规划以防护林(适生林)带为重点,并与当地政府生态建设或城乡建设规划衔接,使规划不仅符合黄河河务部门要求,也要符合地方政府要求,并争取政府批复实施,以利于淤背区的运行管理。

第四节　强化土地利用管理

为加快黄河生物防护工程建设,规范临河、背河、护堤地及淤背区土地利用行为,保证生物防护工程的建设质量,增强生物防护体系的防洪功能与生态景观效果,2013 年开始黄委先后制定了《黄河水利工程绿化管理办法》《水利工程管理范围内土地利用管理规定》《水利工程管理范围内土地利用考核办法及其标准》等管理制度。

一、规范土地利用

(一)利用与管理原则

(1)执行国家的法律法规和政策规定,依法合规。

(2)符合水利工程功能定位,合理利用土地,坚持“临河防浪,背河取材”,有利于改善生态环境。

(3)有利于维持工程完整,确保工程安全运用。

(二)土地利用方式

(1)自主开发利用。

(2)对外合作。

(3)其他。

水管单位应坚持自主开发,集体管护,原则上不允许对外承包进行收益分成,对于自主开发确有困难的,可与地方林业企业、当地政府或村委会合作种植,不允许与当地村民个人签订承包或用地合同。

水管单位自主开发土地利用项目实行承包责任制度;对外合作土地利用项目实行合同管理制度。土地利用项目合同应明确使用年限、种植项目,合同每次期限一般不超过5年,最长不超过8年;设施类项目合同每次期限一般不超过3年,最长不超过5年。

土地利用项目合同应当明确项目名称、项目主要内容、项目投资主体名称、投资规模及来源、项目建设要求(包括进度、质量标准、验收程序等)、运行管理要求、合同违约责任等内容。

签订土地利用合同,必须明确无条件服从水利工程建设与防汛抢险,因水利工程建设、运行管理及防汛抢险需要处置土地利用项目的树木、苗圃或建筑设施的,应按照先处置后补偿原则办理,合同当事方不得阻扰;特殊情况时可无条件终止合同。

(三)土地利用类型

(1)林木、苗圃等种植类。

(2)建筑物(主要为房屋、仓储)、构筑物等设施类。

(3)其他类。

水利工程管理范围内的土地利用以防浪林、护堤(坝)林、适生林为主,应积极培育苗圃,合理发展经济林;禁止淤背区、护堤地种植各类农作物(包括粮、棉、油、蔬菜、瓜等)。

二、明确利用管理责任

黄委负责制定土地利用管理制度,明确土地利用管理相关要求;省级河务局、黄河上中游管理局、三门峡水利枢纽管理局及三门峡库区各管理局负责工程管理范围内房屋、仓储、建筑物、构筑物等设施类建设项目的审查同意;市(地)级河务局负责工程管理范围内种植类项目的审查同意,并报省级河务局备案;水管单位(负责堤防、河道整治、水闸、水库工程运行管理的单位)对所辖工程管理范围内土地利用项目履行全面管理责任;黄委及省、市(地)级河务局对所辖工程管理范围内土地利用项目进行监督指导。

第五节　完善生物防护体系

按照《堤防工程管理设计规范》,黄河生物防护工程要达到消浪防冲,防治暴雨、洪水、风沙、冰凌、波浪等对堤防工程的冲刷及侵蚀破坏;保护堤防和护岸工程的基脚安全;营造防汛用材林基地;涵养水土,绿化堤貌,优化生态环境。

一、生物防护工程效果分析

黄河属于北方河流，干旱少雨，洪水多发生在夏秋两季，为确保防洪安全并有条件地绿化、美化堤防，黄委在多年实践总结的基础上，充分考虑环境保护、水土保持和植物生长的相关要求，坚持统筹兼顾、合理规划和统一布局原则，明确了临河防浪林、堤肩行道林、淤区适生林、背河防护林及草皮的种植原则和技术标准。

（一）临河防浪林

黄河洪水漫滩后，风浪对大堤的冲击和冲刷是非常严重的，特别是易形成顺堤行洪的堤段，堤身的安全受到严重威胁，因此，传统一般采用修筑防洪坝和临河挂柳等措施防浪、防冲，这些措施无疑能发挥很好的作用。然而，修筑防洪坝不但投资多、工程量大，而且维修养护工作量较大、投入增加；临河挂柳比较被动，不能有效解决防浪问题。因此，营造以防浪林为主的生物防浪工程是确保黄河防洪安全的重大举措，具有重大的防洪效益、经济效益及生态效益。

黄河下游防浪林优选树种主要是柳树，常规的是丛柳和高柳。柳树适应性强，喜水湿，亦较耐寒，生长迅速。柳树有较强的木质结构，树皮细胞中强性水合物较多，遇水可选择性吸收利用，促进生根。柳树枝上顶芽顶端优势明显，侧生长相对较弱，要生成宽大树冠，需要常常进行头木作业、抹芽或适度修枝。柳树根系发达，具有强大的须根系。在正常生长条件下，树冠垂直投影面积就是根系分布面积。柳树本身弹性纤维量大，木纤维和韧皮纤维发达。据研究分析，可变系数为60%，5 级风力与 1 m 浪高对 1 年生柳树进行冲击，树枝条不受影响。柳树枝条、叶片具有不同弹性和开张角度，对风浪能起到明显的分散和消力作用。

防浪林带按统一规格和技术要求，栽种在堤防工程临水侧一定范围内；防浪林带宜采用乔木、灌木、草本植物，结合成紧密的立体生物防浪工程；防浪林带的苗木，宜选用耐淹性好、材质柔韧、树冠发育、生长速度快的杨柳科或其他适用于当地生长的树种；防浪林带的种植宽度、排数、株行距，应根据消浪防冲要求和不影响安全行洪的原则确定，必要时应采用相似条件下防浪林观测试验成果，类比分析确定。

（二）背河防护林

背河护堤（护坝地）种植取材林，主要种植杨树、柳树，既可防护堤坝，还可用于取材，提供抢险修防料物，达到防风固沙、绿化环境的目的。多年实践证明，利用堤防工程护堤地及河道整治工程护坝地培植抢险取材林意义重大。

护堤林带要求栽种在堤防工程背水侧护堤地范围内；护堤林带宜选择适宜于当地土壤气候条件、材质好、生长快、经济效益高、适合抢险用料的树种；护堤林带的种植宽度和植株密度，应根据当地土壤气候条件，以及防治风沙、涵养水土等环境要求确定。

护堤林带应考虑生物多样性和防治病虫害的要求，间隔种植不同的树种。

（三）淤区适生林

黄河标准化堤防建成后形成了 80～100 m 宽度不等的淤背区，按照国务院批准的黄河综合防洪规划，应根据当地环境地质条件种植适生林带，以涵养水土、减少土壤流失，区内一般种植杨树居多，也可用于培育苗木和经济林种植。

适生林带同样应结合防治病虫害的要求，间隔种植不同的树种。

（四）堤肩行道林

行道林主要作用是美化堤肩和河道整治工程联坝道路路肩，一般选种用于美化的长青灌木类树种，原则上不宜选择高大乔木树种。

在堤坡和戗台范围内，不宜种植树木；对已栽种树木的堤防工程，应进行必要的技术安全论证，确定是否保留；堤顶不宜设置行道林，经论证确需设置行道林时，行道林树木应选择根系较浅的灌木类树种。

（五）草皮种植

为防御暴雨、洪水、风沙、冰凌、波浪等环境因素对堤坡的侵蚀破坏，宜种植草皮进行防护；对于近堤流速超过 3 m/s 的堤防临水坡面，不宜种植草皮护坡；护坡用的草皮宜选用适合当地土壤气候条件，耐干旱、盐碱、潮湿，根系发育、生命力强的草种。

二、种植技术标准

1996 年，黄委制定了黄河下游防浪林种植标准，经过 2004 年开始的标准化堤防建设实践，2009 年，黄委在制定的《黄河下游标准化堤防规划设计与管理标准》中，对防浪林、行道林、适生林、护堤林及草皮种植进一步明确了具体要求，2012 年黄委围绕黄河标准化堤防生态景观线建设实践成果，制定印发了《黄河水利工程绿化管理办法》。

水利工程绿化应遵循“临河防浪、背河取材”和“因地制宜、环境友好、适地适树、适地适草”的原则 。

堤防工程临河侧种植防浪林、堤顶种植行道林、淤背区种植适生林、背河护堤地种植防护林；河道整治工程连坝顶种植行道林、护坝地种植护坝林；大堤两侧堤肩、背河堤坡、上堤（坝）辅道路面两侧、辅道边坡、河道整治工程坝顶、坝肩及土坝边坡等种植草皮防护；水管单位、水闸管理所、河务段（管护基地）等管理庭院的绿化美化，各单位根据一线职工生产生活需要视情况确定。

（一）防浪林

东明高村种植宽度以上 50 m、以下 30 m；近堤侧种植高柳，外侧种植丛柳，其中高村以上高柳宽 24 m、丛柳宽 26 m；高村以下高柳宽 15 m、丛柳宽 15 m；沁河下游高柳宽 9 m、丛柳宽 6 m。防浪林株行距为高柳 2 m×2 m、丛柳 1 m×1 m，各树种均梅花形布置，达到纵横成行、整齐美观，成活率不低于 95%，如图 9-1 所示。防浪林不得出现断带现象。

（二）适生林

为保证防汛抢险取材需要，淤背区按照种植取材林、苗圃相结合的原则，种植防汛抢险所需的杨树、柳树，适度抚育苗木花卉，也可结合当地情况种植其他适宜树种。树木胸径应不小于 2 cm，株行距一般为 3 m×4 m，梅花形布置。淤背区内土地植树利用率达到 95%，植树应垂直堤防轴线进行布局，达到整齐美观、整体划一；不同树种宜间隔种植，减少病虫害发生，如图 9-2 所示。

（三）行道林

堤肩行道林以常绿美化树种为主，每侧种植一行，株距根据树种确定，同类树种株距统一，树株胸径一致且不小于 5 cm，距堤肩线不小于 0.30 m，成活率不低于 98%。

图 9-1　堤防防浪林

图 9-2　堤防淤背区苗圃

控导工程连坝两侧各种植 1 排行道林，树株胸径一致且不小于 3 cm，距坝肩线不小于 0.25 m，如图 9-3 所示。

图 9-3　堤肩行道林

（四）防护林

护堤（坝）地防护林主要为培植抢险料源，以种植杨、柳为主，树木胸径应不小于2 cm，护堤（坝）地植树株行距2 m×3 m，树株生长旺盛，成活率不低于90%，如图9-4所示；河道整治工程坝顶及坝坡原则上不得种植树木 。

图9-4　背河防护林

（五）草皮种植

大堤两侧堤肩、辅道两侧路肩及河道整治工程连坝两侧坝肩种植草皮防护，宽度均不小于0.5 m。防护草皮应生长旺盛、无杂草，覆盖率不低于98%，如图9-5所示。

图9-5　堤防草皮护坡

三、种植技术要求

为加快黄河生态文明建设，构建人水和谐环境，2012年底黄委发文明确要求各水管单位对所辖水利工程管理范围内现有的小树、弯树、缺损断带情况进行分类普查及统计，编制清除小树、弯树及缺损断带的种植计划，落实苗木选定、规范挖坑、种植、浇灌、管理与养护等各环节工作责任，提高水利工程植树绿化成效。

树种选择要结合沿黄地区的立地条件，选择优质、速生、生态价值高、抗逆性强的树种，鼓励引进推广优良品种。为提高人工林的抗逆性能和综合效益、维护和提高林地生产力，应因地制宜地营造混交林。

苗木选择应根据种植要求的树木品种和胸径标准，选取径直、无伤、无病虫、根系完整的树苗（若是扦插，应无劈裂脱皮现象）。堤防行道林和庭院美化应采用大苗栽植 。

春季起苗应在苗木开始萌动前进行。起苗时不应用力拔，以防损伤苗木的侧根和须根，确保苗木根系完整；起大苗时须带土球起苗。苗源选地应以就近为主，确需从外地购苗的，运苗时应进行包装，防止在运输过程中苗木干枯或损伤，大苗应单株包装。运输过程中应轻拿轻放，确保苗木不受伤害 。

采用穴植法的坑穴规格应根据苗木根系长度、根幅和立地条件而定，以苗木根系舒展为宜，一般按照大于根幅 1～2 倍控制，栽植深度应在苗木根茎处原土印以上 3 cm 左右。挖坑时表土与心土分开放在坑旁，回填时先填表土后回填心土。为有利于树株生长发育，提倡施用有机基肥。

栽植时将苗木放在坑穴正中扶正，使根系舒展，再用湿润的表层土填埋苗根；填土到二分之一时，把苗木略向上提（使苗根向下，根系舒展）后将四周踩实；再填土至穴满、踩实（此谓“三埋两踩一提苗”）。最后在坑穴表面围土成盆状以备浇水，待树苗成活不需浇水后封穴。

苗木栽植当天必须完成第一遍浇水。行道林、高柳可采用单株设置鱼鳞坑浇水法（植草可采用漫灌），待余水渗完后，抓紧封穴或撒散土保墒。

草皮宜选择抗冲耐旱的葛芭草或适合当地生长的草种。葛芭草墩距 0.2 m，梅花形布置，植草时机选择阴雨天气。

四、苗木管护要求

生物防护工程应通过采购方式，委托专业技术人员实施管理；要因地制宜，坚持日常养护；应推广应用先进技术，不断提高苗木管护水平。

（1）适时浇水、施肥。植树植草完成后，根据土壤墒情及时进行浇水，确保栽植树株、草皮的成活；新植幼树应适时追肥。

（2）病虫害防治。应针对所植树种的特性，及早组织技术人员进行病虫害预防工作，一旦发现病虫害应及时灭虫。

（3）根据树种和树木的生长情况，适时进行除蘖、修枝、整形等培育工作。

（4）禁止在新植树木、草皮堤（坝）段放牧，加强保护工作，防止被人畜攀折、啃食。

（5）新植树木成活率：行道林成活率达到 100% 为合格，防浪林、适生林成活率达到 95% 以上为合格，护堤（坝）林成活率达到 90% 为合格。达不到合格标准的，必须在当年冬季或翌年春天进行补植 。

（6）林木采伐更新。

①充分考虑防汛抢险料源需要、树木生长周期和生态景观效益。

②适生林采伐一般采用间伐与轮伐：间伐每次数量不大于间伐区域树木保有量的

50%,根据树种及实际生长情况,间伐年限原则上不少于3~5年;轮伐区域沿工程连续长度不超过500 m,5 km内累计长度不得超过1 km,轮伐年限原则上不少于8年。

③对于已开始老化的树木,水管单位应根据实际情况采伐更新。

④对于树木缺损较多的林带,水管单位应及时选择同类型的树木、同样的株行距进行补植,维持生物防护体系的完整。

(7)草皮养护与补植。

①草皮护坡应经常修整、清除杂草,保持完整美观;干旱时,应及时洒水养护。

②护坡的草皮遭雨水冲刷流失或干枯坏死,应及时还原坡面,采用添补更换的方法进行修理。

③添补的草皮宜就近选用。

④更新草皮宜选择适合当地生长条件的品种,并尽量选择低茎蔓延的爬根草,不得选用茎高叶疏的草。

⑤补植草皮时,宜带土成块移植,移植时间以春、秋两季为宜。

⑥移植时,宜扒松坡面土层,洒水铺植,贴紧拍实,定期洒水,确保成活。若堤防、堤岸防护工程边坡土质为砂土,宜先在坡面铺一层腐殖土,再铺草皮。

⑦草皮护坡中有大量的茅草、艾蒿、霸王蔸等高秆杂草或灌木时,宜采用人工挖除或化学药剂除杂草的方法进行清除;使用化学药剂时,应防止污染水源。

五、种植管理考核

为促进水利工程管理范围内土地利用,维护工程完整,提高土地种植效益,黄委按照标准统一、指标量化、便于考核、结果公示的原则,在水利工程管理标准及考核办法中对堤防、水闸、水库及河道等各类工程,树木、草皮种植及庭院绿化明确了量化考核指标,并制定了土地利用管理考核办法,以促进工程管理范围内的生态体系建设。

土地利用管理考核实行分级负责制,黄委负责黄河水利工程管理范围内土地利用管理考核的监督指导和考核抽查;省级河务局负责所辖水利工程管理范围内土地利用管理的考核工作;市(地)级河务局负责所属水管单位土地利用管理自查结果的审核工作;水管单位负责本单位土地利用管理和自查工作。

土地利用管理考核对象为水管单位,单宗土地不作为单独考核对象;水管单位应组织工程管理、水政执法、财务、经济管理等相关人员,按照黄委水利工程管理范围内土地利用管理考核标准进行考核。土地利用管理主要考核内容为土地利用规划、种植项目与合同管理、林木种植及管护、违规种植和违章建筑查处等。水管单位每年9月30日前对所辖土地利用管理情况进行自查,并将自查情况上报市(地)级河务局。市(地)级河务局每年对所属水管单位土地利用管理自查情况进行审核,编制土地利用管理总结报告,并于10月底前上报省级河务局。省级河务局每年要对所辖水利工程管理范围内土地利用管理进行考核,并将考核结果于11月底前上报黄委备案,同时将考核结果在办公自动化网站公布。

黄委每年相机抽查不少于10%的水管单位,对抽查中发现的问题集中反馈给相关省级河务局或管理局。省级河务局建立工作通报机制,针对考核发现问题,采用“一局一单”方式反馈考核结果及整改意见,督促落实整改工作。水管单位制订整改计划,落实整改措施,市(地)级河务局对水管单位整改情况逐一进行核查,并将核查结果上报省级河务局。

第十章　害堤动物防治

獾、鼠、狐是黄河的主要害堤动物，每年汛前工程安全普查都会发现数量不等的动物洞穴，它们的生存洞穴及活动对堤防工程构成重大隐患，影响堤防完整与安全运用，需用大量人力、财力、物力捕捉獾、狐，防治鼠害，处理隐患，如何有效地防治獾、狐、鼠是黄河堤防工程管理面临的课题之一。

千里金堤，溃于蚁穴。据近代历史记载，黄河历次堤防决口除堤身高度不足所发生的少量漫溢决口外，多数是堤身洞穴、缝隙、松散体等隐患所造成的溃决，而獾、鼠是造成堤岸防护工程洞穴隐患的主要原因。清乾隆十六年（公元1751）以来，黄（沁）河大堤因獾洞致决的达19次，决堤口门宽度20~300 m不等。清代户部尚书给乾隆皇帝的奏折反映了当时黄（沁）河大堤獾、鼠猖獗和致决后的灾害情况，“鼠穿堤堰千百孔，黄水破堤淹九洲；千里荒芜人烟绝，尸盖涡阳覆亳州”。由于獾、鼠洞穴危害的严重性，清代治黄机构设置有专职“獾兵”，常年坚持捕捉獾、狐、鼠，以消除堤防隐患。

1946年，黄河回归故道，标志着人民治黄的开始。由于害堤动物和战争危害，堤防残破不堪、洞穴丛生。为保证堤岸工程完整与运行安全，黄委于1948年发布了《关于平工管理指示》，制订了捕捉堤防獾、鼠的奖励规定和普查处理隐患的实施办法。之后，随着黄河下游堤防工程的建设和管理工作的深入，捕捉獾、鼠，处理隐患逐渐形成制度。据统计1946~1992年黄河下游累计捕捉獾、狐、鼠93万只，处理堤防隐患35万处，年均约2.1万只、处理隐患约0.8万处，维持了工程完整，增强了抗洪强度，保证了工程安全运用。

第一节　害堤动物习性

一、獾

獾亦称“猪獾”，属哺乳纲，啮齿目，鼬科；广布于欧亚大陆（见图10-1）。体长约0.5 m，尾长0.1 m有余，头长、耳短、身体粗胖，皮下脂肪较厚，成獾体重15 kg左右；毛呈灰色，有时发黄，夏秋灰褐，冬春灰黄，形成保护色；头部有三条宽白纵纹，耳沿亦白色，胸、腹、四肢呈黑色；腿较短，前蹄宽、短、爪长，后蹄窄、长、爪短，形似小孩脚丫，俗称“人脚獾”。前爪长约6 cm，善掏洞穴，一夜可掏挖7~8 m，速度惊人；掏洞穴，前爪挖，后蹄刨，屁股推。獾视觉一般，听、嗅觉灵敏，凭借灵敏的听、嗅觉，它可以较快地发现、猎取目标，又能实时地辨别险情，藏匿或逃遁；獾生性胆怯，疑心颇大，特狡猾，只要发现洞前有天敌活动迹象，就会长时间藏匿洞穴，捕捉十分困难。

獾属肉食性动物，食性又较杂，几乎是捕到什么吃什么，其中主要以老鼠、青蛙、蛇、昆虫等小动物为食；在动物食源不充足情况下，瓜果农作物、草根等也用于充饥。獾是游击性觅食，且喜欢吃鲜食，不吃死掉的动物。因而，人们设想以死亡动物为诱饵进行捕捉很难奏效。

图 10-1　獾

獾喜欢夜晚活动,昼伏夜出;獾奔跑速度不快,走动时脚尖着地重,脚跟着地轻,爪印相当突出,多走熟路,线路弯曲;饮水游泳,生活环境中多有水源。獾一般都有多处住所,以一处为主,每处数个洞口,通常只在一两个洞口出入,单口洞穴不会住獾。獾善冬眠,每年立冬至惊蛰期间,穴居洞内,不吃不喝,惊蛰后开始行动,此时其身体虚弱,行动迟缓,为尽快恢复体质,活动相当频繁。

獾每年 9~10 月中旬交配,翌年 4~5 月生育,每窝产 3~4 只;产仔后,觅食频繁,易被发现,是全窝捕捉的好机会。

二、鼠

鼠别称耗子(见图 10-2),属脊椎动物,哺乳纲,鼠科,种类极多(全世界约 450 种以上),分布极广,繁殖及适应性特强。资料表明,黄河下游堤岸防护工程范围内主要分布褐家鼠、大仓鼠、大家鼠、小家鼠、黑线姬鼠、黑线仓鼠、田鼠、鼢鼠(盲鼠)和麝鼠等 9 种,约占全国迄今发现鼠类 184 种的 5%。鼢鼠身体粗圆,毛色黑灰,尾短眼小,视力感官不灵,以植物根茎为食,常活动在地表以下 0.1~0.3 m 深度。其余鼠种具有如下共性:体小头圆,口吻突出,唇有须,眼圆,耳小,门齿发达,无犬齿;躯干圆长,四肢细短,尾巴长,前肢比后肢短,有五趾,各趾有钩爪,第一趾特别小;毛柔,背暗褐,腹灰白。

老鼠寿命 2~3 年,幼鼠 2~4 个月便情窦大开,一个月左右又产幼子。鼠一般有五对乳房,褐家鼠有六对乳房,每年生育 5~8 胎,每胎 4~7 只,妊娠期短,发育迅速,致使繁殖力非常旺盛,尽管有獾、狐、猫、鹰等天敌及人类的大量猎(药)杀,也难以驱除或消灭。

凡鼠多穴居食物丰盛、地形地貌复杂、沟壑较多、草垛丛生处,且洞穴有数口门,易于逃遁。老鼠生性敏锐、多猜疑、智力强、善攀越、会游泳,加之食性杂,对环境的适应性特强。目前已发展到世界各地无处没有鼠的状况,捕杀难度很大。

图 10-2 鼠

三、狐狸

危害黄河堤防的有害动物主要有獾、鼠,獾的洞穴大、鼠的洞穴多,会造成堤岸工程的大量隐患,对维持工程完整与安全运用十分不利,必须加强防治,但狐狸则不同。

狐狸属脊椎动物,哺乳类,犬科(见图 10-3)。狐狸有近 10 种,我国分布主要有赤狐、十字狐,其生理习性相同,形貌相近。形似犬而瘦小,躯干长,四肢细;口吻尖突,有黑须,耳朵呈小三角形;听、嗅两官皆敏锐,瞳孔椭圆形;体长 1.2 m 左右,尾巴长达躯干之半。狐狸常寄居山林、土岗、沟坡等地形多变处,因无刨掏洞穴的习性,其洞穴多为借居其他动物的洞穴,昼伏夜出,捞食鼠、鼬、蛙、鸟及昆虫等,时而也掠食家禽。初春交配,妊娠期 60 天,每胎产子 5~8 只,两年成熟,寿命 10~15 年。狐生性敏捷、多猜疑、极狡猾,逢敌则从肛门旁液腺放出恶臭气而逃跑。其肉臭、味不美;毛皮蓬松柔软,是制裘的好原料。

图 10-3 狐狸

从狐狸自身的能力讲,它不会刨挖洞穴,多借居獾洞或穴居沟槽,有捕食老鼠的本能,无危害堤身的行为,不宜列为害堤动物。

从生态角度讲,大自然中存在许多鼠类的有力天敌,除猫、黄鼠狼、鹰外,狐狸也是其中之一。据资料介绍,一只狐狸一昼夜可捕食老鼠 20 多只,正是这些天敌的存在,才大大减轻了人类防治鼠害的负担。因此,为维持生态循环及环境、保护野生动物,须保护狐狸,不再捕捉，并强化洞穴开挖回填。

第二节 獾、鼠活动规律与危害

黄河下游堤防从孟津铁谢至垦利入海口、沁河五龙口以下、大清河戴村坝以下，各地均有鼠类出没行迹，造成大量洞穴隐患，不同之处是不同堤段种群数量不同，危害大小有差异。獾活动的堤线主要在沁河口以下至艾山以上的黄河大堤、北金堤及东平湖堤，其中在惠金、长垣、濮阳、兰考、东明、阳谷河务局临黄堤及东平湖围堤等堤段活动猖獗，其他堤段基本上没有獾的活动和危害。

一、獾、鼠活动规律

根据多年来黄河獾、鼠危害与防治情况分析，堤防工程范围内獾、鼠活动有如下特点。

在某一堤段范围内，獾有反复出没、重复危害的现象，如郑州惠金河务局大堤(0+000~7+000)、兰考河务局大堤(126+640~135+000)、东明县局大堤(175+000~177+000)，危害范围一般 6~7 km，最长达 13~14 km，如长堤河务局大堤(28+000~42+000)、阳谷北金堤(110+000~黄堤 3+000)。这些堤段连续多年遭受獾害，年年捕捉，屡捉不绝。

獾洞在堤身分布与堤身坡形、植被好坏及近堤的生态环境有关。一般堤坡不平顺，备防石料堆放不齐整，堤身杂草丛生，地势偏僻，近堤低洼有饮水，好隐蔽、易逃遁的堤段，为獾提供了天然生态环境。獾活动猖獗，洞穴隐患较多。獾洞多分布在堤坝坡中部，洞道处于设防水位以下，洞口多位于背风朝阳的部位。据濮阳河务局 1985~1990 年统计，39 处獾洞 66 个洞口，在戗台、废土牛、旧房台及杂草丛生处的占 87%，洞道埋深 3~5 m，处于设防水位以下。

老鼠活动范围一般 300~1 000 m，堤身土质疏松、食物资源充足、地形地貌复杂等是老鼠择穴的先决条件，如兰考县南北庄堤段，农作物多，堤根低洼，堤身下部土质潮湿，堤身鼠害明显增多。

堤身鼠洞分布一般在堤坝身中上部，洞穴要求土质疏松干燥，以利其居住和存放食物，堤根地势低洼，地下水位普遍较高，串沟、漫滩洪水及连绵降雨影响，增加了堤根积水概率，鼠洞位置一般靠近上部堤肩；堤身中上部废弃房台，打场晒粮堆垛，便于老鼠藏身和觅食，老鼠则要就近挖洞居食。从堤段上划分，临河堤坡、临村堤防、上堤路口等人类活动频繁的堤段，鼠洞明显减少，反之则鼠害较多。据兰考河务局 1987 年鼠害普查资料分析，在总数近千个洞口中，分布在堤顶以下 0~5 m 范围的占 80%，按堤顶超高 3.0 m 计，设防水位以上的洞口数约占 60%。

獾个体数量有随鼠个体数量增减而变化的现象，这种现象可能与獾以鼠为主要食物来源之一有关。根据黄河多年的獾、鼠害普查与防治统计资料分析，獾数量多的堤段鼠害也表现猖獗，说明黄河大堤的獾、鼠活动可能存在獾与鼠的依存关系。关于该课题，欧美生物学家已取得北半球冰土带旅鼠和捕食者北极狐或美洲赤狐的数量呈周期性变化的研究成果。如加拿大冰土带狐的捕获数量每隔三四季出现一个高峰年份，分析表明，捕获狐的头数高峰与旅鼠大迁移相关。这种周期性变化可以衡量食者与被食者的依存关系。女生物学家 A. Ф. цIIPKOBA 在亚马尔湖沼泽地区研究结果表明，旅鼠和北极狐个体数量变化有着密切的联系，狐出现的高峰比旅鼠发生的高峰只迟半年。

二、獾、鼠危害分析

（一）削弱堤身抗洪强度

獾洞具有一穴多洞、内部分层、埋藏深、洞道长、洞径大的特点。如 1982 年开封河务局大王潭堤段发现一处獾洞有 30 个洞口，分布在长 60 m、宽 15 m 的堤坡上，埋深 5~7 m，洞径 0.3~0.7 m，横向伸入堤身 5~15 m，最长达 26 m。1987 年阳谷河务局北金堤 110+000~临黄堤 3+000 堤段，汛前工程普查一次发现獾洞口 85 个，埋深 3~4 m，洞径 0.3~0.6 m，洞穴深入堤身 10~20 m。1993 年 3 月濮阳河务局在习城、徐镇和王称固发现 3 处獾洞，其中习城洞穴有 3 个洞口，埋深 3.2 m，洞径 0.32~0.6 m，主洞伸入堤身后分为三支，一支由堤身中部向下游延伸 26 m，另两支横穿大堤超过临河堤肩后汇合，向下游延伸 6 m 多，如图 10-4 所示。

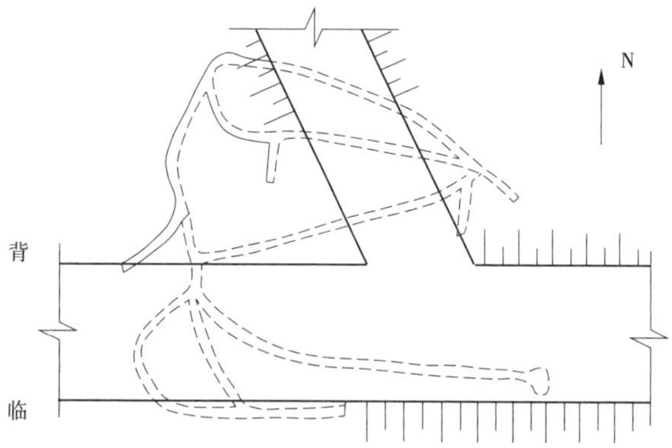

图 10-4　濮阳堤防 74+300 处獾洞平面示意图

（二）造成重大堤身隐患

鼠为觅植物根茎，在堤表掏挖大量洞道，洞穴埋深 0.1~0.2 m，洞道在堤表形成土垄，其洞道垂直或平行于堤轴线，降雨极易在堤坡上集水汇流，形成水沟浪窝。如兰考县南北庄堤段，1991 年发现一鼢鼠洞，洞口位于背河堤肩以下 3.5 m 处，洞穴深 0.1~0.25 m，走向弯曲至堤脚，洞总长约 120 m，根据护堤人员反映，堤身造成的水沟浪窝除排水设施不完善、布局不合理外，主要是没有及时消除鼠洞所致。

獾、鼠洞穴有洞径、埋深及分布部位的不同点，又有群居、狡猾、一穴多口、内部分层、主支有别、功能各异、洞穴分布面积大（獾 1~150 m^2，鼠 1~140 m^2）的共性，加之獾、鼠洞穴是出入或运食通道，这些洞道容易造成集中汇流，侵蚀、淘刷堤（坝）身土体，最终造成水沟浪窝或堤坡坍塌。特别是当洞道位于堤肩、戗顶或坝顶的挡水子堰以内时，情况更严重。

由于獾洞埋藏深、洞径大，洞穴隐患出现在堤（坝）坡防石处，会加剧堤（坝）体应力分布不均匀状态，雨水渗透力和其他机械力作用导致洞顶土压力会很快达到极限状态以至失稳破坏，造成堤防坝岸坍塌，蛰陷险情。

第三节　獾、鼠数量与防治关系

一、堤防隐患与獾、鼠数量关系

黄河堤坝隐患主要包括动物洞穴、树根腐烂洞穴、堤(坝)身垫陷裂缝等,其中动物洞穴隐患发生概率最高,也最严重。统计1976~1992年黄河下游堤防防治獾、鼠数量与处理堤防隐患关系分析(见图10-5),具有如下几个特点:

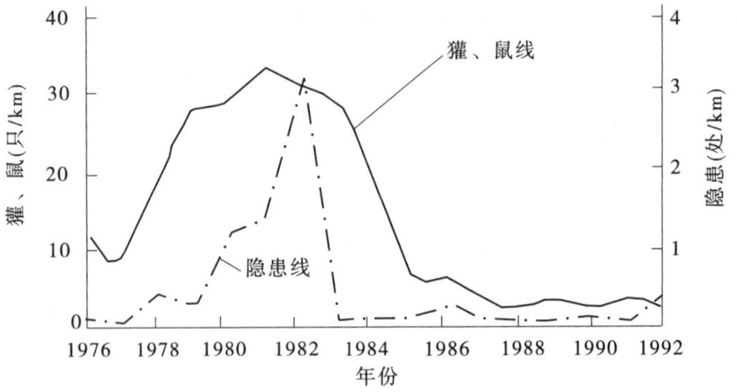

图10-5　捕捉堤防獾、鼠与处理隐患关系曲线

(1)堤防隐患数量随獾、鼠数量波动,二者存在较为明显的因果关系,因而欲减少堤防工程隐患、降低除险加固投资,必先从有效防治獾、鼠害着手,加强防治措施与措施研究,用较小的獾、鼠害防治投入以减少大量的除险加固支出。

(2)1982年以前,獾、鼠数量和堤防隐患均呈上升势头,1981~1982年达到高峰,捕捉獾、鼠和处理隐患依次为35只/(100) km、1.4处/(100) km和32只/(100) km、3.3处/(100) km。1983年黄河下游第三次大复堤主题工程基本完成,工程管理不断得到重视与加强,整修堤顶堤坡,完善排水设施,驱除杂草,更新草皮,破坏了獾、鼠的栖息环境;同时,不少水管单位采取奖励措施,对捕獾、灭鼠核定数量分发奖金,獾、鼠数量和隐患发生数量逐年下降,并保持在较低的水平。

(3)根据1983~1992年黄河下游捕獾、灭鼠与处理隐患回归曲线分析(见图10-6),堤身隐患与獾、鼠防治相关系数为0.76,二者相关程度高的事实告诉我们,防治害堤动物是减少堤(坝)隐患的重要措施。

二、防治经济分析

据1983~1992年黄河下游捕害灭患统计资料分析,近十年来共计捕捉猪獾1 780只(奖励费用300元/只),经费支出53.4万元;处理洞穴590处,每处挖填加固经费1.8万元,经费支出1 062万元,小计为1 115.4万元。捕鼠15.754万只,支出1.0元/只,经费支出15.7万元,两项合计为1 131.1万元,年平均支出超过113万元。若计入因鼠洞造

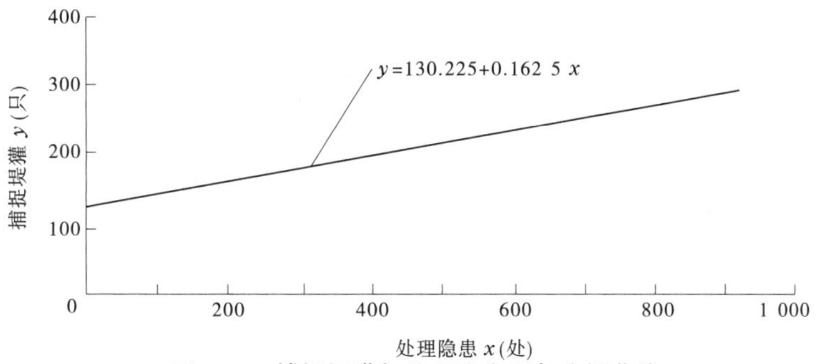

图 10-6　捕捉堤獾与处理隐患回归分析曲线

成浪窝的回填加固费,估算捕害灭患年平均费用将达 200 万元以上,占每年岁修经费的 6.6%。

由以上分析,可以得到如下结论:①1983 年后,獾、鼠数量减少,堤坝隐患相应减少,节减了经费支出,捕杀獾、鼠,工程环境治理及其他防治方法是有成效的;②捕捉獾、鼠经费年平均 6.9 万元,占年均岁修经费 113 万~200 万元的 3%~6%,比重比较小。因此,必须加强獾、鼠害的前期防治方法研究,可以减少獾、鼠数量,有效减少经费投入,减免堤坝水沟浪窝的发生概率。设想每年能列支岁修经费的 0.4%计 12 万元用于獾、鼠捕捉和防治研究,经过 3~5 年工作,除害灭患费用控制在 100 万元以内是完全可能的。捕害灭患经济分析见表 10-1。

表 10-1　捕害灭患经济分析

年份	獾			鼠		支出合计(万元)
	捕獾(只)	捕捉费(万元)	挖填费(万元)	捕鼠(只)	捕捉费(万元)	
1983	156	4.68	93.6	59 326	5.9	104.18
1984	168	5.04	100.8	37 614	3.8	109.64
1985	161	4.83	95.4	12 347	1.2	101.43
1986	181	5.43	108.0	13 093	1.3	114.73
1987	164	4.92	97.2	6 967	0.7	102.82
1988	132	3.96	79.2	5 493	0.5	83.66
1989	149	4.47	88.2	7 131	0.7	93.37
1990	154	4.62	91.8	3 943	0.4	96.82
1991	191	5.73	113.4	6 830	0.7	119.83
1992	324	9.72	194.4	4 796	0.5	204.62
Σ	1 780	53.4	1 062	157 540	15.7	1 131.1

第四节　獾、鼠防治方法

动物危害防治应保证工程安全、不污染环境，做到防治并重、因地制宜、综合治理。防治范围应包括水利工程的管理范围、保护范围和害堤动物可能影响工程安全的范围。每年应编制动物危害年度防治计划，做好普查、防治和隐患处理。

一、防治技术要求

(1)每年冬季和汛前各进行一次普查。对草丛、料垛、坝头等隐蔽处和獾、鼠多发堤段，应加强普查，进行群众访问调查。

(2)及时清除堤坡上的树丛、高秆杂草、旧房台等，整理备防土料、备防石料垛，消除便于獾、鼠生存和活动的环境条件，使其不能正常觅食、栖息和繁殖，逐渐减少害堤动物数量，直至局部灭绝。

(3)做好獾、鼠防治记录，内容应包括捕捉獾和鼠的时间、堤防桩号、洞穴位置、尺寸、周围环境及处理情况等。

(4)因地制宜，防治獾、鼠。可采用人工捕捉、器械捕捉、药物诱捕、开挖追捕、锥探灌浆、烟熏网捕等方法，鼠害亦可采取化学药物绝育法。

二、常用的捕獾方法

(一)踩夹法

踩夹形如鼠夹，但比鼠夹大，是捕獾的好工具。这种工具简便实用，操作方便，不用诱饵，易于伪装，效果良好。它由半径 15 cm 的两个半圆形夹具、四段弹簧、踏板、铅丝及铁锥等部件组成，夹具是夹獾的主体，弹簧提供动力，踏板是制动机关，铅丝及铁锥可防獾挣脱逃跑。夹子布置在洞口前或进出路径上，只要獾踩住踏板，触动机关，夹子会迅速合拢，夹捕猎物；夹子用铅丝系在铁锥上，铁锥深插土中起保险作用，以免獾将夹子带走。踩夹机关灵敏，放置时应十分小心，放好后应经常查看，以免误伤人畜。

(二)开挖捕捉法

已探明獾在洞中，先用捕网或铅丝笼将洞口围好，然后可结合开挖翻填洞穴捕捉。该法主要有两种：一种是顺洞开挖，逐节逼近，直至捕住。该法进度慢，耗时长，适用于洞道短、埋深浅的洞穴。另一种是竖井拦截，先探明洞道走向，然后在洞顶开挖井径 0.7~0.8 m 的竖井；若洞道长，转弯多，可多段同时进行，逐渐逼近，当挖至獾藏身处，采用网捕或叉扎捕杀。此法进度快，效率高，适用于洞道长、埋藏深的洞穴。

开挖捕捉法尽管用人多、耗时长、需要日夜不停地开挖，但结合了翻填洞穴、成功率又较高，因而在黄河上得到了较广泛的应用。

(三)烟熏网捕法

探明獾在洞中时，封堵其余洞口(可适度透气)，只留其中一个出口，可在洞口布下捕网，然后在洞内点燃沾油的布棉、辣椒、硫黄和秸秆易燃物，同时向洞中吹风，产生有害气体烟熏洞中獾，然后在洞口网捕捉拿。

鼠害防治主要依靠堤坝管护人员人工捕捉法，特别是盲鼠，人工捕捉成功率很高，同时也涌现出不少捕鼠能手。化学药物、生物方法仅在小范围内试验，尚未取得大的成效，还需进一步研究。

三、加强防治方法研究

獾、鼠危害有目共睹，防治难度很大，传统的方法需要完善，新的方法更需要探索。为此，1994年黄委曾组织专题调研，就鼠害防治走访河北省无极县和国家动物研究所，受到很多启发，结合近年来黄河獾、鼠害防治与野生动物保护要求，提出如下认识。

（一）注重野生动物保护

獾属于国家三级野生保护动物，受《中华人民共和国野生动物保护法》保护，要依法办事，要在确保堤防工程安全运用的前提下，采取科学有效的防治方法，捕捉或驱赶是行之有效的，但务必要保护野生动物，达到保护堤坝工程与野生动物的目的。

注重野生动物保护，维持生态系统，把眼前实际防治效果与社会生态效益结合起来，在利用生化方法除害灭患的同时，防止造成益鸟、益兽和人畜伤亡。如鹰、猫、蛇等动物是鼠类的天敌，其繁殖能力又远赶不上鼠类，两者比例失调时，鼠类增加更快更多，对工程危害更严重，损失也更大。

（二）坚持共同防治

工程治理与社会防治相结合，重点研究与综合防治相结合，因地制宜，减少獾、鼠数量。如鼠害不仅局限于防洪堤坝，社会各行业乃至人类本身也深受其害，防治具有社会性，应从社会整体利益出发开展鼠害防治，力求减少其在工程范围内的种群数量，控制危害至最低限度。

獾、鼠在各堤段表现不同，有些堤段有鼠无獾，有些堤段獾鼠并存，数量种类也有差异，而每一种防治方法又都有它的特点和局限性，这就要根据各堤段实际，制订切实可行的防治方案，达到有效灭害的目的。如对鼠害猖獗堤段，可采取化学药物、生物工程方法防治为主，辅以驱除杂草、严禁打场堆垛、整治堤身坝坡、更新草皮树木等；对獾、鼠并存堤段，亦可从环境治理入手，探索生化方法灭鼠和捕捉堤獾的新方法。

（三）加强环境整治

某种动物濒于灭绝，另一些动物可能泛滥成灾。首先是遵循弱肉强食、优胜劣汰的动物进化原则起主导作用；其次则是堤防工程生态环境治理。环境是动物能否生存的重要因素之一，如鼠类，环境不适于生存，它们会迁徙；季节变化獾、狐毛色会变更，环境条件遭受破坏，动物便难以生存，即便不捕杀，也会自行减少。反之，若只注重捕杀，忽视治理其栖息环境，只能使獾、鼠数量暂时减少；一旦停止捕灭活动，獾、鼠数量又会很快增多。因此，整修堤顶坝坡，清除堤身坝岸树丛、杂草，改善堤坝面貌，破坏獾、鼠栖息环境，这是减少獾、鼠危害的重要措施。

（四）坚持长期防治

要把獾、鼠防治作为工程管理的一项经常性工作来抓，达到长期控制獾、鼠害至最低限度的目的。獾食性杂、适应性强，鼠分布范围广、数量几何级递增，彻底捕捉或消灭是不现实的，必须把獾、鼠害防治作为工程管理的一项经常性工作来抓，制定必要的管理制度和奖罚办法，提高管护人员思想认识，增强管护人员工作积极性，对有效防治獾、鼠害是非常必要和有益的。

第十一章　水利工程抢险

第一节　工程抢险概要

工程抢修是保证水利工程安全的重要工程措施,也是水管单位的重要工作内容之一。

水利工程抢修包括堤防、河道整治、水库、水闸等4类工程,其中水库、水闸工程抢险难度较大,一旦出险危害巨大,因此水库大坝和水闸工程具有设计严格、设施完善、基础坚固、险情较少的特点;河道整治工程是抗御洪水的"前哨",具有断面结构简单、利于旱地施工或抢险形成,基础较浅,主流顶冲下出险概率非常高,具有大小洪水均易出险的特点,属于河道管理单位的常规任务;堤防工程是河道防洪安全的最后屏障,重要程度高、防守要求严,而堤防多是在历史民埝基础上逐步加培形成的,具有险点隐患多、险情发展快的特点,是河道管理单位防守的难点和重点,也是本章的主要介绍内容。

工程抢险具有时间紧、任务急、技术性强等特点。抢险方案既要明确宏观控制、协调统一,又要体现针对性与可操作性。实践证明,工程抢险是一项系统工程,涉及黄河系统内部及社会有关方面,要求组织得力、配合密切、通力协作、全力抢险。一是应加强巡查,及时发现险情(见图11-1);二是针对不同险情,明确相应的抢险原则;三是提出正确的方案,采取正确的方法;四是人力资源可靠,物资保障到位;五是组织严密、指挥得当。

堤防工程险情概括有10种,包括渗水、管涌、漏洞、风浪冲刷、裂缝、漫溢、坍塌、滑坡(脱坡)、穿堤建筑物与堤防接合部险情、抢堵口门。

汛期应落实工程巡查责任制,防范重大险情发生。

图11-1　排查险情

险情发生后,应准确判断险情类别、性质,按"抢早抢小,就地取材"的原则确定抢修方法、制订抢修方案、及时组织抢修,并按规定及时向上级主管部门和防汛指挥机构报告。

图 11-2　工程抢险

抢修应做到组织严密、指挥统一、因地制宜、快速有效、确保安全(见图 11-2)。抢修结束应留专人观察,发现异常应立即报告并及时处理。

工程抢修结束,汛后宜按原工程设计要求进行修复;汛期采用的各种临时性抢护措施,汛后应予清理、拆除,重新修理,达到工程设计标准。

第二节　渗水险情抢修

一、险情定义

渗水,也称散浸或洇水,主要是指汛期高水位作用下,由于堤防土料选择不当、堤身断面单薄或施工质量不好等原因,渗透到堤防内部的水分较多,浸润线相应抬高,堤身背水坡出逸点以下堤坡及坡脚附近出现土体湿润、发软,有水渗出的现象(见图 11-3)。

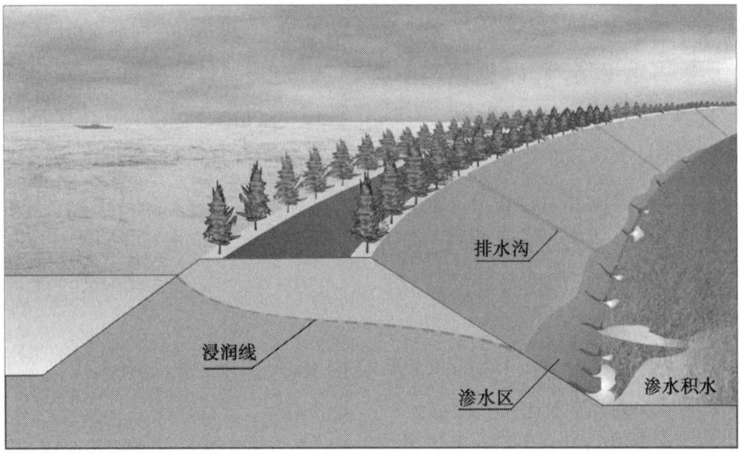

图 11-3　堤身渗水示意图

二、原因分析

(1)超警戒水位持续时间长。

(2)堤防断面尺寸不足。

(3)堤身填土含沙量大,临水坡又无防渗斜墙或其他有效控制渗流的工程措施。

(4)填土质量差,填筑时含有冻土、团块和其他杂物,碾压或夯实未达到施工质量要求。

(5)堤防的历年培修,使堤内有明显的新老结合面存在。

(6)堤身存在隐患,如蚁穴、蛇洞、暗沟、易腐烂物、树根等。

三、抢护原则

抢护原则应是“前截后导”。“前截”即在堤防临水侧用透水性小的黏性土料做外帮防渗,也可用篷布、土工膜隔渗,从而减少水体入渗到堤内,达到降低堤内浸润线的目的;“后导”即在堤背水坡上做一些反滤排水设施,用透水性好的材料如土工织物、沙石料或稻草、芦苇做反滤设施,让已经渗出的水有控制地流出,不让土粒流失,增加堤坡的稳定性。需特别指出的是,背水坡反滤排水只缓解了堤坡表面土体的险情,而对于渗水引起的滑动效果不大,需要时还应修筑固脚平台,以控制可能因堤防背水坡渗水带来的脱坡险情。

四、抢护方法

(一)临水截渗

为增加阻水层,以减少向堤身的渗水量,降低浸润线,达到控制渗水险情发展和稳定堤身堤基的目的,特别是渗水险情严重的堤段,如渗水出逸点高、渗出浑水、堤坡发生裂缝及堤身单薄的堤段,应采用临水截渗。一般根据临水的深度、流速,确定是否采用临水截渗措施。对风浪不大、取土较易的堤段,堤背抢护有困难时,必须在临水进行抢护;对有必要在临背同时抢护的堤段,均可采用临水截渗法进行抢护。临水截渗有以下几种方法。

1. 黏土前戗截渗

当水浅流缓、风浪不大、取土较易时,可采用此法。具体做法是:①填筑前应将边坡上的杂草、树木等杂物尽量清除,以免填筑不实。②根据渗水堤段的水深、渗水范围和渗水严重程度确定修筑尺寸。一般戗顶宽3~5 m,长度超过渗水段两端各5 m,戗顶高出水面约1 m,戗底部以能掩盖堤脚为度。③在临水堤肩,集中力量将黏性土料沿临水坡由上而下,由里向外,向水中缓慢推下,也可用船只抛填(见图11-4)。填土时切勿向水中猛倒,以免沉积不实。如临河流急,土料易被水冲失,可先在堤前水中抛投土袋或打柳桩作隔堤,然后在土袋与堤之间倾倒黏土。

2. 复合土工膜截渗

水深较浅且缺少黏性土料的堤段,临水坡相对平整和无明显障碍时,采用复合土工膜截渗是简便易行的办法,如图11-5所示。

具体做法是:①铺设前,应清理铺设范围内的临水坡面和坡脚附近地面,以免损坏土工膜。②土工膜可根据铺设范围的大小预先黏接或焊接。土工膜的下边沿折叠粘牢形成卷筒,并插入直径4~5 cm的钢管。③铺设前,宜在临水堤肩上将土工膜卷在滚筒上。滚

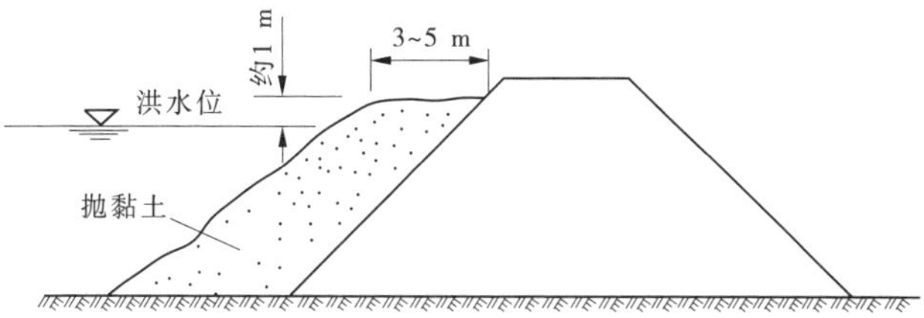

图 11-4　抛黏土截渗示意图

铺前,土工膜的下边折叠粘牢形成卷筒,并插入钢管加重(如无钢管可填充土料、石块等),以使土工膜能沿堤坡紧贴展铺。④土工膜宜满铺渗水段临水边坡并延长至坡脚以外 1 m 以上。预制土工膜宽度不能达到满铺要求时,也可搭接,搭接宽度宜大于 0.5 m。⑤土工膜铺好后,在其上压一两层土袋,由坡脚最下端压起,逐层向上紧密平铺排压。

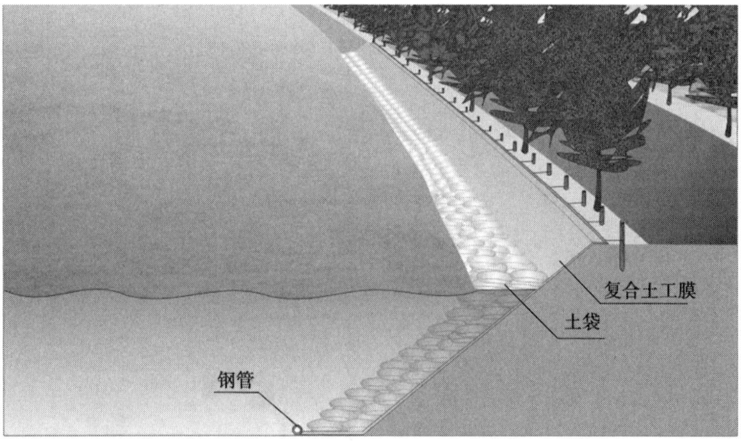

(a)复合土工膜截渗图

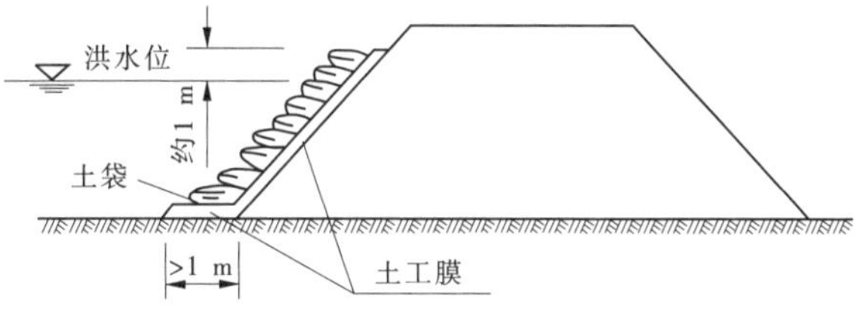

(b)复合土工膜截渗示意图

图 11-5　复合土工膜截渗图

(二)背河导渗

1. 背水坡导渗沟反滤导渗

当堤防背水坡大面积严重渗水,而在临水侧迅速做截渗有困难时,背水坡无脱坡或渗水变浑情况,可在堤背开挖导渗沟,铺设反滤料、土工织物或透水软管等,引导渗水排出,降低浸润线,使险情趋于稳定。

根据反滤导渗沟内所填反滤料的不同,反滤导渗沟可分为 3 种:①在导渗沟内填砂石料,称为砂石导渗沟。②在导渗沟内铺设土工织物,其上回填一般的透水料,称为土工织物导渗沟。③因地制宜地选用一些梢料作为导渗沟的反滤料,称为梢料导渗沟。

导渗沟的布置形式可分为纵横沟、"Y"字形沟和"人"字形沟等,如图11-6所示。以"人"字形沟的应用最为广泛、效果最好,"Y"字形沟次之,排水纵沟应与附近原有排水沟渠连通。

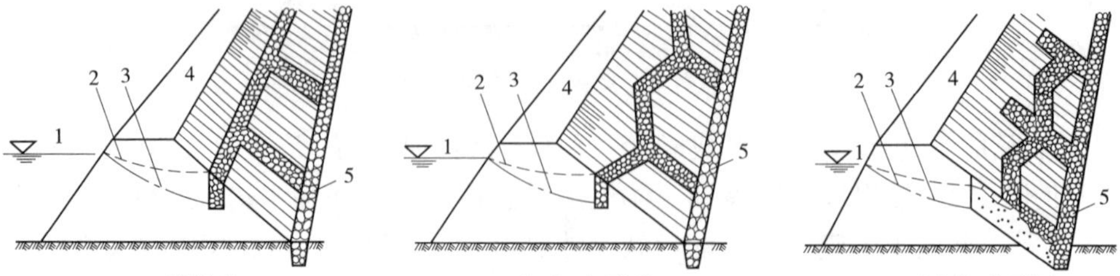

(a)纵横沟　(b)"Y"字形沟　(c)"人"字形沟

1—洪水位;2—开沟前浸润线;3—开沟后浸润线;4—堤顶;5—排水纵沟

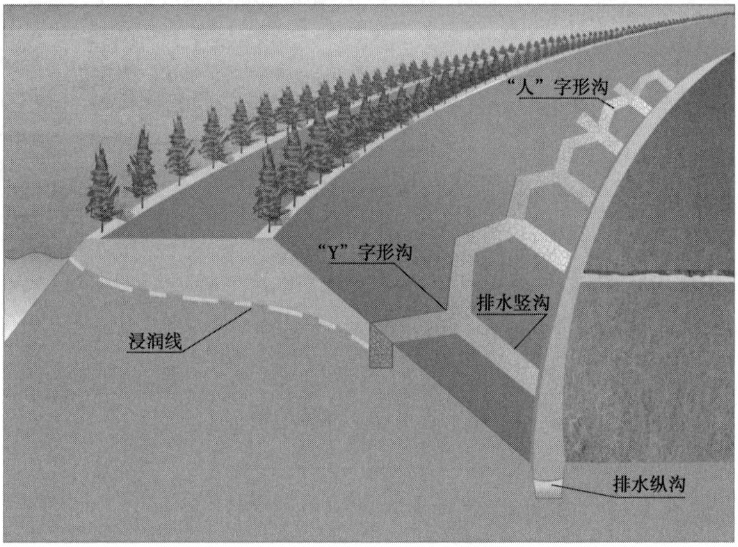

(d)"Y"字形沟示意图

图11-6　导渗沟开沟示意图

导渗沟沟深不小于0.3 m,沟底宽不小于0.2 m,竖沟间距4~8 m,导渗沟的具体尺寸和间距宜根据渗水程度和土壤性质确定。堤防背水坡导渗沟的开挖高度应尽量达到或略高于渗水出逸点位置。

导渗沟内应按照因地制宜的原则铺设反滤料物。砂石导渗沟应按照反滤要求分层填筑粗砂、小石子、大石子;小石子的粒径为0.5~2.0 cm,大石子直径4~10 cm;滤料填筑时应符合下细上粗、两侧细中间粗、上下分层排列、两侧分层包住的要求,每层厚大于15 cm。土工织物导渗沟应根据被保护土的颗分特性,选择符合反滤要求的土工织物,将其紧贴沟底和沟壁铺好,并在沟口边沿露出一定宽度;沟内应填满粗砂、石子、砖渣等一般透水料。

2.背水坡反滤导渗

当堤身透水性较强,背水坡土体过于稀软;或者堤身断面小,经开挖试验,采用导渗沟确有困难且反滤料又比较丰富时,可采用反滤层导渗法抢护。此法主要是在渗水堤坡上满铺反滤层,使渗水排出,以阻止险情的发展。根据使用反滤材料不同,反滤导渗层可分为3种:砂石反滤层(见图11-7)、梢料反滤层(见图11-8)、土工织物反滤层。

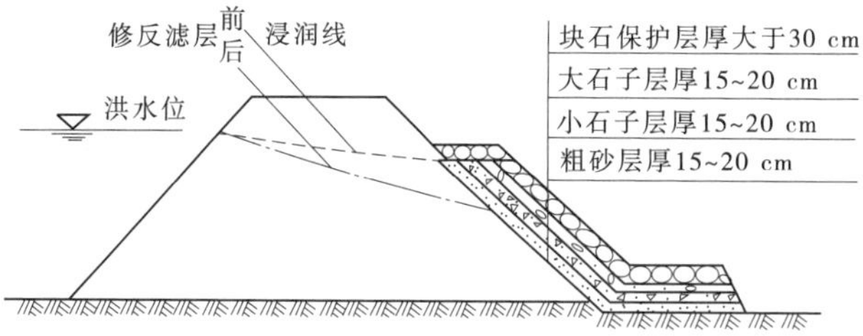

图11-7　砂石反滤层示意图

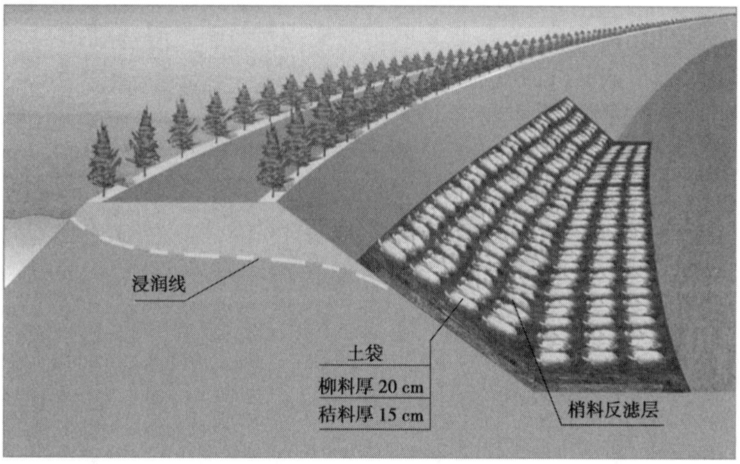

(a)土袋梢料反滤层示意图

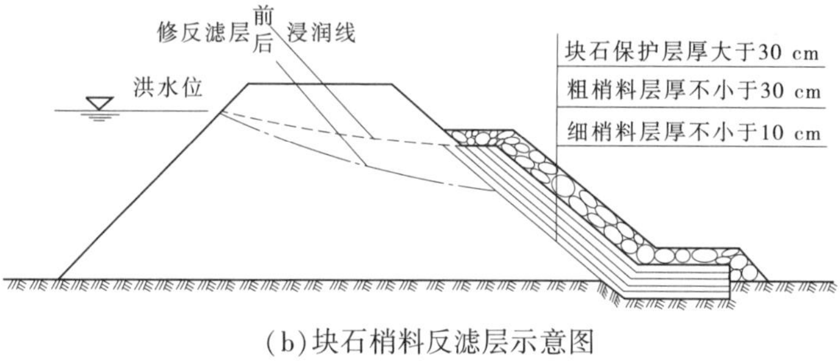

(b)块石梢料反滤层示意图

图11-8　梢料反滤层示意图

堤身透水性较强、背水坡土体过于松软或堤身断面小而采用导渗沟法有困难的堤段,可采用土工织物反滤导渗法(见图11-9)。具体做法是:按反滤层铺设的要求,先清除渗水边坡上的草皮(杂草)、杂物及松软的表层土。根据堤身土质,选取保土性、透水性、防堵性符合要求的土工织物。铺设时搭接宽度不小于0.3 m。均匀铺设砂、石材料作透水压载层,并避免块石压载与土工织物直接接触。堤脚挖排水沟,并采取相应的反滤、保护措施。

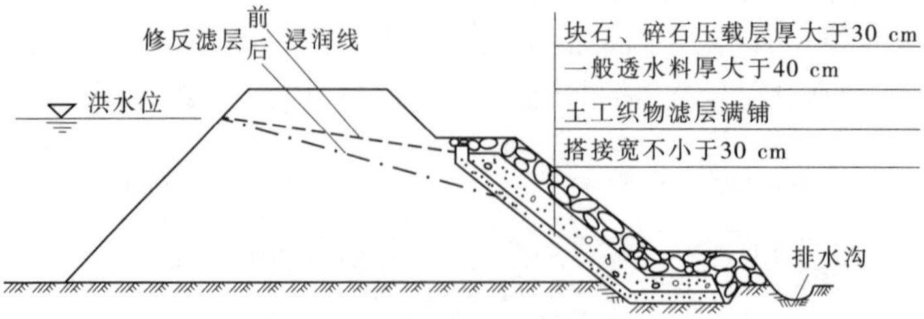

图 11-9　土工织物反滤层示意图

3. 透水压渗平台(透水后戗)

该方法既能排出渗水,防止渗透破坏,又能加大堤身断面,达到稳定堤身的目的。一般适用于堤身断面单薄、渗水严重,滩地狭窄、背水堤坡较陡,或背河堤脚有潭坑、池塘的堤段。当背水坡发生严重渗水时,应根据险情和使用材料的不同,修筑砂土透水后戗或梢土后戗。透水压渗平台如图 11-10 所示。

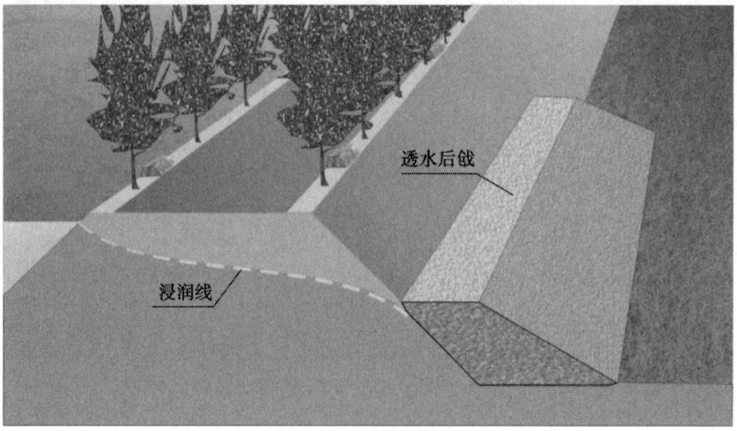

图 11-10　透水压渗平台

4. 梢土后戗

当填筑沙砾压渗平台缺乏足够料物时,可采用梢土代替沙砾,筑成梢土压浸平台(见图 11-11)。其外形尺寸及清基要求与沙土压渗平台基本相同,梢土压渗平台厚度为 1～1.5 m。贴坡段及水平段梢料均为三层,中间层粗,上、下两层细。

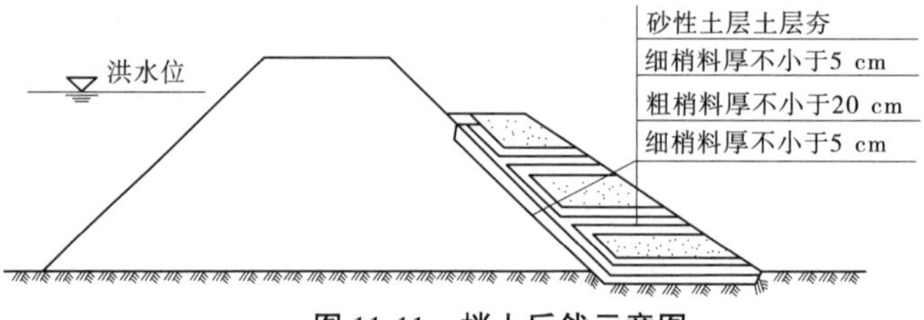

图 11-11　梢土后戗示意图

五、注意事项

(1)为了避免贻误时机,应在临水截渗实施的同时,更加注意在背水面做反滤导渗。

(2)在渗水堤段背水坡脚附近有深潭、池塘的,抢护时宜在背水坡脚处抛填块石或土袋固基。

(3)尽量避免土工合成材料直接受暴晒,用完后,应覆盖一定厚度的保护层。

(4)抢修时,尽量减少对渗水范围的扰动,避免人为扩大险情。

(5)切忌用黏性土做压渗平台,阻碍堤内渗流逸出,抬高浸润线,导致险情恶化。

第三节　管涌险情抢护

一、险情定义

堤防挡水后,由于临水面与背水面的水位差而发生渗流,若渗流出逸点的渗透坡降大于允许坡降,则可能发生管涌或流土等渗流破坏,导致堤防溃决或建筑物沉陷、倾倒等险情。

高水位时在堤防背水侧坡脚附近或坡脚以外会发生翻沙鼓水现象。有两种情况:一种是在渗流作用下无黏性土体中的细小颗粒通过粗大颗粒骨架的空隙发生移动或被带出,致使土层中形成孔道而产生集中涌水的现象,称管涌;另一种是在渗流作用下,黏性土或无黏性土体中某一范围内的颗粒同时随水流发生移动的现象,称流土。管涌和流土难以严格区分,习惯上将这两种渗透破坏统称为管涌险情。

二、原因分析

堤防背水侧出现管涌的原因,一般是堤基下有强透水砂层,或地表虽有黏性土覆盖,但由于天然或人为的因素,土层被破坏。在汛期高水位时,渗透坡降变陡,渗流的流速和压力加大。当渗透坡降大于堤基表层弱透水层的允许渗透坡降时,即发生渗透破坏,形成管涌。或者在背水坡脚以外地面,因取土、建闸、开渠、钻探、基坑开挖、挖水井、挖鱼塘等及历史溃口留下冲潭等,破坏表层覆盖,在较大的水力坡降作用下冲破土层,将下面地层中的粉细砂颗粒带出而发生管涌。管涌险情见图 11-12。

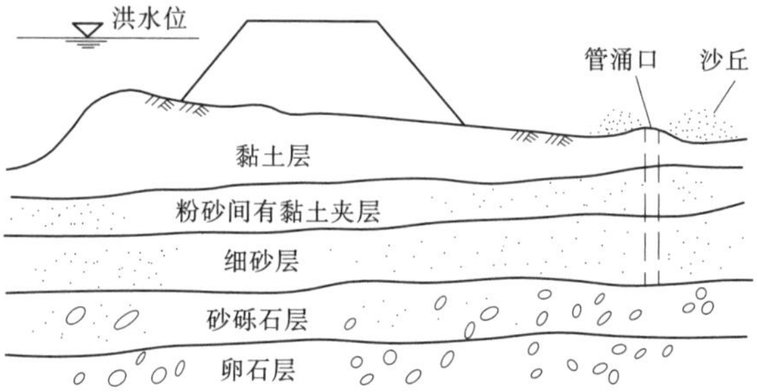

图 11-12　管涌险情示意图

三、险情判别

管涌险情的严重程度一般可以从以下几个方面加以判别,即管涌口离堤脚的距离、涌水浑浊度及带沙情况、管涌口直径、涌水量、洞口扩展情况、涌水水头等。黄河 1982、1996

年大水背河均出现数量不等的管涌，管涌险情的危害程度可从以下几方面分析判别：

(1)管涌一般发生在背水堤脚附近地面或较远的坑塘洼地，距堤脚越近，其危害性就越大。

(2)有的管涌点距堤脚虽远一点，但是管涌不断发展，即管涌口径不断扩大，管涌流量不断增大，带出的沙越来越粗，数量不断增大，这也属于重大险情，需要及时抢护。

(3)有的管涌发生在农田或洼地中，多是管涌群，管涌口内有沙粒跳动，似“煮稀饭”，涌出的水多为清水，险情稳定，可加强观测，暂不处理。

(4)管涌发生在坑塘中，水面会出现翻花鼓泡，水中带沙、色浑，有的由于水较深，水面只看到冒泡，可潜水探摸，是否有凉水涌出或在洞口是否形成沙环。需要特别指出的是，由于管涌险情多数发生在坑塘中，管涌初期难以发现。因此，在荆江大堤加固设计中曾采用填平堤背水侧 200 m 范围内洼地的办法，有效地控制了管涌险情的发生。

(5)堤防背水侧地面隆起(牛皮包、软包)、膨胀、浮动和断裂等现象也是产生管涌的前兆，只是水的压力不足以顶穿上覆土层。随着水位的上涨，有可能顶穿，因而对这种险情要高度重视并及时进行处理。

四、抢护原则

抢护管涌险情的原则应是制止涌水带沙，并留有渗水出路。这样既可使沙层不再被破坏，又可以降低附近渗水压力，使险情得以控制和稳定。

值得注意的是，管涌虽然是堤防溃口的极为明显和常见的原因，但工作人员对它的危险性往往认识不足，麻痹疏忽，贻误时机，或者措施不当。如大围井抢筑不及时或高围井倒塌都曾造成决堤灾害。

五、抢护方法

(一)反滤围井法

在管涌口处用编织袋或麻袋装土抢筑围井，井内同步铺填反滤料，从而制止涌水带沙，以防险情进一步扩大，当管涌口很小时，也可用无底水桶或汽油桶做围井。此法一般适用于背河地面、洼地坑塘出现数目不多和面积较小的管涌，以及数目虽多，但未连成大面积，可以分片处理的管涌群。对位于水下的管涌，当水深较浅时，也可采用此法。操作方法如下所述：

(1)抢筑时，先将拟建围井范围内杂物清除干净，并挖去软泥约 20 cm。

(2)沿管涌口周围用土袋错缝垒成围井。并在预计蓄水高度上埋设排水管，蓄水高度以该处不再涌水带沙的原则确定。围井高度小于 1.0 m，可用单层土袋；大于 1.5 m 可用内外双层土袋，袋间填散土并夯实。围井内径一般为管涌口直径的 10 倍左右，多个管涌时四周也应留出空地，以 5 倍直径为宜。

(3)井内分层铺设反滤料(如砂石、土工织物或梢料，见图 11-13)，滤层填筑总厚度按照出水基本不带沙颗粒的原则确定，一般 20~40 cm，滤层下陷宜及时补充。

(4)背水地面有集水坑、水井内出现翻沙鼓水的，可在集水坑、水井内倒入滤料，形成围井。

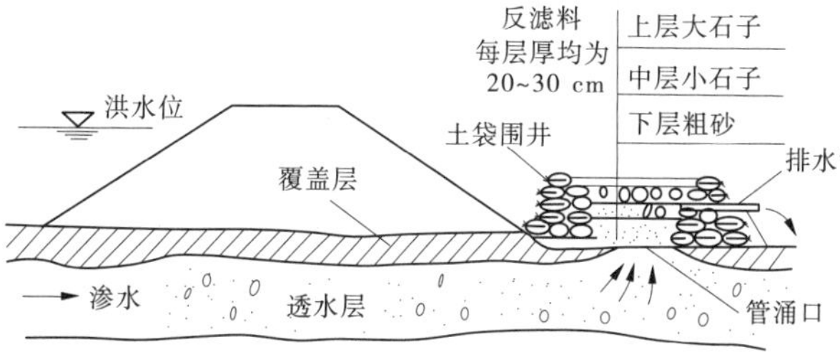

(a)砂石

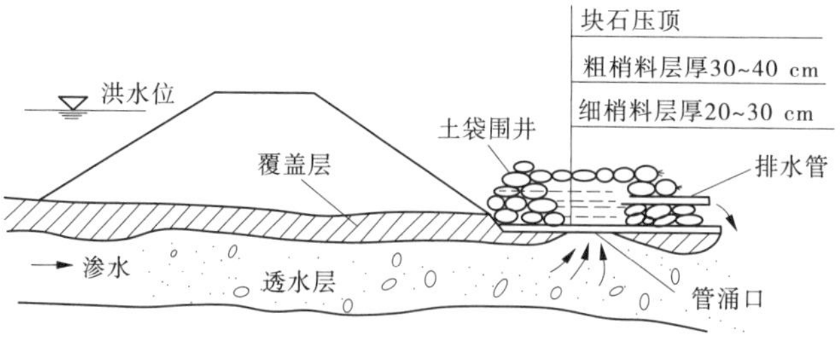

(b)梢料

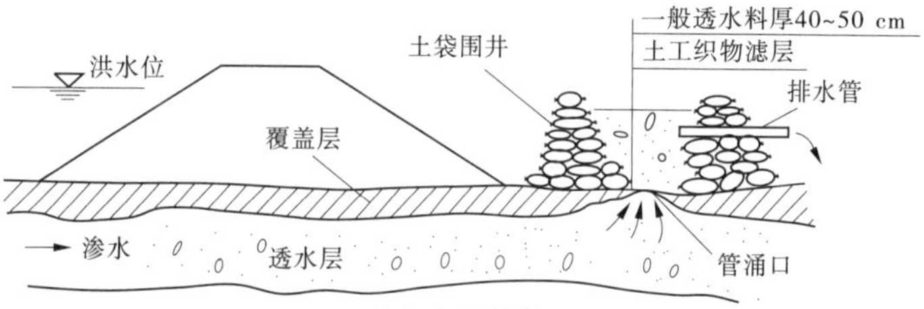

(c)土工织物

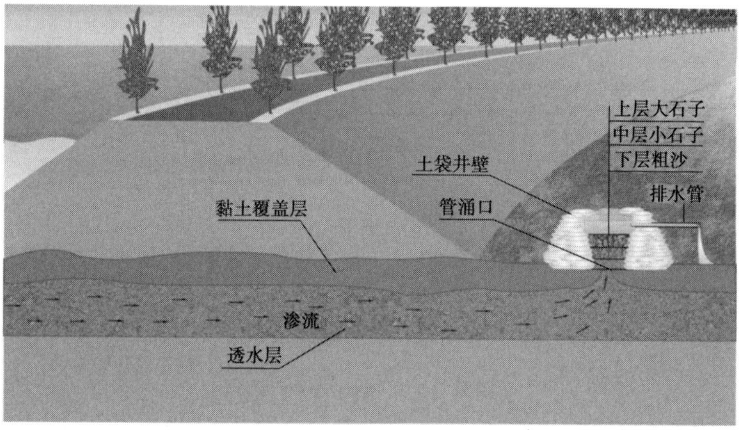

(d)砂石反滤井

图 11-13　反滤围井示意图

(二)反滤压(铺)盖

在大堤背水坡脚附近险情处,抢修反滤压盖,可降低涌水流速,制止堤基土体中的细小颗粒流失,以稳定险情。此种方法一般适用于管涌较多、面积较大、涌水带沙成片、涌水

涌沙比较严重的堤段。对于表层为黏性土、洞口不易迅速扩大的情况,可不用围井。操作方法是:

(1)抢筑前,先清理铺设范围内的软泥和杂物,对其中涌水带沙较严重的管涌出口,用块石或砖块抛填,以消杀水势。

(2)在出现管涌范围内,分层铺填透水性良好的反滤料,制止地基土颗粒流失。根据所用反滤材料不同,分为砂石反滤铺盖、土工织物反滤铺盖、梢料反滤铺盖等,如图 11-14 所示。

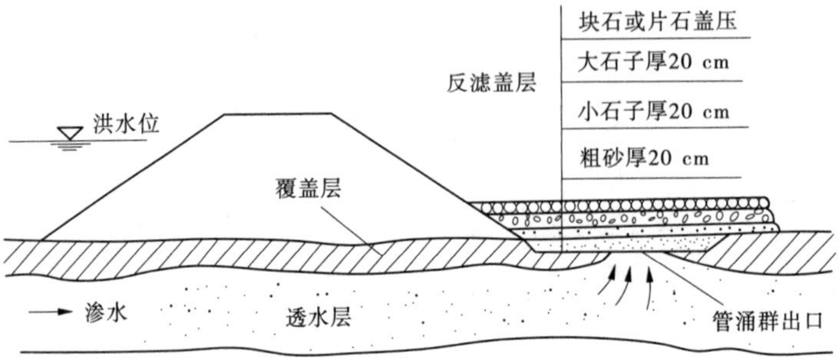

(a)砂石

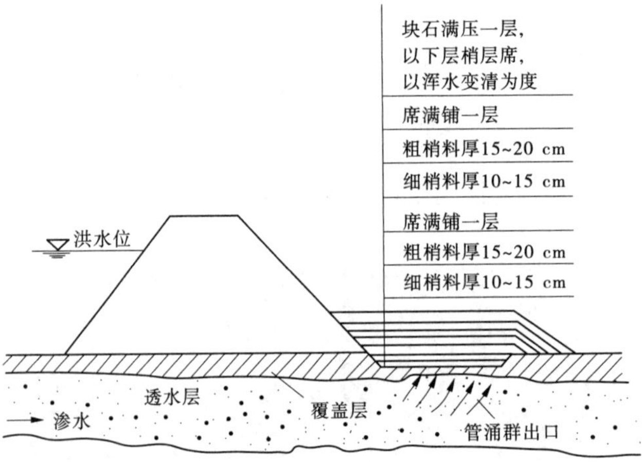

(b)梢料

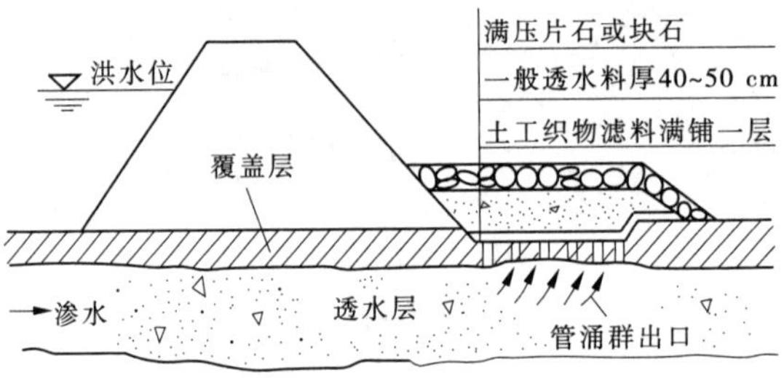

(c)土工织物

图 11-14　反滤压盖示意图

(3)滤层顶部压盖保护层。

(三)背水月堤(又称背水围堰)

当背水堤脚附近出现分布范围较大的管涌群险情时,可在堤背出险范围外抢筑月堤,截蓄涌水,抬高水位,背水月堤如图11-15所示。月堤可随水位升高而加高,直到险情稳定。月堤高度一般不超过2 m,然后安设排水管将余水排出。背水月堤必须保证质量标准,同时要慎重考虑月堤填筑工作与完工时间是否能适应管涌险情的发展和保证安全。

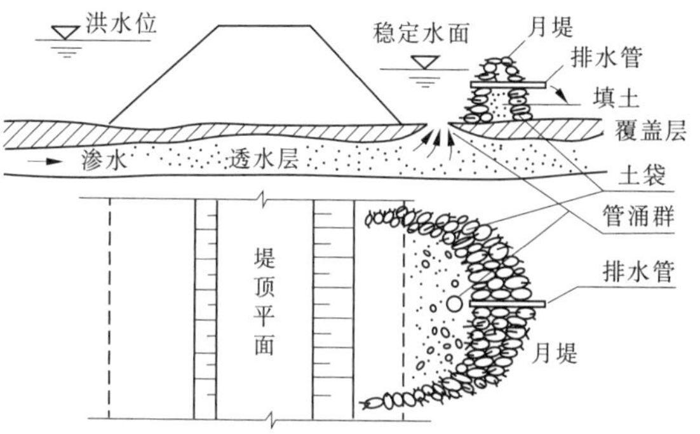

(a)背水围堤

(b)背水围堤

图11-15　背水月堤示意图

六、注意事项

(1)管涌口切忌用不透水的材料强填硬塞。各种抢护方法处理后排出的清水,应引至排水沟。

(2)堤防背水坡抢筑的压渗台,不能使用黏性土料,以免造成渗水无法排出,加剧险情。

(3)对严重的管涌险情抢护,应以反滤围井为主,并优先选用砂石反滤围井和土工织物反滤围井,辅以其他措施。

第四节　漏洞险情抢修

一、险情定义

漏洞是贯穿于堤身或堤基的流水通道,是堤防最严重险情之一。

在汛期高水位情况下,背水坡及坡脚附近出现横贯堤身或堤基的流水孔洞,称为漏洞(见图11-16)。洞径小的几厘米,大的达几十厘米。漏洞又分清水漏洞和浑水漏洞。

堤防漏洞水流常为压力水流,流速大、冲刷力强、漏洞险情发展很快,特别是出现浑水,或由清变浑,或时清时浑,均表明漏洞正在迅速扩大,将迅速危及堤防安全,如不积极进行抢堵,或抢护不当,堤防随时有发生蛰陷、坍塌甚至溃决的危险,后果非常严重,是堤防最严重的险情之一。

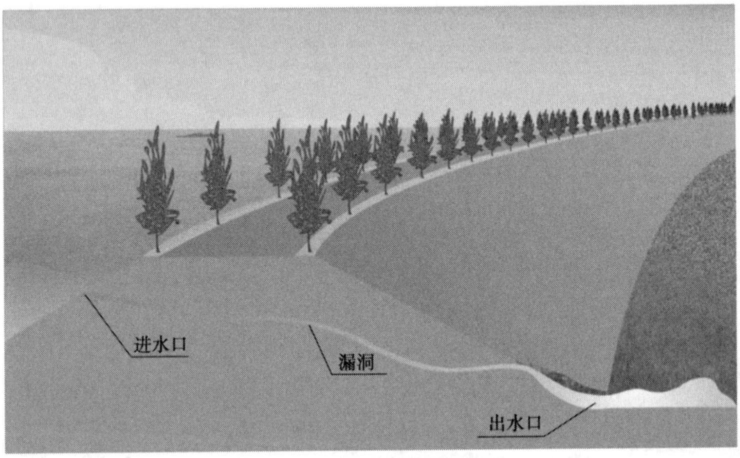

图11-16　堤防漏洞示意图

二、原因分析

(1)堤身土料填筑质量差,如修筑土料含沙量大,未夯实,有土块或架空结构等。

(2)堤身存在隐患,如蚁、鼠、獾、狐等动物的洞穴,以及树根、裂缝等。

(3)堤身位于决口老口门和老险工处,筑堤时对原抢险腐烂物未清除或清除不彻底。

(4)对沿堤旧涵闸、战沟、碉堡、地窖等未拆除或拆除不彻底,给水的渗漏提供了通道。

(5)沿堤修筑闸站等建筑物时,建筑物与土堤结合部填筑质量差。

(6)在持续高水位浸泡时间长,土体变软,更易促成漏洞的生成,故有“久浸成漏”之说。

三、漏洞险情的判别

(1)清水漏洞一般伴有渗水的发生,初期易被忽视。如发现漏洞周围"渗水"的水量较其他地方大,应引起特别重视。

(2)漏洞一旦形成,出水量明显增加,且渗出的水多为浑水。漏洞形成后,洞内形成一股集中水流,漏洞扩大迅速。由于洞内土的崩解、冲刷,出水水流时清时浑、时大时小。

(3)水深较浅时,漏洞进水口的水面上往往会形成漩涡,在背水侧查险发现渗水点时,应立即到临水侧查看是否有漩涡产生。

四、抢护原则

抢护漏洞的原则应该是"前截后导,临背并举",即在抢护时,要抢早抢小,一气呵成。在临河找到漏洞进水口,及时堵塞,截断漏水来源;同时,在背河漏洞出水处采取滤导措施,制止土壤冲刷流失,防止险情扩大。切忌在背河漏洞出水处用不透水材料强塞硬堵,以免造成更大险情。一般漏洞险情发展很快,特别是浑水漏洞,更容易危及堤防安全,所以堵塞漏洞要抢早抢小,一气呵成,切莫延误时机。

五、抢堵方法

抢护漏洞前,为了截断水源,必须首先进行洞口探摸,找到进水口的位置。

(一)临水截堵

在堤防临水侧宜根据漏洞进水口的情况,采用不同的截堵方法。

1. 塞堵法

漏洞进水口较小且位置明确,进水口周围土质较好,除急用棉絮、棉被、草包或编织袋包等填塞外,还可用预制的软楔、草捆堵塞(如图 11-17 所示)。这些方法适用于水浅、流速小,只有一个或少数洞口,人可下水接近洞口的地方。

塞堵漏洞进口是最有效、最常用的方法,尤其是在地形起伏复杂、洞口周围有灌木杂物时更适用。一般是用软性材料塞填漏洞进水口,塞堵时做到快、准、稳。在有效控制险情后,还需用黏性土封堵闭气,或用大块土工膜、篷布盖堵,再压土袋或土枕,直到完全断流,然后迅速用黏性土修筑前戗加固。塞堵漏洞时应注意水下操作人员的人身安全。

2. 软帘盖堵法

附近流速较小、漏洞进水口位置可大致确定的,可用软帘盖堵。一般可选用草帘、苇箔、篷布或土工织物布等重叠数层作为软帘,也可临时用柳枝、秸料、芦苇等编扎软帘。铺盖前要先清理软帘覆盖范围内的堤坡。软帘的大小应根据洞口具体情况和需要盖堵的范围决定。软帘的上边可根据受力大小用绳索或铅丝拴牢于堤顶的木桩上,下边坠以块石、土袋等重物,以利于软帘沉贴边坡。在盖堵前,先将软帘卷起,置放在洞口的上部,盖堵用木杆顶推,使其顺堤坡下滚。把洞口盖堵严密后,再盖压土袋,并抛填黏性土,达到封堵闭气的目的(见图 11-18)。除软帘外还可以采用软体排和木板等覆盖物盖堵。

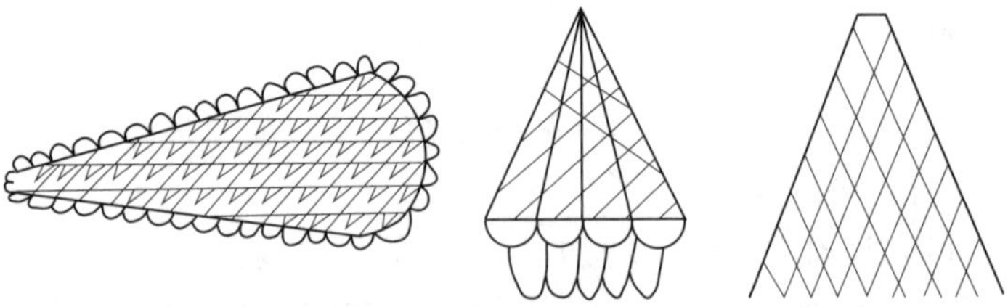

(a)软楔示意图

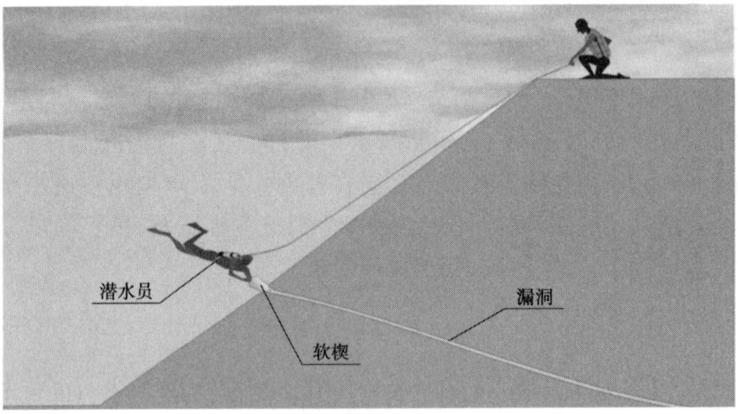

(b)软楔堵漏示意图

图 11-17　软楔、草捆堵漏示意图

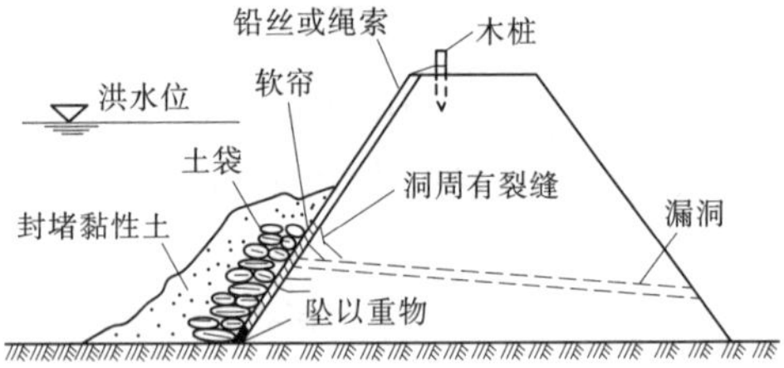

(a)软帘盖堵

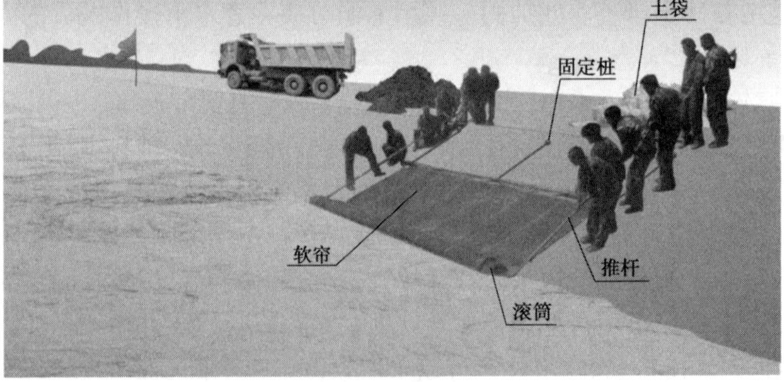

(b)软帘盖堵

图 11-18　软帘盖堵示意图

(二)戗堤法

当堤防临水坡漏洞口较多、范围较大或地形复杂时,以及漏洞口位置在水下较深,或发生在夜间不易找到的情况下,可采用抛土袋和黏土填筑前戗或临水筑月堤的办法进行抢堵。

1. 临水抢筑围堰

漏洞进水口较多、较小、难以找准,且临水侧水深较浅、流速较小的,可在洞口外侧用土袋迅速抢筑月形围堰,将漏洞进水口围在堰内,同时在围堰内快速抛填黏性土,封堵洞口。临水月堤堵漏如图 11-19 所示。

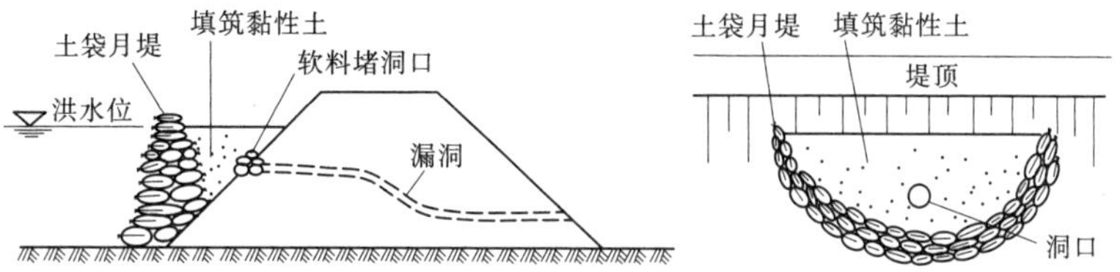

(a)断面图　　(b)平面图

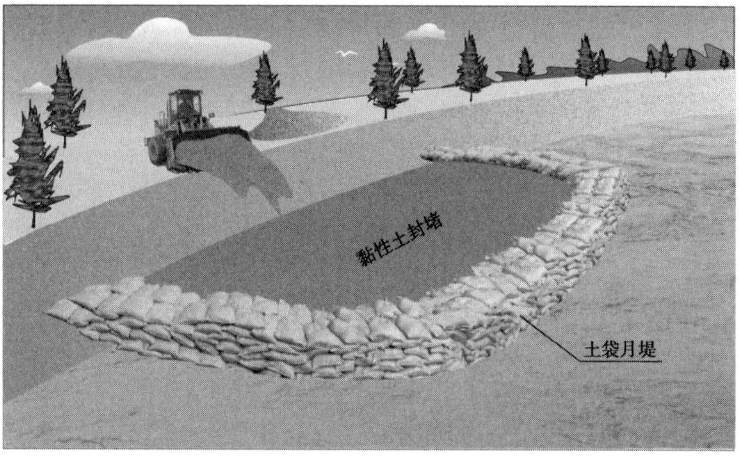

(c)土袋月堤

图 11-19　临水月堤堵漏示意图

2. 抛筑黏土前戗

在洞口附近区域连续集中抛填黏土,一般形成厚 3~5 m、高出水面约 1 m 的黏土前戗,封堵整个漏洞区域(见图 11-20)。在遇到填土易从洞口冲出的情况下,可先在洞口两侧抛填黏土,同时准备一些土袋,集中抛填于洞口,初步堵住洞口后,再抛填黏土,闭气截流,达到堵漏目的。抛土时切忌用车拉土向水中猛倒,以免沉积不实,降低截渗效果。

探找漏洞进水口和抢堵均在水面以下摸索进行,要做到准确无误不遗漏,并能顺利堵住全部进水口,截断水源,难度很大。为了保证安全,在临水截堵漏洞的同时,还必须在背河漏洞出口处抢做反滤导渗,以制止泥沙外流,防止险情继续扩大。通常采用的方法有反滤围井法、反滤铺盖法和透水压渗平台法等(适用于出水小而漏洞多的情况),具体做法可参见管涌险情抢护。

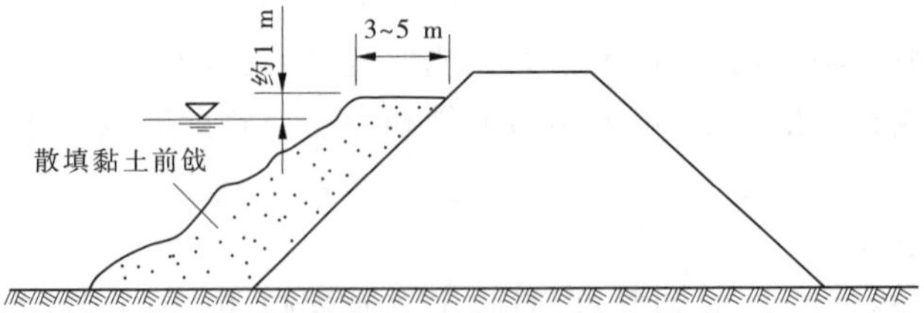

图 11-20　黏土前戗截漏示意图

六、注意事项

(1)发现漏洞出水口,应采取多种措施尽快查找漏洞进水口,并标示位置。

(2)在抢堵漏洞进水口时,切忌乱抛砖石等块状料物,以免架空,使漏洞继续发展扩大。

(3)无论对漏洞进水口采取哪种办法探找和盖堵,都应注意探漏抢堵人员的人身安全。

(4)漏洞抢堵闭气后,还应有专人看守观察,以防再次出现漏洞。

(5)凡发生漏洞险情的堤段,大水过后,一定要进行锥探或锥探灌浆加固。必要时,要进行开挖翻筑。

漏洞险情要抢早抢小,遵循“前截后导,临背并举”的原则,同时还要注意:

(1)抢堵工程质量不能因情况紧急而草率行事。如在初次修筑麦秸反滤围井时,因麦秸厚度不够(仅 20 cm)、围井太小、压重亦轻,以致麦秸冲开,洞径又扩大。在临河堵塞漏洞,用柳枝编围坝时,将乱柳棍、散柳枝等遗存于进水口处,抛土袋后因架空难以填严,造成长时间的流水。

(2)漏洞一般是先从背河发现,当发现背河漏水时,要从速在漏洞出口抢做反滤导渗工程,以制止泥沙外流,防止险情继续扩大。同时,要抓紧在临河寻找进水口,用草捆、麻袋塞填,减缓险情,并修做土袋围堰,内浇散土闭气。

第五节　风浪冲刷险情抢护

一、险情定义

汛期江河涨水以后,堤(坝)前水深增加,水面加宽。当风速大,风向与吹程一致时,形成冲击力强的风浪。堤防临水坡在风浪一涌一退的连续冲击下,伴随着波浪往返爬坡运动,还会产生真空作用,出现负压力,使堤防土料或护坡被水流冲击淘刷,遭受破坏。轻者把堤防临水坡冲刷成陡坎,重者造成坍塌、滑坡、漫水等险情,使堤身遭受严重破坏,以致溃决成灾。

二、原因分析

(1)堤坝抗冲能力差,如土质不合要求,碾压不密实,护坡质量差,断面单薄,高度不足,垫层不合要求等,造成抗冲能力差。

(2)风大浪高,堤防前水深大、水面宽、风速大、风向和吹程一致,则形成高浪及强大的冲击力,直接冲击堤坡,形成陡坎,侵蚀堤身。

(3)风浪爬高大,增加水面以上堤身的饱和范围,降低土壤的抗剪强度,造成崩塌破坏。

(4)堤(坝)顶高程不足,低于浪高时,波浪越顶冲刷,造成决口。

(5)高水位时,船舶航行的波浪会危及堤坡安全。

三、抢护原则

防风浪抢护应遵循"削浪抗冲"的原则,即以削减风浪对临水坡冲击力,加强临水坡抗冲为主。可采用漂浮物防浪和增强临水坡抗冲能力两种方法。利用漂浮物防浪,拒波浪于堤防临水坡以外的水面上,可削减波浪的高度和冲击力,是一种行之有效的方法;增强临水坡抗冲能力,利用防汛料物,经过加工铺压,保护临水坡免遭冲蚀。

四、抢护方法

应因地制宜地抢护此类险情。对于风浪险情严重的堤段应立足防患于未然,完成坚实的护坡,若有外滩条件则可种植防浪林带,缓解风浪的危害。对那些临水面尚未设置护坡的土堤,汛期要特别重视防护风浪险情。

(一)复合土工膜防浪

用土工织物或土工膜布铺设在堤坡上,以抵抗波浪对堤防的破坏作用。这种材料造价低、施工容易、便于推广。具体做法是:

(1)土工织物(膜)的宽度应按堤坡受风浪冲击的范围决定,一般不小于 4 m,较高的堤防可宽达 8~9 m。宽度、长度不够时,允许搭接,顺堤搭接长度不小于 1.0 m,并应在铺设中钉压牢固,以免被风浪揭开。

(2)铺设前,应清除铺设范围内堤坡上的块石、树枝、杂草和土块等,以免造成土工织物的损伤。

(3)铺设时,土工织物的上沿一般应高出洪水位 1.5~2.0 m,其四周用间距为 1.0 m 的平头钉与堤坡钉牢,上下平头钉的排距不得超过 2.0 m。用预制混凝土块或碎石袋(土袋不宜)压住土工织物,其位置与平头钉相同(见图 11-21)。

2003 年秋汛,兰考蔡集控导工程上首生产堤决口,造成漫滩洪水,导致兰考、东明大部分堤防遭受风浪淘刷,多采用抛投玉米秸秆防浪,部分采用铺设土工膜防浪(见图 11-22)。

(二)挂柳防浪

受水流冲击或风浪拍击,堤坡或堤脚存在被淘刷的险情。但柳料充足的堤段,可用挂柳防浪法缓和流势、减缓流速、促淤防塌(见图 11-23)。挂柳防浪是比较常用的方法,一般在 4~5 级风浪以下,效果比较显著。

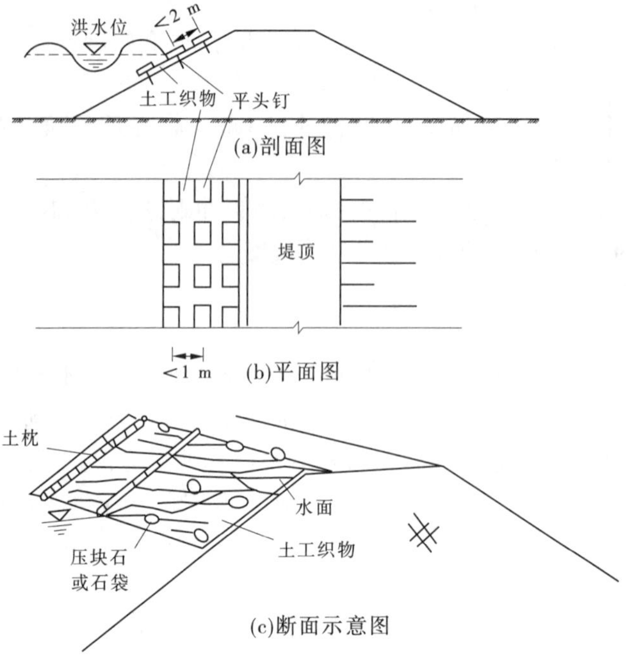

图 11-21　土工织物或土工膜防浪示意图

(a) 风浪淘刷图

(b) 土工膜防护图

图 11-22　2003 年兰考堤防风浪淘刷

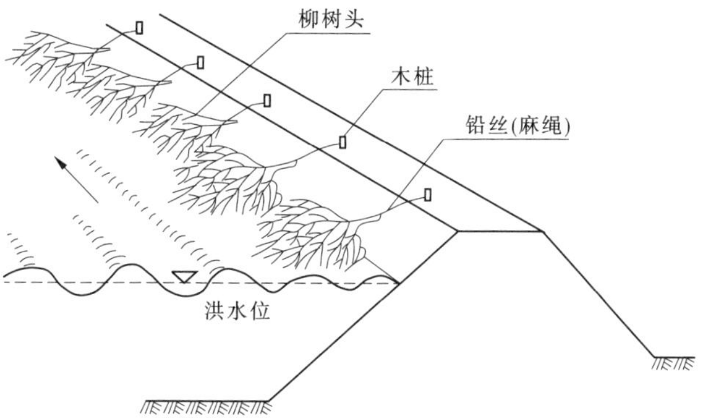

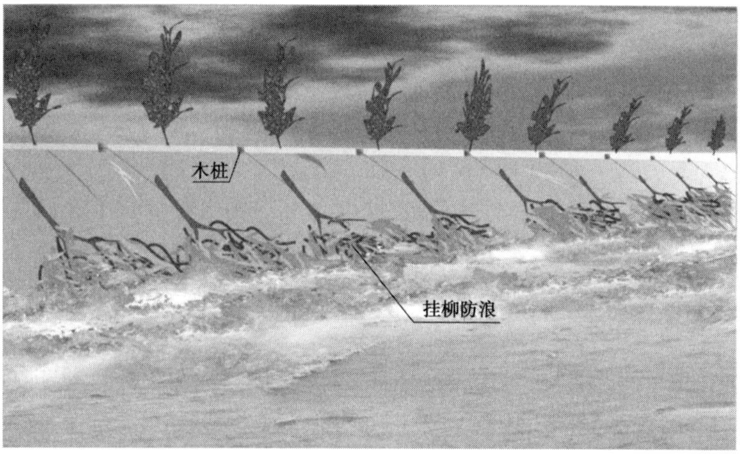

图 11-23 挂柳缓溜防冲示意图

(三)湖草排防浪

在防汛期间,根据预报,在大风到来以前,将湖区生长的菱草、茭草、苇草或其他浮生水面的草类割下来,并编扎成草排防浪,是一些湖区和部分中等河流常采用的一种就地取材、费用小、做法简便的防浪方法。具体做法如下:

(1)利用湖中自然生长或人工培育的浮生草类,采割起来并编织成长 5~10 m、宽 3~5 m 的湖草排。蔓植的草类,其本身相互交织,取之就可使用。若不牢固,可用木杆或竹竿捆扎加固。用船拖运到需要防浪的堤段,再用铅丝或绳缆将草排固定在堤顶的木桩上;也可用锚固定草排,使草排浮在距堤坡 3~5 m 远的水面上成为防浪草排(见图 11-24)。有的地方,把这种防浪草排叫作浮墩。在风浪较大的地方,可以用几块连接在一起,以提高防浪效能。

(2)在缺少湖草的江河上,汛期洪水时,江河上游常漂来许多软草,也可以代替湖草。有时,也可以利用其他杂草、麦秸、芦苇等编织成草排。

(四)木(竹)排防浪

木排防浪的具体做法如下:

(1)木排捆扎。一般选用直径 5~15 cm 的圆木,用铅丝或绳缆扎成木排,重叠三四

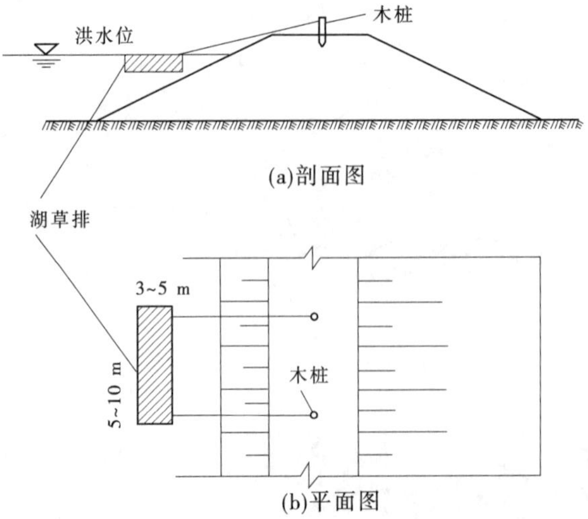

图 11-24　湖草排防浪示意图

层，总厚度 30~50 cm、宽度 1.5~2.5 m、长度 3~5 m。按水面的宽度和预计防御风浪的大小，用一块或几块木排连接起来。

(2)圆木排列的方向应当和波浪传来的方向相垂直，圆木间的空隙约等于圆木直径的一半。

(3)木排长度、厚度和水深的关系。根据试验证明，同样的坡长，木排越长，消浪效果越好。木排的厚度为水深的 1/10~1/20 时，消浪的效果最好。

(4)锚定的位置。防浪木排应锚定在堤身以外 10~40 m 的距离，视水面宽度而定。水面越宽，距离就应大一些，以免木排撞击破坏堤身。锚链长一般应大于水深，以免锚链受拉力过大，容易被拔起。如果锚链放得过长，会降低消浪效果。一般链长超过水深 2 倍以上时，木排可以自由移动，对消浪就无显著效果。如果木排较小，也可用绳缆或铅丝拴系在堤顶的木桩上，随着水位的涨落，可紧松绳缆，调整木排的位置，但要防止木排撞击堤防边坡。

(5)木排位置。木排距堤临水坡相当于浪长的(两个浪峰之间距离)2~3 倍时，消浪的效果较好。如距堤太近，很容易和堤防相冲撞；如离堤太远，木排以内的水面增宽，仍将产生波浪，失去防浪效果。

(6)在竹源丰富的地区，常采用竹排代替木排防浪，其效果亦佳。在编竹排或木排时，竹木之间均可夹以芦柴捆、柳枝捆等，以节省竹木用量，降低造价。这时应在竹(木)排下适当坠以块石或砂石袋，以增强防浪效果(见图 11-25)。

五、注意事项

(1)抢护风浪险情，尽量不要在堤坡上打桩，必须打桩时，桩距要大，以免破坏土体结构。

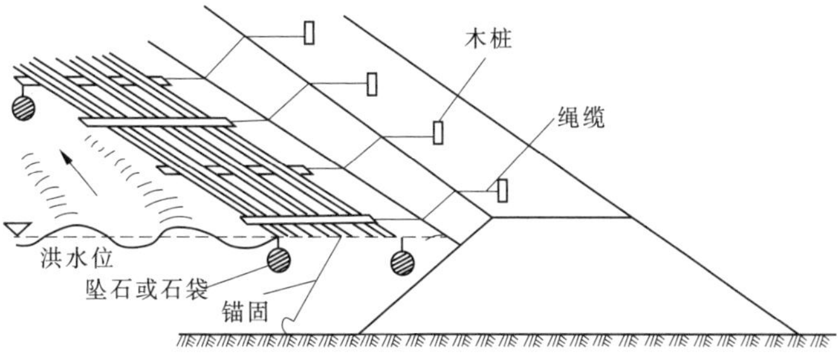

图 11-25　木排防浪示意图

(2)要坚持“预防为主,防重于抢”的原则,平时要加强管理,备足料物,避免或减少出现抢险被动局面。

(3)在风浪袭击严重的堤段,如临河有滩地,应及早种植防浪林并应种植草皮护坡,这是行之有效的措施。

(4)应大力推广用土工膜、土工织物防浪的措施,它具有铺设速度快、效果好等特点,但在铺设中一定要压牢,以防被风浪卷起漂浮。

第六节　裂缝险情抢修

一、险情分析

裂缝是堤防和土坝常见的一种险情,有些裂缝可能是其他险情的预兆,有些裂缝可能发展为渗透变形,甚至发展为漏洞,应引起高度重视。裂缝的成因和性质比较复杂,按其出现的部位可分为表面裂缝、内部裂缝;按其走向可分为横向裂缝、纵向裂缝、龟纹裂缝(见图 11-26);按其成因可分为不均匀沉陷裂缝、滑坡裂缝、干缩裂缝、冰冻裂缝、震动裂缝,其中以横向裂缝和滑坡裂缝危害性较大。裂缝的抢修应根据裂缝的性质、成因及危害程度,分轻重缓急,采取相应的抢护措施。

图 11-26　堤身裂缝示意图

二、原因分析

(一)不均匀沉降

堤防基础土质条件差别大,有局部软土层,或堤身填筑厚度相差悬殊,引起不均匀沉陷,产生裂缝。

(二)施工质量差

堤防施工时上堤土料为黏性土且含水量较大,失水后引起干缩或龟裂,这种裂缝多数为表面裂缝或浅层裂缝,但北方干旱地区的堤防也有较深的干缩裂缝;筑堤时,填筑土料夹有淤土块、冻土块、硬土块;碾压不实,以及新老堤结合面未处理好,遇水浸泡饱和时,易出现各种裂缝。

(三)堤身隐患

害堤动物如獾、狐、鼠等的洞穴,人类活动造成的洞穴如坟墓、藏物洞、军沟战壕等,在渗流作用下,引起局部沉陷产生的裂缝。

(四)水流作用

背水坡在高水位渗流作用下由于抗剪强度降低,临水坡水位骤降或堤脚被掏空,常可能引起弧形滑坡裂缝,特别是背水坡堤脚有塘坑、堤脚发软时,容易发生。

三、险情判别

裂缝抢险先要分析判断产生裂缝的原因,是滑坡性裂缝,还是不均匀沉降引起的;是施工质量差造成的,还是由振动引起的。而后要判明裂缝的走向,是横缝还是纵缝,对于纵缝应分析判断是否为滑坡或崩岸性裂缝,如果是横缝要判别探明是否贯穿堤身。必要时还应辅以隐患探测仪进行探测。

四、抢护原则

裂缝险情抢护应遵循“判明原因,先急后缓”的原则,根据险情判别,如果是滑动或坍塌崩岸性裂缝,应先抢护滑坡、崩岸险情,待险情稳定后,再处理裂缝。对于最危险的横向裂缝,如已贯穿堤身,水流易于穿过,使裂缝冲刷扩大,甚至形成决口,因此必须迅速抢护;如裂缝部分横穿堤身,也会因渗径缩短,浸润线抬高,导致渗水加重,引起堤身破坏。因此,对横向裂缝,不论是否贯穿堤身,均应迅速处理。纵向裂缝,若较宽较深,也应及时处理,可采用灌浆或汛后水洇等方法处理;若裂缝较窄较浅或呈龟纹状,一般可暂不处理,但应注意观测其变化,堵塞缝口,以免雨水进入,待洪水过后处理。

五、抢护方法

(一)横墙隔断

此法适用于横向裂缝抢护,做法如图 11-27 所示。

(1)除沿裂缝开挖沟槽外,并在与裂缝垂直方向每隔 3~5 m 增挖沟槽,槽长一般为 2.5~3.0 m。

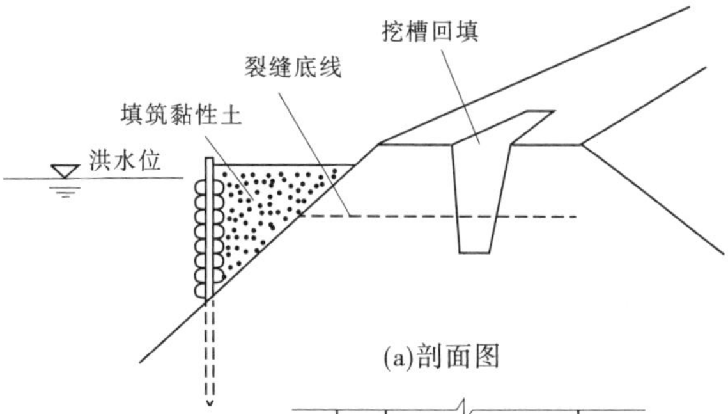

(a)剖面图

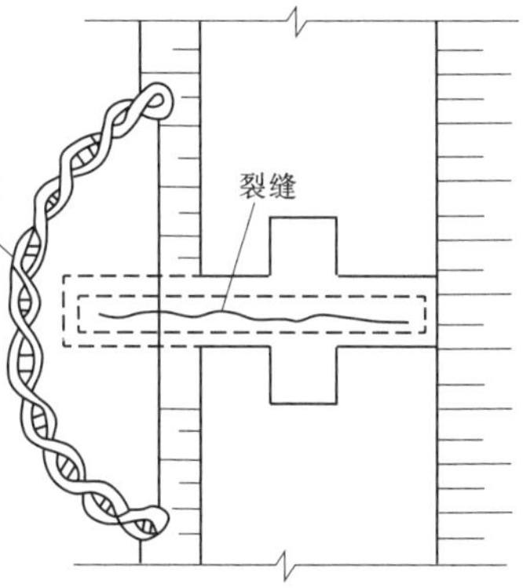

(b)平面图

图 11-27　横墙隔断处理裂缝示意图

(2)如裂缝前端已与临水相通,或有连通可能时,在开挖沟槽前,应在裂缝堤段临水面先做前戗截流。

(3)当漏水严重,险情紧急或者河水猛涨来不及全面开挖时,可先沿裂缝每隔 3~5 m 挖竖井截堵,待险情缓和后,再伺机采取其他处理措施。

(二)土工膜盖堵(土工织物盖堵)

洪水期堤防常发生纵向、横向裂缝。如发生横缝,深度大,又贯穿大堤断面,可采用防渗土工薄膜或复合土工薄膜、土工织物在临水堤坡全面铺设,并在其上用土帮坡或铺压土袋、沙袋等,使水与堤隔离起截渗作用(见图 11-28)。同时在背水坡采用透水土工织物进行反滤排水,保持堤身土粒稳定。

六、注意事项

(1)对未堵或已堵的裂缝,均应注意观察、分析,研究其发展情况,以便及时采取必要措施。

(2)采取“横墙隔断”措施时是否需要做前戗、反滤导渗,应当根据实际情况决定。

(3)当发现裂缝后,应尽快用土工薄膜、雨布等加以覆盖保护,不让雨水流入缝中,并加强观测。

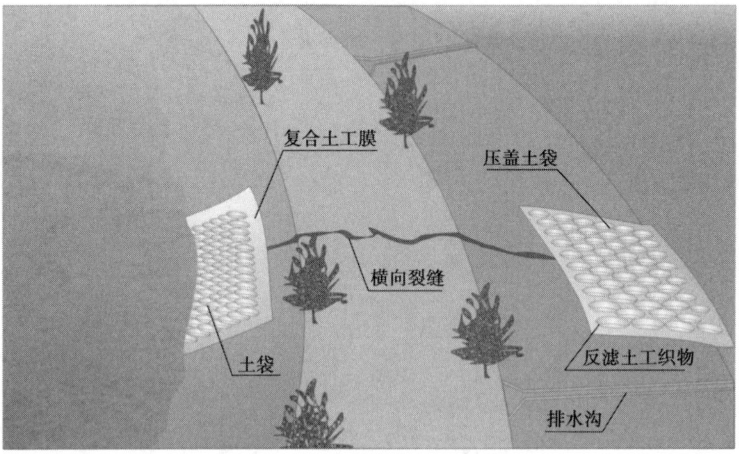

图 11-28　土工膜盖堵示意图

第七节　跌窝(陷坑)险情抢修

一、险情定义

跌窝又称陷坑，一般是在大雨、洪峰前后或高水位情况下，经水浸泡，在堤顶、堤坡、戗台及坡脚附近，突然发生局部凹陷而形成的一种严重险情，如图 11-29 所示。这种险情既破坏堤防的完整性，又常缩短渗径，有时还伴随渗水、漏洞等险情发生，严重时有导致堤防突然失事的危险。

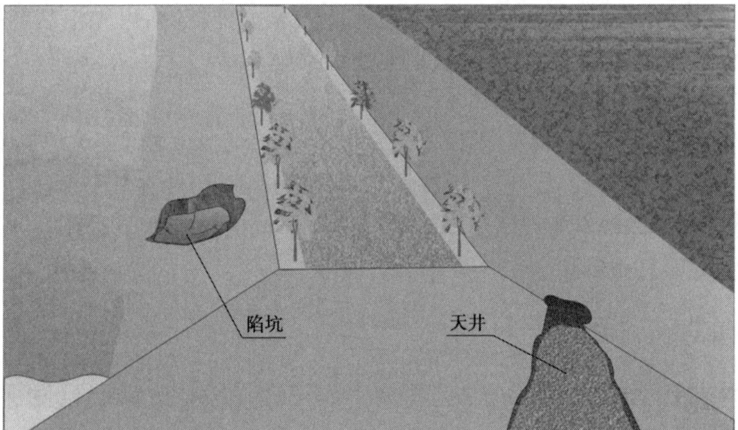

图 11-29　堤身陷坑示意图

二、原因分析

(一)施工质量差

堤防分段施工，两工接头未处理好；土块架空；水沟浪窝回填质量差；堤身、堤基局部不密实;堤内埋设涵管漏水;土石、混凝土结合部夯实质量差等。由于堤身内渗透水流作用或暴雨冲蚀,形成跌窝。

(二)堤防隐患

堤身、堤基内有獾、狐、鼠、蚁等动物洞穴,坟墓、地窖、防空洞、刨树坑夯填不实形成的洞穴,以及过去抢险抛投的土袋、木材、梢杂料等日久腐烂形成的空洞等。这些洞穴遇高水时浸透或暴雨冲蚀,周围土体湿软下陷而形成跌窝。

(三)伴随渗水、管涌或漏洞形成

由于堤防渗水、管涌或漏洞等险情未能及时发现和处理,使堤身或堤基局部范围内的细土料被渗透水流带走、架空,最后土体支撑不住,发生塌陷而形成跌窝。

三、抢护原则

根据险情出现的部位及原因,采取不同的措施,以"抓紧翻筑抢护,防止险情扩大"为原则,在条件允许的情况下,可采用翻挖分层填土夯实的方法予以彻底处理。当条件不允许时,如水位很高、跌窝较深时,可进行临时性的填土处理。如跌窝处伴有渗水、管涌或漏洞等险情,也可采用填筑反滤导渗方法处理。

四、抢护方法

(一)翻筑夯实

凡是在条件许可,而又未伴随渗水、管涌或漏洞等险情的情况下,均可采用此法。具体做法是:先将跌窝内的松土翻出,然后分层填土夯实,直到填满跌窝,恢复堤防原状。如跌窝出现在水下且水不太深时,可修土袋围堰或桩柳围堰,将水抽干后,再行翻筑(见图11-30)。若跌窝位于堤顶或临水坡,宜用防渗性能不小于原堤土的土料,以利防渗;若跌窝位于背水坡,宜用透水性能不小于原堤土的土料,以利排水。

图11-30　翻填夯实跌窝示意图

(二)填塞封堵

当跌窝出现在水下时,可用草袋、麻袋或土工编织袋装黏性土或其他不透水材料直接在水下填实跌窝,待全部填满后再抛黏性土、散土加以封堵和帮宽。要封堵严密,不使水在跌窝处形成渗水通道(见图11-31)。

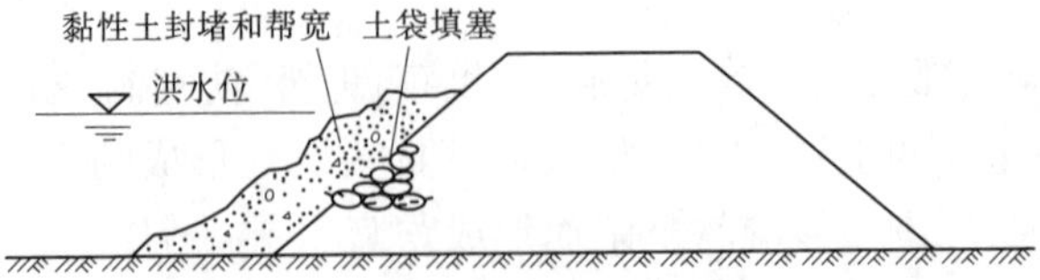

(a)跌窝填堵示意图

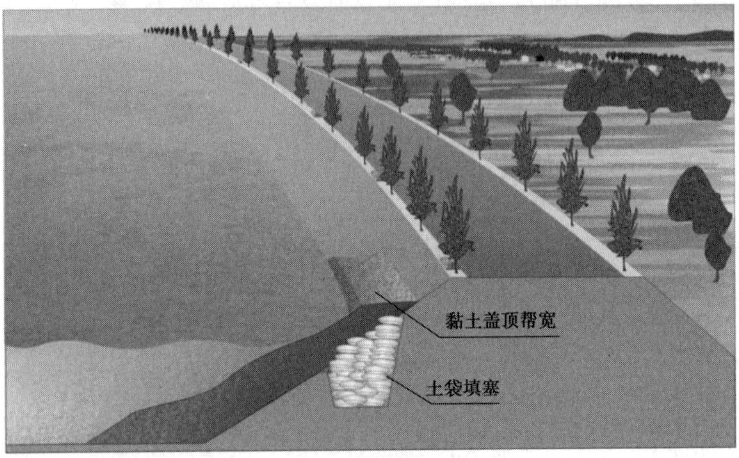

(b)跌窝填堵效果图

图11-31　填塞封堵跌窝示意图

(三)填筑滤料

跌窝发生在堤防背水坡,伴随发生渗水或漏洞险情时,除尽快对堤防迎水坡渗漏通道进行截堵外,对不宜直接翻筑的背水跌窝,可采用填筑滤料法抢护。具体做法是:先清除跌窝内松土或湿软土,然后用粗砂填实,如涌水水势严重,按背水导渗要求,加填石子、块石、砖块、梢料等透水材料,以消杀水势,再予填实。待跌窝填满后,可按砂石反滤层铺设方法抢护。

五、注意事项

(1)抢护跌窝险情,应先查明原因,针对不同情况,选用不同方法,备足料物,迅速抢护。

(2)在翻筑时,应根据土质情况留足坡度或用木料支撑,以免坍塌扩大,并要便于填筑。需筑围堰时,应适当围得大些,以利抢护工作和漏水时加固。

(3)在抢护过程中,必须密切注意上游水位涨落变化,以免发生安全事故。

第八节　防漫溢抢护

一、漫溢险情定义

漫溢是洪水漫过堤(坝)顶的现象。堤防、土坝为土体结构,抗冲刷能力极差,一旦溢流,冲塌速度很快,如果抢护不及时,会造成决口。

堤防漫溢险情指实际洪水位超过现有堤顶高程,或风浪翻过堤顶,洪水漫堤进入堤内(见图 11-32);坝垛漫溢险情指当漫溢水流流速大于坝基顶土的抗冲流速时,坝垛顶部将发生冲刷破坏,甚至出现断坝、垮坝事故。堤防防漫溢抢护,常采取以抢筑子堤为主的临时性工程措施来加高加固堤防,加强防守或增大河道宣泄能力。

图 11-32　堤防漫溢示意图

二、原因分析

(1)实际发生的洪水超过了河道的设计标准。设计标准一般是准确而具权威性的,但也可能因为水文资料不够、代表性不足或由于认识上的原因,使设计标准定得偏低,形成漫溢的可能。这种超标准洪水的发生属非常情况。

(2)堤(坝)本身未达到设计标准。可能是投入不足,也可能因地基软弱,夯填不实,沉陷过大,使堤(坝)顶高程低于设计值。

(3)河道严重淤积、过洪断面减小并对上游产生顶托,使淤积河段及其上游河段洪水位升高。

(4)因河道上人为建筑物阻水或盲目围垦,减少了过洪断面面积,河滩种植增加了糙率,影响了泄洪能力,洪水位增高。

(5)防浪墙高度不足,波浪翻越堤顶。

(6)河势的变化、潮汐顶托,以及地震引起水位增高。

三、抢护原则

漫溢险情的防护要坚持预防为主,抢修应做到“水涨堤高”,在堤顶修筑子堤。防漫溢抢修应按“加高止漫”原则,在坝垛顶部修筑子堤;按“护顶防冲”原则,在坝顶铺设防冲材料防护。当洪水位有可能超过堤(坝)顶时,为了防止洪水漫溢,在堤坝顶部,应充分利用人力、机械,因地制宜,就地取材,迅速果断地采取抢护措施,力争在洪水到来之前完成。

四、抢护方法

防漫溢抢护常采用的方法是:运用上游水库进行调蓄,削减洪峰,加高加固堤防,加强防守,增大河道宣泄能力,或利用分洪、滞洪和行洪措施,减轻堤防压力;对河道内的阻水建筑物或急弯壅水处,如黄河下游滩区的生产堤和长江中下游的围垸,应采取果断措施进行拆除和裁弯清障,以保证河道畅通,扩大排洪能力。

(一)纯土子堤(埝)

纯土子堤应修在堤顶靠临水堤肩一边,其临水坡脚一般距堤肩 0.5~1.0 m,顶宽 1.0 m,边坡不陡于 1∶1,子堤顶应超出推算最高水位 0.5~1.0 m。在抢筑前,沿子堤轴线先开挖一条结合槽,槽深 0.2 m,底宽约 0.3 m,边坡 1∶1。填筑时要分层填土夯实,确保质量(见图 11-33)。此法能就地取材、修筑快、费用省,汛后可加高培厚成正式堤防,适用于堤顶宽阔、取土容易、风浪不大、洪峰历时不长的堤段。

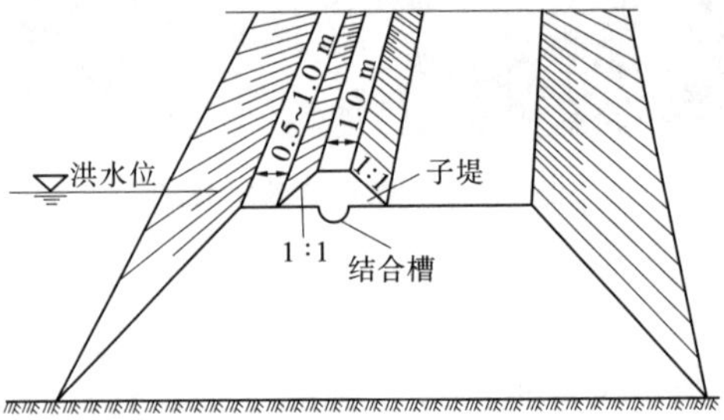

图 11-33　纯土子堤示意图

在个别堤段,如即将漫溢,来不及从远处取土时,在堤顶较宽的情况下,可临时在背水堤肩取土筑子堤(见图 11-34)。这是一种不得已抢堵漫溢的措施,不可轻易采用。待险情缓和后,应抓紧时间,将所挖堤肩土加以修复。

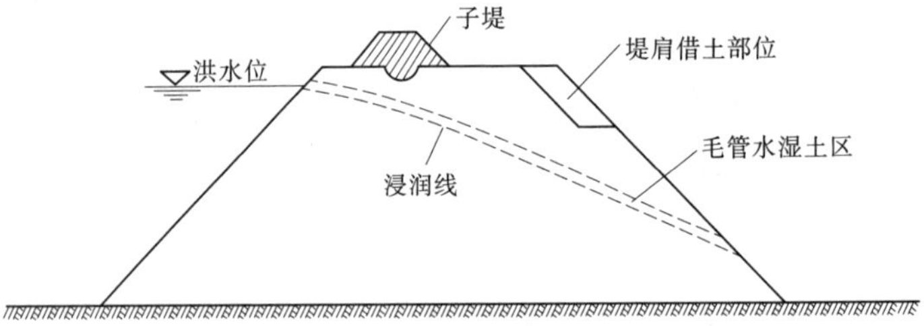

图 11-34　堤肩借土示意图

(二)土袋子堤

土袋子堤适用于堤顶较窄、风浪较大、取土较困难、土袋供应充足的堤段。一般用草袋、麻袋或土工编织袋，装土七八成满后，将袋口缝严，不要用绳扎口，以利铺砌。一般用黏性土，颗粒较粗或掺有砾石的土料也可以使用。土袋主要起防冲作用，要避免使用稀软、易溶和易于被风浪冲刷吸出的土料。土袋子堤距临水堤肩 0.5~1.0 m，袋口朝向背水，排砌紧密，袋缝上下层错开，上层和下层要交错掩压，并向后退一些，使土袋临水形成 1∶0.5、最陡 1∶0.3 的边坡。子堤顶高程应超过推算的最高水位，并保持一定超高，土袋子堤如图 11-35 所示。

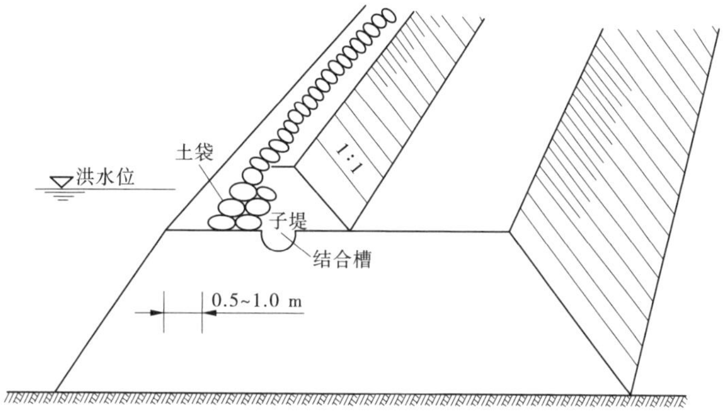

(a)土袋子堤剖面图

(b)土袋子堤效果图

图 11-35　土袋子堤示意图

(三)防洪(浪)墙防漫溢子堤

对于城市人口稠密、缺乏修筑土堤条件的堤段，常沿江(河)岸修筑防洪(浪)墙；当有涵闸等水工建筑物时，一般都设置浆砌石或钢筋混凝土防洪(浪)墙。遭遇超标准洪水时，可利用防洪(浪)墙作为子堤的迎水面，在墙后利用土袋加固加高挡水。土袋应紧靠防洪(浪)墙背后叠砌，宽度、高度均应满足防洪和稳定的要求，其做法与土袋子堤相同

(见图 11-36)。但要注意防止原防洪(浪)墙倾倒。可在防洪(浪)墙前抛投土袋或块石。

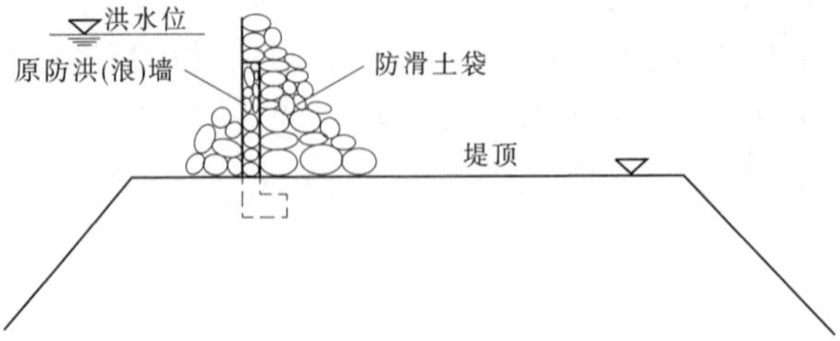

图 11-36　防洪(浪)墙土袋示意图

(四)土工织物土子堤

土工织物土子堤的抢护方法基本与纯土子堤相同,不同的是将堤坡防风浪的土工织物软体排铺设高度向上延伸覆盖至子堤顶部,使堤坡防风浪淘刷和堤顶防漫溢的软体排构成一个整体,收到更好效果。土工织物土子堤如图 11-37 所示。

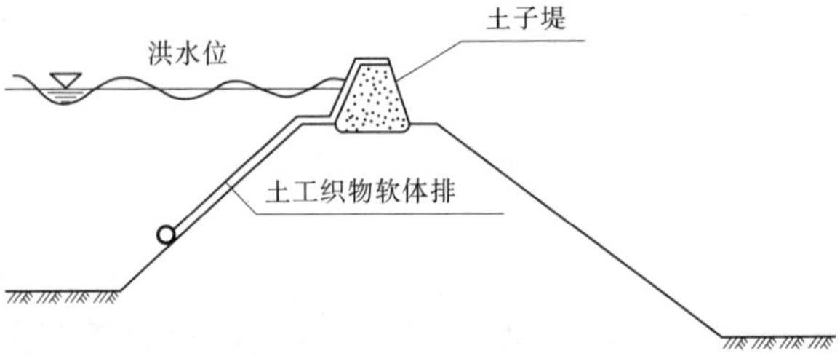

(a)土工膜子堤剖面图

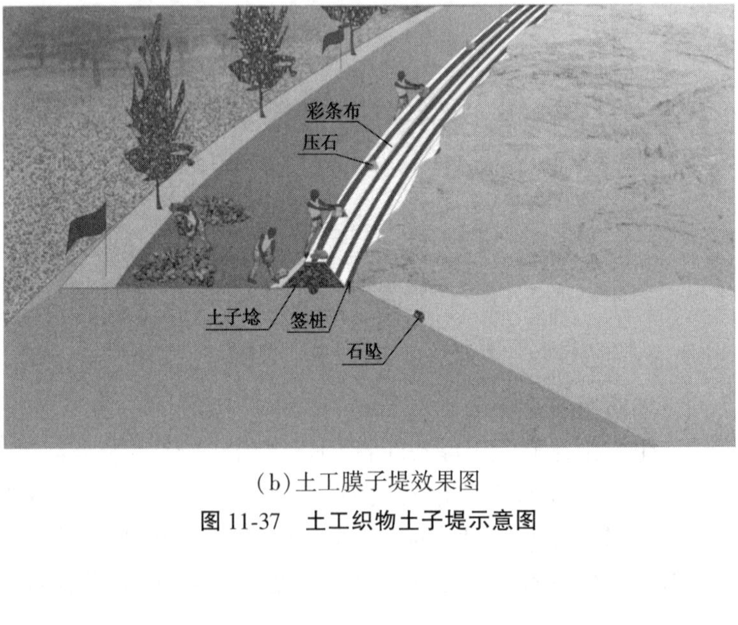

(b)土工膜子堤效果图

图 11-37　土工织物土子堤示意图

(五)新结构子堤

随着新结构、新材料的应用,抢险技术不断发展进步,为解决城市河段防洪,国内外一些厂家研制了利用塑钢或钢化玻璃材料的组合式子堤产品,可用于大中城市局部河段防洪(见图 11-38)。

(a) 塑钢板组合子堤

(b) 肇庆城区钢化玻璃防浪墙

图 11-38　新结构材料子堤

五、注意事项

(1)根据洪水预报估算洪水到来的时间和最高水位,务必抢在洪水到来之前完成子堤。

(2)抢筑子堤务必全线同步施工,绝不能做好一段,再加一段,绝不允许留有缺口或部分堤段进度过慢。

(3)抢筑子堤要保证质量,派专人监理,绝不允许子堤溃决,造成更大的溃决灾害。

(4)临时抢筑的子堤要派专人严密巡视检查,发现问题,及时抢护。

第九节　坍塌险情抢修

一、险情定义

坍塌是堤防、坝岸临水面土体崩落的重要险情。发生坍塌的主要条件，一是有环流强度和水流挟沙能力大的洪水，二是部位靠近主流，三是堤岸抗冲能力弱。这一险情具有发生突然、发展迅速、后果严重的特点，如不及时抢护，将会造成溃堤灾害。坍塌险情的前兆是裂缝，因此要密切注意裂缝的发生、发展情况，及时做好抢护崩岸险情的准备工作。

堤岸坍塌主要有崩塌、滑脱两种类型。以块石等散状物为护脚的堤岸防护工程，在水流冲刷下，护脚料物走失，局部出现沉降的现象称为坍塌险情。堤坡冲塌见图 11-39。

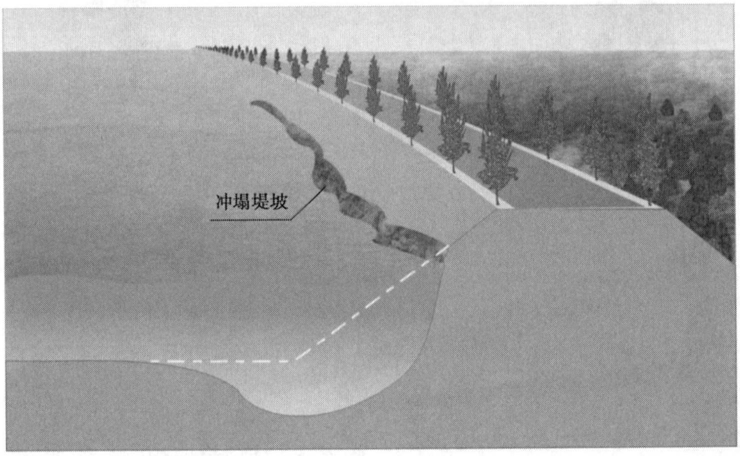

图 11-39　堤坡冲塌示意图

二、原因分析

因水流冲淘刷深堤岸坡脚，在河流的弯道，主流逼近凹岸，深泓紧逼堤防。在水流侵袭、冲刷和弯道环流的作用下，堤外滩地或堤防基础逐渐被淘刷，使岸坡变陡，上层土体内部的摩擦力和黏结力抵抗不住土体的自重和其他外力，使土体失去平衡而坍塌，危及堤防。

为了整治河道，控导河势，与险工相结合，在河道的关键部位常建有垛（短丁坝、矶头）、丁坝和顺坝等。由于这些工程的阻水作用，常会在其附近形成回流和漩涡，导致局部冲刷深坑，或者出现根石走失，进而发生坍塌，从而使这些垛（丁）坝的自身安全受到威胁。

三、险情探测

探测堤防、堤岸防护工程前沿或基础被冲深度，是判断险情轻重和决定抢护方法的首要工作。一般可用探水杆、铅鱼从测船上测量堤防及堤岸防护工程前沿水深，并判断河底土石情况。通过多点测量，即可绘出堤防、堤岸防护工程前沿的水下断面图，以大体判断堤防、堤岸防护工程基础被冲刷的情况及抛石等固基措施的防护效果。1996 年,黄委申报的“948”项目“坝岸工程水下基础探测技术研究”,引进了美国 X-star 全谱扫频式数字浅地层剖面仪,经过开发试验,2009 年通过鉴定并投入应用,可探测堤防、堤岸防护工程前沿水深和绘制水下断面地形图,可十分迅速地判断水下冲刷深度和范围,以赢得抢险时间。

四、抢护原则

堤防工程坍塌险情抢护应遵循“护脚固基、缓流挑流”的原则。在实地抢护时,应因地制宜,就地取材,抢小抢早。

堤防坍塌抢修,宜抛投块石、石笼、土袋等防冲物体护脚固基。大流顶冲、水深流急、水流淘刷严重、基础冲塌较多的险情,应采用护岸缓流的措施。在实地抢护时,应因地制宜,就地取材,抢小抢早。

五、抢修措施

(1)塌陷险情,指护脚坡面轻微下沉。宜采用抛石、抛石笼的方法进行加固,使用机械或人工将块石(混凝土块)或石笼抛投到出险部位,以加固护脚,提高工程的抗冲性和稳定性;当护脚坍塌范围较大时,可采用抛柴枕、土袋枕等方法抢修。

(2)滑塌险情,指护坡在一定长度范围内局部或全部失稳坍塌下落。其抢护要视险情的大小和发展的快慢程度而定。一般的护坡块石滑塌宜采用抛石、抛石笼、抛土袋等方法进行抢修。

(3)护坡连同部分土心快速沉入水中的险情,是最为严重的一种险情。当发生这种险情时,应先对出险部位进行保护,防止土心被进一步冲刷。对土心的冲刷防护,可根据出险范围的大小,采用抛土袋、柴枕或柴石搂厢的方法。

六、抢护方法

(一)抛块石、石笼、土袋

根据流速大小可采用块石、铅丝笼、土(沙)袋等防冲物体,加以防护。具体做法如下所述:

(1)先摸清坍塌部分的长度、宽度和深度,以便估算所需劳力和料物。

(2)抛投防冲物宜从最能控制险情的部位抛起,向两边展开,抛至稳定坡度。抛投的关键是实测或探摸险点位置准确,避免抛投体成堆压垮坡脚。水深流急之处,可抛铅丝石笼、土工布袋装石等。

(3)抛投石块应尽量选用大的石块,以免流失。块石重量以 30 ~ 75 kg 为宜,如图 11-40 所示。

(4)装石笼时要尽量做到小块石居中、大块石在外,装石要满,笼内石块要紧密匀称,如图 11-41 所示。

(5)每个土袋重量宜在 50 kg 以上,袋子装土的充填度为 70% ~ 80%,以充填沙土、沙壤土为好,装填完毕后用铅丝或尼龙绳绑扎封口。

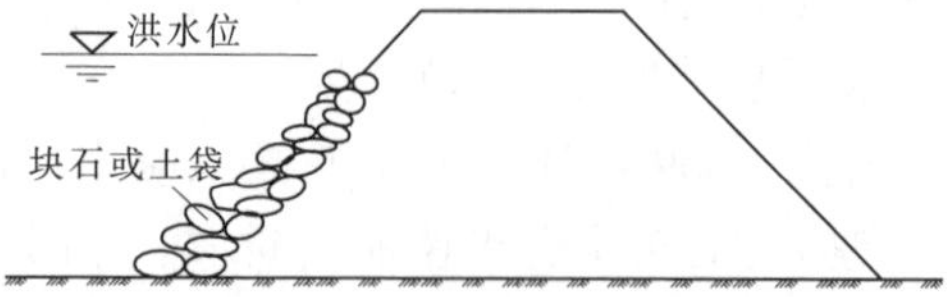

图 11-40　抛块石防冲示意图

图 11-41　抛铅丝石笼防冲施工

(二)抛柳(柴)石枕

对淘刷较严重、基础冲塌较多的情况,仅抛石块抢护,因间隙透水,效果不佳。抢险柳石、柴石均可,黄河下游多用柳石,常可采用抛柳(柴)石枕抢护。

柳(柴)石枕的长度视工地条件和需要而定,一般长 5~15 m,枕径 0.5~1.0 m,柴、石体积比在 2∶1左右,可按流速大小或出险部位调整用石量,如图 11-42 所示。

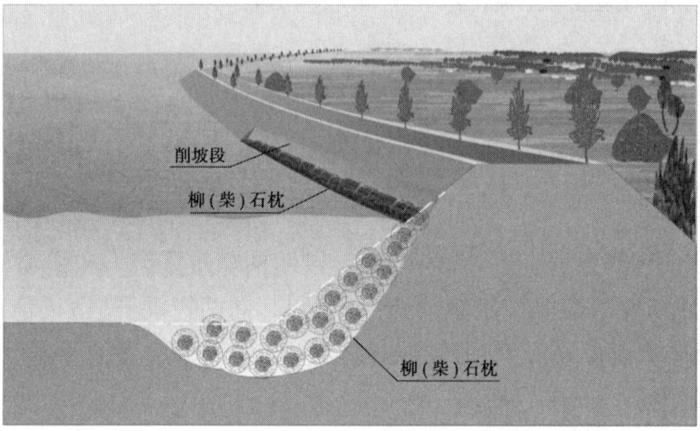

图 11-42　抛柳(柴)石枕示意图

(三)柴石搂厢

对于大流顶冲、水深流急、堤基堤身土质为砂性土、险情正在扩大的情况,宜采用柴石搂厢抢修。柴石搂厢是以柴(柳、秸或苇)石为主体,以绳、桩分层连接成整体的一种轻型水工结构,主要用于堤防坍塌及堤岸防护工程坍塌险情的抢护,如图 11-43 所示。

图 11-43　柴石搂厢示意图

(四)其他方法

除上述方法外,必要时也可削坡减载,加筑后戗。为了抑制坍塌险情继续扩大,维持尚未坍塌堤防的稳定,当坍塌段堤身断面过小,坍塌已临近堤肩时,应在堤背水坡抢筑后戗或加高培厚堤身。若坍塌险情发展特别严重时,还需要在坍塌段堤后一定距离抢修月堤,建立第二道防线,以策安全。

七、注意事项

(1)要从河势、水流态势及河床演变等方面分析坍塌发生的原因、严重程度及可能发展趋势。

(2)在涨水期,应特别注意迎溜顶冲造成坍塌的险情。

(3)不可忽视落水出险的可能,特别是水位骤降时,堤岸失去高水位时的平衡,有些堤段也很容易出现坍塌,切勿忽视。

(4)坍塌的前兆是裂缝,因此要细致检查堤防、坝岸顶部和边坡裂缝的发生和发展情况,要根据裂缝分布部位、形状及土壤条件,分析是否会发生坍塌、可能发生哪种类型的坍塌。

(5)对于发生裂缝的堤段,特别是产生弧形裂缝的堤段,切不可堆放抢险料物或其他荷载。

(6)圆弧形滑塌最为危险,应采取护岸、削坡减载、护坡固脚等措施抢护,尽量避免在堤(坝)岸上打桩,否则会加剧险情。

第十节　滑坡(脱坡)险情抢护

一、险情定义

堤防滑坡又称脱坡,是指堤坡(包括堤基)部分土体失稳滑动,同时出现堤脚或堤脚外隆起外移的险情(见图 11-44)。其产生主要是由于水流淘刷、内部渗水作用或上部压载等造成边坡失稳下滑。开始时,在堤顶或堤坡上发生裂缝或蛰裂,随着险情的发展,即形成滑坡。滑坡严重者,可导致堤防溃口,须立即抢护。

图 11-44　堤防滑坡示意图

二、抢护原则

造成滑坡的原因是滑动力超过了抗滑力,所以堤防滑坡抢护应遵循"减载加阻"的原则。对因渗流作用引起的滑动,必须采取"前截"措施,即临水帮戗,以减少堤身渗流的措施。上部减载是在滑坡体上部削缓边坡,下部加阻是抛石或沙袋固脚。如堤身单薄、质量差,为补救削坡后造成的堤身削弱,应采取加筑后戗的措施予以加固。必须指出,在抢护滑坡险情时,如果江河水位很高,则抢护临河坡的滑坡要比背水坡困难得多。为避免贻误时机,造成灾害,应临坡、背坡同时进行抢护。

三、抢护方法

(一)固脚阻滑

固脚阻滑在于增加抗滑力,减小滑动力,制止滑坡发展,以稳定险情。具体做法是:查清滑坡范围,将块石、土袋或土工编织土袋、铅丝石笼等重物抛投在滑坡体下部堤脚附近,使其能起到阻止继续下滑和固基的双重作用(见图 11-45)。堆放量可视滑坡体大小,以阻止继续下滑和起固脚作用为原则确定。滑动面上部和堤顶,除有重物时要移走外,还要视情况削缓边坡,以减小滑动力。

(二)滤水土撑(又称滤水戗垛法)

在背水坡发生滑坡时,可在滑坡范围内全面抢筑导渗沟,导出滑坡体渗水,以减小渗水压力,降低浸润线,消除产生进一步滑坡的条件。至于因滑坡造成堤身断面的削弱,可采取间隔抢筑滤水土撑的方法加固,防止背水坡继续滑脱。此法适用于背水堤坡排渗不畅、滑坡严重、范围较大、取土又较困难的堤段。

具体做法是:先将滑坡体松土清理,然后在滑坡体上顺坡到脚直至拟做土撑部位挖沟,沟内按反滤要求铺设土工织物滤层或分层铺填砂石、梢料等反滤材料,并在其上做好覆盖保护。顺滤沟向下游挖明沟,以利渗水排出。抢护方法与渗水抢险采用的导渗法相同。土撑可在导渗沟完成后抓紧抢修,其尺寸应视险情和水情确定。一般每条土撑顺堤

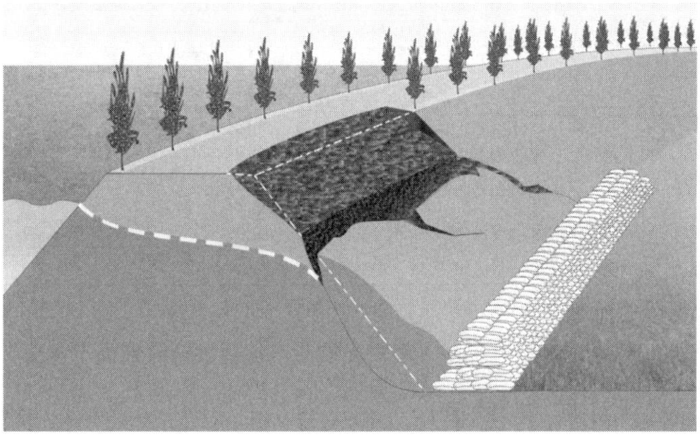

图 11-45　固脚阻滑示意图

方向长 10 m 左右,顶宽 5~8 m,边坡 1∶3~1∶5,间距 8~10 m,撑顶应高出浸润线出逸点 0.5~2.0 m。土撑采用透水性较大土料,分层填筑夯实,如图 11-46 所示。

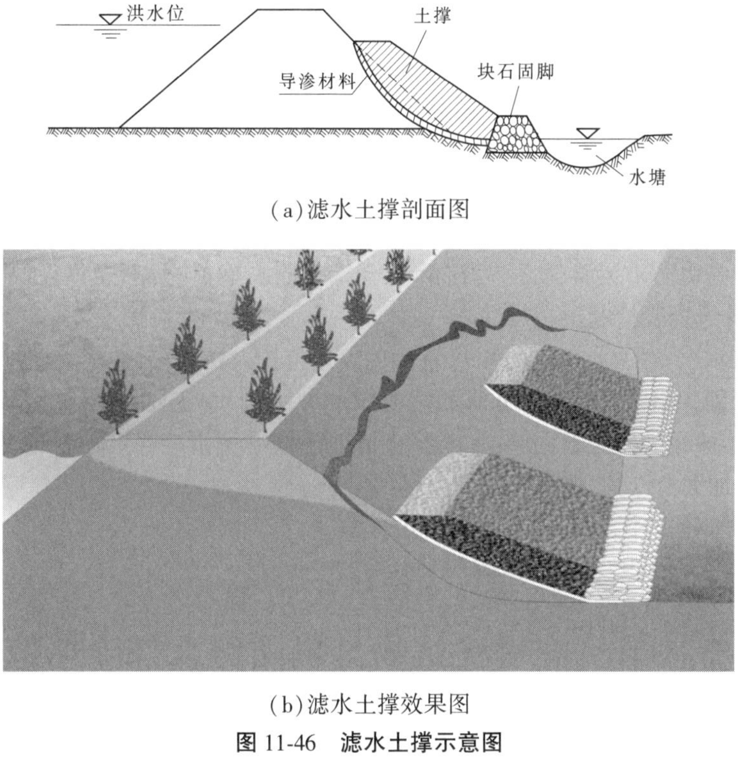

(a)滤水土撑剖面图

(b)滤水土撑效果图

图 11-46　滤水土撑示意图

(三)滤水后戗

当背水坡滑坡严重,且堤身单薄、边坡过陡,又有滤水材料和取土较易时,可在其范围内全面抢护导渗后戗(见图 11-47)。此法既能导出渗水,降低浸润线,又能加大堤身断面,可使险情趋于稳定。具体做法与上述滤水土撑法相同。其区别在于滤水土撑法是间隔抢筑,而滤水后戗法则是全面连续抢筑,其长度应超过滑坡堤段两端各 5~10 m。

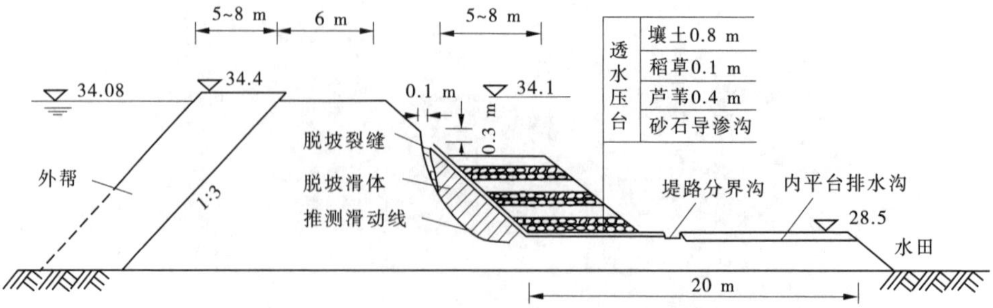

图 11-47 1998 年长江干堤青山垸背水坡脱坡抢险剖面示意图

(四)前戗截渗(又称临水帮戗法)

前戗截渗指在临河用黏性土修前戗截渗。当背水坡滑坡严重、范围较大,在背水坡抢筑滤水土撑、滤水后戗及滤水还坡等工程需要较长时间,一时难以奏效,而临水坡又有条件抢筑截渗土戗时,可采用此法。也可与抢护背水堤坡同时进行。其具体做法与抢护渗水险情采用的抛投黏性土方法相同。

(五)抛石固基

坝岸出现滑动前兆时,宜探摸护脚块石,找出薄弱部位,迅速抛块石、柴枕、石笼等固基阻滑。块石、柴枕、石笼等应压住滑动体底部,严禁将其抛在护坡中上部。当水位比较高时,可选用船只抛投或吊车抛放。

四、注意事项

(1)滑坡是堤防重大险情之一,在滑坡险情出现或抢护时,不要只采取单一措施,应研究选定多种适合险情的抢护方法。

(2)在渗水严重的滑坡体上,要尽量避免大量抢护人员践踏,造成险情扩大。

(3)抛石固脚阻滑是抢护临水坡行之有效的方法,但一定要探清水下滑坡体的位置,然后在滑坡体外缘进行抛石固脚,才能制止滑坡土体继续滑动。严禁在滑动土体的中上部抛石,这会加大滑动力,进一步促使土体滑动。

(4)在滑坡抢护中,也不能采用打桩的方法。

(5)在出现滑坡性裂缝时,不应采取灌浆方法处理。

第十一节 穿堤建筑物与堤防结合部险情抢护

一、险情定义

穿堤建筑物与堤防结合部是堤防的薄弱环节,容易发生的险情为由渗透破坏引起的管涌、漏洞等。在高水位下,河水在势能的作用下,常常沿着土石结合部等薄弱地带产生渗漏,进而形成渗漏通道,造成险情发生。其渗透破坏多数是沿基土或侧向、顶部填土与建筑物接触面产生的。接触冲刷常发生在填土与建筑物接触部位。先是接触部位颗粒从渗流出口被带出,进而形成渗漏通道,引起堤防溃决。

二、原因分析

(1)与穿堤建筑物接触的土体回填不密实。

(2)建筑物与土体结合部位有生物活动。

(3)穿堤建筑物止水工程遭破坏,在高水位时渗径不够,致使沿洞、管壁渗漏。

(4)一些老的箱涵断裂变形。

(5)穿堤建筑物的变形引起结合部位不密实或破坏等。

(6)堤基土中层间系数太大的地方,如粉沙与卵石间也易产生接触冲刷。

(7)由于建筑物各部的地基承载力不一样,或者地基内有淤泥、松软薄弱带,在建筑物自重力作用下,基础将产生较大的不均匀沉陷,引起结合部土体不紧密,遇水发生渗漏。

三、抢险原则

穿堤涵闸与堤防结合部发生渗水时,应按"临水截堵,背水导渗"的原则进行抢修。穿堤管线是穿堤管道和线缆的总称,穿堤管线与堤防结合部发生渗水时,应按"临水封堵、中间截渗、背水导渗"的原则进行抢修。

四、抢险方法

(一)闸前修筑围堰

闸前有滩地、水流速度不大而险情又很严重时,可在闸前抢筑围堰。围堰绕过建筑物两端,将建筑物与堤防结合部围在其中(见图11-48)。顶部超出临水侧水位约1 m。根据水深、流速等条件采用土袋或散土等方法填筑,围堰临水坡宜采取防护水流冲刷的措施。临河侧可堆筑土袋,背水侧可填筑土戗,或者两侧均堆筑土袋,中间填土夯实,以减少土方量。围堰两端均用散土填筑,填筑时应确保新筑围堰与原堤防结合紧密。

图11-48　闸前围堵示意图

(二)黏土截渗法

临水侧水不太深、风浪不大,附近有黏性土料,且取土容易、运输方便的情况下可采用黏土截渗的方法抢修。采用黏土截渗法和软帘盖堵法与渗水险情抢修、漏洞险情抢修中相应方法相同。临水截渗时注意:靠近建筑物侧墙和涵管、管道附近不要用土袋抛填,以免产生集中渗漏;切忌乱抛块石或块状物,以免架空,达不到截渗目的。

(三)背水反滤导渗法

采用反滤围井、反滤铺盖等背水反滤导渗法可参照渗水险情抢修。

(四)闸后修筑养水盆

汛前预修翼堤,洪水到来前抢修横围堤。横围堤位于海漫外,高度根据洪水位等情况确定,顶宽 4 m 左右,边坡 1:2。修筑横围堤前先关闭闸门,再清理横围堤与已修翼堤的结合部,然后分层填土压实。洪水到来前适当蓄水平压,洪水期宜加强观测。采用闸后养水盆在堤防背水侧蓄水反压时,水位不能抬得过高,以免引起围堰倒塌或周围产生新的险情。闸后养水盆如图 11-49 所示。

图 11-49　闸后养水盆示意图

第十二节　堵口抢险

一、堵口准备

(一)抢筑裹头

堤防决口后,为防止水流冲刷扩大口门,应对口门两端的断堤头及时采取保护措施。抢筑坚固的裹头,是堤防决口封堵的必要准备工作。

要根据不同决口处的水位差、流速,以及决口处的地形、地质条件,确定有效抢筑裹头的措施。一般在水浅流缓、土质较好的条件下,可在堤头周围打桩,桩后填柳或柴料厢护或抛石裹护。在水深流急、土质较差的条件下,可在堤头前铺放土工布软体排、抛柳石枕、做柳石搂厢埽裹头,或采用抗冲流速较大的石笼等进行裹护。除了传统的打桩施工方法,还可采用螺旋锚方法施工,亦可采用土工合成材料或橡胶布裹护的施工方案。待裹头初步稳定后,再实施打桩等方法进一步予以加固。

(二)水文观测和河势勘查

在进行决口封堵施工前,必须做好水文观测和河势勘查工作。要实测口门的宽度,绘制纵、横断面图,并实测水深、流速和流量等。堤防决口如图 11-50 所示。

图 11-50 堤防决口图

(三)制订堵口设计方案

根据上述水文、水下地形、地质及河势变化、筹集料物能力等资料,分析、研究堵口时间,确定堵口方案,进行堵口设计。

(四)做好堵口抢险施工准备

(1)布置堵口施工场地,并制订具体实施计划。

(2)筹集堵口料物。

(3)组织施工队伍。

(4)准备施工机械、设备及所用工具。

二、堵口工程布局

(一)堵口次序

堤防多处决口,口门大小不一,堵口时一般应先堵下游口门,后堵上游口门,先堵小口,后堵大口。

(二)堵口堤线选择

为了减少封堵施工时对高流速水流拦截的困难,在河道宽阔并具有一定滩地的情况下,或堤防背水侧较为开阔且地势较高的情况下,可选择"月弧"形堤线,以有效增大过流面积,从而降低流速,减少封堵施工的困难。

三、堵口方法

堵口方法主要有立堵、平堵、混合堵和其他多种方法。应根据口门过流多少、地形、土质、料物采集及工人对堵口技术掌握的熟练程度等条件,综合考虑选定。黄委曾组织多次堵口试验(见图 11-51)。

(一)立堵

立堵,即指从口门的两端或一端,沿拟定的堵口坝基线向水中进占,逐渐缩窄口门,最后将所留的缺口(龙门口)抢堵合龙的堵口方法。进占可采用填土进堵、打桩进堵、埽工进占、钢木土石组合坝堵口等方法。

(a) 平堵口门试验

(b) 混合堵口门试验

图 11-51　黄河堵口试验现场

(二) 平堵

平堵,即指沿选定的坝基线抛投料物,如柳石枕、石块、石枕、土袋等,自河底向上逐层填高,直至高出水面,以截堵水流的堵口方法。

(三) 混合堵

混合堵是立堵与平堵相结合的堵口方法。堵口时,根据口门的具体情况和立堵、平堵的不同特点,因地制宜,灵活采用。如在开始堵口时,一般流量较小,可用立堵快速进占。在缩小口门后流速较大时,再采用平堵的方式,减小施工难度。对较大的口门,可以正坝用平堵法,边坝用立堵法进行堵合。

第十二章　工程管理现代化建设

第一节　发展要求

黄河具有水资源短缺、水沙异源、洪水泥沙多、河道善淤善徙等特点。特定的自然条件决定了黄河与沿岸经济社会发展的密切关系，决定了黄河工程管理现代化建设在国家现代化进程中的基础性地位。经济社会可持续发展，要求黄河提供水工程、水环境、水供给安全保障，而工程管理的技术基础作用决定了防洪安全、河流生态环境及水资源利用的工程保障。因此，黄河水利工程管理是建立高标准防洪减灾体系、水资源有效供给体系、水环境保护体系的基础，要巩固这个基础，积极推进并尽快实现黄河水利工程管理现代化就是一个必然的命题。水利现代化在很大程度上依托于水利工程管理的现代化，要求有现代化的理念、管理体制、运行机制、管理设施、科技管理手段、网络信息系统、法制保障体系、工程安全与生态体系，以及高素质的管理队伍等。

黄河重大问题及对策研究提出了黄河防洪、水资源、生态等三大问题，以及为解决这些问题的近期目标和远期目标。面对流域性综合管理及经济发展对水利工程管理提出的新要求，各级管理人员如何进一步转变观念，把水利工程管理总体部署及具体安排与治黄新理念所明确的近期目标、远期目标有机地结合起来；把以安全管理为中心，按照维持黄河健康生命所赋予的任务拓宽范围、丰富内涵，向工程管理、生态管理、环境管理、综合效益发挥外延，构建工程安全与人水和谐的良好界面。面对新形势，黄河工程管理面临着新的机遇和挑战。

首先，经济社会发展对黄河防洪保安全的要求越来越高，水利基础设施建设步伐大大加快，黄河已初步建成了以干支流水库、下游堤防与河道整治工程、分滞洪区工程为主体的较为完善的防洪体系，特别是标准化堤防的建成，防洪保安全能力大大增强。标准化堤防工程建成后，就要有与之相适应的现代管理方式和手段。为此，加快工程管理现代化建设步伐，全面提高工程管理现代化水平已成为当前和今后一个时期黄河水利工程管理的重要任务。

其次，水利部明确的“堤防不决口、黄河不断流、水质不超标、河床不抬高”目标赋予了新时期治黄工作者更艰巨、更深刻的历史使命，要求黄河在水资源、水生态、水环境及防洪安全等方面，要创新综合管理技术手段，不断提高综合管理能力。

第三，随着水管体制改革的不断深化，市场化步伐的不断加快，黄河现行的工程维修养护体制将发生历史性变革，内部维修养护企业面对市场购买服务改革压力，对工程管理的现代化发展提出了更高的要求，倒逼各级主管部门、水管单位和养护企业适应改革创新、规范管理、加快发展的要求，优化企业人员结构，增强养护企业生存能力，适应市场化发展趋势。

到 2035 年，国家将基本实现社会主义现代化，当前是加快推进社会主义现代化建设的关键时期，也是经济社会发展全面转入科学发展轨道的关键阶段。按照国务院确定的新时期治水方针，水利部提出了从传统水利向现代水利、可持续发展水利转变，明确了"水利工程补短板，水利行业强监管"的治水总基调，水利现代化成为当今水利管理发展的目标和方向，突出表现为以下特点：一是治河理念与思路的现代化；二是水利管理的信息化；三是水利科学技术的现代化；四是工程设施和维护装备的现代化。水利现代化的核心是水利管理的信息化，也是水利工程管理的信息化。

黄河水利工程管理现代化融入社会、经济、生态发展的系统之中，它是社会主义现代化建设不可替代的重要组成部分，并成为今后一个时期水利发展的目标和方向。水利管理现代化的前提和基础是水利工程管理信息化，信息化建设是工程管理现代化发展的必然趋势，它是一个动态的、非静止的、不断发展的过程，就其目标而言，有起点，没有终点。

黄河水利工程管理是黄河治理开发的重要技术基础工作，在黄河防洪、水资源综合开发利用中发挥着不可替代的作用。树立维持黄河健康生命的治河理念，准确把握水利工程管理的行业发展要求，研究确定黄河水利工程管理现代化体系框架，是为推进国家经济建设现代化目标服务的。根据我国国情、黄河河情，客观地勾画出黄河水利工程管理现代化的蓝图(发展目标)。通过黄河水工程管理现代化体系构建，全面、系统地反映经济社会发展，以及生态环境治理与水利工程管理现代化建设之间的相互关系，使我们懂得为实现黄河水利工程管理现代化发展目标，必须从哪些方面做工作，以及如何做工作：一是理清思路，明确奋斗方向；二是分析黄河水利工程管理现代化发展的需求；三是查找问题，分析原因，衡量差距，明确向发展目标奋进的办法、途径和战略举措，以便明确阶段目标，落实工作职责，采取有效措施，积极推进黄河水利工程管理的现代化发展。

第二节　现状分析

一、思想观念转变不快

2006 年水管体制改革后，黄河水利工程管理形势发生了重大变化，理顺了管理体制、组建了专业队伍、畅通了经费来源，这是治黄历史上难得的发展机遇，能否抓住这个机遇，使工程管理再上一个新台阶的关键是转变思想观念。但部分同志思想观念转变不快，对黄河水利工程管理的内涵、现代化发展缺乏系统、深刻、全面的认识，创新力度不够，精品意识不强，与水利工程管理专业化、规范化、标准化、现代化的发展要求尚有不小差距。如对于工程维修养护，缺乏合同管理观念，摆不清管理与养护的关系，思想停留在传统的思维方式上，总把养护企业当下属单位；每逢上级检查考核，习惯于以往的突击整修；一提到工程管理，就是一把扫帚、一把锨，填填浪窝、割割草等简单劳动，对新的工程管理标准学习不够、理解不深、要求不高，等等。水利工程管理要实现现代化跨越，就必须转变思想观念，树立精品意识，创新管理方式方法，按照黄河水利工程管理标准体系，以确保工程安全为中心，大力开展内涵丰富的工程管理设施建设，通过精心管理与精细维护，塑造集安全、生态、文化为一体的具有黄河特色的水利工程。

二、管理运行机制不活

按照国务院《水利工程管理体制改革实施意见》的精神，黄委已经完成了水管单位的“管养分离”改革。水管体制改革后，黄委先后出台了一系列规章制度，对工程管理的工作程序、内容、要求等进行了规范，但仍然存在一些突出问题：①在政策层面，由于改革政策不配套，加上个别职能部门思想缺乏前瞻性、工作缺乏积极性，导致养护公司在改革过程中只是进行了内部人员剥离，没有为改革后的养护企业走向市场创造必要的条件，没有给企业配备必备的机械设备和工器具，没有解决养护单位的办公场所，结果导致养护企业生存和发展受到严重制约，难以在“管养分离”后独立走向市场。②在改革层面，改革是内部“管养分离”，没有实现真正意义上的企业剥离，水管单位与养护公司在签订养护合同、履行监督管理、考核验收等环节上难以达到完全市场化条件下的合同双方规范、有序、高效运转。③按照水利部深化改革要求，中央预算资金实施的工程维修养护项目在2020年底前要全面实行政府采购，而黄委工程维修养护市场化探索正在逐步推进，养护公司综合能力不足，缺乏积极主动性与风险意识，水管单位缺乏行之有效的制约手段，黄委在短时期内尚难以形成有效的维修养护市场竞争机制，工程维修养护市场化还需要探索研究和加快推进。

三、标准体系有待完善

建立合理科学的标准体系是促进水利工程管理现代化发展的重要环节，它能够有效地引导与促进工程管理发展，打造完整坚固、确保安全、生态友好的水利工程。黄委通过认真分析水利工程管理面临的形势，在对以往各种工程管理办法进行分类、梳理的基础上，研究印发了涵盖堤防、河道整治、水闸工程及内业资料的管理办法与考核标准，形成了比较完整、具有可操作性的黄河工程管理标准体系，对上述各类工程的不同部位考核指标进行了量化，对工程保护、现代化建设及内业资料管理提出了明确要求，为引导和促进黄河工程管理向标准化、精细化、规范化转变树立了标杆。但上述标准体系建立只是个良好开端，且主要侧重于主体工程及附属设施，缺乏工程信息化建设内容；同时所属三门峡、故县、花果山等3座水库大坝工程尚未制定管理办法及监督考核标准，标准化体系尚达不到全面、系统、完整，需要今后补充完善。为此，黄委应督促指导所属单位，尤其是水管单位，传承以往的成功做法，借鉴其他地区的先进经验，区分工程类别，理清涵盖信息化建设的运行管理业务内容，明确相关事项工作标准，规范业务操作程序，科学划定岗位人员，建立内部激励机制，严格工作考核、评价，全面构筑标准化体系，推动黄河水利工程管理跨越式进步。

四、管理能力有待提高

存在的突出问题为：①管理仪器设备落后，信息化水平低，新技术、新机具引进应用推广慢；②基层一线管理队伍的人员结构、知识水平和业务素质与现代化管理要求还有较大差距，诸如合同法、现代管理知识、管理标准、机械设备应用与维护等，急需加强培训，补充更新知识，提高业务技能。③管护基地的管理设施及管理机具的建设配套滞后，为一线职工创造良好的生产、生活条件不够。因此,应积极引进推广新设备、新机具、新材料,改善一线班组的工程管理手段,以基层一线班组信息网络建设为重点,扎实推进“数字工管”系统建设,实现各级管理部门之间信息互通、资源共享图文快速查询;水管单位应政策倾斜一线班组,提高一线人员待遇,新入职人员安排一线锻炼,鼓励用好管护地,搞好菜篮子,减少生活支出;各级主管部门应加强水管单位人员业务技术培训,做好政策解读与工作指导,积极筹划促发展,精心管理上水平;各水管单位应采取走出去、请进来的策略,借鉴沿海发达地区水工程管理的先进经验和科技成果,推动本单位水利工程综合管理水平上台阶。

五、险情查报手段落后

水利工程管理的中心任务是确保工程安全运用与综合效益的最大限度发挥。为准确掌握各类工程的运用状况,工程汛前普查、根石探测、堤防隐患探测等技术基础工作已经形成制度,水管单位汛前人工徒步拉网式普查,开展河势、工情、险情观测,这种方法不仅劳动强度大,且容易受天气因素影响,若发生大洪水或重大险情,可能因一线人员不能及时发现和准确判断而贻误战机,缺乏实时工情、险情监测监视手段;工程巡查、河势查勘、维修养护、统计报表等信息的统计、收集、传输主要依靠人工,工作效率低,容易出差错,也不便于适时准确查询及对管理状况的有效监督;工程管理重要决策支持信息(如堤防险点隐患、工情险情、涵闸沉降与渗流等)的采集,均依靠拉网普查、人工观测或探测来获得,工程维修养护决策主要依靠人为定性判断,摆脱不了人工操作,如故县水库大坝尚未建成自动化安全监测系统,仍采用人工监测,花果山水库大坝没有安全监测设施,既不符合规范,又与水库安全管理要求存在很大差距。上述情况,反映了黄河工程管理与现代化发展要求存在较大差距。

六、信息化建设严重滞后

信息化建设及应用是衡量一个行业现代化水平的重要标志。“数字工管”是“数字黄河”六大(防汛减灾、水量调度、水资源保护、水土保持、工程管理、电子政务)应用系统之一,具有点多面广、开发任务重、应用周期长等特点。按照“急用先行、引用牵引”的原则,各级主管部门克服资金困难,完成了“数字工管”的需求分析、专题规划、数据库结构与数据字典等大量前期工作,并选择有代表性的工程进行试点,试图以点代面推进整个“数字工管”系统的建设,但由于缺乏专项资金渠道,制约了工程安全监测设施建设及监测信息采集、传输、服务,探测、监测数据库尚未建成,工程运行管理系统、安全评估模型开发等诸多项目推进缓慢,不少管护基地尚未配置计算机,信息网上传递与查询更无从谈起,“数字工管”系统建设严重滞后。

信息传输方式单一,手段落后。目前,黄河中下游通信专网还保留数字微波通信作为骨干传输手段,每个通信节点只有微波一种传输方式,没有备用通信路由,无法形成环形通信保护,即郑州至三门峡、郑州至济南及东营通信网络是以 155 M 容量干线微波为主、34 M 支线微波为辅的骨干通信网络,基层单位主要由 450 M 窄带无线接入、5.8 G 宽带无线接入系统等组成,构成黄委—省局—市局—县局——线班组之间的通信联络。一是黄河通信专网—微波通信属于落后淘汰产品,且受带宽所限,海量信息的传输能力不足,导致县局以下至一线班组的通信传输基本没有保障;二是微波语音通话较容易实现,而来自一线的安全监测、远程监控、视频监视、视频会商等大量信息,则传输可靠性低,通信保障率低;三是通信传输系统运行维护成本高,与现代信息化建设发展要求不相适应。

第三节　现代化建设内涵

一、现代化建设内容

现代化是指现代发生的社会和文化变迁的现象,核心内涵是善于吸取众长之和,以适应现代状况,并顺应未来趋势的过程。它是一个"集大成"的过程,具体表现为"心灵、技巧、管理妙、环境好"的完整多层集成过程,资本主义与社会主义具有共同的基础,即工业化。随着现代化的发生,社会文化各个方面都随之发生变化,核心是高度发达的工业化和科学技术的现代化,可以理解为技术的发展、农业发展及农产品的商品化、科技创新、工业化与信息化、城镇化。

要明确水利工程管理现代化的内涵,水利工程管理现代化涵盖硬件(工程体系与生态环境体系、先进的技术手段、网络化的信息系统等)、软件(现代管理理念、科学的管理体制、规范的运行机制、高素质的人才队伍、完善的法制保障)两个方面,并由软件、硬件两方面所包含的相关要素组成。

水利工程管理现代化不是抽象的概念,它是一个有型的、客观的实体,在一定的历史时期,有具体的考量比较标准,它有较强的时间性、社会性、实践性和可操作性。水利工程管理现代化是指在工程管理过程中广泛采用当今先进的管理理念、科学的管理体制、规范的运行机制、先进的技术手段、网络化的信息系统、高素质的人才队伍、完善的法制保障、完善的附属设施、具有生态文化功能的工程安全保障体系等。要以现代化管理理念为统领,研究水利工程管理现代化发展方向,确定现代化发展的总目标与阶段目标,积极推进水利工程管理现代化进程,为经济社会发展提供安全保障,确保防洪安全、社会经济安全、生态环境安全。

二、发展总体目标

黄河水利工程管理现代化的宗旨是打造完整、坚固、安全、生态的水利工程,构建人水和谐的水利工程生态界面,保障工程安全与综合效益的最大限度发挥,服务于国民经济现代化建设。通过加速推进水利工程管理现代化建设,使黄河人逐步树立起水利工程管理的创新思维,加快水利信息化建设,以水利信息化促进水利现代化,使水利工程管理现代化建设与我国经济发展、社会进步、生态与环境建设相适应,为社会主义现代化进程的加速推进奠定安全、坚实的工程基础,维系国民经济的可持续发展。依据水利工程管理现代化的宗旨与要求,其目标层面应包括以下 8 个方面。

(一)先进的管理理念

思想理念现代化是水利工程管理现代化的关键。一方面,我们的思想观念不能停留在原始的、传统的阶段，黄河不是取之不尽、用之不竭的源泉，有限的水资源污染严重，资源型缺水的矛盾日益突出；另一方面，看不到上中游生态脆弱、生态治理难度大，下游洪水、泥沙仍将是长期的防御难点，如果坚持仅以工程防御的传统治水为主要手段来保障经济社会发展，忽视了水利工程本身的生态建设、水环境的保护、可持续发展，这对黄河治理及经济社会发展显然是有害无益的。因此，必须首先树立新的管理理念，从传统管理向现代管理转变，充分认识工程管理的基础作用决定了它作为现代化建设的着眼点或前提条件，以完善的管理体制、科学的运行机制、现代信息网络、先进科技手段、完善的法制保障、完整坚固的工程防御体系等为主要手段，实现水利工程现代化建设支持经济社会的可持续发展。

（二）科学的管理体制

一是水利工程管理体制要服从或适应国家经济体制改革的宏观发展要求。二是依法理顺流域管理与按行政区划管理相结合的工程管理体制，建立省（区）间、上下游、左右岸之间矛盾的协调机制，有效保护工程与河道岸线，为国家现代化发展提供可靠的防洪及生态保障。三是在国家法律授权和机构改革“三定”方案规定的范围内，构建职能清晰、权责明确的内部管理模式：①在完成以“管养分离”为核心的水管体制改革后，相应落实水利工程管理的经费保障，水管单位要按照政府购买服务规则，开展工程维修养护项目招标，提高水利工程管理投资效益；②坚持体制创新，不断深化改革，采用改革方式解决一些深层次矛盾，如水管单位人员多、经费缺口大问题，养护企业无资质、无设备问题，应以深化改革为抓手，以解决问题为导向，促进工程管理的健康发展；③把握工程维修养护市场化与专业化的方向，没有退路可走，各单位应学习借鉴其他地区经验，加快推进维修养护项目的政府购买服务进程。

（三）规范的运行机制

规范管理靠什么？靠法规、规范、规程、标准、制度。黄委所属单位管理层级多，包括一线班组达五级，管理单位数量庞大，基层水管单位达 79 个，一线班组（河务段）200 多个，运行管理人员 12 000 有余。要实现各层级、各单位管理工作的有序高效运转，没有相应的规章制度不行；要打造结构坚固、充满生态文化内涵的水工程，没有相应的管理标准及规程不行；要保证工程完整与安全运用，没有班坝责任制或岗位责任制不行。因此，需要依据国家对水利管理行业的发展要求，适时提出修订水库、水闸、堤防工程管理法规建议，完善黄委各类工程管理设计标准及管理规定；修订完善黄委各级主管部门的内部管理规章；建立与完善上级主管部门对工程检查观测、招标投标、维修养护作业质量标准、财务管理制度；建立水管单位内部以争先创优为核心，以明确管理任务、落实岗位职责、定期考核、奖惩分明、鼓励创新为宗旨的管理考核制度与激励机制等。

（四）先进的技术手段

工程管理现代技术手段主要体现在：①按照工程类别、数量、规模，承担维修养护业务的企业机械设备、数量、种类是否满足使用需要；②机械设备的完好率、利用率高低；③适应土石方、生物工程及管理附属设施维修养护的专业化程度；④运行管理与维修养 护队伍的能力等，先机械化，后专业化、集约化，是世界大多发达国家经济发展的成功经验，黄河工程管理现代化水平的提高需分步实施。第一，依据国家政策、行业规范，应对改革后黄河维修养护企业给予扶持,提高机械装备水平和市场适应能力;第二,在市场准入或招标条件中,把养护公司的机械装备数量、种类作为招标重要条件之一,鼓励与促进养护公司加强设备配置;第三,按照需求牵引、急用先行的原则,选定较成熟的项目,支持水管单位与科研院所合作开发实用的管理工器具;第四,研究制定奖励机制,鼓励各水管单位加强创新成果的引进与推广,加快新技术的应用。

(五)网络化的信息系统

水利工程管理现代化的核心是信息化。高效运转的水利工程信息采集、传输、存储、评估与决策支持系统,必须依靠现代信息技术、计算机技术、物联网、大数据及人工智能(AI)技术等建立实时的监测、评估、决策支持、动态管理系统,进而实现工程管理信息化。

"数字工管"实质是信息化建设,主要包括基础信息采集、数据库建设、工程运行管理三部分内容。具体包含借助工程内设的监测传感器、外部全数字摄影测量设备、"3S"(GIS,GPS,RS)技术,对工程进行实时安全监测、视频监视,实现对水利工程管理信息进行采集、传输、存储、处理和利用,达到互联互通、资源共享。借助互联网、计算机网络、现代通信技术和数学模型等科技手段,采集和处理监测数据,实时掌握和了解水利工程运行状态;构建评估模型,评估工程安全状况,为水利工程管理和防汛提供及时、准确的决策依据;制定统一的数据库结构与数据字典,借助计算机网络,建立互联互通、数据共享的水利工程管理基础数据库等。

"数字工管"系统应用水平主要体现在水利管理信息化程度、网络覆盖与利用率、工程管理数据库完善程度、工程运行状态的监测控制率、工程管理基本数据共享率、动态管理自动化程度等。目前,"数字工管"系统的信息化程度还不高:一是监测信息采集布点极少,数据采集不足,分析评估严重滞后;二是信息积累达不到全面规范,有许多宝贵的原始观(监)测记录、历史文档、规划与设计等资料因年代久远,未能得到妥善保护而损毁或丢失,造成信息缺失;三是相关业务部门的信息受交换机制的制约,要么获取困难,要么所获得的信息难以满足水利工程管理业务应用的要求。

(六)高素质的人才队伍

水利工程管理是一个动态的、复杂的、范围宽泛的系统,不仅需要建立与经济社会、生态、环境协调发展的水利工程管理机制,更需要一批掌握现代管理理论、具有专业知识的管理人才,学习国际、国内大江大河管理的新技术、新方法和新工艺,不断借鉴创新发展。水利现代化必须建立在水利科学技术现代化的基础上,水利科学技术现代化的核心是水利高层次人才的培养与高新科技的研究。

(七)坚固的工程安全保障体系

黄河下游河床高悬于两岸地面,高含沙洪水善淤、善徙、游荡多变,自古以来始终对中华民族生存与发展构成极大威胁。

人民治黄以来,在党和政府的领导下,数百万军民积极参加抗洪抢险,取得了数十年来黄河夏秋大汛不决口的伟大成就。随着我国经济建设的迅速发展和城镇化进程的不断加快,社会财富的大量积累,未来一旦发生洪水灾害所造成的人员伤亡和财产损失将是不可估量的,必须正视这个现实,最大限度地解决这一事关国计民生的重大问题。黄河水利工程管理现代化要求建设高标准、高质量的防洪工程体系,不仅要能抗御设防标准内的洪水,即使遇到超标准洪水也须有对策、有措施。黄河水利工程管理现代化要求各类工程满足设计标准,符合运行管理标准,形成完整坚固的水利工程体系,确保安全运用。

(八)完善的管理附属设施

依据堤防、水闸、水库等工程管理设计规范,结合黄河标准堤防建设,充分考虑水利工程运行管理的必要性和长期性,建成设施完备、功能齐全的水利工程管理附属设施,真正体现以人为本、人水和谐的现代管理理念,为水利工程运行管理提供生产生活保障。主要包括完备的水利工程供排水系统、布局合理的管护基地及配套齐全的房屋设施、具备信息化功能的办公机具设备、完整的生物防护体系、齐全醒目的标志标牌等。

第四节 加快信息化建设

2011 年,中央一号文件明确提出“推进水利信息化建设,全面实施‘金水工程’,加快建设国家防汛抗旱指挥系统和水资源管理信息系统,提高水资源调控、水利管理和工程运行的信息化水平,以水利信息化带动水利现代化”。

2012 年 11 月,中国共产党的十八大确立了“新型工业化、信息化、城镇化、农业现代化”四化同步的发展战略,明确“没有网络安全,就没有国家安全”“没有信息化,就没有现代化”,把网络与信息安全提升到了国家安全战略的高度。中国共产党十八届五中全会提出“创新、协调、绿色、开放、共享”五大发展理念,进一步指出要“实施网络强国战略,实施‘互联网+’行动计划,发展分享经济,实施国家大数据战略”。国家“十三五”信息化规划将“打破信息壁垒和‘孤岛’,构建统一高效、互联互通、安全可靠的国家数据资源体系”列入重点工作。

实现黄河治理体系和治理能力的现代化,其根本途径是信息化,这是促进水利工程管理发展的重要途径,以信息化倒逼管理的规范化和现代化。水利工程管理信息化建设,就是充分利用现代信息技术,开发和利用水利信息资源,包括对水利信息进行采集、传输、存储、处理和利用,提高水利信息资源的应用水平和共享程度,从而全面提高水利工程管理的效率和效能。

2016 年,黄委明确提出着力“数字黄河”向“智慧黄河”升级发展。“智慧黄河”是在“数字黄河”基础上,运用物联网、互联网、大数据、云计算、空间地理信息集成等新一代信息技术,实现资源共享和智能管理,对各类信息进行及时分析处理,给出相应的结果或辅助决策建议,使黄河治理开发、保护与管理的方案制订和综合决策等业务更加精准、动态、智能,有效提升了黄河治理开发、保护与管理业务的效率和效能。

一、建设思路

从治黄全局和战略高度出发,立足信息化技术应用发展的前沿,从分析黄河水利工程管理的业务需要入手,针对水利工程管理工作中需要解决的信息技术突出问题,充分考虑现实的可能性与未来发展趋势,加强顶层设计。精心谋划,提出了以信息化引领水利工程管理现代化,以信息化倒逼水利工程管理的现代化。扎实推进信息化与水利工程管理工作深度融合,按照“先进实用、突出重点,应用牵引、逐步实施”的建设思路,着力推动“数字黄河”向“智慧黄河”升级发展，为实现黄河水利工程管理现代化提供强有力的技术支撑。

信息化建设的基础是信息采集。黄河“数字工管”系统信息采集按用途分两类，分别是工程运行管理信息和工程安全监测信息。信息类型为数字、文本、图表、声音、静态图片和动态图像等，其中工程运行管理信息按业务性质分为水管单位机构人员及工程基本信息、附属设施管理信息、岗位责任制度信息、工程巡查观测信息、河道范围内建设项目信息、水利工程环境信息等；工程安全监测信息按工程类别分为堤防工程监测信息、河道整治工程监测信息、水闸工程监测信息、水利枢纽工程监测信息、其他工程安全监测信息等，安全监测项目类型则分为渗压渗流信息、变形信息、应力应变信息、震动反映信息等。

黄委水利工程管理体制由黄委、省局、市局、县局四级独立法人单位组成，县(区)河务局所属一线班组为操作层面，数据传输主要在这四级之间及与一线班组的传输。工程安全监测、运行管理等信息可通过有线或无线方式进入附近工程班(河务段)或闸管所(信息汇集点)，借助黄河专用通信网络或租赁公网方式进行传输。

“数字工管”系统建设的重点是围绕“智慧黄河”总体布局，致力于“黄河一张图”“数据一个库”“业务一系统”“登录一门户”4个方面工作。

“黄河一张图”是一个大的空间地理信息聚集服务平台，它以融合对象的空间属性为基础，同时关联对象的基础属性信息、动态监测信息、视频监视信息、管理法规等数据，大量的动态信息来自不同层级的管理单位、不同的业务应用系统。需要充分利用黄河大数据中心、卫星遥感数据、工程运行管理、安全生产监管及防汛抢险系统相关信息，结合各类工程运行管理特点，依托互联网、水利专网等网络资源，做好“黄河一张图”，以展示黄委所辖工程基础信息、安全监测、运行管理、工程病险状况、实时视频监视信息。各级管理部门可以通过平台提供的浏览器、App等多种方式，在授权范围内实时查看辖区内河道水情信息、安全监测与实时预警、巡查观测、实时视频信息等，以满足管理单位工程运行管理需求，为各级监管部门提供决策支持。以水库为例，在图上不仅能反映水库的位置、图像、相关设计指标、安全鉴定时间、存在主要问题等，还应反映实时的水位蓄量、出入库流量、库容曲线、水库调令、视频监视等信息。

“数据一个库”就是要整合信息资源，将河道地形、规划计划、工程基础信息、除险加固、工程竣工验收等历史和现状动态管理信息纳入数据中心，建设一个综合数据库。数据库建设不仅仅是信息技术层面的工作，从当前的建设到将来的应用和管理，每一个环节都与各单位、各部门业务管理信息相关联，如水利工程管理信息库涵盖水利工程基础数据库、工程安全监测数据库、堤防隐患探测数据库、根石探测数据库、水利工程图形图像库、法规规范标准库等。

“业务一系统”就是应建立水利工程管理业务信息系统，借助“智慧黄河”综合门户，推进工程运行管理、水资源监控、河道岸线管理、巡查观测、预警预报、防汛抢险等业务系统的整合应用，实现按照水利工程运行管理需求，提供相应查询服务，达到或实现业务应用服务的目标。运行管理业务信息系统建设涵盖了“数字工管”业务，结合数据库管理技术和快速发布展示技术，实现互联互通及资源共享，为各级管理人员提供“一站式”水利工程管理业务信息服务，满足各级管理人员对运行管理信息的需求，充分显现协同合作、优势互补、资源共享的特点。

“登录一门户”即在黄委综合监管系统界面设置水利工程运行管理门户，使各级管理部门人员关注的工程建设、运行管理、防汛抢险、河道管理等历史与动态信息一目了然地显现出来，实现对水利工程管理业务事项的在线监督管理。门户菜单栏目对应水利工程管理业务系统，该栏目对应一个甚至多个应用子系统，应按照权限分配、菜单提取、分类整理的原则，由黄委网信办统一设计，协调组织建设，最终形成多维角度、不同层次、高度概括的数据信息，直观形象地予以呈现。整合的黄委综合信息服务门户，使水利工程运行管理等业务系统中的信息显现在统一的平台上，实现了内容聚合、应用集成、用户统一认证管理、办公助手个性制作，资源整合的相应成果在移动终端同步上线。

二、建设目标

按照“水利工程补短板、水利行业强监管”的总基调，针对黄委信息化建设的短板，依据水利信息化“十三五”发展规划，构建黄河水利工程管理信息化建设框架。借助计算机技术、数据库技术、网络与通信技术，开展可复制试点应用研究，建设和逐步完善堤防(水闸、水库大坝)安全监测、视频监视、计算机远程控制、无人机监视监管等应用系统；借助大数据和云计算技术，对获取的各类信息资源进行整合与共享，制定不同级别的判别预警指标体系，实现对水利工程安全状况的智能分析处理，做出安全评估、预测和预报。在此基础上，打造具有可复制性、推广性的“智慧黄河”建设标准，以黄河水利工程运行管理业务平台为应用核心，覆盖黄委所辖水利工程及附属设施设备，强调信息的标准化、共享集成及综合利用，涵盖黄河水利工程安全管理的全部业务流程，以“智慧黄河”综合业务平台为基础，建成水利工程运行管理信息化平台，实现水利工程程序化的业务管理，全面提升黄河水利工程现代化管理水平，发挥水利工程的综合效益。

三、建设原则

针对黄河水利工程运行管理现状和发展需求，研究确立黄委水利工程管理信息化建设原则：

(1)坚持规划引领、需求驱动、统筹兼顾、突出重点、试点先行、经济实用、资源共享、确保安全，全面推进黄河水利工程管理业务与信息技术深度融合。

(2)充分考虑系统的“实用性、可靠性、先进性、开放性”。

(3)统一规划设计、统一技术标准、实现信息共享、防范资源浪费。

(4)网络安全、运行可靠、方便使用、便于维护。

(5)技术先进，经济合理，具有扩展性和可复制性。

四、建设内容

根据黄河水利工程管理需要，信息化建设主要包括三个方面：一是完善工程基础数据库，建成电子图，实现堤防及堤岸防护工程信息的网上查询、共享服务；二是补充完善水库、水闸、重要堤防及险工坝岸在线安全监测系统建设，实现由人工巡视检查向基于安全监测仪器进行实时监测的转化，达到实时掌握工程运行状况、及时发现险情隐患的目标；

三是建设黄河干流和重要支流下游堤防全覆盖的视频监视系统,配套完善工程运行管理系统,实现工程监管、维修养护、查险报险、决策支持等业务的高效管理。具体建设内容包括水利工程电子图、工程安全监测系统、水利工程信息数据库、视频监视监控系统、水利工程运行管理系统及登录门户界面等。

(一)水利工程电河道子图

配合"黄河一张图"这个空间地理信息聚集公共服务平台建设,将黄河水利工程(包括堤防、水闸、水库及河道整治工程)的基本信息展示于图中,基本信息可以涵盖工程位置、主要设计参数、历史沿革、工程形象图片等。

(二)水利工程信息数据库

水利工程信息数据库采集方式有两种。第一种是在线实时采集,如现场传感器采集数据,可实现实时监测、定时招测和自动入库。第二种是非在线、非实时采集,主要包括两个方面,一是工程历史档案信息,包括工程地质、水文地质、地震、试验、设计、施工、运行等资料,均是已经发生过的静态历史资料,需要人工一次性采集录入数据库;二是人工新采集的数据信息,包括人工巡视检查信息、人工便携测试仪器获得数据信息,堤防隐患探测、根石探测、河道(势)观测等资料,需要人工录入数据库。

数据库是水利工程管理信息化系统运行的基础,按信息的类型分为数据库、图形库、图像库。黄河水利工程管理信息数据库是涉及工程运行管理的各类信息存储、计算分析、判别预警等业务应用基础,需要对传感器采集数据、巡视检查数据、视频图像数据等进行分类管理,建立系统数据库,将各类数据、模型等统一纳入不同的数据库中,实现数据的适时更新、共享和应用服务。主要包括以下几个方面。

1. 水利工程数据库

水利工程水文、地质资料,工程设计、竣工验收、除险加固等历史沿革资料。

2. 水利工程安全监测数据库

(1)堤防工程监测数据,如渗流、临河水位、堤身变形、堤身隐患探测等信息。

(2)河道整治工程监测数据,如根石探测数据,包括根石走失、坝垛滑塌变形、坝前水位、流量、流向等信息。

(3)水闸工程监测数据,如土石结合部渗流、变形,水闸上下游水位,闸基扬压力,闸身变形,闸体裂缝等信息。

(4)水库大坝工程监测数据,如渗流、变形、应力应变、震动反映、水力学、机组运行状况等信息。

(5)其他工程项目监测数据,如排水系统、生物工程、标志标牌、河势与滩岸观测信息等。

3. 水利工程图形库

水利工程图形库内容包括地理信息图、工程图库、监视监控设施分布图等。

4. 水利工程图像库

水利工程图像库包括工程各运行阶段的历史图像资料、监控图像资料、可视化监视信息资料。

5. 法规规范标准库

法规规范标准库包括国家法律法规,水利部出台的部门规章、技术标准,黄委颁发的各种办法、规定、标准等,如工程管理标准体系和工程维护标准体系、工程安全管理指标、各类工程管理及维修养护质量标准、工程维护定额标准、工程管理规划及年度实施方案等。

6. 专家知识库

专家知识库包括工程的安全指标、人工巡视检查的评判标准、观测中误差限值、专家知识经验、历史事件的破坏概率和破坏情况、相似工程有关情况等。

7. 工程运行管理综合信息库

工程运行管理综合信息库包括工程日常巡查观测信息、工程维修养护信息(包含招标采购、进度、质量、资金管理等)、工程运行考核信息、涉河建设项目信息等。

8. 模型库

模型库包括专项与实时评估模型,堤防工程安全评估模型,河道整治工程安全评估模型,水闸工程安全评估模型,水库枢纽工程安全评估模型。

(三)工程安全监测系统

水利工程安全监测系统包括基础数据采集、数据传输、数据整理存储和在线分析处理(报警)四部分,系统主要作用是监测所有水利工程运行状况,其流程框架图见图 12-1。水利工程安全监测系统是“数字工管”建设的关键,是水利工程安全评估系统及运行管理系统的基础,也是规划设计、除险加固、调度决策和防洪抢险的重要决策依据。

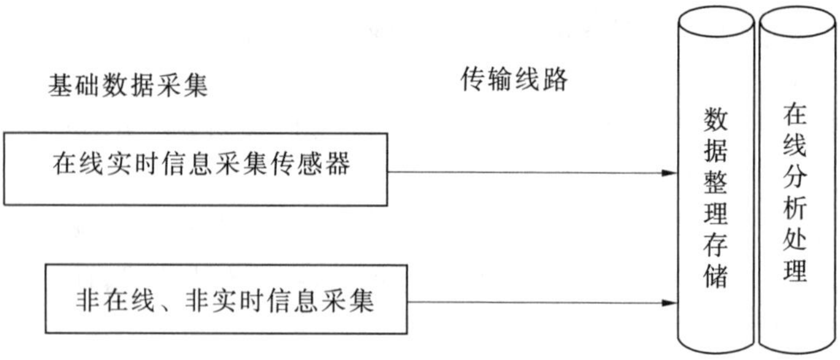

图 12-1 水利工程安全监测系统的流程框架图

工程数据信息有两类,一类是在线实时采集的信息,如现场传感器采集信息,可实现实时安全监测和定时监测;另一类是相对于前者而言的非在线、非实时信息,这类信息又分为两种:一是工程历史档案信息,包括工程地质、水文地质、地震、试验、设计、施工、运行、图表等资料,均是已经发生过的静态历史资料;二是人工新采集的数据信息,包括人工巡查观测、人工测试仪器获得数据信息,如大地测量、遥感、GPS、便携式仪表读数、物探、地震测试等资料。

安全监测仪器的设置应符合可靠、方便、先进及经济合理的原则。随着材料科学、制造工艺等技术的发展进步,水库大坝、水闸工程、堤防及险工控导工程安全监测传感器产品不断改进升级优化,监测仪器已由点式向连续分布式发展,传感器的耐水性、大量程、高精度及稳定性均得到很大改善,如光纤光栅传感器、电磁式位移传感器、压阻式微压传感器等,为水库大坝、水闸及堤防工程安全监测提供准确可靠的技术保障。

1. 水库大坝工程

水库大坝安全监测技术比较成熟,应用推广比较全面,大坝安全监测信息主要包括以下方面:

(1)坝体及基础变形监测,包括垂直变形、水平变形;

(2)坝体、坝基渗流监测,包括坝体渗流(浸润线)、扬压力、绕坝渗流、渗流量监测;

(3)坝体、坝基应力应变监测;

(4)库水位、下游水位监测;

(5)环境量监测;

(6)库区、下游冲淤监测;

(7)震动反应监测;

(8)水力学监测;

(9)机组运行状况监测。

三门峡水库枢纽工程于1990年开始进行安全监测更新改造。截至2001年底,完成了大坝变形、扬压力、左岸山体变形等监测项目,布设有坝体引张线、正(倒)垂线、坝体静力水准、基础变形、坝基扬压力、绕坝渗流、左岸山体边坡等监测仪器设备,而且大部分已实现监测自动化,并研发了相应数据管理应用软件,但监测仪器和设备均存在不同程度的陈旧老化,损坏较多。为确保水库枢纽工程安全,需要补充更新部分监测仪器设备。

故县水库大坝建设期埋设有引张线、静力水准、正倒垂线、坝顶视准线、基础变形、扬压力、绕坝渗流、渗流量及内部应力应变等监测仪器设备,但这些仪器设备均需人工辅助观测,并且大部分陈旧老化、损坏较多,且均未实现或无法实现自动化监测,需要进行自动化更新改造,主要包括引张线、扬压力、绕坝渗流渗压计、量水堰、正(倒)垂系统、测缝计等。

花果山水库为均质土坝,属于填筑、水坠等筑坝试验产物,后经加高改建并增设混凝土面板,受投资所限,坝体内引水涵洞未进行拆除改建(鉴定属于病险坝),大坝建设之初及后期除险加固均未考虑布设大坝安全监测仪器设备,不符合水库大坝设计规范。因此,下步应结合引水涵管除险加固改造,依据水库大坝安全监测设计规范,全面补充完善安全监测设施设备,以实现自动监测及安全预警预报。如小浪底水库大坝,建设初期即依据设计规范安装了完善的工程安全监测仪器设备,计有渗流、变形、山体滑坡、应力应变等监测传感器5 000多支(点),自动化监测比较完善,并在监测系统中预设了标准接口,以备将来联网。

2. 水闸工程

水闸工程安全监测项目主要包括以下内容:

(1)水闸与大堤结合部渗流监测;

(2)水闸与大堤结合部变形监测;

(3)上下游水位监测;

(4)闸基扬压力监测;

(5)水闸建筑物变形(包括垂直变形、水平变形)监测;

(6)闸体裂缝监测;

(7)重点部位可视化监视监测;

(8)大洪水期间其他常规安全监测,如大型漂浮物撞击等。

针对黄河汛期不同量级洪峰流量,依据实时自动上传的监测数据,自动启动相应等级预警,预警指标应根据水闸防守要求、防洪调度与灌溉供水调度原则确定。按照预警等级启动相应的关闭闸门、抢险防守预案,确保水闸运用安全。

3. 堤防工程

根据黄河河道行洪季节性强、多数时间不靠水的特点,并应考虑堤防重要性、结构形式及破坏模式确定监测类型、项目及部位,堤防监测项目主要包括以下内容:

(1)渗流监测,包括堤身渗流(浸润线)、堤基渗流及渗流量(见图 12-2),优先考虑采用连续分布监测设施;

(2)堤防临河水位监测;

(3)堤身及基础变形监测,包括垂直变形(沉陷、塌陷)、水平变形(堤身滑动)、裂缝监测;

(4)堤身隐患探测监测(包括洞穴、裂缝、松弱夹层);

(5)穿堤建筑物与堤身结合部监测;

(6)重点堤段外部可视化监视监测。

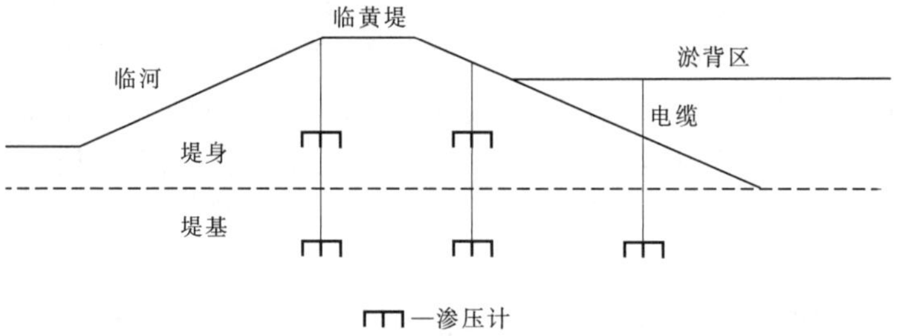

图 12-2　堤防渗流监测典型断面布置示意图

监测项目和监测点应能够反映堤防工程安全运行状况,监测断面及部位应选择在有代表性的、靠水概率高、重要险工险段,如郑州、新乡、济南等国务院明确的确保堤段、中水流量靠水段、重要支流下游险工险段及东平湖二级湖堤;监测点布设应具有较好的交通、通信条件,便于设施保护;应选择稳定可靠、技术先进、实用方便的监测仪器和设备,有条件时,可利用卫星遥感等先进技术手段。针对黄河汛期不同河段、不同量级的洪峰流量,依据实时自动上传的监测数据,自动启动相应等级预警,水管单位启动相应防汛抢险预案,以策工程运用安全。

4. 河道整治工程

险工坝岸工程安全监测项目主要包括以下内容:

(1)根石松动、变形(走失)监测(见图 12-3);

(2)坝垛变形监测(裹护段和非裹护段);

(3)坝前水位、流速、流向监测;

(4)重点坝垛外部可视化监视。

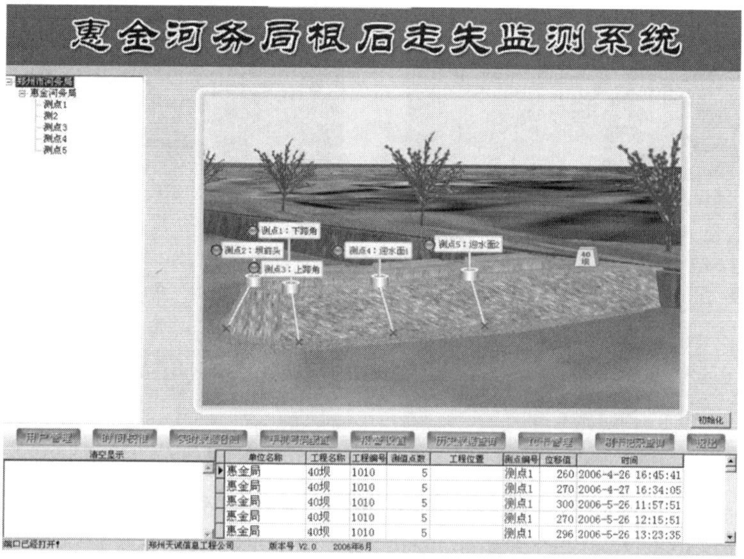

图 12-3 根石走失监测系统

近年来,长江干流堤防加固整修在设计阶段已经按照有关规范和规定将工程安全监测设施设计内容纳入其中,并依据《堤防工程设计规范》《土石坝监测技术规范》编列工程安全监测专项经费,其额度不得低于工程总投资的1%~3%,否则不予审核上报。千里长江堤防整体安全监测规划也正在进行中,同时,长江水利委员会还在武汉长江大堤谌家矶堤段建立试验基地,开展全面的堤防安全监测技术试验研究。

受多重因素制约,黄河堤防及堤岸防护工程安全监测一直没有得到重视。堤防及险工坝岸加固改建设计均未按照相关规范设置监测仪器设备,工程安全监测仅限于试点研究,采用的传感器多为点式传感器,只能采集部分断面的变形、渗流、压力等参数,而黄河下游堤防险工险段多,重要险工和控导工程靠水概率高,常年大溜顶冲的工程数量大,险工坝岸根石走失坍塌易发多发,除常规的堤防渗流、根石滑塌变形等监测试点外,其他工程均未布设安全监测仪器。

近年来光纤传感器、拉线式传感器、阵列式位移计等异军突起,浅地层剖面仪、遥测无人机广泛使用(见图12-4、图12-5)。这些新型传感技术应用,对于黄河堤防和险工坝岸工程安全监测及预警预报具有重要意义。为加强信息化条件下的堤防工程安全管理,黄委需要立项研究,依据堤防和土石坝相关监测设计规范,编制黄河水利工程安全监测系统建设规划,推动安全监测系统建设实施,提高堤防及险工坝岸工程的安全监测与预警能力。

(四)视频监视监控系统

堤防是防洪保安全的重要屏障,国内外对重要堤防大多设置了视频监视系统。如近年来,长江堤防新加固堤段要求必须设置视频监视设备,上海堤防管理处借鉴“智慧城市”建设,在重要城区堤防建成“全球眼”网络视频监控系统,建成了堤防防汛抢险应急调

图 12-4　无人机遥感监测

图 12-5　光栅监测

度管理系统，涵盖险情的“发现、处理、调度、抢险、评估、考核”等主要工作环节，涉及堤防应急调度管理过程中的各项应用功能，完成了系统开发、部署、测试及培训，提高了堤防信息化管理水平，非常值得借鉴。

黄河下游大堤险点隐患多，历史上经常发生渗水、管涌和滑坡等险情，建设涵盖河道监管的视频监视系统是非常必要的，特别是对于险工险段、重要交通路口、重要交叉建筑物及城区堤段，应设置视频监视探头，实现监视与监管。

水库、水闸工程涉及视频监视和远程监控，需要在闸室、闸门上下游、机电设备部位及水闸管理场区等设置监视、监控探头，建成黄委不同层级的视频监视与远程控制系统共享平台（见图 12-6）。

图 12-6　视频监视系统共享平台

通过水利工程监视系统建设，水管单位可及时发现工程管理范围内的违法违规行为，

适时进行处置,防止事态扩大,确保工程安全运用,其主要功能包括以下方面:

(1)及时发现擅自破堤、破坝,改变工程原貌,给水利工程安全运行带来不利影响的事件;

(2)及时发现人为破坏、偷盗防洪林木、偷盗防汛备石、近堤取土等有碍工程安全运行的事件;

(3)及时发现河道管理范围内发生的弃渣弃土、违章建筑、片林种植等违法违章事件;

(4)跨河越堤各类建设项目监督管理;

(5)工程管理范围内私搭乱建、弃土弃渣行为监管;

(6)对水利风景区游人活动、管护基地安全防范的监管。

(五)工程运行管理系统

随着移动通信技术、GIS 地理信息系统技术、数据库技术、计算机网络技术的迅速发展,GIS 在各个行业系统的应用已非常成熟。以 GIS 技术为支撑,以 GPS 和 5G 网络为手段构建的"数字工管"服务系统,可以有效地服务工程管理、运行观测、维修养护、监理等人员考勤、位置查询、运行观测、问题处理、统计分析、应急调度和路径优化等任务。

近年来,地理信息系统在我国许多行业广泛应用并已经取得了很好成效。该系统可以为综合决策分析提供可视化、数字化的管理手段,建立高速度、高质量的以空间地理信息为背景的巡查观测、维修养护、抢险调度等综合信息系统,使水利工程管理的信息处理方法、手段得以变革和普及,具有及时、迅速、准确的处理能力,从而最大限度地提高水利工程管理效率,降低监督管理成本。

借鉴智慧城市视频监视网格化管理思路,开发水利工程及附属设施网格化管理系统,通过移动数字终端,运用水利工程运行管理系统如图 12-7、图 12-8、图 12-9 所示,实现一线工程运行状况的信息上报、信息处理、信息反馈、网上流转,并实现黄委、省局、市局、水管单位四级的管理平台查询与处理,加快信息查巡处理速度,做到及早发现问题、尽早处置问题、适时反馈意见。

1. 堤防工程业务管理系统

堤防(含河道整治)工程业务管理的主要信息包括以下方面:

(1)基本信息:管理单位情况、工程基础信息、工程地理空间信息、特性指标、上级主管单位信息、水利普查信息、工程信息报送等。

(2)责任制度信息:管理法规,规章制度,政府、水行政主管部门、管理单位三级责任人落实情况。

(3)巡视检查信息:工程现场值班值守、巡查观测,包括时间、路线、部位发现问题、处理意见等。

(4)监测预警信息:堤防(险工控导)工程安全监测分析预警、无人机航拍视频、水环境信息等,来源于黄委相关局办、省级、市级河务局和水管单位的预警信息。

(5)安全评价信息:堤防工程隐患探测与安全评价信息,包括探测组织、评价报告、隐患数量与分布、评价结论等。

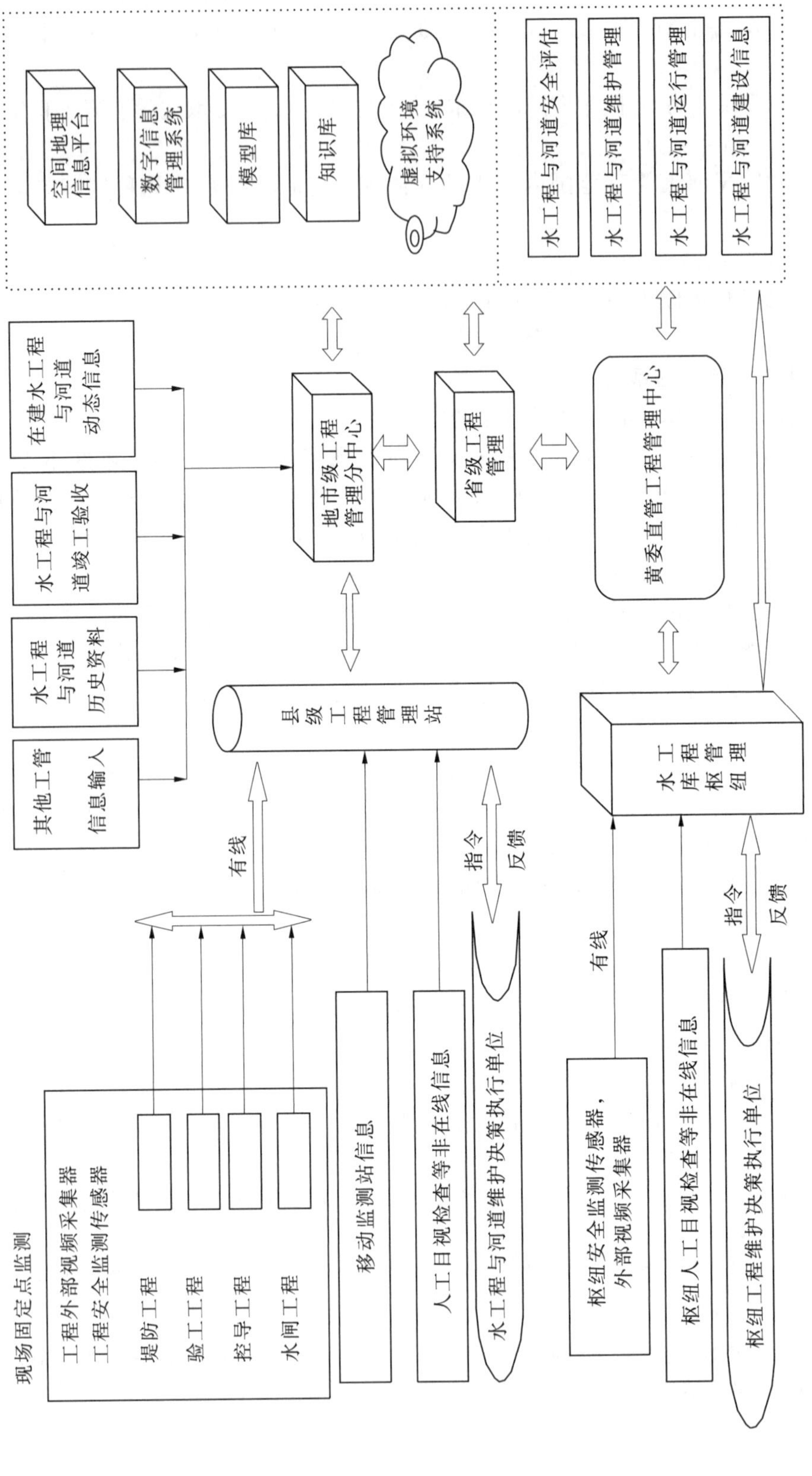

图 12-7　水利工程运行管理系统总体结构

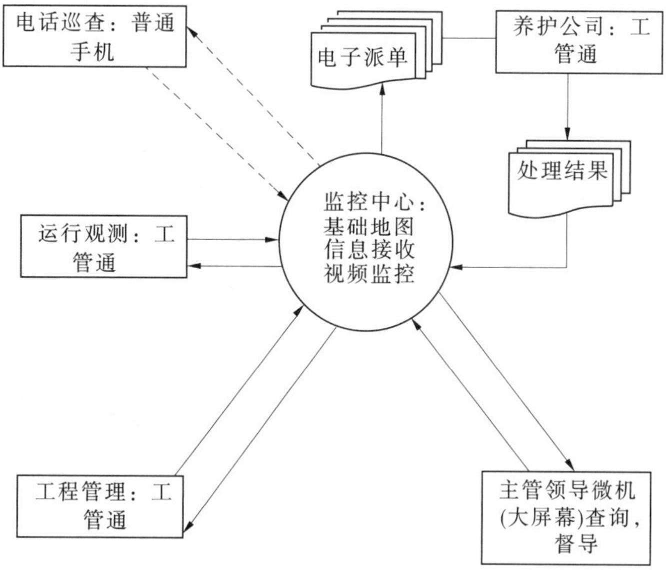

图 12-8　工程运行管理系统应用模型图

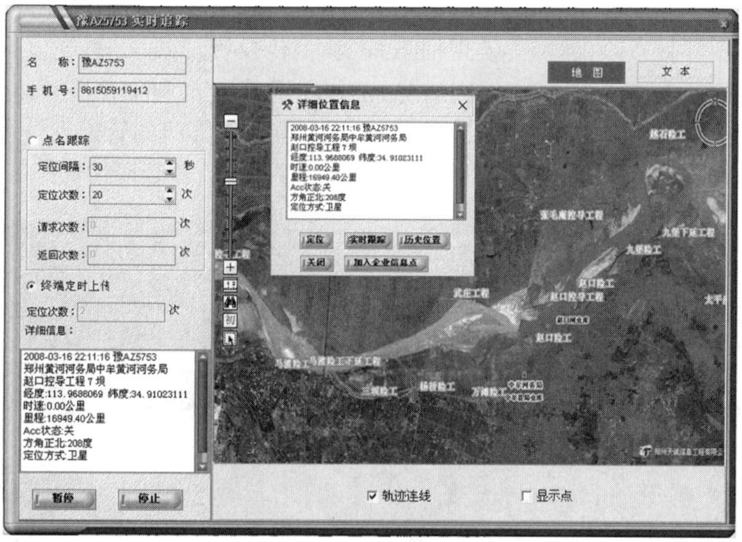

图 12-9　郑州黄河工程管理系统界面

(6)隐患排查信息:水管单位组织的险点、险段隐患排查信息,可能导致工程损坏失效而必须采取加固处理措施的工程信息。

(7)维修养护信息:包括维修养护方案、项目内容、进度安排、质量保证、经费管理、验收报告等。

(8)除险加固信息:除险加固项目、设计内容、完成时间、施工监督、验收意见等。

(9)河道岸线信息:堤防、河道岸线、滩地利用与管理等相关信息。

(10)监督检查信息:督查时间、人员、发现问题、工作建议、反馈意见、整改措施。

（11）管理考核信息：上级主管部门按照规定开展检查考核的具体时间、考核人员、考评结果等。

（12）应急管理信息：安全管理应急预案编制与审批，应急事件处置信息。

图 12-10　东营河务局信息化系统

水利工程运行管理系统建设可实现日常巡查、遥感监测、仪器监测相互结合，借助互联网+监测、互联网+查险报险等，实现信息采集、上传及资源共享，系统包括运行观测人员工作管理系统（人员所在位置、在岗情况、工作状况等）、水利工程视频监视系统、监管与调度系统及语音对讲系统（见图 12-11）。水管单位职能部门的管理人员可以通过系统显示屏或电脑进行监管、调度，一线人员可以现场查报险情，监管所辖责任区的实时状况。

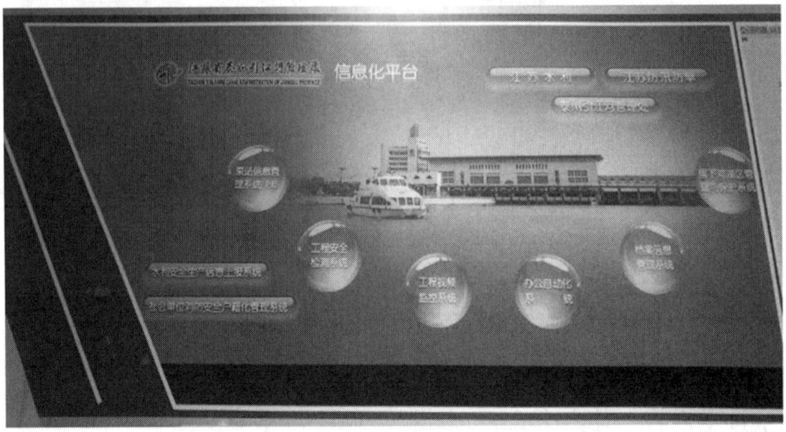

图 12-11　江苏引江河信息化系统

2. 水库、水闸工程业务管理系统

水库、水闸工程业务管理信息主要包括以下内容：

（1）基本信息：管理单位信息，工程基础信息，建设、验收等历史信息。

（2）责任制度信息：管理法规，规章制度，政府、水行政主管部门、管理单位三级责任人落实情况。

(3)运行管理信息:注册登记、安全鉴定、除险加固、降等报废、运行管理、维修养护、监督考核、隐患排查、应急管理等。

(4)监测信息:观测巡查信息、安全监测信息、分析预警信息等。

(5)机电与金结信息:金属结构、机电设备参数、投入使用时间、更新及修理信息等。

3. 工程维修养护管理子系统

基于GIS的工程动态管理系统,自动更新有关资料,如动态管理险点险段的消除,跟踪险点险段消除后运行状况;险点险段的位置、情况描述、图片、度汛预案及除险加固方案等在“黄河一张图”上分层显示,重要堤防工程的险点险段还可三维模拟显示。

对于工程维护管理系统,包括实施组织、维护方案、实施效果、情况反馈等,自动更新河道堤防工程基本资料数据库(见图12-10、图12-11)。

1)工程维修养护管理子系统

工程维修养护管理子系统包括以下内容:①维修养护方案的制订与优化;②水利工程日常维修养护工作动态;③堤防工程管理与维护动态;④河道整治工程管理与维护;⑤水闸、水库病险状况与维护动态;⑥水利工程水、雨毁修复动态;⑦维修养护项目实施过程的监督和验收。

2)系统功能

系统功能包括:①数据采集,借助传感器采集所辖区内的工程监测数据信息;②人工巡视检查、探测、观测信息;③校核、验证所采集的数据信息;④数据初步处理和存储,做短期档案;⑤预警报警,当实时监测数据量及变化速度超越监控指标或出现其他异常时,发出不同级别的预警报警信号;⑥现场实时监视信息的自动采集、传输、处理及查询服务;⑦工程管理信息查询、显示及打印输出;⑧工程管理信息上传、下达及发布;⑨工程安全初步评估。

4. 工程管理考核子系统

工程管理考核是专业化、规范化、标准化管理的重要内容,是强化监督管理的重要手段。通过工程运行管理考核机制的建立与组织实施,能够了解水管单位工程管理的状况,考核意见的反馈与整改过程就是提高工程管理水平的过程,主要包括:

(1)运行机制考核,包括组织管理、工程管理规划、维修养护方案编制与审批、合同管理、维修养护项目验收、现代化建设等。

(2)堤防工程外业考核,包括堤顶、堤坡、淤背区、护堤地(含防浪林)、工程保护、工程观测与探测、庭院管护。

(3)河道整治工程外业考核,包括坝顶、坦石、坝坡、联坝、标志标牌、护坝地、管护基地建设、工程观测、工程保护。

(4)水闸工程外业考核,包括技术管理、水工建筑物、闸门、启闭机、机电设备、启闭机房、附属设施、管理设施、工程保护。

(5)内业资料管理考核,包括资料规范管理、日常维修养护资料、专项维修养护资料。

(6)水利枢纽工程管理考核,包括运行机制,工程外业、内业资料管理等。

建立工程运行管理考核系统,可以减少人为因素干扰,保证检查考核的客观公正性,有利于促进工程管理的发展进步。

(六)水利工程运行管理登录门户

加快水利工程管理信息化建设,建成涵盖堤防、河道整治、水闸、水库枢纽工程的登录门户,提供查询便捷、内容翔实的水利工程管理信息服务,实现随时查阅工程信息的功能。

黄河工程管理机构分为四级,按使用功能和用户需求,可设定不同的管理权限。网络内部的用户应采用分级别管理体制,设定访问级别,设定不同部门之间互访和下级人员对上级信息的访问权限;避免越位、越级访问。对于远程拨号上网访问内部信息的本单位或外单位人员,对其拨号上网访问实施安全认证,防止数据传输泄密,保证来自外部的信息对内部网络安全无害,保证内部信息传输不被外界截获。客户端的认证只容许指定的用户访问。

水利工程运行管理登录门户界面设计与建设,应由各级管理单位按照内容全面、查询方便的思路提出需求,并配合信息化建设承建单位进行开发建设。

第五节　推动新技术应用

实现黄河水利工程管理现代化的关键在于信息化建设与新技术应用,黄河水利工程管理面临的问题很多,但就技术含量与实施难度分析,水利工程管理还没有完全突破传统的管理模式,亟待加快信息化建设,推动新技术研究与应用。

一、堤防隐患探测数据库建设

据资料介绍,荷兰国家法律规定每五年要进行一次详细的堤防检查和安全评价,政府每五年要颁布与堤防安全有关的水力边界条件,以及运用新知识、新规范提出安全评价的技术指导意见,以反映堤防工程安全性评估的动态特性。

黄河堤防与土石坝虽有相似之处,但也存在较大差别,主要表现在:①从堤防建设看,堤防多是在民埝基础上逐步加高形成的,堤防下层大多未经过正规的工程设计或设计标准偏低,施工质量也未严格控制,并且历经抢险、战乱、动物的毁坏,堤身、堤基情况非常复杂,存在较多隐患;②从安全监测角度看,堤防高度低但轴线长,水文地质条件、隐患沿线分布随机性变化很大,受监测技术、经费及管理条件的限制,土石坝上成功运用的监测技术在堤防上却难以实现;③从运行条件看,土石坝常年挡水,水头较高,且其水位可以人为控制,而河道堤防是季节性挡水,水头较小,但其水位和河势却难以做到有效的调控,且堤防还要承受水流淘刷,呈现河水来去迅猛、河道冲淤、河势多变的特点,甚至中小洪水也会直接威胁堤防的安全;④从安全的保障措施来看,堤防隐患分布及发生险情的随机性增加了查险抢险难度,增大了非工程措施在堤防安全保障中所占的比重。

按照《水利工程维修养护定额标准》及年度预算安排,黄河每年需要完成10%的堤防隐患探测。自2006年开始,黄河堤防隐患探测已经历时10多年,探测堤防一遍有余,取得大量探测数据,但至今尚未建成集中完整的堤防隐患探测数据库,也未开展探测数据的系统分析评估。

堤防工程安全评估的主要内容包括：①分析存在的不安全因素，堤防不安全的极限状态应是堤防漫决、冲决和溃决，应围绕导致决口灾害的可能方式分析不安全因素；②采用系统的方法分析各因素对堤防工程安全的影响程度并力求做出定量表示，即在设定的边界条件下对各种不安全因素可能对堤防工程造成的危害程度进行分析；③根据确定的标准判定堤防的安全等级，其中判定标准的确定又与堤防保护范围内的人口密度和经济发展水平有关，也与整个社会的承受能力有关；④对不同的安全等级采取相应的措施，包括工程措施与非工程措施。

鉴于黄河堤防工程防守的重要性，水利部堤防安全与病害防治中心（设在黄河水利科学研究院）已联合黄委职能部门，把堤防隐患探测数据库建设与安全评估作为重要课题，汇总分散于各水管单位的堤防隐患探测资料，积极开展数据库建设。在全面汇总整理已有堤防隐患探测资料的基础上，分析堤防工程隐患分布状况及类别，立足堤防安全运用，从堤防工程管理现代化发展需求出发，对堤防工程安全状况评估的理论和方法进行研究，建立以黄河堤防工程安全评估为代表的理论体系，开发相应的评估软件，适时开展堤防工程安全状态的预警预报。

二、险工坝岸根石探测数据库建设

河道整治工程根石探测是了解工程水下根石基础分布状况，适时安排抛根加固、保证整治工程安全的重要基础工作，黄委规定每年需要开展汛前、汛期及汛后三次根石探测。

黄河河道整治工程约 12 000 多座险工坝岸，尤其是 2004 年以来新修建的许多河道整治工程坝岸，多数尚未经过大洪水考验。按照传统筑坝技术，新修的险工坝岸均非一次修筑到设计深度，工程靠溜后受水流冲刷，坝前冲刷成坑，根石裹护体随之下蛰坍塌，需要及时进行抢护加固，必须经过多次冲刷出险、抢险加固的过程，待坝前根石达到一定深度（一般需超过 12 m），并形成一定的稳定坡度时（一般需大于 1∶1.5），基础才能稳固。同时，由于黄河中下游河道游荡多变的特点，常常在中小洪水情况下也会导致险工坝岸工程根石走失，如若不能及时发现，并采取有效措施加以抢护，不但可能发生险工坝岸失稳破坏，甚至会导致溃坝，危及堤防安全，这样的案例曾屡屡发生。因此，加强河道整治工程根石探测是非常必要的。

根据黄河根石探测管理工作要求，结合 3200-XS 浅地层剖面仪的应用实践，黄河设计公司物探院开发了具有网络功能的“黄河河道整治工程根石探测管理系统”。该系统以各水管单位险工坝岸工程设计数据、根石断面布设数据、根石探测数据、图片数据、文档数据等信息为基础，建立相应的功能模块对根石探测数据进行管理，从而实现数据维护、综合查询、统计分析、文件管理和系统维护等功能，如图 12-12 所示。

依据黄河河道整治工程坝垛、图片、多媒体、根石探测断面（包括坝顶高程、根石台高程、水面高程、测点根石深度、根石的水下坡度、缺石量等要素）、探测时间、探测单位等，实现了根石探测断面图绘制、断面缺石面积和坝垛缺石量的计算，在功能上支持多种格式图形和数据的导入、导出，具备数据的通用性功能，软件具备图表式交互查询、空间查询与制图、打印等功能。

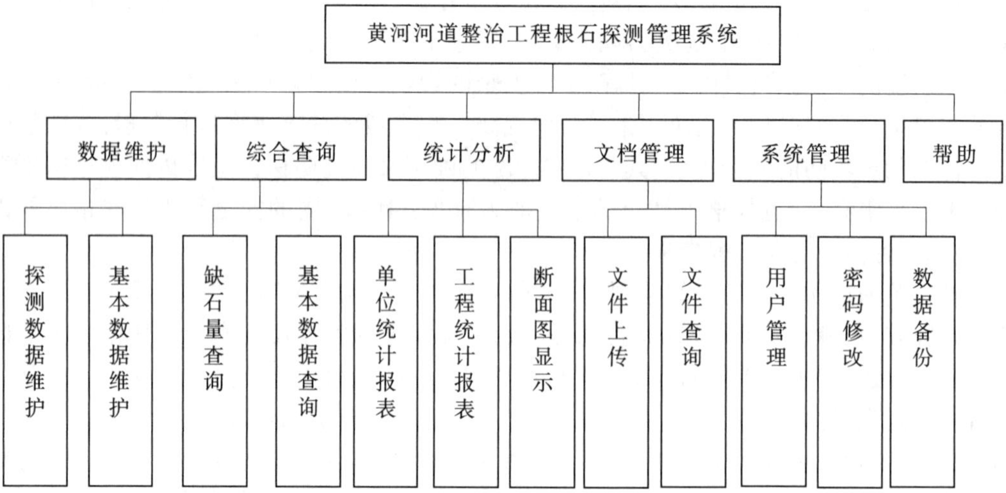

图 12-12　黄河河道整治工程根石探测管理系统总体结构图

根石探测基本数据库由水管单位建立与更新维护，由探测承担单位负责提交汛前或汛后探测成果报告（相关坝岸探测数据），水管单位须将汛期、汛后根石探测数据及时导入数据库，黄委、省局、市局均可以随时查询探测成果，了解工程安全状况。探测承担单位每次完成探测后，在向县局提交探测成果的同时，应将根石探测数据及时上传到黄委根石探测数据库，以便各相关管理部门适时查询。

河道整治工程险工坝岸是堤防的前哨，当遭遇水流冲刷时，常常发生根石走失、坍塌、滑坡等险情，根石走失是坝岸出险的主要原因。由于根石走失造成的险情具有突发性，应急抢险反应时间短，如何有效监测险工坝岸根石走失并及时报警是运行管理的关键环节，应着力开展险工坝岸根石安全监测和预警预报研究，以利于早发现、早加固、少抢险。同时，应借助工程基础数据库、计算机网络，建立险工坝岸基础信息与根石探测数据的对应关系，研究根石走失与河道边界条件、来水大小及靠水情况的变化规律，不仅有利于水管单位存储探测数据、掌握本单位所辖险工坝岸根石分布状况，实现对险工坝岸根石分布动态（探测断面根石深度、根石水下坡度、缺石量等）的有效监控，也能为险工坝岸根石加固及抢险决策提供依据。

三、新型传感器的应用研究

多年来，水利工程变形监测所采用的传感器均是点式传感器，只能测取某点位的变形、渗流、压力等参数，难以适用于千里堤防和大量险工坝岸的连续监测要求。近年来，光纤传感器、拉线式传感器、阵列式位移计等实用新型传感器大量投入使用，在工程安全监测及预警预报中发挥了重要作用，如光纤传感器不仅光纤径细、质轻、柔软、防锈、防雷，易于置入水工建筑物，用于监测应力应变、震动、压力、温度、裂缝等参数，而且不会改变被监测物体的结构性能，特别是分布式光纤传感系统，集信息传感与传输于一身，能在数百米至数十公里的一根光纤上获得连续分布的几十个至数百个被监测对象的性能参数，可以在一根光纤上实现多功能的动态、静态参数监测。

对于险工坝垛的水下工程,主要安全隐患是由于河道大溜顶冲或弯道水流冲刷,水下根石基础变陡不能满足设计的稳定坡度,最终发生沉陷坍塌险情。近期通过对国内水下工程预警技术的调研,水下工程监测方式有三种:一是光纤、光栅形变监测,即在工程表层布置监测传感设备,当险工坝岸发生形变时,触发报警开关;但险工坝岸外部形变的原因是水下基础形变,这种方式对险工坝岸的水下基础形变难以实现有效监测。二是在险工坝岸顶部安装监视摄像头,对险工坝岸工程进行视频监测,通过与以往照片对比来辨别工程是否变形。这种方式也只是监视到坝岸坦坡、根石台表面,以此反映水下基础发生的沉降变形,尚无成熟经验借鉴,效果尚无定论。三是拉线式变形监测装置,即水下根石基础变形通过布置多条引张线连接转轮,按照设定长度触动数码报警器。该装置结构较复杂,实践中尚未取得预期效果。

黄河险工坝岸每年发生大量的洪水冲刷、根石滑塌险情,甚至跨坝事件;长江堤岸水下工程同样因洪水冲刷,江堤崩岸、坍塌经常发生,出现重大险情。铁路、公路交通行业因路基沉降变形造成的道路塌方事件时有发生,往往酿成大祸;山体滑坡年年发生,特别是村庄地段山体滑坡往往造成人员伤亡和财产损失,如在2014年8月27日、2017年8月28日,贵州境内先后发生山体滑坡,造成大量人员伤亡和房屋被毁;2019年7月23日,贵州省六盘水市水城县再次发生特大山体滑坡,造成重大人员伤亡。道路基础沉降、山体滑塌、堤防险工坝岸水下基础冲刷坍塌等均关乎人民群众生命财产安全,是重大的安全监测预警课题,已经引起各方面的高度重视。

针对上述路基沉降、山体滑坡及险工坝岸基础滑塌,郑州华路兴路桥设计咨询有限公研究开发了工程水下基础变形监测与报警系统提出了相应的监测传感装置,险工坝岸根石滑塌的原因,水下根石基础不能满足设计的深度和稳定坡度,据此提出监测报警方案。本方案拟在根石水下基础内部块石系钢丝引线作为埋件装置,通过连接启闭开关,如果内部钢丝引线达到预警值即触发闭合开关;触发装置通过无线传输终端发送预警信号至水管单位数据中心,并由水管单位数据中心发送信息至相关管理人员手机终端。主要组成部分如下所述:

(一)埋件装置

埋件装置由埋件及拉线开关组成。根据根石水下基础易发生沉降滑塌情况,设计选定监测的布点位置,即某块(如坝前头根石块)或不同部位数块根石(如迎水面、上跨角、坝前头根石块)钻孔系拉线,作为预埋块石,通过拉线至触发启闭开关;为不改变现状坝岸外部结构,拉线可采用坝体钻孔埋入,仅需翻填坝岸下部局部护坡,简单易行。

根石埋件位置可沿工程水下根石基础布置,如险工坝岸的迎水面、上跨角、坝前头,每座坝(垛)或护岸布设1~3个。

(二)拉线与触发开关装置

拉线装置为分别连接内部根石埋件与触发开关之间的定制线束,线束材料可选用不易腐蚀的强底金属材料,如多股不锈钢丝、8号铅丝等,市面上此种材料较多,引线埋设坝体内部并可加以防护处理。

当坝岸工程水下基础沉降滑塌,根石埋件将滑移或沉降变形,拉线随块石埋件下沉至设计位置后触发开关闭合，从而启闭开关；可将各监测点物理开关端分别接入数据传输线，数据传输线采用穿管（如 PVC 管）防护，并可采用地面预埋方式传输至数据终端。

（三）终端报警装置

数据终端、供电模块与终端报警装置布设在同一箱体内，并安装在坝面。在报警装置激活后，通过引线所对应的开关编号识别预埋件位置、报警时间等设定数据，并进行记录。各监测点数据传输线接入各对应编号的数据终端，数据终端通过定制的数据传输线插入无线发射端。数据终端采用定制终端，主要组成为预埋件传线识别模块、数据记录模块，可通过市面上的无线数据终端加二次开发程序定制。

（四）供电模块

供电仅供无线传输设备使用，设备在无报警装置触动时为休眠模式，仅在触发报警装置后向指定设备发送报警信号，故用电量很小。供电模块可采用市面常见的 UPS 供电，如终端电量不足可触发警示短信发送给指定人员并进行充电，可采用便携充电装置充电；供电模块也可采用光伏发电解决。

（五）报警信号发送

借助互联网+，无线传输部分的硬件设备可与数据终端的硬件设备集成，现市面上有多种此类设备，软件系统底层 LINUX 或者 ANDRIOD 都可，由于数据传输量小，数据通信模块可借助 GPRS、3G、4G 网络，目前 5G 网络更便捷；根据险工坝岸工程的具体位置选择通信服务商，确保通信信号畅通。水管单位管理人员手机安装监测报警系统 App 随时接收到报警信息，包括监测点坝号、位置、时间等信息，如图 12-13 所示。该设计方案思路清晰，结构简单，具有可操作性，希望能尽快付诸实施，取得预期成果。

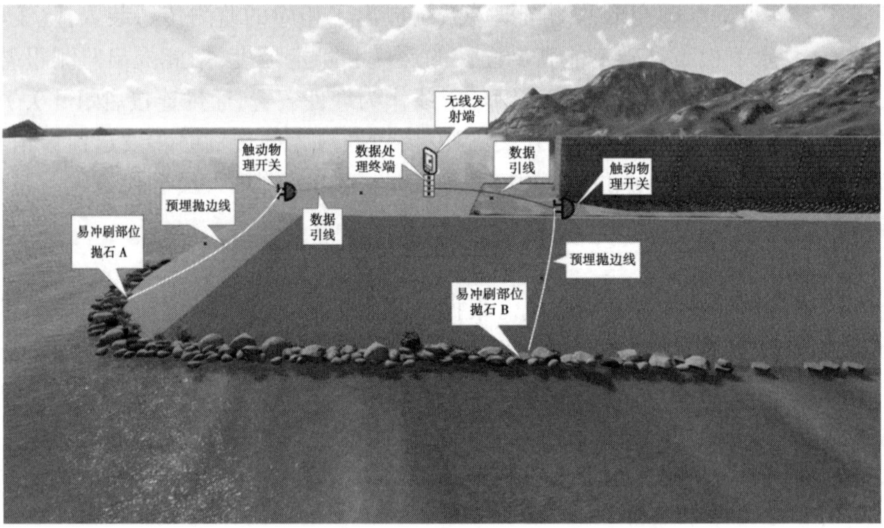

图 12-13　工程基础变形监测预警系统示意图

四、工程安全评估模型研究

如何根据水利工程安全监测数据、外部边界条件，实时、准确评估工程内在质量和安全状况，需要借助监测数据和外部边界条件，建立工种安全评估模型，安全评估模型是否客观、合理关系到安全评估的成效。安全监测指标设定是开展工程安全在线监测系统预警预报的基础,设定准确、合理的安全限值需要考虑工程现状与监测数据之间的相互依存关系及其他影响因素综合确定,建立水利工程安全评估模型,预判工程安全状况,采取积极防范措施,对于保证工程安全运用具有重要意义。

(一)堤防工程安全评估模型

模型功能主要是依据采集的堤防水情、工情及安全监测等信息,结合堤防外部边界条件进行计算、分析、评估判断,对某河段堤防的安全性做出整体评价,并按照设定的堤防安全度分级指标实现自动研判,当安全度大于某一特定值时,判定堤防为安全,当小于某一特定值时为不安全堤段,使水管单位能够了解所辖堤防的整体安全状况。堤防工程安全评估模型流程如图 12-14 所示。

(二)险工坝岸安全评估模型

险工坝岸安全评估模型类似于堤防安全评估模型,其评估内容包括险工坝岸的来水大小、靠河情况、冲刷深度、根石坡度等。该评估模型利用采集的监(探)测数据对险工坝岸的安全状况进行评估和判断;在洪水漫滩时,评估险工坝岸的靠河、出险、塌岸情况,并及时发出抢险的预警信号或信息。模型流程如图 12-15 所示。

(三)水闸工程安全评估模型

水闸工程安全评估模型的功能是利用水情、工情及安全监(观)测信息等对水闸的整体安全状况进行评估,并对水闸各部位的性能做出判断,发出是否需要加固、更换构件及设备等信息。模型流程如图 12-16 所示。

(四)水库枢纽工程安全评估模型

采集安全监测、水情、水位信息,结合水库大坝工程现状及边界条件,对水库大坝的各功能部位安全状况进行研判,如对大坝坝体的稳定性、应力应变、抗震性能等进行判断和评估。模型流程如图 12-17 所示。

安全评估系统主要包括两项内容:一是利用建立的安全评价模型,对工程基础及安全监测的各种数据进行智能化综合分析计算;二是将模型分析计算结果置身于由知识库、专家经验库等构成的工程安全评价体系中进行综合评估,最后提出反映工程安全运行状态的一系列指标,系统流程见图 12-18。

工程安全评估需要对获取的各种有效监测数据和工程基础信息进行综合分析处理,正确评估工程的内在质量,了解和掌握工程的运行状态,为防汛调度、水资源调度,以及工程除险加固和维护决策提供支持。

按照水管单位的职能任务,水利工程安全评估需要开展工程安全常规评价和实时评价工作。

1. 常规评价

水利工程总体安全评价,每年汛后应对日常巡查、监测观测资料进行整理分析,利用堤防工程、河道整治、水库大坝及水闸工程安全评估模型,对各类水利工程总体安全质量进行评价。堤防工程重点是对确保堤段、险点险段的堤防质量和抗洪能力评价。

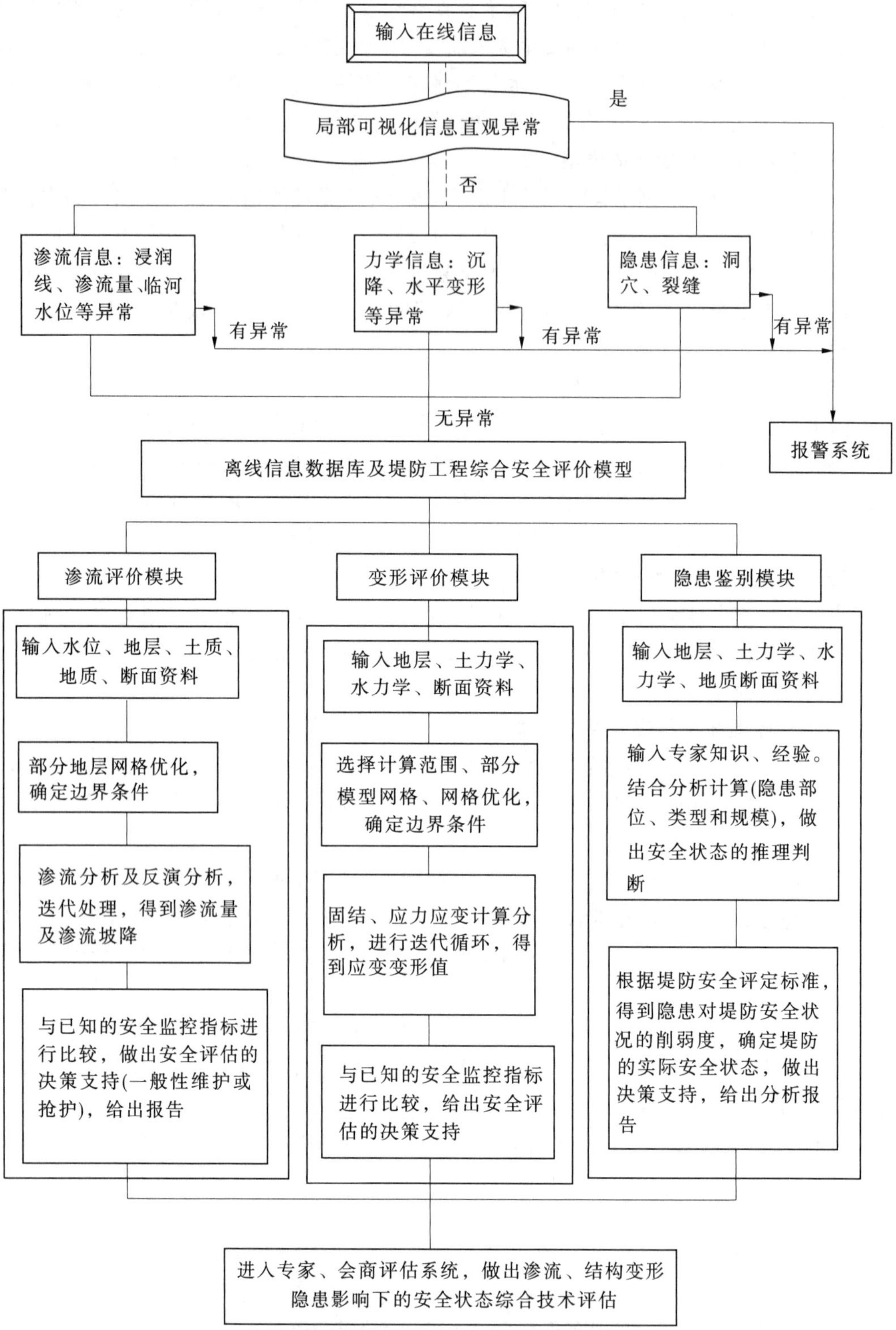

图 12-14　堤防工程安全评估模型

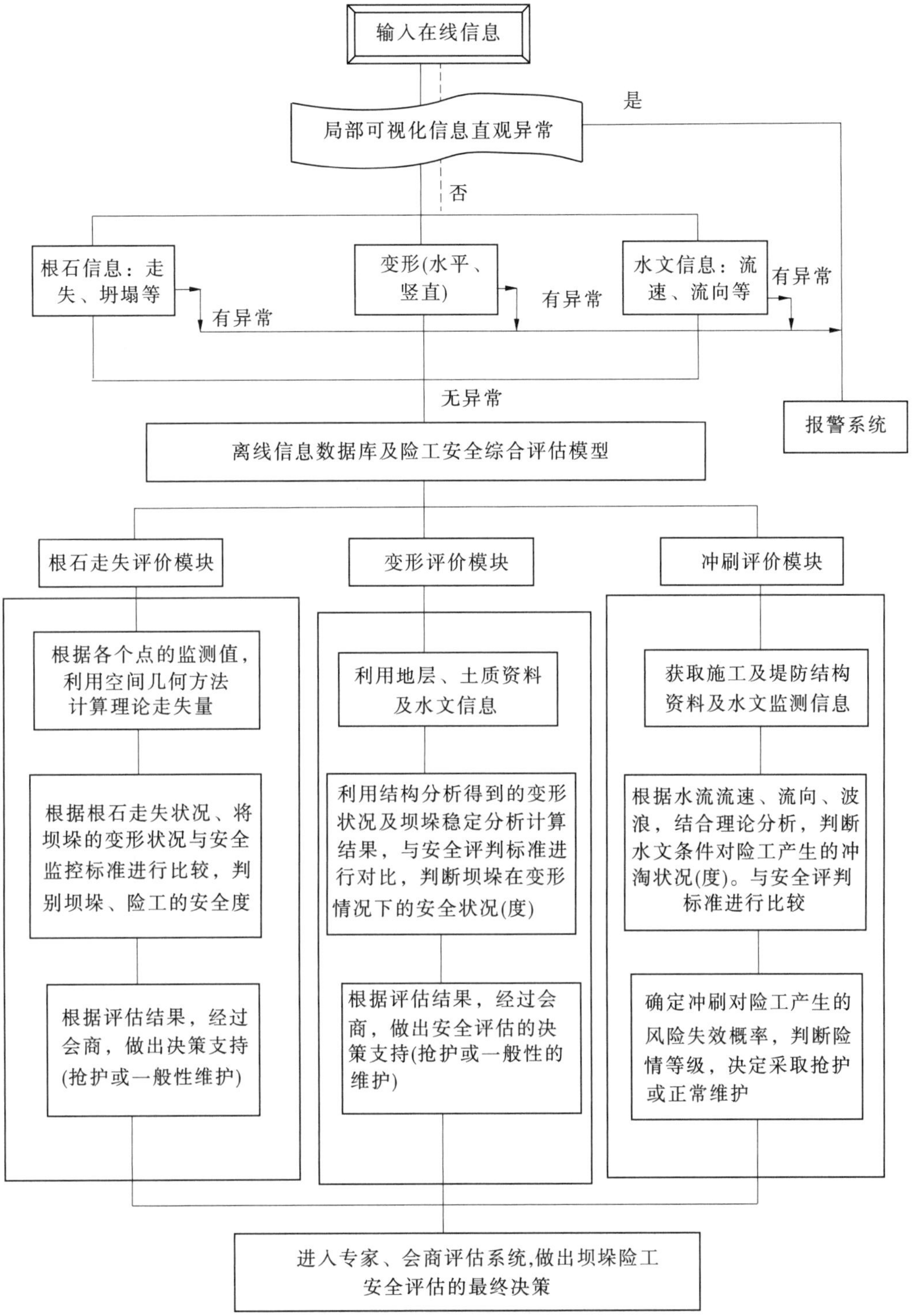

图 12-15　险工坝岸安全评估模型

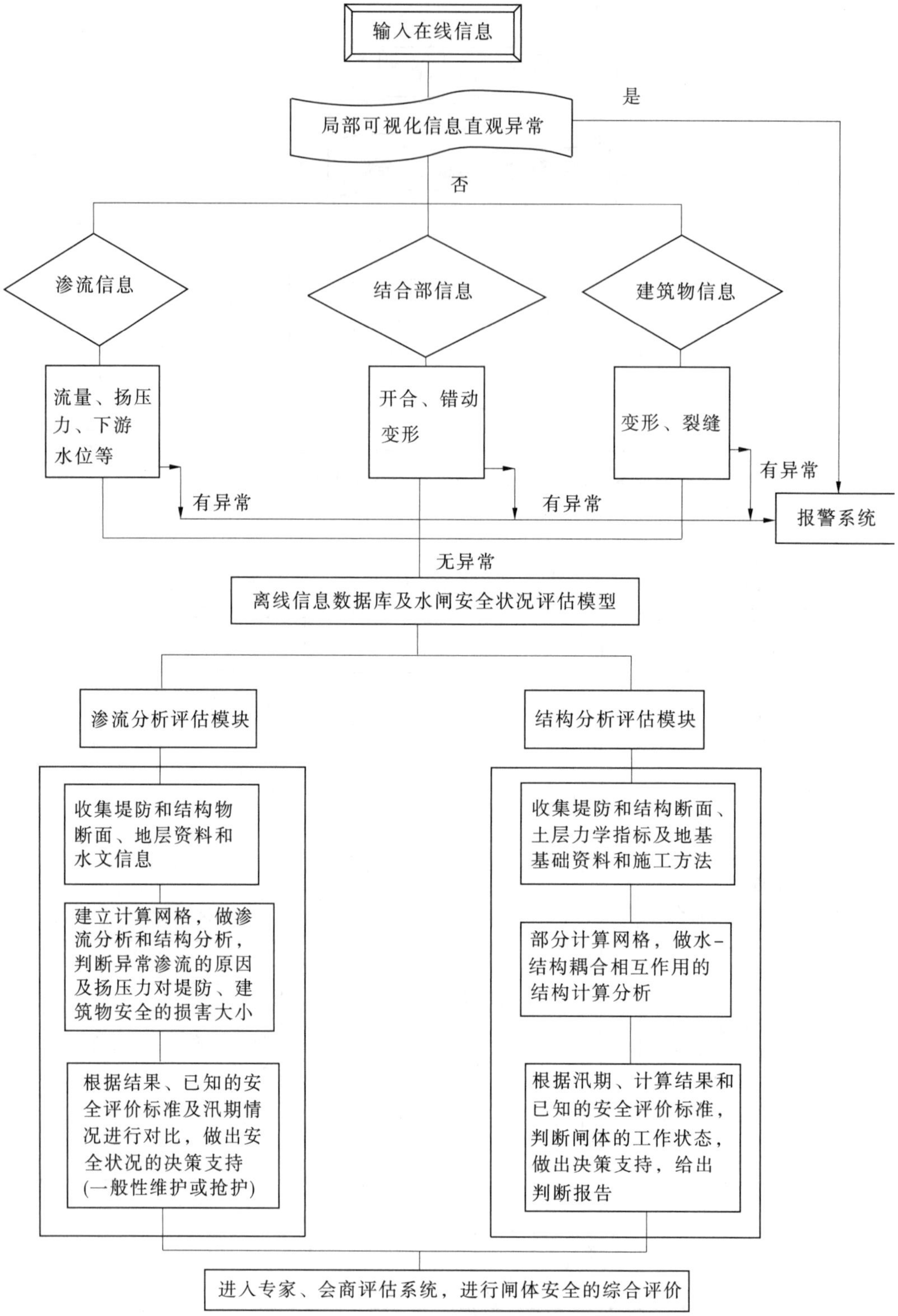

图 12-16　水闸工程安全评估模型

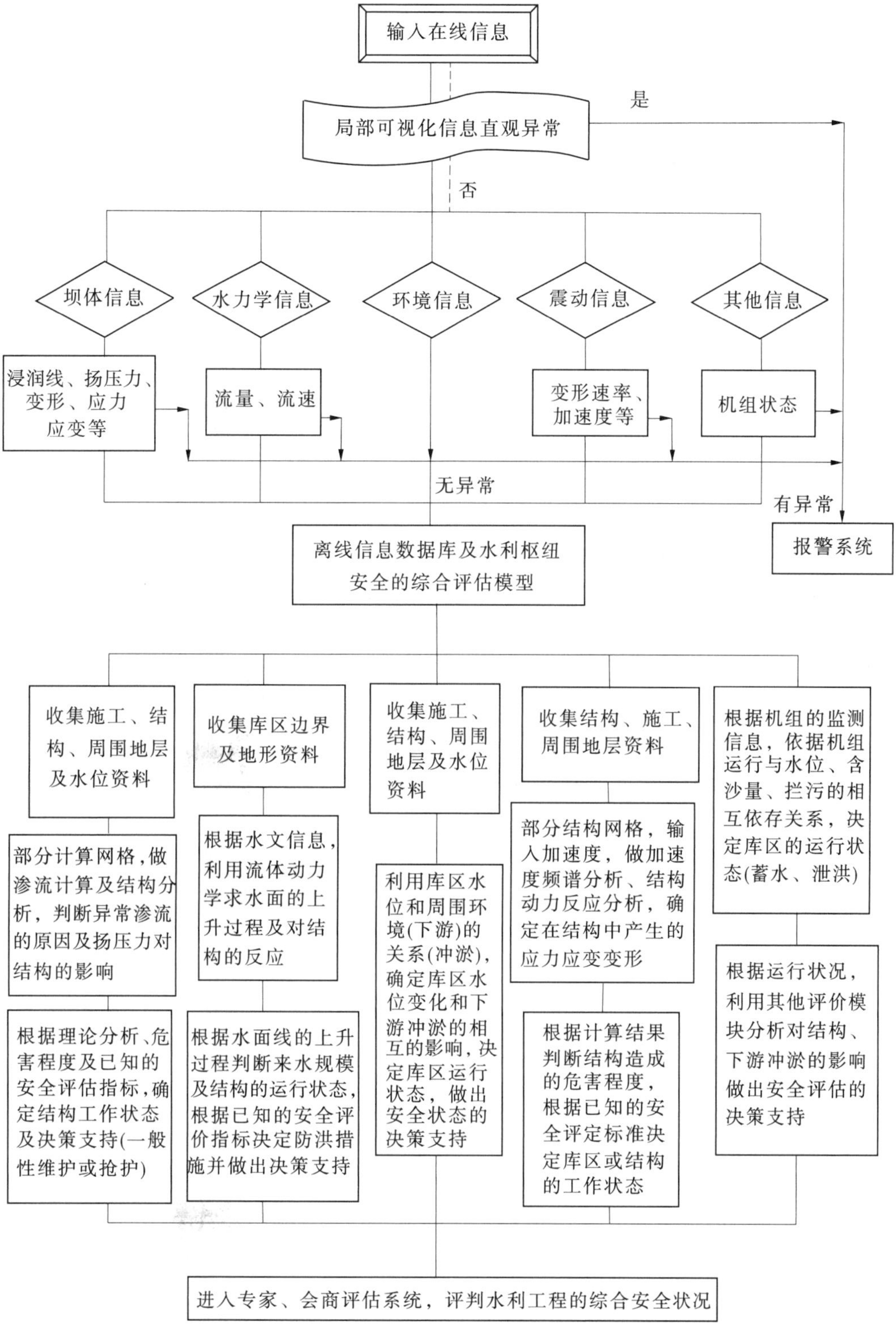

图 12-17　水利枢纽工程安全评估模型

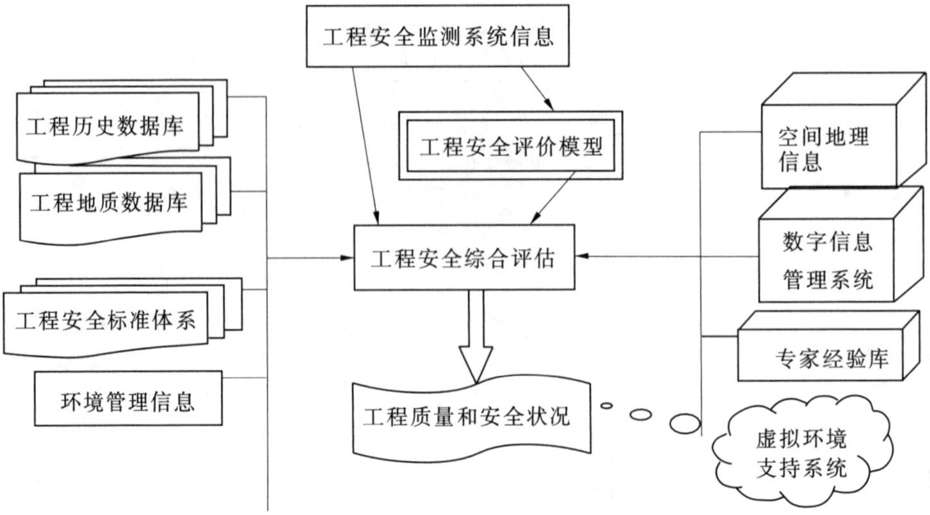

图 12-18　工程安全评估系统工作流程

2. 实时评价

对危及工程防洪安全的紧急状况进行实时评价,如强降雨条件下水利工程质量和抗洪能力评价,在发生强降雨(12 h 内降雨强度大于 50 mm)时及时启动评价模型,接受监测资料,及时提出评价报告和应急处理方案;如大洪水期间河道发现大面积、大范围漂浮物体时,紧急启动监测评价模型,定位跟踪漂浮物,并对可能产生的建筑物堵塞、撞击影响进行评价,及时提出处理意见;如水利工程发生异常变形(险情)时发出警报,并立即启动安全质量评价模型,分析处理数据信息,提出险情可能造成的危害及除险加固应急措施,跟踪处理过程,并将有关信息整理分析后进入专家经验数据库,对险情发生预处置结果给予评估。

第十三章　水利工程管理考核

据 2017 年水利发展统计公报,全国已建成堤防近 30 万 km,水闸 4.43 余万座,水库 9.8 余万座,初步形成了以堤防、水库、水闸、河道整治工程及蓄滞洪区为主体的水利工程体系,对保障防洪(凌)安全、促进经济社会发展发挥了不可替代的作用。同时,大量的水利工程及附属设施要维持其完整和安全运用,管理与维护任务异常繁重,即便如此每年垮坝、溃堤等重大险情和局部灾害仍时有发生。

维持工程完整,保持工程设计功能,不断改善工程面貌,确保工程安全运用,不断提高现代化水平,充分发挥工程综合效益,这是水管单位的基本任务。为加强水利工程管理,有效改善工程面貌,确保工程运用安全,就需要水管单位建立与完善内部检查考核制度,加强对职能处(科)室及一线班组人员的履职状况、工作业绩进行绩效考核;同时,对水管单位工程管理进行检查考核是水利行业强监管的一项重要手段,也是促进工程管理工作全面发展进步的抓手,需要上级水工程管理业务部门建立检查考核制度,通过检查考核,倒逼水管单位落实各种管理制度,规范各项管理工作行为,推动工程管理的规范化、维护操作的精细化,促进水利工程管理综合水平的不断提高。

第一节　示范工程创建

2006 年黄委全面完成水利工程管理体制改革,畅通了工程维修养护经费渠道,这是一次难得的历史发展机遇。针对黄河水利工程门类多、堤防工程战线长、老化失修严重、历史欠账多的特点,黄委在 2004 年水管体制改革筹备阶段,为消除工程隐患,维持工程完整与安全运用,规范资金使用,充分发挥国家预算经费投资效益,结合黄河下游标准化堤防建设,部署开展了示范工程创建活动。

一、示范工程引领战略

水管体制改革后,黄委防汛岁修经费将由以往每年的不足 1.0 亿万元调增至维修养护经费 4.6 亿多元,“久旱逢甘露”,能否规范养护经费使用,有效消除工程险点隐患,尽快改善工程面貌,对黄委四级管理层级、76 个河道工程管理单位、12 000 多名职工的管理能力无疑是一个考验。为此,2004 年黄委提出实施“示范工程”引领战略,即由黄委统一部署,组织各水管单位编制“示范工程”创建五年规划及年度实施计划,明确年度目标,按照“建成一处、验收一处、保持一处”的要求,每年组织开展创建活动,有计划、有步骤地整修各类堤防工程及附属设施;水管单位组织创建、申报,地市级河务局组织初验,省级河务局和黄委分别组织考核验收,分别确认省局级和黄委年度“示范工程”,并发文公布。

通过示范工程创建,以点带面、积少成多的量变过程,实现逐步消除工程隐患、改善工程面貌、规范经费使用的既定目标。

二、标准引领养护操作

为有效推动示范工程创建活动,2004 年黄委在黄河工程管理年度工作意见中明确,要求依据黄委堤防、水闸、河道整治工程及附属设施管理标准,各类水利工程维修养护应达到工程断面标准化、管理边界清晰明确、生态防护草木完善、附属设施齐全完备,在此基础上选点选段,精心打造管理“示范工程”。随着黄委工程管理“示范工程”创建活动的开展和水利工程管理年度考核工作的深入,“示范工程”的内涵也不断丰富,打造了一批堤固、岸绿、文化内涵丰富的示范工程,并于 2010 年专门制定印发了《黄河示范工程建设标准(试行)》及《黄河示范工程管理办法(试行)》。

2016 年,参照黄委《黄河堤防工程管理标准》《黄河河道整治工程管理标准》和《黄河水闸工程管理标准》,对示范工程创建标准进行再次修订,明确要求考核对象为已建成验收的黄河水利工程,示范工程创建应结合工程维修养护年度实施方案安排,逐段整修、分期实施。堤防工程(含险工)申报长度应不少于 5 km,险工(含对应堤防)、控导工程原则上以整处工程为单元工程申报,水闸工程以水闸(含管理庭院)为单元工程申报。管护基地以独立管理庭院为单元申报。要求通过严格管理与精细维护,使堤防、险工、控导、水闸工程及管护基地达到黄河工程管理标准,各类工程主体及附属设施完备,生态绿化好,文化内涵丰富。

水管单位在编制年度维修养护方案时,应统筹考虑辖区内示范工程创建项目,上级主管部门在审查年度维修养护实施方案时应优先安排。同时,要求地市级河务局和省级主管部门做好所属单位申报年度示范工程的督促指导,掌握示范工程创建状况,保证示范工程创建质量。

示范工程申报采取逐级考核的方式。省级河务局于每年 3 月底前将本年度拟创建示范工程名单报送黄委备查,8 月底前对申报的示范工程完成初步验收,并将初步验收结果上报黄委。

示范工程考核验收由黄委组织,依据堤防、河道整治、水闸、管护基地示范工程考核标准(见表 13-1~表 13-4),黄委示范工程考核赋分应不低于 920 分。

考核验收应全面查看示范工程整体状况,重点抽查具体工程断面及部位,量测断面指标,堤防工程随机抽查 5 个断面,险工、控导工程随机抽查 5 个坝垛,核查树草保有量与成活率,对照示范工程考核标准逐项予以赋分。

黄委示范工程认定有效期为五年,有效期满后应重新申报,未重新申报的,示范工程称号自动取消。建立这样的申报、考核机制,目的在于促进水管单位对已经完成创建的示范工程重视,为减免下次申报前的经费投入,只有加强工程日常维护,才能保持创造成效,实现常管常新。

表 13-1　堤防示范工程考核标准

水管单位：　　　　　　　　　　　　　　工程名称：

赋分项目	赋分子项	分值	赋分标准	扣分	得分
一、堤顶（350 分）	1. 堤顶道路	70	堤顶宽度误差为 0~10 cm，每增减 5 cm 扣 2 分；路面沿堤轴线方向每 10 m 长范围内凹凸不大于 5 cm，每增加 1 cm 扣 2 分。 土质堤顶未形成花鼓顶的扣 10 分；未采用小粒径米石或石屑砾化的扣 5 分；在检查范围内，路面堆放杂物面积超过 0.25 m^2 的每处扣 5 分。 硬化路面无横向坡度扣 5 分；分道线不顺直、线宽不一致的扣 5 分；在检查范围内，路面有坑槽，深度大于 10 cm 每处扣 5 分；有裂缝的每条扣 5 分；有翻浆、龟裂的每处扣 5 分		
	2. 路沿石、防护礅	30	路沿石尺寸不符合标准的扣 5 分；路沿石不平顺整齐的扣 5 分；路沿石出现损坏的每处扣 2 分。 防护墩样式不一致扣 5 分，埋设高度差 3 cm 的扣 5 分，未涂饰红白条漆的扣 5 分，缺失、损坏每处扣 2 分。 路沿石与排水沟之间未采用混凝土硬化或未植草防护的扣 5 分		
	3. 堤顶排水	30	散排水堤肩草皮覆盖面积出现 0.25 m^2 裸露每处扣 5 分，草皮宽度小于 0.5 m 每处扣 2 分；纵向排水沟未采用现浇或预制的扣 5 分，纵、横排水沟未贯通的扣 5 分，排水沟尺寸不符合要求的扣 5 分；堤顶纵向排水沟未设渗水孔的扣 5 分；排水沟出现孔洞、蛰陷、断裂的每处扣 2 分；排水系统有淤泥、杂物的每处扣 5 分		
	4. 堤肩	50	堤肩线每 5 m 长度范围内高差凸凹允许误差 5 cm，每增加 2 cm 扣 5 分；堤肩修筑边埂的，内侧直立混凝土挡土墙尺寸不符合标准的扣 5 分；边埂尺寸不符合标准的扣 5 分。 堤肩草皮覆盖面积每出现 0.25 m^2 裸露的扣 5 分；在检查抽样范围内每株高秆杂草扣 1 分		
	5. 行道林	60	行道林未按每侧一行种植扣 10 分；树木距堤肩线小于 20 cm 扣 5 分；乔木类胸径小于 5 cm 扣 2 分；达不到乔灌结合、错落有致的扣 5 分；同树种株距相差大于 0.5 m 的每处扣 2 分，同树种分叉高度相差 0.5 m 以上的每株扣 2 分；抽查的胸径最大值与最小值相差 2 cm 以上扣 5 分；抽查长度范围内每缺损 1 棵扣 5 分；刷白高度不一致的扣 2 分，用白色油漆或涂料刷树的扣 10 分；树木枯死或发生病虫害每株扣 1 分		

续表 13-1

赋分项目	赋分子项	分值	赋分标准	扣分	得分
一、堤顶（350 分）	6. 禁行设施	30	堤顶道路禁行设施限宽大于 2.2 m 的每处扣 5 分；未标注限宽的每处扣 2 分；未刷反光条每处扣 2 分，涂层脱落每处扣 2 分；无法吊装移位的每处扣 5 分；主要交通路附近应设置禁行设施而未设置的每缺一处扣 5 分。禁行设施上乱涂乱画或粘贴广告的扣 5 分；超载车辆通行发现 1 辆扣 2 分		
	7. 标志标牌	80	各类标志标牌规格不符合标准的每块扣 3 分；标识与标准不符的每块扣 3 分；标志标牌字迹模糊、涂层脱落每处扣 2 分，缺损或丢失每块扣 5 分。 省、地（市）级交界牌未采用门架式结构或不符合 5 m 高度要求的，每处扣制作单位 10 分。 通往国道、省道、各市、县（区）、乡（镇）及主要工程地点的指示牌未设置标牌或标示不明确的每处扣 2 分。 千米桩、百米桩未按标准在背河堤肩埋设的每项扣 3 分；发现有破损丢失的每处扣 5 分。 警示标志应设未设或损坏的每项扣 2 分		
二、堤坡（150 分）	1. 坡面	30	堤防坡度陡于原设计坡度扣 5 分；出现残缺、水沟浪窝等流失土方每 0.25 m^3 扣 5 分；沿堤防横断面 10 m 范围内凸凹不超过 5 cm，每超过 1 cm 扣 2 分。 堤坡抽样检查范围内，每出现 0.25 m^2 地面裸露扣 5 分；在抽样范围内每株高秆杂草扣 1 分。 堤脚线 10 m 长度范围内凹凸不大于 10 cm，每超出 1 cm 扣 1 分		
	2. 排水沟	30	横向排水沟每缺少 1 条扣 5 分；排水沟、消力池尺寸不符合要求的扣 5 分；排水沟存在杂草、杂物的每条扣 2 分，损坏、蜇陷每处扣 5 分		
	3. 前（后）戗	40	前（后）戗顶面 10 m 长度范围内高差不大于 5 cm，每增加 1 cm 扣 2 分；未设边埂、隔堤每项扣 5 分；边埂、隔堤尺寸与标准不符的每项扣 2 分；存在残缺、水沟浪窝等流失土方每处扣 5 分。 戗顶、边梗、隔堤未植草防护扣 5 分；戗顶地面裸露每出现 0.25 m^2 扣 5 分；在抽样范围内每株高秆杂草扣 1 分		
	4. 上堤辅道	50	辅道与堤坡连接交线不顺直的每条扣 5 分；辅道路肩无草皮防护的每条扣 2 分；两侧高秆杂草每处扣 5 分；丢弃垃圾及堆放杂物的每 0.25 m^2 扣 2 分；边坡沿横断面 5 m 范围内凸凹不超过 5 cm，每增加 1 cm 的扣 2 分；辅道出现水沟浪窝或残缺等流失土方每处扣 5 分；辅道蚕食堤身设计断面每条扣 10 分。 警示桩设置不符合标准的每处扣 5 分，缺失或损坏的每个扣 2 分		

续表 13-1

赋分项目	赋分子项	分值	赋分标准	扣分	得分
三、淤区（250 分）	1. 围堤、隔堤、排水沟	50	围堤、隔堤、排水沟尺寸不符合要求的每项扣 5 分；围堤或隔堤出现残缺、水沟浪窝等流失土方每 0.25 m^3 扣 5 分；沿长度方向 10 m 范围内凸凹不超过 5 cm，每超过 1 cm 扣 2 分；纵横排水沟设置未形成完整排水系统的每处扣 10 分		
	2. 淤区绿化	100	植树达不到纵横成行的每处扣 5 分；缺损断带的每米扣 1 分；树木病虫害得不到及时防治的每处扣 5 分；抽样范围内每缺损 1 棵扣 1 分；淤区内种植农作物的每亩扣 5 分		
	3. 淤区边坡	50	坡度不符合设计标准的扣 5 分；沿横断面 10 m 范围内凸凹大于 20 cm 的每超 1 cm 扣 2 分；存在残缺或水沟浪窝等流失土方每处扣 5 分；堤脚线 10 m 范围内凸凹大于 10 cm 的每处扣 2 分；坡面未植树或植草防护的扣 10 分		
	4. 淤区管护	50	硬化堤顶原有土牛台、房台未清除的扣 10 分；土牛存放位置、尺寸不符合标准的每项扣 5 分；备防石垛尺寸、位置不符合要求的每项扣 5 分，未按要求制作备防石标志的每垛扣 1 分		
四、防浪林、护堤地（100 分）	1. 防浪林	40	乔木、灌木达不到规定宽度扣 5 分；株行距不符合标准扣 3 分；缺损断带每 5 m 扣 1 分；发现病虫害扣 5 分；抽样范围内每缺损 1 棵扣 1 分		
	2. 护堤地	30	护堤地 10 m 长度内高差不大于 20 cm，每超出 1 cm 扣 1 分；林木断带长度每 10 m 扣 2 分；抽样范围内每缺损 1 棵扣 1 分；违章取土每立方米扣 2 分；违章垦殖或侵占的每处扣 5 分；垃圾及堆放杂物每平方米扣 2 分		
	3. 界埂（沟）、界桩	30	未修筑边埂或界沟的每处扣 5 分；未埋设边界桩的扣 10 分；边界桩缺损 1 根扣 1 分；边界桩规格、埋设、编码不符合要求的扣 5 分		
五、工程保护（150 分）	1. 环境治理	80	堤防管理范围内违章建筑每处扣 10 分；倾倒垃圾、堆放杂物每 0.25 m^2 扣 5 分；焚烧草皮长度每 10 m 扣 2 分；管理设施涂抹或张贴广告每处扣 5 分，乱设广告牌每处扣 5 分		
	2. 视频监视	30	重要险工及城镇堤段未安装使用监视系统扣 10 分；系统设备运行不可靠扣 5 分		
	3. 安全保护	40	管护范围内发生危害堤防安全活动的每宗扣 10 分；近村堤段未设置有效隔离设施每段扣 5 分；未经批准占用堤防及设施的每处扣 10 分		
合计		1 000			

表 13-2　河道整治示范工程考核标准

水管单位：　　　　　　　　　　　　　　　　　　工程名称：

赋分项目	赋分子项	分值	赋分标准	扣分	得分
一、坝顶（200 分）	1. 坝面	80	坝顶沿横断面 10 m 长度内凸凹不超过 5 cm，每增加 1 cm 扣 2 分；坝面陷坑深度大于 10 cm 的每处扣 5 分；坝面裂缝长度大于 2 m 的每处扣 5 分；水沟浪窝等流失土方每 0.25 m^3 扣 5 分；垃圾及杂物堆放每 0.25 m^2 扣 5 分；草皮每出现 0.25 m^2 地面裸露扣 5 分，在检查范围内每株高秆杂草扣 1 分		
	2. 沿子石	60	沿子石、防冲沿的宽度和厚度不符合设计要求的分别扣 5 分；沿子石有墩蛰、塌陷、残缺、活石等每处扣 5 分；沿子石与土坝基结合部有暗沟、蛰陷等每处扣 5 分，未做防渗处理的扣 5 分		
	3. 备防石	60	备防石存放位置、间距、尺寸不符合要求每项扣 5 分；不靠河工程备防石未按要求涂抹边角的每垛扣 2 分；备防石标志尺寸不符合要求的扣 5 分，标注不清每处扣 2 分；坍塌、缺石、杂草、杂物的每项扣 10 分；备防石未实现计算机网上管理的扣 10 分		
二、坝垛（150 分）	1. 坦石坡	60	扣砌坦石沿横断面每 3 m 长度内凸凹超过 5 cm 的每处扣 10 分；坦面塌陷每 0.25 m^2 扣 5 分；发现浮石每块扣 1 分；坦坡杂草每 0.25 m^2 扣 5 分；坝垛勾缝脱落每米扣 2 分。 散抛石沿横断面每 3 m 长度范围内凸凹超过 20 cm 的每处扣 5 分；塌陷面积每 0.25 m^2 扣 5 分；坝坡杂草每 0.25 m^2 扣 5 分		
	2. 险工根石台	50	险工根石台顶面 10 m 长度范围内高差大于 5 cm 的每处扣 5 分；内外口线不清晰的每处扣 5 分；根石塌陷面积每 0.25 m^2 扣 5 分		
	3. 坝裆	20	坝裆地面高差大于 10 cm 每处扣 2 分；垃圾、块石等杂物每 0.25 m^2 扣 2 分；违章取土每立方米扣 2 分		
	4. 踏步	20	踏步设置位置、尺寸不符合要求每项扣 5 分；踏步未进行勾缝处理每处扣 3 分；破损、凸凹、墩蛰、塌陷的每项扣 5 分；活石每发现 1 块项扣 1 分		
三、护岸（200 分）	1. 坡面	70	坝坡沿横断面 3 m 范围内凸凹不超过 5 cm，每超过 1 cm 扣 2 分；有塌陷且深度大于 15 cm 的每处扣 5 分；水沟浪窝损失土方每 0.25 m^3 扣 2 分；杂物堆放每 0.25 m^2 扣 5 分；草皮每出现 0.25 m^2 地面裸露扣 5 分，在检查范围内每株高秆杂草扣 1 分		
	2. 排水沟	50	排水沟每缺 1 条扣 5 分；排水沟、消力池的结构和尺寸不符合要求每条扣 2 分；沟身有损坏、塌陷、架空、淤土杂物的每处扣 5 分		
	3. 坡脚	30	联坝坡与地面交线不顺直每处扣 2 分		
	4. 上坝路	50	上坝路宽度不符合要求的扣 5 分；路面每出现 0.25 m^2 坑洼扣 2 分；检查范围内行道林缺损 1 棵扣 1 分；两侧高秆杂草、杂物、垃圾每发现一处扣 5 分		

续表 13-2

赋分项目	赋分子项	分值	赋分标准	扣分	得分
四、联坝（150分）	1. 联坝顶	80	联坝顶宽、横向坡度不符合设计要求每项扣5分；未砾化的扣10分；联坝顶坑洼且深度大于5 cm的每处扣2分；杂物堆放每0.25 m^2 扣5分；破坝修路、开沟引水及铺设管道等未履行手续的每处扣10分		
	2. 排水	30	集中排水的边埂尺寸不符合要求扣5分；边埂每10 m长度内凹凸不大于5 cm，高差每增加1 cm扣2分；内侧未设混凝土挡土墙扣5分，埋设高度不一致扣5分。 坝肩草皮覆盖每出现0.25 m^2 裸露的扣5分，在检查范围内每株高秆杂草扣1分		
	3. 行道林	40	行道林未按设计要求种植的扣10分；同种树株距误差大于0.5 m扣2分；同种树分叉高度相差0.5 m以上的扣2分；树木胸径小于3 cm的扣2分，同种树胸径最大与最小值相差3 cm以上的扣2分；检查范围内缺损或死亡1棵扣5分；刷白尺寸与标准不一致的扣2分，刷白高度不一致的扣2分，用白色油漆或涂料刷树的扣10分；树木枯死或存在病虫害的扣5分		
五、标志、标牌（100分）	1. 工程简介牌	40	未设置工程简介牌每处扣10分；设置位置不符合标准要求的每处扣5分；材料、规格、结构、材料不统一的每个扣2分；图文不符合标准要求的每处扣5分；简介牌局部破损每处扣2分		
	2. 坝号桩、高标桩、根石断面桩、警示桩	60	坝号桩、根石断面桩、高标桩、警示桩等应设置而未设每项扣5分；规格、结构不统一的每个扣2分；埋设位置、方向不符合要求每个扣2分；缺损每个扣5分；标注不清晰每个扣2分。		
六、工程保护（200分）	1. 护坝地	50	护坝地纵横向每10 m长度内凸凹误差10 cm，每增加1 cm扣2分；株行距不符合设计要求扣5分；缺损断带每10 m扣2分；抽样范围内每缺损1棵扣1分；发现病虫害每处扣5分。 未修筑边埂或界沟的每处扣5分；未埋设边界桩的扣10分；边界桩缺损1根扣1分，规格、编码不符合要求的扣5分。违章垦殖或侵占的每处扣2分；垃圾及堆放杂物每0.25 m^2 扣5分		
	2. 环境治理	70	管理范围内违章建筑每处扣10分；倾倒垃圾、堆放杂物每0.25 m^2 扣5分；焚烧草皮长度每100 m扣5分；管理设施涂抹或张贴广告每处扣5分，乱设广告牌每处扣5分		
	3. 水尺设置	10	水尺编号不统一扣5分，水尺刻度或数字不清晰分别扣2分，刻度和数字褪色、剥落扣2分		
	4. 视频监视	30	重要险工及城镇堤段未安装使用监视系统扣10分；系统设备运行不可靠扣5分		
	5. 安全保护	40	管护范围内发生违章爆破、取土等危害工程安全活动的每宗扣10分；发生破坝施工或占用坝面等未履行手续的每宗扣10分		
合计		1 000			

表 13-3　水闸示范工程考核标准

水管单位：　　　　　　　　　　　　工程名称：

赋分项目	赋分子项	分值	赋分标准	扣分	得分
一、技术管理（180分）	1. 管理经费	30	未测算确定水闸维修养护经费扣15分；维修养护经费未落实到位扣15分		
	2. 管理制度	20	未制定水闸各项技术管理制度扣10分；未报上级主管部门备案扣5分；未在显著位置明示扣5分		
	3. 技术图表	10	水闸平面图、立面图、剖面图，电气主接线图，启闭机控制图，主要技术指标表，主要设备规格、检修情况表每缺1项扣2分		
	4. 控制运用	50	未制定控制运用计划或调度方案扣10分；未按水闸控制运用计划或上级主管部门的调度指令实施的每项扣10分；未制定水闸操作规程扣10分，未按操作规程操作运行扣10分		
	5. 运行管理	50	未按规定进行检查观测、安全鉴定、设备等级评定、注册登记及除险加固的每项扣10分		
	6. 安全生产	20	发生重大安全责任事故（上级主管部门认定）此项不得分；管理责任不到位造成事故的扣10分；设备不能正常运行的扣10分。未在水闸明显部位标示防汛责任牌、安全责任牌的分别扣2分		
二、水工建筑物（270分）	1. 基础与铺盖	50	水闸基础出现破坏性渗漏未及时反映扣20分；未采取安全措施的扣20分。 混凝土铺、浆砌石铺盖松动、破损面积每0.25 m^2 扣5分；黏土铺盖出现不均匀沉陷、冲蚀面积每0.25 m^2 扣5分		
	2. 闸室	50	混凝土结构出现剥落、损坏、钢筋锈蚀面积每0.25 m^2 扣5分；浆砌石表面松动、塌陷面积每0.25 m^2 扣5分；永久缝出现渗漏、止水损坏、充填物老化脱落等每处扣5分。 工作桥、检修桥、交通桥破损面积每0.25 m^2 扣5分		
	3. 消能防冲工程	40	消能防冲工程浆砌石、混凝土结构每损坏1处扣5分；排水孔出现淤塞每个扣5分		
	4. 两岸连接工程	130	混凝土破损每0.25 m^2 扣5分；浆砌石有变形、松动、勾缝脱落等每处扣5分；干砌石工程有松动、塌陷、隆起等每处扣5分。 上、下游岸坡及围堰冲沟、空洞流失土方每0.25 m^2 扣5分，坍塌面积每0.25 m^2 扣5分；硬化路面出现破损每0.25 m^2 扣5分。 衬砌渠道护底或护坡出现勾缝脱落、松动每0.25 m^2 扣5分；渠道有塌陷、浪窝等损失土方每0.25 m^3 扣5分；水闸与堤防结合处出现绕渗现象每处扣10分。 水闸与堤防连接不符合设计坡度扣5分；出现残缺、水沟、浪窝、塌陷等损失土方每0.25 m^3 扣5分。 护堤地每10 m范围内地面高差不大于20 cm，每超出1 cm扣2分；有违章取土、垦植等每平方米扣5分		

续表 13-3

赋分项目	赋分子项	分值	赋分标准	扣分	得分
三、闸门、启闭机、机电设备（230 分）	1. 闸门	60	门叶有杂物附着等每处扣 10 分;闸前漂浮物每平方米扣 5 分。 闸门面板及主要构件未采取有效防腐措施扣 5 分;出现明显局部变形、裂纹、断裂等每处(条)扣 10 分。 闸门止水老化、渗漏超过规定扣 10 分;闸门运行有偏斜、卡阻、振动异常扣 10 分		
	2. 启闭机	70	卷扬启闭机:金属结构表面有铁锈、氧化皮、焊渣、油污、灰尘等每处扣 5 分;齿轮箱有漏油、渗油现象每处扣 5 分;启闭时有冲击声或异常杂音扣 10 分;钢丝绳存在油污、锈蚀、断丝等缺陷每项扣 5 分;仪表指示不正确扣 5 分。 螺杆式启闭机:金属结构表面有油污、灰尘、铁锈、油漆脱落等每处扣 5 分;手摇部分转动不灵活或有卡阻现象扣 10 分;行程开关动作不灵敏或闸门开启高度指示器指示不准确扣 10 分;机箱有漏油、渗油现象扣 5 分;启闭时机械部件出现冲击声或异常杂音扣 10 分		
	3. 电动机	30	电动机有尘土、污渍的每处扣 5 分;电机运转有异常杂音扣 5 分;接线盒无防潮设施扣 5 分;压线螺栓松动每处扣 5 分		
	4. 操作设备	20	开关箱、控制器、继电保护装置出现缺陷的每处扣 10 分,线路布置不规整的每处扣 5 分		
	5. 输电线路	30	各种电力、电缆、照明线路有漏电、短路、断路等现象每处扣 10 分;架空线路有树障等扣 10 分		
	6. 其他机电设备	20	变压器、指示仪表未按供电部门规定维护和检验的扣 10 分;自备发电机未按规定定期维护、检修每台扣 5 分		
四、启闭机房、附属设施（150 分）	1. 启闭机房	30	机房、楼梯、墙壁、门窗、地面等每出现 0.25 m^2 破损扣 5 分,每条裂缝扣 5 分;室内照明设施及应急照明系统运行不正常扣 10 分;消防器材不完备或失效扣 5 分;堆放杂物每处扣 5 分		
	2. 避雷设施	10	避雷器及部件损坏的扣 5 分;接地不可靠或失效的扣 10 分		

续表 13-3

赋分项目	赋分子项	分值	赋分标准	扣分	得分
四、启闭机房、附属设施（150 分）	3. 观测设施	40	观测基点表面锈蚀或缺损的每个扣 5 分；保护盖及螺栓开启不畅每个扣 2 分；沉陷点、测压管、测流设施等损坏或失效的每个扣 5 分。 引水闸未安装在线安全监测系统扣 5 分，运转不正常扣 2 分。 主要观测仪器、设备不能正常使用的每台扣 5 分		
	4. 管理现代化	50	闸门未安装远程监控系统扣 20 分，现地查询、运行控制不正常的扣 10 分；水位未实现计算机实时记录扣 10 分；水量达不到实时计量扣 10 分。 水闸未安装使用监视系统扣 10 分；系统设备运行不可靠扣 5 分。 工程观测、水沙测验不满足规定测次扣 5 分，资料不完整扣 5 分，数据不能及时分析和上报扣 5 分		
	5. 标志、标牌	20	水闸工程未设立工程简介牌扣 5 分。 通信塔、变压器、水域等未设置警示标志的，每缺少一项扣 2 分。 未按规定制作、标注、埋设边界桩扣 5 分		
五、工程保护（170 分）	1. 闸区和庭院	60	闸区未经过上级审查批复的管理规划扣 5 分；水闸与相临堤防连接不协调的扣 5 分。 树木、花卉达不到四季常青的扣 10 分；树木缺损、杂藤攀缘等每株扣 5 分；草皮每出现 0. 25 m^2 地面裸露扣 5 分；在抽样范围内每株杂草扣 1 分		
	2. 环境治理	60	管理范围内违章建筑每处扣 10 分；倾倒垃圾、堆放杂物每 0. 25 m^2 扣 5 分；焚烧草皮长度每 100 m 扣 5 分；管理设施涂抹或张贴广告每处扣 5 分，乱设广告牌每处扣 5 分		
	3. 安全管理	50	管护范围内发生危害水闸安全活动的每宗扣 10 分；一般事故未及时采取有效措施并上报的扣 10 分；发生重大安全事故（以上级主管部门认定为准）此项不得分		
合计		1 000			

表 13-4 管护基地示范工程考核标准

水管单位： 管护基地名称：

赋分项目	赋分子项	分值	赋分标准	扣分	得分
一、整体布局（200 分）	1. 建筑设施	50	建筑面积不满足工程管理设计规范的扣 5 分，建筑物布局不合理扣 5 分，院内无体育活动场所扣 10 分		
	2. 多功能室管理	50	无多功能室（开会、学习、阅览等）扣 10 分，电视机、桌椅、书柜、报夹、饮水机、电话等每缺一项扣 5 分。 无文体活动室扣 10 分，活动室内配备 5 种以上器械每缺一种扣 5 分，无器材存放柜扣 5 分		
	3. 宿舍管理	50	职工宿舍配备不统一扣 5 分，缺少取暖或降温设施的扣 5 分，有设施不能正常使用的扣 5 分，生活必需品（床、桌、柜、脸盆、蚊帐等）不齐全，每缺 1 项扣 5 分		
	4. 厨卫设施	50	厨房不整洁或炊具不齐全扣 10 分，餐厅面积小或缺少餐桌、餐椅不能满足职工就餐要求扣 5 分。 无独立卫生间或卫生间不能正常使用的扣 10 分，卫生间不是水冲式扣 5 分，旱厕未设半封闭式化粪池扣 5 分。 无洗浴设施扣 10 分		
二、庭院绿化（150 分）	1. 绿化、美化	100	临黄堤管护基地达不到三面透绿扣 10 分，其他管护基地达不到一面透绿扣 10 分；绿化区域达不到 50% 扣 10 分，乔、灌、花、草布局不合理扣 5 分；未种植四季常青植物扣 5 分，达不到三季有花扣 5 分；生长不旺盛扣 5 分、修剪不整齐扣 5 分，未种植高大树木扣 5 分，环境不美观扣 5 分		
	2. 菜园管理	50	有蔬菜地而未种植蔬菜的扣 10 分；管理不善、不规整扣 10 分；没有菜园扣 20 分		
三、庭院卫生（200 分）	1. 院落	50	无卫生制度扣 10 分，庭院有垃圾、杂物每处扣 5 分，外观整体形象差扣 10 分		
	2. 办公室及宿舍	50	办公室或宿舍不整洁的扣 5 分，有垃圾、杂物每处扣 5 分，有灰尘污渍每处扣 5 分		
	3. 厨卫	100	食品存放杂乱不卫生扣 5 分，餐厅未做到生熟食品分离扣 5 分，餐柜、冰箱、消毒柜、排烟设施、防蚊蝇虫鼠措施每缺少一项扣 5 分，厨房工作人员无健康证明扣 5 分。 卫生间不干净扣 10 分，无防蚊蝇措施扣 5 分，未定期消毒扣 5 分		

续表 13-4

赋分项目	赋分子项	分值	赋分标准	扣分	得分
四、日常管理（250 分）	1. 管理制度	80	每缺少 1 项管理制度（学习、安全、考勤、工器具管理、食堂管理、卫生管理、活动室管理等）扣 10 分		
	2. 责任牌公示	50	工程管理范围内责任人、责任段明确且上墙公示，月任务安排、周工作安排、绩效考核情况等信息，每缺少一项扣 10 分，内容不齐全扣 5 分		
	3. 考勤与着装	50	运行观测、维修养护人员出勤有记录，出勤率达不到 100%，在 95%以上扣 10 分，90%至 95%扣 30 分，90%以下不得分。 职工未统一着装、挂牌上岗扣 20 分；每人每缺一项扣 5 分		
	4. 工器具管理	20	未按规定保养、检测、维修分别扣 5 分，缺少管理记录扣 5 分		
	5. 安全管理	50	未配备安全消防器材扣 10 分，职工不会使用扣 10 分，电器无安全保护设施扣 10 分，室内电线私拉乱扯扣 10 分，私自存放危险物品扣 10 分		
五、内业资料（200 分）	1. 资料管理	80	水位、河势、运行观测、维修养护记录每缺一项扣 10 分；记录不完整扣 5 分，没有按时记录扣 5 分。资料无资料柜存放扣 10 分，资料散乱扣 10 分。 工程维修养护前、中、后影像资料缺一项扣 3 分；影像资料无可对比参照物每宗扣 5 分；影像资料储存无序扣 5 分；影像资料无简短文字说明扣 5 分		
	2. 运行观测日志	40	巡查记录：巡查时间节点不具体、巡查过程不详细、发现问题如何上报与处理不明确，每发现一项扣 5 分		
	3. 维修养护日志	40	维修养护记录：维修养护项目名称、工程部位、维修养护内容、机械台班及完成工程（作）量等，每缺一项扣 5 分		
	4. 信息化建设	40	网络不能正常运行扣 5 分；没有网络扣 10 分。 运行观测、维修养护记录影像资料未录入计算机扣 10 分。 未安装视频监视设施扣 20 分，运行不正常扣 5 分		
合计		1 000			

精细化操作是由传统的经验管理、粗放操作向标准化、科学化的量化指标考核为引导的转变,这就需要示范工程创建有规划、分步骤实施,需要对工程各部位进行标准化整修,需要通过精细化操作实现。第一,要根据所辖工程实际,编制示范工程创建规划及年度实施安排,有计划、分步骤开展示范工程创建活动;第二,要明确所属示范工程的管理内容、管理标准,明晰工程各个部位的具体量化指标要求;第三,严格的管理制度,落实创建工作责任制,强化精细化操作,打造亮丽单元工程;第四,严格示范工程考核,按照分级管理与认定原则,层层选拔,逐级考核并发文认定。通过上述活动,有序推动示范工程创建活动开展,促进水利工程面貌的持续改善。

截至2020年底,黄委累计建成138处"示范工程",通过创建活动,以点带面,促进了黄河水利工程面貌的不断改观,管理附属设施逐步完善,示范工程内涵日渐丰富,外部环境大为改观,单位职工和沿黄群众幸福指数增加,满意度提升。山西芮城凤凰嘴工程如图13-1所示。

图13-1　山西芮城凤凰嘴工程

第二节　工程管理考核

2004年黄委提出并实施了黄河下游标准化堤防工程建设,随着堤防主体工程建成,附属设施相应完善,堤防工程管理的内容更加丰富,管理的要求与标准更加严格。2006年6月黄委所属76个河道堤防水管单位(改革之初,三门峡水库已经改制为企业不再参加改革,故县水库水利部要求2008年才完成改革,花果山水库未注册登记也未参加改革)完成了水管体制改革,管理单位与工程维修养护公司实现分离,明确了养护经费渠道,落实了养护经费,对工程管理标准化、规范化及精细化发展提出了新的更高的要求。分析借鉴国内其他江河的工程管理实践经验,黄委明确以国家级水管单位创建为龙头,以示范工程建设为抓手,加强工程管理制度建设,完善管理标准,量化考核指标,规范管理运行,督导精细操作,严格检查考核,倒逼水管单位不断提高管理水平,确保工程安全运用与综合效益发挥。

一、制定管理标准

为适应标准化堤防管理的需要,促进工程管理发展进步,黄委认真分析水管体制改革后工程管理面临的形势,在对以往工程管理制度、标准、办法进行梳理的基础上,研究制定了《黄河堤防工程管理标准》《黄河水闸工程管理标准》《黄河河道整治工程管理标准》及《黄河工程维修养护内业资料管理标准》，并制定了与之配套的《黄河工程管理考核办法》，形成了具有黄河特色的“4+1”工程管理标准体系。新的黄河工程管理标准体系，对除水库大坝之外的各类工程提出了详细的量化指标，促进水管单位管理规范化、操作精细化的转变，为全面提高黄河工程管理水平提供了技术支撑和制度保障。

二、组织检查考核

按照分级管理原则，黄委及所属单位建立健全不同层级的工程管理检查考核制度。

水管单位需要依据其内部管理制度，对照人员岗位责任制，每月对各岗位人员的工作任务完成情况进行绩效考核(见图 13-2)，奖勤罚劣、奖罚兑现，以充分调动一线人员的工作积极性，达到足额完成计划工程量、有效维护工程的目的。

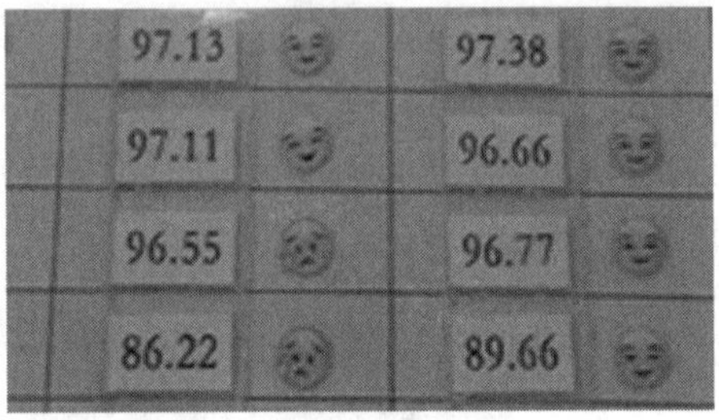

图 13-2　月检查考评内部公示

水管单位对各河务段、工程班人员进行考核，制定具有可操作性的考核办法，设置专门的职能小组每月组织检查考核，管理绩效与岗位人员的浮动工资或奖金挂钩，严格考核，奖罚兑现。同时，按照水利部要求，各水管单位年底前需要对照水利部水利工程管理考核标准对所属工程进行检查考核，并将考核结果形成报告逐级上报黄委。

省、市级主管部门需对所属水管单位工程管理工作组织开展半年和年终检查考核，通报检查考核结果，并将年度工程管理综合检查考核结果纳入被查单位的年度综合目标管理考核体系。

依据《黄河水利工程管理办法》及考核标准，黄委组织 3 年一次、5 年一度的全河工程管理检查考核，考核对象是水管单位，考核内容包括堤防、河道整治、水闸、水利枢纽工程管理、运行机制及内业资料管理等。黄委建立工程管理考核专家库，在检查考核前从工程管理专家库中抽调人员组成考核专家组，组织专家培训，考核结束形成检查考核工作报告并报请委领导审定，考核结果印发内部通报，督促被查单位落实问题的整改。

黄河工程管理考核的内容包括堤防、河道整治、水闸、水利枢纽工程管理及其运行机制和内业资料管理等。

(一)工程检查

工程检查采取全面检查和重点抽查相结合的方式进行。

全面检查：对水管单位所管辖的全部工程进行查看(见图 13-3)。

重点抽查：堤防工程至少抽查三段，原则上覆盖全线，每段长 100 m；河道整治工程 1~3 处抽查 1 处，4 处以上抽查 2 处，每处工程抽查 3 道坝(含垛、护岸)、2 段联坝；纯公益性水闸工程 1~3 座抽查 1 座，4 座以上抽查 2 座。

(二)内业资料检查

查阅内业资料是否齐全，记录是否规范，手续是否完备。

(a) 坝顶检查

(b) 坝坡检查

图 13-3　黄委检查考核

(三)运行机制检查

检查水管单位是否按照新的机制规范运行,上级颁发的标准、办法、规定执行情况,内部制度建设情况。

黄河工程管理考核实行 1 000 分制,其中工程主体(堤防、河道、水闸)考评占 70%,运行机制考评占 12%,内业资料考评占 18%。

水管单位同时管辖堤防、河道整治、水闸工程中的两类或三类,分别进行考评并按其相应考核标准赋分,综合赋分的权重按照此类工程所占年度维修养护经费的比例确定。

为避免草皮枯竭发生烧荒现象,影响林木生长及堤容堤貌,每年 10 月底前需对所属水利工程草皮进行修剪,高度不超过 10 cm。

在检查考核中,如出现合理缺项,则此项得分依据所属类别中其他项目得分平均值按比例折算。

(四)鼓励创新

为鼓励创新和促进生态景观线建设,在考核时对以下情况进行加分:

(1)水管单位的运行管理工作有创新,获省局(含省局)以上创新成果一、二、三等奖的,且获奖时间在本年度之内,每一项分别加 2、1、0.5 分。

(2)研制引进工程管理养护设备,效果良好,并在省局(含省局)以上单位获得奖项(进步奖或火花奖)的,且获奖时间在本年度之内,每一项加 1 分。

黄委对工程管理检查考核结果进行备案,经考核确定为黄委工程管理前十名的单位,作为黄委年度或五年一次工程管理会议表彰先进单位或集体的依据。

三、严格问题整改

工程管理检查考核是监管手段,通过检查查找问题、发现问题并反馈水管单位,进而以整改问题为引领,消除工程隐患,维持工程完整与安全运用,促进管理工作进步才是目的。黄河工程管理考核赋分标准见表 13-5。针对检查发现问题,及时向被检查单位反馈意见;水管单位对于上级检查反馈问题,要制订整改计划,落实整改措施,完成整改后形成报告;检查考核组编制工作报告,报经单位主管领导同意,印发通报,达到鼓励先进、鞭策落后的目的;通过检查考核,要求被检查单位的上级主管部门,将考核结果与被检单位年度综合目标管理考核挂钩。

表 13-5　黄河工程管理考核赋分标准

分类赋分		项目类别		分值	赋分标准	扣分
运行机制占120分	运行机制120分	一、组织管理	1. 队伍管理	20	养护企业存在水管单位代管现象的扣 5 分;未建立有效工作激励机制的扣 5 分;运行观测人员未持证上岗到位扣 5 分	
			2. 制度建设	20	未建立工程管理检查考核制度的扣 5 分,每月检查考核制度不落实的扣 5 分;岗位责任制、学习培训制度、检查报告制度、工作总结制度缺一项扣 2 分;制度执行效果好、中、差分别扣 0、4、6 分	
		二、工程管理规划	规划编制	10	未按要求编制工程维修养护规划的扣 10 分,规划内容简单、操作性差的扣 2 分;未编制标准化堤防工程管理整体设计的扣 5 分,设计内容简单、操作性差的扣 2 分	
		三、养护方案编报	方案编制与实施	15	未按规定编报年度实施方案扣 10 分;方案调整未按规定报批扣 5 分	
		四、合同管理	1. 合同签订	20	未按规定签订专项与日常维修养护合同的每项扣 5 分;日常维修养护合同没有按照“两清单、一说明”执行扣 5 分;签订的专项合同缺少附件的扣 5 分	
			2. 项目监理	10	未签订监理合同的扣 5 分;未按监理合同条款严格操作的扣 5 分	
			3. 质量管理	10	工程维修养护质量管理体系不健全扣 5 分;未办理质量监督手续扣 5 分	
		五、验收	验收	15	未按时进行月核查、专项验收、年度验收的每项扣 5 分	

续表 13-5

分类赋分		项目类别		分值	赋分标准	扣分
折算后主体工程占700分	堤防工程1 000分	一、堤顶	1. 堤顶道路	70	堤顶宽度误差为0~10 cm,每增减5 cm扣2分;路面沿堤轴线方向每10 m长范围内凸凹不大于5 cm,每增加1 cm扣2分。 土质堤顶未形成花鼓顶的扣10分;未采用小粒径米石或石屑砾化的扣5分,在检查范围内每出现一粒直径大于2 cm的扣1分;在100 m长度范围内,路面堆放杂物面积超过0.25 m^2的每处扣5分。 硬化路面无横向坡度扣5分;分道线不顺直、线宽不一致的扣5分;在100 m长度范围内,路面有坑槽,深度大于10 cm每处扣5分;有裂缝的每条扣5分;有翻浆、龟裂的每处扣5分	
			2. 路沿石、防护墩	30	路沿石尺寸不符合标准的扣5分;路沿石不平顺整齐扣的5分;路沿石出现损坏的每处扣2分。 防护墩埋设高度差3 cm的扣5分;未涂饰红白条漆的扣2分;每损坏1个扣1分。 路沿石与排水沟之间未采用混凝土硬化或未植草防护的扣5分	
			3. 堤顶排水	30	散排水堤肩草皮覆盖出现0.25 m^2裸露每处扣5分,草皮宽度小于0.5 m每处扣2分;纵向、横向排水沟未采用现浇或预制的扣5分,排水沟尺寸不符合要求的扣5分;堤顶纵向排水沟未设渗水孔的扣5分;排水沟出现孔洞、蛰陷、断裂的每处扣2分;排水系统有淤泥、杂物的每处扣5分	
			4. 堤肩	50	堤肩线每5 m长度范围内凸凹允许误差5 cm,每增加2 cm扣5分;堤肩修筑边埂的,内侧直立混凝土挡土墙尺寸不符合标准的扣5分;边埂尺寸不符合标准的扣5分。 堤肩草皮覆盖每出现0.25 m^2裸露的扣5分;在检查抽样范围内每株杂草扣1分	
			5. 行道林	50	行道林未按每侧一行种植扣10分;树木距堤肩线小于20 cm扣5分;乔木类胸径小于5 cm扣2分;达不到乔灌结合、错落有致的扣5分;同树种株距相差大于0.5 m的每处扣2分,同树种分叉高度相差0.5 m以上的每株扣2分;抽查的胸径最大值与最小值相差2 cm以上扣5分;抽查长度范围内每缺损1棵扣2分;刷白高度不一致的扣2分	
			6. 禁行设施	30	堤顶道路禁行设施限宽大于2.2 m的每处扣5分;未标注限宽的每处扣2分;未刷反光条每处扣2分;无法吊装移位的每处扣5分;主要交通路附近应设置禁行设施而未设置的每缺一处扣5分	
			7. 标志标牌	40	各类标志标牌规格不符合标准的每个扣3分;标识与标准不符的每个扣3分;缺损或丢失的每个扣5分。 省、地(市)级交界牌未采用门架式结构或不符合5 m高度要求的,每处扣制作单位10分。 通往国道、省道、各市、县(区)、乡(镇)及主要工程地点的指示牌未设置标牌或标示不明确的每处扣2分。 千米桩、百米桩未按标准在背河堤肩埋设的每项扣3分;发现有破损丢失的每处扣5分。 警示标志应设未设的每项扣2分	

续表 13-5

分类赋分		项目类别		分值	赋分标准	扣分
折算后主体工程占700分	堤防工程1 000分	二、堤坡	1. 坡面	30	堤防坡度陡于原设计坡度扣5分；出现残缺、水沟浪窝等流失土方每0.25 m^3 扣5分；沿堤防横断面10 m范围内凸凹不超过5 cm，每超过1 cm扣2分。 堤坡抽样检查范围内，每出现0.25 m^2 地面裸露扣5分；在抽样范围内每株杂草扣1分。 堤脚线10 m长度范围内凹凸不大于10 cm，每超出1 cm扣1分	
折算后主体工程占700分	堤防工程1 000分	二、堤坡	2. 排水沟	30	横向排水沟每缺少1条扣5分；排水沟、消力池尺寸不符合要求的扣5分；排水沟存在杂草、杂物的每0.25 m^2 扣2分，损坏的每0.25 m^2 扣5分	
折算后主体工程占700分	堤防工程1 000分	二、堤坡	3. 前(后)戗	30	前(后)戗顶面10 m长度范围内高差不大于5 cm，每增加1 cm扣2分；未设边埂、隔堤每项扣5分；边埂、隔堤尺寸与标准不符的每项扣2分。 戗顶未植草防护扣5分；戗顶地面裸露每出现0.25 m^2 扣5分；在抽样范围内每株杂草扣1分	
折算后主体工程占700分	堤防工程1 000分	二、堤坡	4. 上堤辅道	50	辅道与堤坡连接交线不顺直的每条扣5分；辅道路肩无草皮防护的每条扣2分；边坡沿横断面5 m范围内凸凹不超过5 cm，每增加1 cm的扣2分；辅道出现水沟浪窝流失土方每0.25 m^3 扣5分；辅道蚕食堤身设计断面每条扣10分。 警示桩设置不符合标准的每处扣5分	
折算后主体工程占700分	堤防工程1 000分	三、淤区	1. 围堤、隔堤、排水沟	50	围堤、隔堤、排水沟尺寸不符合要求的每项扣5分；围堤或隔堤出现残缺、水沟浪窝等流失土方每0.25 m^3 扣5分；沿长度方向10 m范围内凸凹不超过5 cm，每超过1 cm扣2分；纵、横排水沟设置未形成完整排水系统的每处扣10分	
折算后主体工程占700分	堤防工程1 000分	三、淤区	2. 淤区绿化	60	植树达不到纵横成行的每处扣5分；淤区成品段闲置的每亩扣1分；缺损断带的每米扣1分；树木病虫害得不到及时防治的每处扣5分；抽样范围内每缺损1棵扣1分；淤区内种植农作物的每亩扣5分	
折算后主体工程占700分	堤防工程1 000分	三、淤区	3. 淤区边坡	50	坡度不符合设计标准的扣5分；沿横断面10 m范围内凸凹大于20 cm的每超1 cm扣2分；水沟浪窝损失土方每0.25 m^3 扣5分；堤脚线10 m范围内凸凹大于10 cm的每处扣2分；坡面未植树或植草防护的扣10分	
折算后主体工程占700分	堤防工程1 000分	三、淤区	4. 淤区管护	30	硬化堤顶原有土牛台、房台未清除的扣10分；土牛存放位置、尺寸不符合标准的每项扣5分；备防石垛尺寸、位置不符合要求的每项扣5分，未按要求制作备防石标志的每垛扣1分。 淤区存放杂物每平方米扣2分；违章建筑每处扣5分	
折算后主体工程占700分	堤防工程1 000分	四、防浪林、护堤地	1. 防浪林	30	乔木、灌木达不到规定宽度扣5分；株行距不符合标准扣3分；缺损断带每5 m扣1分；发现病虫害扣5分；抽样范围内每缺损1棵扣1分	
折算后主体工程占700分	堤防工程1 000分	四、防浪林、护堤地	2. 护堤地	30	护堤地10 m长度内高差不大于20 cm，每超出1 cm扣1分；林木断带长度每10 m扣2分；抽样范围内每缺损1棵扣1分；违章取土每立方米扣2分；违章垦殖或侵占的每处扣5分；堆放杂物每平方米扣2分	
折算后主体工程占700分	堤防工程1 000分	四、防浪林、护堤地	3. 界埂(沟)、界桩	30	未修筑边埂或界沟的每处扣5分；未埋设边界桩的扣10分；边界桩缺损1根扣1分；边界桩规格、埋设、编码不符合要求的扣5分	

续表 13-5

分类赋分		项目类别		分值	赋分标准	扣分
折算后主体工程占700分	堤防工程1 000分	五、工程保护	1. 确权划界	20	确权划界手续不齐全、资料不完整的每宗扣2分;土地使用证领取率低于95%扣10分	
			2. 安全保护	40	管护范围内发生危害堤防安全活动的每宗扣10分;近村堤段未设置隔离网每段扣2分	
			3. 车辆禁行	10	未按要求设置隔离墩的每处扣5分;履带车辆或超载车辆通行发现1辆扣3分;泥泞期间非防汛车辆通行发现1辆扣2分	
			4. 历史遗留工程	10	未经批准占用或拆毁历史遗留旧堤及设施的每处扣10分	
		六、工程观测与探测	1. 工程观测	20	堤防观测设施丢失或损毁的每处扣5分;无堤防检查或观测记录的扣5分;检查或观测记录未按规定进行分析整编的扣5分	
			2. 堤防隐患探测	20	隐患探测无计划的扣5分;无探测分析报告扣5分;探测报告未按要求上报省级以上主管部门审查备案的扣10分	
		七、现代化建设	1. 信息化建设	40	工程管理基础数据库录入不完整的扣10分,系统运转不正常扣5分;科室办公设备配备不符合规定的扣10分	
			2. 专业化水平	30	水管单位委托的养护公司职工未达到统一着装上岗的扣5分;养护机械装备以20台(套)、15台(套)、10台(套)为限分别扣0分、5分、10分;养护设备平均利用率在95%、80%、60%的,分别扣0分、5分、10分	
		八、庭院管护	1. 建筑设施	20	建筑面积不满足堤防工程管理设计规范的扣5分;建筑物每破损0.25 m^2 扣5分;无文娱活动室及设施的扣5分;无洗澡间及设施的扣5分	
			2. 绿化美化	15	绿化树木未达到四季常青的扣10分;未达到三面透绿的扣5分;花木缺损1棵扣5分	
			3. 卫生状况	15	无庭院卫生制度扣5分;庭院有垃圾、杂物的每0.25 m^2 扣5分;住房有灰尘污渍扣2分;餐厅未做到生、熟食品分离扣2分;厕所未实现水冲式扣3分	
	河道整治工程1 000分	一、坝顶	1. 坝面	60	坝顶沿横断面10 m长度内凸凹不超过5 cm,每增加1 cm扣2分;坝面陷坑、裂缝且深度、长度大于10 cm的每处扣5分;水沟浪窝损失土方每0.25 m^3 扣5分;杂物堆放每0.25 m^2 扣5分;草皮每出现0.25 m^2 地面裸露扣5分,在检查范围内每株杂草扣1分	
			2. 沿子石	50	沿子石宽度、厚度不符合设计要求的分别扣5分;沿子石有墩蛰、塌陷、残缺、活石等每处扣5分;沿子石与土坝基结合部有暗沟、蛰陷等每处扣5分,未做防渗处理的扣5分	
			3. 备防石	40	备防石存放位置、间距、尺寸不符合要求的每项扣5分;不靠河工程备防石未按要求涂抹边角的每垛扣2分;备防石标志尺寸不符合要求的扣5分;有坍塌、杂草的每项扣10分;备防石未录入计算机实现网上动态管理的扣20分	

续表 13-5

分类赋分		项目类别		分值	赋分标准	扣分
折算后主体工程占700分	河道整治工程1000分	二、坝垛	1. 坦石坡	60	扣砌坦石沿横断面每3 m长度内凸凹超过5 cm的每处扣10分；坦面塌陷每0.25 m^2扣5分；发现浮石每块扣1分；坦坡杂草每0.25 m^2扣5分；坝垛勾缝脱落每米扣2分。 散抛石沿横断面每3 m长度范围内凸凹超过20 cm的每处扣5分；塌陷面积每0.25 m^2扣5分；坝坡杂草每0.25 m^2扣5分	
			2. 险工根石台	50	险工根石台顶面10 m长度范围内高差大于5 cm的每处扣5分；内外口线不清晰的每处扣5分；根石塌陷面积每0.25 m^2扣5分	
			3. 坝裆	20	坝裆地面高差大于10 cm每处扣2分；垃圾、块石等杂物每0.25 m^2扣2分；违章取土每立方米扣2分	
			4. 踏步	20	踏步设置位置、尺寸不符合要求的每项扣5分；踏步未进行勾缝处理每处扣3分；破损、凸凹、墩蛰、塌陷的每项扣5分；每发现1块活石扣1分	
		三、护岸	1. 坡面	50	坝坡沿横断面3 m范围内凸凹不超过5 cm，每超过1 cm扣2分；有塌陷且深度大于15 cm的每处扣5分；水沟浪窝损失土方每0.25 m^3扣2分；杂物堆放每0.25 m^2扣5分；草皮每出现0.25 m^2地面裸露扣5分，在检查范围内每株杂草扣1分	
			2. 排水沟	40	排水沟每缺1条扣2分；排水沟或消力池的结构、尺寸不符合要求的每条扣2分；沟身有损坏、塌陷、架空、淤土杂物的每处扣5分	
			3. 坡脚	30	联坝坡与地面交线不顺直的每处扣2分	
			4. 上坝路	20	上坝路宽度不符合要求的扣5分；路面每出现0.25 m^2坑洼扣2分；检查范围内行道林缺损1棵扣1分	
		四、联坝	1. 联坝顶	50	联坝顶宽、横向坡度不符合设计要求每项扣5分；未砾化的扣10分；联坝顶坑洼且深度大于5 cm的每处扣2分；杂物堆放每0.25 m^2扣5分；破坝修路、开沟引水及铺设管道等未履行手续的每处扣10分	
			2. 排水	30	集中排水的边埂尺寸不符合要求扣5分；边埂每10 m长度内凹凸不大于5 cm，高差每增加1 cm扣2分；内侧未设混凝土挡土墙扣5分，埋设高度不一致扣5分 坝肩草皮覆盖每出现0.25 m^2裸露的扣5分，在检查范围内每株杂草扣1分	
			3. 行道林	30	行道林未按设计要求种植的扣10分；同种树株距误差大于0.5 m的扣2分；同种树分叉高度相差0.5 m以上的扣2分；树木胸径小于3 cm的扣2分，同种树胸径最大与最小值相差3 cm以上的扣2分；检查范围内缺损或死亡1棵扣2分；刷白高度不一致的扣2分	
		五、标志、标牌	1. 工程简介牌	40	未设置工程简介牌每处扣10分；设置位置不符合标准要求的每处扣5分；规格、结构、材料不统一的每个扣2分；图文不符合要求的每处扣5分；简介牌局部破损每处扣2分	
			2. 坝号桩、高标桩、根石断面桩、警示桩	60	坝号桩、根石断面桩、高标桩、警示桩等应设置而未设的每项扣5分；规格、结构不统一的每个扣2分；埋设位置、方向不符合要求的每个扣2分；缺损每个扣5分；标注不清晰每个扣2分	
			3. 设置程序	10	未经统一规划或省级建管部门审查同意而设置的标志、标牌每个扣5分	

续表 13-5

分类赋分		项目类别		分值	赋分标准	扣分
折算后主体工程占700分	河道整治工程1 000分	六、管护地	1. 护坝地绿化	40	护坝地纵向、横向每 10 m 长度内凸凹误差 10 cm，每增加 1 cm 扣 2 分；株行距不符合设计要求扣 5 分；出现缺损断带每 2 m 长扣 1 分；抽样范围内每缺损 1 棵扣 1 分；发现病虫害每处扣 5 分	
			2. 护坝地保护	40	未修筑边埂或界沟的每处扣 5 分；未埋设边界桩的扣 10 分；边界桩缺损 1 根扣 1 分，规格、编码不符合要求的扣 5 分。 违章垦殖或侵占的每处扣 5 分；堆放杂物的每 0.25 m^2 扣 5 分	
		七、绿化与基地建设	1. 绿化、美化	50	绿化、美化无规划扣 5 分；规划未经省级业务主管部门审查实施的扣 5 分。 树木、花卉达不到四季常青的扣 10 分；树木缺损、病害、杂藤攀缘等每棵扣 2 分；草皮每出现 0.25 m^2 地面裸露扣 5 分，在抽样范围内每株杂草扣 2 分。 堆放污物、垃圾的每 0.25 m^2 扣 5 分；设施损坏每处扣 5 分	
			2. 庭院绿化	50	树木、花卉达不到四季常青的扣 10 分；树木、花卉缺损每棵扣 5 分；建筑物每损坏 1 处扣 5 分；草皮覆盖每出现 0.25 m^2 裸露扣 5 分。 院落堆放污物、垃圾的每 0.25 m^2 扣 5 分；厕所未实现水冲式扣 3 分	
		八、工程观测	1. 根石探测	40	汛前、汛期、汛后根石探测未按规定进行的每次扣 5 分；探测数量不足的扣 5 分；未按要求编报探测分析报告扣 10 分；报告数据虚假该项不得分	
			2. 河势、水位、滩岸观测	40	未按要求进行河势、水位、滩岸坍塌等观测的每项扣 10 分；记录不连续、不规范每项扣 5 分	
		九、工程保护	1. 土地确权划界	20	确权划界资料不齐全、手续不完备的每项扣 5 分；土地使用证领取率达不到 95%扣 10 分	
			2. 危害工程活动	40	管护范围内发生违章爆破、取土等危害工程安全活动的每宗扣 10 分；发生破坝施工或占用坝面等未履行手续的每宗扣 10 分；发现堆放垃圾、杂物的每 0.25 m^2 扣 5 分	
			3. 突发事件	20	对工程管理突发事件，未按照《黄河工程管理突发事件应急处理与报告制度》进行处理和上报的每宗扣 10 分	
	水闸1 000分	一、技术管理	1. 管理经费	30	未测算确定水闸维修养护经费扣 15 分；维修养护经费未落实到位扣 15 分	
			2. 管理制度	20	未制定水闸各项技术管理制度扣 10 分；未报上级主管部门备案扣 5 分；未在显著位置明示扣 5 分	
			3. 技术图表	10	水闸平面图、立面图、剖面图，电气主接线图，启闭机控制图，主要技术指标表，主要设备规格、检修情况表每缺 1 项扣 2 分	
			4. 控制运用	50	未制定控制运用计划或调度方案扣 10 分；未按水闸控制运用计划或上级主管部门的调度指令实施的每项扣 10 分；未制定水闸操作规程扣 10 分，未按操作规程操作运行扣 10 分	
			5. 运行管理	50	未按规定进行检查观测、安全鉴定、设备等级评定、注册登记及除险加固的每项扣 10 分	
			6. 安全生产	20	发生重大安全责任事故（上级主管部门认定）此项不得分；管理责任不到位造成事故的扣 10 分；设备不能正常运行的扣 10 分	

续表 13-5

分类赋分		项目类别		分值	赋分标准	扣分
折算后主体工程占700分	水闸1 000分	二、水工建筑物	1. 基础与铺盖	50	水闸基础出现破坏性渗漏未及时反映扣20分；未采取安全措施的扣20分。 混凝土铺或浆砌石铺盖松动、破损面积每0.25 m^2 扣5分；黏土铺盖出现不均匀沉陷、冲蚀面积每0.25 m^2 扣5分	
			2. 闸室	50	混凝土结构出现剥落、损坏、钢筋锈蚀面积每0.25 m^2 扣5分；浆砌石表面松动、塌陷面积每0.25 m^2 扣5分；永久缝出现渗漏、止水损坏、充填物老化脱落等每处扣5分。 工作桥、检修桥、交通桥破损面积每0.25 m^2 扣5分	
			3. 消能防冲工程	40	消能防冲工程浆砌石、混凝土结构每损坏1处扣5分；排水孔出现淤塞每个扣5分	
			4. 两岸连接工程	130	混凝土破损每0.25 m^2 扣5分；浆砌石有变形、松动、勾缝脱落等每处扣5分；干砌石工程有松动、塌陷、隆起等每处扣5分。上、下游岸坡及围堰冲沟、空洞流失土方每0.25 m^3 扣5分，坍塌面积每0.25 m^2 扣5分；硬化路面出现破损每0.25 m^2 扣5分。 衬砌渠道护底或护坡出现勾缝脱落、松动每0.25 m^2 扣5分；渠道有塌陷、浪窝等损失土方每0.25 m^3 扣5分；水闸与堤防结合处出现绕渗现象每处扣10分。 水闸与堤防连接不符合设计坡度扣5分；出现残缺、水沟、浪窝、塌陷等损失土方每0.25 m^3 扣5分。 护堤地每10 m范围内地面高差不大于20 cm，每超出1 cm扣2分；有违章取土、垦殖等每平方米扣5分	
		三、闸门、启闭机、机电设备	1. 闸门	60	门叶有杂物附着等每处扣10分；闸前漂浮物每平方米扣5分。 闸门面板及主要构件未采取有效防腐措施扣5分；出现明显局部变形、裂纹、断裂等每处(条)扣10分。 闸门止水老化、渗漏超过规定扣10分；闸门运行有偏斜、卡阻、振动异常扣10分	
			2. 启闭机	70	卷扬启闭机：金属结构表面有铁锈、氧化皮、焊渣、油污、灰尘等每处扣5分；齿轮箱有漏油、渗油现象每处扣5分；启闭时有冲击声或异常杂音扣10分；钢丝绳存在油污、锈蚀、断丝等缺陷每项扣5分；仪表指示不正确扣5分。 螺杆式启闭机：金属结构表面有油污、灰尘、铁锈、油漆脱落等每处扣5分；手摇部分转动不灵活或有卡阻现象扣10分；行程开关动作不灵敏或闸门开启高度指示器指示不准确扣10分；机箱有漏油、渗油现象扣5分；启闭时机械部件出现冲击声或异常杂音扣10分	
			3. 电动机	30	电动机有尘土、污渍的每处扣5分；电机运转有异常杂音扣5分；接线盒无防潮设施扣5分；压线螺栓松动每处扣5分	
			4. 操作设备	20	开关箱、控制器、继电保护装置出现缺陷的每处扣10分	
			5. 输电线路	30	各种电力、电缆、照明线路有漏电、短路、断路等现象每处扣10分；架空线路有树障等扣10分	
			6. 其他机电设备	20	变压器、指示仪表未按供电部门规定维护和检验的扣10分；自备发电机未按规定定期维护、检修每台扣5分	

续表 13-5

分类赋分		项目类别		分值	赋分标准	扣分
折算后主体工程占700分	水闸1 000分	四、启闭机房、附属设施	1. 启闭机房	30	机房、楼梯、墙壁、门窗、地面等每出现 0.25 m^2 破损扣 5 分,每条裂缝扣 5 分;室内照明设施及应急照明系统运行不正常扣 10 分;消防器材不完备或失效扣 5 分;堆放杂物每处扣 5 分	
			2. 避雷设施	10	避雷器及部件损坏的扣 5 分;接地不可靠或失效的扣 10 分	
			3. 观测设施	40	观测基点表面锈蚀或缺损的每个扣 5 分;保护盖及螺栓开启不畅每个扣 2 分;沉陷点、测压管、测流设施等损坏或失效的每个扣 5 分 引水闸未安装在线安全监测系统扣 2 分,运转不正常扣 5 分 主要观测仪器、设备不能正常使用的每台扣 5 分	
			4. 管理现代化	50	闸门未安装远程监控系统扣 20 分,现地查询、运行控制不正常的扣 10 分;水位未实现计算机实时记录扣 10 分;水量达不到实时计量扣 10 分	
			5. 标志、标牌	20	水闸工程未设立工程简介牌扣 5 分。 通信塔、变压器、水域等未设置警示标志的,每缺少一项扣 2 分。 未按规定制作、标注、埋设边界桩扣 5 分	
		五、管理设施	1. 闸区	60	闸区未经过上级审查批复管理规划的扣 5 分;水闸与相临堤防连接不协调的扣 5 分。 树木、花卉达不到四季常青的扣 10 分;树木缺损、杂藤攀缘等每株扣 5 分;草皮每出现 0.25 m^2 地面裸露扣 5 分;在抽样范围内每株杂草扣 1 分。 堆放污物、垃圾的每 0.25 m^2 扣 5 分	
			2. 管理庭院	50	建筑面积不满足工程管理设计规范的扣 10 分;建筑物有损坏每处扣 5 分;无文娱活动室及设施的扣 5 分;无洗澡间及设施的扣 5 分。 树木、花卉缺损 1 棵扣 2 分,地面每出现 0.25 m^2 裸露的扣 5 分;未达到四季常青的扣 10 分;未达到三面透绿的扣 10 分。 无卫生制度扣 5 分,责任人不明确扣 5 分;庭院有垃圾、杂物每 0.25 m^2 扣 5 分;室内有灰尘污渍每处扣 2 分;餐厅未做到生、熟食品分离扣 2 分;厕所未实现水冲式扣 3 分	
		六、工程保护	1. 确权划界	10	土地使用证领取率未达到 100% 扣 5 分;未按上级批复明确界定水闸两侧及上下游管理范围的扣 10 分	
			2. 安全管理	50	管护范围内发生危害水闸安全活动的每宗扣 10 分;一般事故未及时采取有效措施并上报的扣 10 分;发生重大安全事故(以上级主管部门认定为准)此项不得分;发现堆放垃圾、杂物每 0.25 m^2 扣 5 分	
折算后主体工程占180分	内业资料1 000分	一、资料规范管理	1. 管理制度	20	资料管理制度不健全扣 10 分;未明确专人负责信息录入与更新扣 10 分	
			2. 收集与整理	50	资料不完整、数据不准确每宗扣 10 分;未统一采用 A4 纸扣 5 分;用易褪色材料书写扣 2 分;用刀片和涂改液修改的扣 5 分;未按分类次序排列归档扣 5 分;影像、声像资料每缺一项扣 5 分	
			3. 管理信息化	50	基础数据库数据录入不完善每发现 1 处扣 10 分;未按要求进行数据更新扣 20 分;计算机查询系统运转不正常扣 10 分	
		二、日常维修养护资料	1. 工程普查	70	未及时组织工程汛前普查扣 20 分;工程月检查每缺 1 次扣 10 分;检查记录不规范、不完整、不准确的每项扣 5 分;年度检查成果未进行汇总的扣 10 分;检查原始资料有虚假的每项扣 20 分	
			2. 年度实施方案	50	未按批复实施方案执行的每宗扣 10 分;水管单位监督检查记录不完整每宗扣 5 分;方案变更未按规定履行程序的每宗扣 5 分	
			3. 维修养护合同	50	未按工程分类分别签订合同扣 20 分;合同价款与批复方案不一致扣 10 分;合同签订不规范每宗扣 5 分;合同内容不符合要求的扣 5 分;未严格按合同条款执行的扣 10 分	

续表 13-5

分类赋分		项目类别		分值	赋分标准	扣分
折算后主体工程占180分	内业资料1 000分	二、日常维修养护资料	4. 通知书	30	未及时制定、下达月维修养护通知书的每次扣5分;“两清单、一说明”每缺少一项扣5分	
			5. 观测、养护日志	70	填写不及时扣10分;记录不规范、不完整每次扣5分;记录简单、重复每宗扣5分;用计算机打印的每发现1次扣5分;记录不真实或弄虚作假的该项不得分	
			6. 自检、抽检资料	40	养护公司自检,监理公司抽检记录不规范、不齐全,签字手续不完备的每宗扣10分;自检、抽检资料有伪造的该项不得分	
			7. 维修养护月报	20	无专人负责扣5分;填写内容不完整、报送不及时每宗扣5分;填写内容不真实或弄虚作假的该项不得分	
			8. 例会	20	每月例会缺少一次扣5分;会议记录不完整、不规范扣3分;参会人员签字手续不完备的每次扣2分	
			9. 工程量认定	35	月工程量核查每缺少一次扣10分;月核查资料手续不完备的每次扣5分	
			10. 价款支付	25	价款月支付表未按统一格式填写的扣5分;月支付资料手续不完备的每次扣5分;无正当理由不及时支付的扣5分	
			11. 年度验收	40	年度验收程序不符合要求的扣5分;未按合同完成维修养护项目及工程(工作)量扣15分;财务结算未按时完成扣5分;验收技术资料每缺一项扣5分	
			12. 年度工作总结	10	年度工程管理工作总结为好、中、差的分别扣0、5、10分	
		三、专项维修养护资料	1. 设计、批复	60	无专项设计扣30分;未按上级批复实施专项扣10分;专项设计变更未按规定履行手续每宗扣10分	
			2. 专项合同	40	未按批复签订专项维修养护合同每项扣10分;合同签订不规范每项扣5分;未附专项设计扣5分;未严格按合同条款执行的扣15分	
			3. 监理合同	40	监理合同签订不规范每项扣5分;未严格按合同条款执行的每宗扣10分;监理日志不完整、不准确的每宗扣10分	
			4. 施工组织方案	40	施工组织设计为好、中、差的分别扣0、5、10分;未按施工组织方案执行的扣10分;未依据工程施工组织设计提出监理工作方案的扣10分	
			5. 开工手续	10	无开工申请手续扣5分;无开工令扣5分	
			6. 自检资料	40	养护公司自检记录不规范每处扣5分;资料不齐全每缺一项扣5分;资料有伪造的该项不得分	
			7. 抽检资料	50	监理公司抽检记录不规范每处扣5分;抽检资料不齐全每缺一项扣5分;抽检资料有伪造的该项不得分	
			8. 养护日志	40	填写不及时扣5分;记录不规范、不完整每宗扣5分;记录简单、重复每宗扣5分;用计算机打印的每发现1次扣5分;记录不真实或弄虚作假的该项不得分	
			9. 专项验收	40	专项验收不及时或程序不规范每宗扣5分;未完成专项批复工程量的每项扣15分;专项验收技术资料每缺一项扣5分	
			10. 价款支付	20	价款支付资料不齐全每宗扣5分;支付资料签署手续不完备每宗扣5分;无正当理由不及时支付价款的扣5分	
			11. 影像资料	40	工程维修前、中、后影像资料缺一项扣3分;影像资料无可对比参照物每宗扣5分;影像资料储存无序扣5分;影像资料无简短文字说明扣5分	

注:1. 本标准分3类114项,每个单项扣分后最低得分为0分。

2. 三门峡库区蓄水位以下的坝顶行道林、草皮、高标桩、滩岸桩、护坝地及生态建设等项目不进行考核赋分。

3. 在考核中,如出现合理缺项,则此项的得分根据所属类别中其他项目得分的平均水平按比例折算。

第三节　国家级水管单位创建

国家级水管单位考核是一把尺子,可以衡量和展示一个单位的水利工程综合管理能力。为促进水利工程管理的发展进步,展现和反映水利工程管理专业化、规范化、标准化水平,黄委积极推动国家级水管单位创建活动,并以此为龙头促进所属水管单位综合管理能力的全面提高。

水利工程管理考核是推进管理规范化、标准化、现代化建设,提高综合管理水平的一项制度。为规范指导水利工程管理考核工作,1994 年水利部制定了《河道目标管理考核办法》及其标准,考核划分一级、二级河道目标管理单位,分别为 920 分和 850 分,执行近 10 年。2003 年 5 月,水利部制定印发了《水利工程管理考核办法》(试行)及其考核标准,经过 5 年实践,并根据水利工程管理发展的新情况, 2008 年水利部组织有关专家对《水利工程管理考核办法》及考核标准进行了修订,主要体现在:一是取消国家一、二级水利工程管理单位称号,改为“通过水利部考核验收”。二是增加了申报水利部考核验收的必备条件,要求“完成水管体制改革并通过验收”;水库、水闸工程安全鉴定结果达到一类标准或经过除险加固达到一类标准;河道堤防工程(包括湖堤、海堤)达到设计标准;新建工程竣工验收后运行 3 年以上;除险加固、更新改造工程完成竣工验收,且主体工程验收后运行 3 年以上。三是对“工程安全”“管理现代化”两方面的内容提出更高、更明确的要求,加大权重,增加分值。根据水利管理工作发展与改革需要,2016 年再次进行修订,由原办法考核水库、水闸及河道 3 类工程调增了调水工程、灌区工程、泵站工程等共 6 类工程,同时“精神文明”部分增加“重视党建工作与党风廉政建设”。考虑到国家产权制度改革的实际及推进水利工程管理范围内划界确权进度安排,2019 年水利部对《水利工程管理考核办法》及其考核标准的个别条款做出修订,考核办法修改为:“工程管理范围和保护范围已划定”,去掉工程管理范围“土地使用证已领取”;考核标准去掉“工程管理范围内土地使用证已领取,工程管理范 围和保护范围已划定”“领取土地使用证,管理范围未进行确权划界的,此项不得分”等,赋分标准仍按土地使用证领取率不足比例扣分。

一、考核内容

《水利工程管理考核办法》明确了水利工程管理考核的对象是水利工程管理单位(指直接管理水利工程,在财务上实行独立核算的单位,简称水管单位),如图 13-4 所示,重点考核水利工程的管理工作,内容包括组织管理、安全管理、运行管理和经济管理四个方面。

二、考核基本要求

考核的水利工程包括大中型水库、水闸、泵站、灌区、调水工程、七大江河干流堤防等 6 类工程,流域机构管理所属和省级管理的河道堤防、海堤及其他河道三级以上堤防工程。其他水库、水闸、堤防、泵站、灌区和调水等工程参照执行。

水利工程管理考核工作按照分级负责的原则进行,各级水行政主管部门应组织所属

图 13-4　国家级水管单位孟州开仪控导

水管单位开展水利工程年度自检和考核工作。

水利工程管理考核实行千分制，并按照水库、水闸、堤防、泵站、灌区和调水等工程分别进行考核，水管单位和各级水行政主管部门依据水利部制定的考核标准对水管单位管理状况进行考核赋分。

水利工程管理考核分水管单位年度自检和上级水行政主管部门年度考核两个阶段，考核结果达到水利部验收标准的，可自愿申报水利部验收。

水管单位应加强日常管理，对照考核标准每年进行年度自检，并将年度自检结果报上级水行政主管部门；上级水行政主管部门应及时组织年度考核，并将年度考核结果反馈给水管单位，水管单位应采取相应措施，加强整改，不断提高综合管理水平；通过水利部验收的水管单位，年度考核结果需于次年 1 月底前由省级水行政主管部门汇总报水利部备案。

三、申报需具备条件

(1)完成水管体制改革并通过验收。

(2)工程通过竣工验收(包括新建、更新改造、除险加固及续建配套工程等)。

(3)水库、水闸工程按要求进行注册登记。

(4)水库、水闸、泵站工程按规定进行安全鉴定，结果达到一类标准或完成除险加固；河道堤防工程达到设计标准。

(5)水库工程的调度规程和大坝安全管理应急预案经相关单位批准。

(6)工程管理范围和保护范围已划定。

四、考核标准

黄委所属水管单位管辖的工程主要包括堤防、水闸、水库大坝三类，需按照水利部《水利工程管理考核办法》及堤防、水闸、水库相应考核标准进行考核，各类工程考核总分为 1000 分。

(一)堤防工程管理考核标准

组织管理 7 项，150 分；安全管理 11 项，330 分；运行管理 13 项，420 分；经济管理 4

项,100 分。共涉及四个大类,35 项。

(二)水闸工程管理考核标准

组织管理 7 项,150 分;安全管理 11 项,285 分;运行管理 12 项,465 分;经济管理 4 项,100 分;共四个大类,33 项。

(三)水库工程管理考核标准

组织管理 7 项, 150 分;安全管理 11 项,320 分;运行管理 12 项,430 分;经济管理 4 项,100 分。共涉及四个大类,34 项。

水利部验收通过的条件是考核结果总分达到 920 分以上,且其中四类考核得分均不低于该类总分的 85%,由水利部公示确认后发文公布;通过省级及以下单位考核验收,考核结果由相应水行政主管部门确定。

五、申报程序与验收

(一)申报与验收要求

申请水利部验收的水管单位,将考核结果逐级报至省级水行政主管部门;流域管理机构所属水管单位、水利系统外水管单位,将考核结果逐级报至流域管理机构;水利部直管水管单位自检后,将考核结果报水利部。

省级水行政主管部门负责本行政区域内申报水利部验收的水管单位的初验、申报工作。对自检、考核结果符合水利部验收标准的组织初验;初验符合水利部验收标准的,向水利部申请验收,并抄送流域管理机构。

流域管理机构负责所属工程和水利系统外工程申报水利部验收的水管单位的初验、申报工作。对自检、考核结果符合水利部验收标准的组织初验;初验符合水利部验收标准的,向水利部申报验收。

部直管工程自检结果符合水利部验收标准的,由水利部直接组织考核和验收。

申报水利部验收的水管单位,由水利部或其委托的有关单位组织验收。

水利部建立水管单位考核验收专家库,水利部验收组从专家库抽取验收专家的人数不得少于验收专家组成员的三分之二;被验收单位所在省(市、区)或流域管理机构的验收专家人数不得超过专家组成员的三分之一。

(二)考核标准具体要求(以堤防管理单位为例)

1. 组织管理

1)管理体制与运行机制(25 分)

(1)管理体制顺畅,管理权限明确;

(2)实行管养分离,内部事企分开;

(3)建立竞争机制,实行竞聘上岗;

(4)建立合理、有效的激励机制。

注:内部实行“管养分离”同样满足要求。

2)机构设置和人员配备(25 分)

(1)管理机构设置和人员编制是否有上级主管部门的批复文件;

(2)岗位设置是否合理,人员配备满足管理需要,不超过部颁标准;

(3)配备技术负责人,技术工人是否经培训上岗,关键岗位(如闸门运行工、观测工等工种的技术人员)是否持证上岗;

(4)单位每年是否制订切实可行的职工培训计划,并按计划落实,职工年培训率达到50%以上。

3)精神文明(30分)

(1)管理单位领导班子团结,职工敬业爱岗;

(2)重视党建工作和党风廉政建设,重视精神文明创建和水文化建设,职工文体活动丰富;

(3)单位内部秩序良好,遵纪守法,无违法犯罪行为发生;

(4)近三年获县级(包括行业主管部门)及以上精神文明单位或先进单位等称号。

注:近三年(从上一年算起)连续获得国家级、省(部)级精神文明单位或先进单位称号,此项得满分。发生下列3种情况之一,此项不得分。

(1)上级主管部门对单位领导班子的年度考核结果不合格;

(2)不重视党建工作和党风廉政建设,领导班子成员发生违规违纪行为,受到党纪政纪处分;

(3)单位发生违法违纪行为,造成社会不良影响。

4)工程环境和管理设施(15分)

(1)管理范围内水土保持良好、绿化程度高,水生态环境良好;

(2)管理单位庭院整洁,环境优美;

(3)管理用房及配套设施完善,管理有序。

注:宜绿化面积率为60%~80%,扣2分;低于60%,扣5分。水生态环境差,扣1~5分;办公、生产、生活等环境较差,扣1~5分。文、体配套设施不完善或管理混乱,扣1~5分。

5)规章制度(15分)

(1)建立、健全并不断完善各项管理规章制度;

(2)关键岗位制度明示;

(3)各项制度落实,执行效果好。

注:下列2种情形容易出问题。

(1)制度执行无记录或记录不规范;

(2)发现有松懈、执行不够、违规现象。

6)档案管理(20分)

(1)档案管理制度健全,配备档案管理专业人员;

(2)档案设施齐全、完好;

(3)各类工程技术资料建档立卡,图表资料等规范齐全、分类清楚、存放有序、按时归档;

(4)档案管理信息化程度高;

(5)档案管理获档案主管部门认可或取得档案管理单位等级证书。

7)年度自检和考核(20分)

(1)管理单位根据考核标准每年进行自检,并将自检结果报上级水行政主管部门;

(2)上级水行政主管部门应按规定组织考核,并将考核结果及时反馈给水管单位,水管单位应加强整改。

注:水管单位未开展年度自检、未报经上级主管部门考核或上级主管部门未按规定考核的,此项不得分。

2. 安全管理

1)工程标准(25分)

河道堤防工程达到设计防洪或竣工验收标准。

2)划界确权(50分)

(1)工程管理范围和保护范围已划定;

(2)按规定划定河道管理范围及工程管理和保护范围,划界图纸资料齐全,工程管理范围边界桩齐全、明显,工程管理范围内土地使用证领取率达95%以上。

注:工程管理与保护范围划界应有政府批复文件和证书等支持材料。

3)涉河建设项目管理(30分)

(1)河道滩地、岸线开发利用符合流域综合规划和有关规定;

(2)对河道管理范围内建设项目情况清楚;

(3)依法对管理范围内批准的建设项目进行监督管理;

(4)建设项目审查、审批及竣工验收资料齐全。

4)河道清障(20分)

(1)对河道内阻水生物及建筑物的种类、规模、位置、设障单位等情况清楚;

(2)及时提出清障方案并督促完成清障任务;

(3)无新违规设障现象。

5)水行政管理(50分)

(1)坚持依法管理,配备水政监察专职人员,执法装备配备齐全,加强水法规宣传、培训、教育;

(2)按规定进行水行政安全巡查,发现水事违法行为,采取有效措施予以制止并做好调查取证、及时上报、配合查处等工作,案件取证查处手续和资料齐全、完备,执法规范,案件查处结案率高;

(3)水法规宣传标语、疫区及危险区警示等标志、标牌醒目;

(4)河道采砂等规划合理,无违法采砂现象;

(5)配合有关部门对水环境进行有效保护和监督。

6)防汛组织(15分)

(1)各种防汛责任制落实,防汛岗位责任制明确;

(2)防汛办事机构健全;

(3)正确执行经批准的汛期调度运用计划;

(4)防汛抢险队伍的组织、人员、培训、任务落实。

7)防汛准备(15分)

(1)按规定做好汛前防汛检查;

(2)编制防洪预案,落实各项度汛措施;

(3)重要险工险段有抢险预案;

(4)各种基础资料齐全,各种图表(包括防汛指挥图、调度运用计划图表,以及险工险段、物资调度等图表)准确规范;

(5)及时检查维护通信线路、设备,保障通信畅通。

8)防汛物料(20分)

(1)各种防汛器材、料物齐全,抢险工具、设备配备合理;

(2)仓库分布合理,有专人管理,管理规范;

(3)经常检查、定期维护保养,及时报废、更新超储备年限物资,防汛料物质量符合要求,器材性能可靠;

(4)完好率符合有关规定且账物相符,无霉变、无丢失;

(5)有防汛料物储量分布图,调运及时、方便。

9)工程抢险(30分)

(1)险情发现及时,报告准确;

(2)抢险方案落实,险情抢护及时,措施得当。

注:险情发现不及时,报告不准确,此项不得分。

10)工程隐患及除险加固(35分)

(1)按规定有计划地进行堤防隐患探查和河道防护工程根石探测;

(2)对工程险点隐患情况清楚;

(3)根据隐患探查、根石探测结果编写分析报告并及时报上级主管部门;

(4)有相应的除险加固规划或计划;

(5)对不能及时处理的险点隐患要有度汛措施和预案;

(6)重点堤段和隐患段应按《堤防工程安全评价导则》(SL/Z 679—2015)的要求开展堤防安全鉴定。

11)安全生产(40分)

(1)安全生产组织体系健全;

(2)开展安全生产宣传培训;

(3)安全警示、警告标志设置规范齐全;

(4)定期进行安全检查、巡查,及时处理安全隐患,检查、巡查及隐患处理记录资料规范;

(5)堤防安全保护区内无钻探、爆破、挖塘、采石、取土等危害堤防安全的活动;

(6)在设计洪水(水位或流量)内,未发生堤防溃口或较大安全责任事故。

注:在设计洪水条件下发生堤防溃口或发生较大安全责任事故,此项不得分。

3.运行管理

1)管理细则(15分)

(1)应及时修订技术管理实施细则;

(2)具有较强的可操作性;

(3)报经上级主管部门批准。

注:未制定技术管理实施细则,此项不得分。

2)日常管理(55分)

(1)堤防、河道整治工程和穿堤建筑物有专人管理,按章操作;

(2)管理技术操作规程健全;

(3)定期进行检查、维修养护,记录规范;

(4)按规定及时上报有关报告、报表。

3)堤身(45分)

(1)堤身断面、护堤地(面积)保持设计或竣工验收的尺度;

(2)堤肩线直、弧圆,堤坡平顺;

(3)堤身无裂缝、无冲沟、无洞穴、无杂物垃圾堆放。

4)堤防道路(30分)

(1)堤顶(后戗、防汛路)路面满足防汛抢险通车要求;

(2)上堤辅道与堤坡交线顺直、规整;

(3)堤防道路路面完整、平坦,无坑、无明显凹陷和波状起伏,雨后无积水。

5)河道防护工程(40分)

(1)河道防护工程(护坡、护岸、丁坝、护脚等)无缺损、无坍塌、无松动;

(2)坝面平整;

(3)护坡平顺;

(4)备料堆放整齐,位置合理;

(5)工程整洁美观。

6)穿堤建筑物(30分)

(1)穿堤建筑物(桥梁、涵闸、各类管线等)符合安全运行要求;

(2)金属结构及启闭设备养护良好、运转灵活;

(3)混凝土无老化、破损现象;

(4)堤身与建筑物联结可靠,结合部无隐患、无渗漏现象;

(5)加强对穿堤建筑物的监督管理。

7)害堤动物防治(20分)

(1)在害堤动物活动区有防治措施,防治效果好;

(1)无獾、狐、白蚁等洞穴。

8)生物防护工程(35分)

(1)工程管理范围内宜绿化面积的绿化覆盖率达95%以上;

(2)树、草种植合理,宜植防护林的地段要形成生物防护体系;

(3)堤(坝)坡草皮整齐,无高秆杂草;

(4)堤肩草皮(有堤肩边埂的除外)每侧宽0.5 m以上;

(5)林木缺损率小于5%,无病虫害;

(6)有计划对林木进行间伐更新。

9)工程排水系统(30分,见图13-5)

(1)按规定各类工程排水沟、减压井、排渗沟齐全并畅通;

(2)沟内杂草、杂物清理及时,无堵塞、破损现象。

图 13-5　工程排水系统

10）工程观测（30 分）

（1）按要求对工程及河势进行观测；

（2）观测资料及时分析，整编成册；

（3）观测设施完好率达 90%以上。

注：未进行观测此项不得分。

11）河道供水、排水（20 分）

（1）河道（网、闸、站）供水计划落实，调度合理；

（2）供水、排水能力达到设计要求；

（3）防洪、排涝实现联网调度。

12）标志、标牌（20 分）

（1）各类工程管理标志、标牌（里程桩、禁行杆、限速（重）牌、分界牌、险工险段及工程标牌、工程简介牌等）齐全、醒目、美观；

（2）布局合理、埋设牢固。

13）管理现代化（50 分）

（1）有管理现代化发展规划和实施计划，积极引进、推广使用管理新技术；

（2）引进、研究开发先进管理设施，改善管理手段，增加管理科技含量；

（3）工程监视、观测、监测自动化程度高；

（4）积极应用管理自动化、信息化技术；

（5）设备检查维护到位；

（6）系统运行可靠，利用率高。

注：水管单位管理现代化考核重点是规划编制与可操作性；安全监测、自动控制、管理与操作工器具、办公自动化及互联网等技术手段。

4. 经济管理

1）财务管理（30 分）

（1）维修养护、运行管理等费用来源渠道畅通，使用规范；

（2）“两项经费”（维修养护和运行管理两项经费）及时足额到位；

(3)有主管部门批准的年度预算计划;

(4)开支合理,严格执行财务会计制度,无违规违纪行为。

2)工资、福利及社会保障(30分)

(1)人员工资及时足额发放;

(2)福利待遇不低于当地平均水平;

(3)按规定是否落实职工养老、失业、医疗等各种社会保险。

3)费用收取(20分)

按有关规定收取各种费用(水利工程修建维护管理费,采砂管理费或砂石资源费,供水、排水费等),收取率达到95%以上。

4)水土资源利用 (20分)

(1)有水土资源开发利用规划;

(2)充分、合理利用管理范围内的水土资源;

(3)可开发水土资源利用率达到80%以上;

(4)利用开发效果好。

六、国家级水管单位管理

通过水利部验收的水管单位,由水利部通报。各级水行政主管部门可对通过水利部验收的水管单位和有关人员给予奖励。

通过验收的水管单位,由流域机构每五年组织一次复核,水利部进行不定期抽查;部直管工程和流域管理机构所属工程由水利部或其委托机构组织复核。对复核或抽查结果,水利部予以通报。

通过水利部验收的水管单位,凡出现以下情况之一的,予以取消:

(1)未开展年度自检和考核工作;

(2)未通过复核或抽查发现突出问题未按期整改;

(3)工程安全鉴定为三类及以下(不可抗力造成的险情除外);

(4)发生较大及以上安全生产事故;

(5)发生其他造成社会不良影响的重大事件。

截至2020年底,各地创建国家一级水管单位共152家(见图13-6~图13-8),其中黄委所属单位创建26家,占水管单位总数的1/3以上,位居流域机构或省(区)第一位。

七、值得商榷的几个问题

(一)关于考核对象问题

水利部《水利工程管理考核办法》第二条规定:“水利工程管理考核的对象是水利工程管理单位(指直接管理水利工程的法人,以下简称水管单位),重点考核水利工程的管理工作,包括组织管理、安全管理、运行管理和经济管理四类。”

水利工程管理考核的对象是水利工程管理单位,即直接从事水利工程管理的单位,强调水管单位独立法人或财务独立,这样一来像上海堤防管理处所属区水管所(站)、新疆建设兵团下属的流域管理处等,管理所(站)、团场等数量多,管辖范围广、工程门类多、数

图 13-6　国家级水管单位堤防

图 13-7　国家级水管单位河道整治工程

量大,要创建国家级水管单位难度超乎想象,制约了这些单位下属管理所(站)、团场创建工作的积极性,不利于促进工程管理专业化、规范化、现代化发展,违背了水利部制定《水利工程管理考核办法》的初衷。对此,这些单位反映较强烈,呼吁水利部修改办法或作为特殊情况对待,如修改《水利工程管理考核办法》第二条为:"水利工程管理考核的对象是水利工程管理单位(指直接管理水利工程的单位,不强调独立法人或财务独立核算),重点考核水利工程的管理工作,包括组织管理、安全管理、运行管理和经济管理四类。"

(二)关于自愿申报问题

水利部《水利工程管理考核办法》第六条:"水利工程管理考核实行千分制,水管单位和各级水行政主管部门依据水利部制定的考核标准对水管单位管理状况进行考核赋分。"第七条:"考核结果达到水利部验收标准的,可自愿申报水利部验收。"

图 13-8　国家级水管单位管理庭院

为促进水利工程管理工作发展进步,不断提高综合管理水平,水利工程管理考核应作为一项强监管的手段,要求"水管单位和各级水行政主管部门依据水利部制定的考核标准对水管单位管理状况进行考核赋分"是非常必要的,但对考核结果达到水利部验收标准的可自愿申报水利部验收,似乎弱化了管理要求,致使一些省(区)水利厅(局)长期不申报,水工程管理不规范,综合管理水平低下,问题长期存在而得不到解决。为此,建议:一是修改第七条,明确各级水行政主管部门对所属水管单位的考核实行常态化考核管理,对照水利部水利工程考核标准开展年度考核,并将存在问题及时反馈水管单位,考核结果应进行内部通报;二是对考核结果达到水利部验收标准的,应积极申报水利部验收,每年申报数量可根据各省(区)水工程管理发展状况提出比例限额,如年度申报省级考核验收的数量不得少于所属水管单位数量的 1%~2%,申报水利部考核验收的不得少于几个。通过上述考核制度设计,水管单位自检与上级考核将得到进一步重视和加强,以此推动全国各地水利工程管理单位综合管理水平不断提高。

(三)关于水管单位命名

水利部《水利工程管理考核办法》第九条:"通过水利部验收,考核结果总分应达到 920 分(含)以上,且其中各类考核得分均不低于该类总分的 85%。"如堤防工程管理考核标准,见表 13-6。

按照该条款要求,组织管理、安全管理、运行管理和经济管理四类的各类考核得分均不得低于该类总分的 85%,考核结果总分达到 920 分(含)以上,即为"++水管单位通过水利部考核"。水管单位通过水利部考核,说明水管单位的综合管理达到较高水平并得到行为主管水利部的认可,这样的提法或称呼没有实质性问题,但这种提法不够响亮、缺乏吸引力,对此不少单位提出意见,建议水利部发文不再用通过水利部考核提法,可以借鉴示范中学、农业示范基地作法,命名为"水利工程管理示范单位"。"示范"就是标杆、典型和榜样,在水行工程管理行业具有示范引领作用,名正言顺,接受度更高,将更有利于推动国家级水管单位创建,促进全国水利工程综合管理水平再上新台阶。

表 13-6　堤防工程管理考核标准

类别	项目	考核内容	标准分	赋分原则	备注
一、组织管理（150分）	1. 管理体制和运行机制	管理体制顺畅，管理权限明确；实行管养分离，内部事企分开；建立竞争机制，实行竞聘上岗；建立合理、有效的激励机制	25	没有完成水管体制改革的，新成立水管单位不符合水管体制改革要求的，此项不得分。 管理体制不顺畅，管理权限不明确，分类定性不准确，扣 1~5 分；未实行管养分离，扣 5 分；内部事企不分，扣 5 分；未实行竞聘上岗，扣 5 分；未建立激励机制，扣 1~5 分	管养分离包括内部实行管养分离
	2. 机构设置和人员配备	管理机构设置和人员编制有批文；岗位设置合理，人员配备满足管理需要，不超过部颁标准；配备技术负责人，技术工人经培训上岗，关键岗位持证上岗；单位有职工培训计划并按计划落实实施，职工年培训率达到 50%以上	25	机构设置和人员编制无批文，扣 10 分；岗位设置不合理，人员多于部颁标准配备，未配备技术负责人，或技术人员配备不能满足管理需要，扣 1~5 分；技术工人不具备岗位技能要求，未实行持证上岗，扣 5 分；无职工培训计划或职工年培训率未达到 50%，扣 5 分	
	3. 精神文明	管理单位领导班子团结，职工敬业爱岗；重视党建工作和党风廉政建设；重视精神文明创建和水文化建设，职工文体活动丰富；单位内部秩序良好，遵纪守法，无违法犯罪行为发生；近三年获县级（包括行业主管部门）及以上精神文明单位或先进单位等称号	30	管理单位领导班子不团结，扣 5 分；单位职工反映的意见较多，合理意见长期得不到解决，扣 5 分；精神文明创建、水文化建设活动制度不健全、职工参与程度不高、宣传力度不够等，扣 1~10 分。 发生下列 3 种情况之一，此项不得分： 1. 上级主管部门对单位领导班子的年度考核结果不合格； 2. 不重视党建工作和党风廉政建设，领导班子成员发生违规违纪行为，受到党纪政纪处分； 3. 单位发生违法违纪行为，造成社会不良影响的	近三年（从上一年算起）连续获得国家级、省（部）级精神文明单位或先进单位称号，此项得满分

续表 13-6

类别	项目	考核内容	标准分	赋分原则	备注
一、组织管理（150分）	4. 工程环境和管理设施	管理范围内水土保持良好、绿化程度高，水生态环境良好；管理单位庭院整洁，环境优美；管理用房及配套设施完善，管理有序	15	水土保持设施不足，宜绿化面积率为 60%～80%，扣 2 分，宜绿化面积率低于 60%，扣 5 分；水生态环境差，扣 1～5 分；管理单位（包括基层站、所、段等）办公、生产、生活等环境较差，扣 1～5 分；管理用房及文、体等配套设施不完善或管理混乱，扣 1～5 分	宜绿化面积率为：已绿化面积/可绿化面积
	5. 规章制度	建立、健全并不断完善各项管理规章制度；关键岗位制度明示；各项制度落实，执行效果好	15	管理规章制度不健全、针对性不强，扣 1～5 分；关键岗位制度未明示，扣 1～5 分；制度执行无记录或记录不全，扣 1～5 分；发现有松懈、执行不够、违规现象，扣 1～5 分	
	6. 档案管理	档案管理制度健全，配备档案管理专业人员；档案设施齐全、完好；各类工程技术资料建档立卡，图表资料等规范齐全、分类清楚、存放有序、按时归档；档案管理信息化程度高；档案管理获档案主管部门认可或取得档案管理单位等级证书	20	档案管理制度不健全，扣 2 分；未配备档案管理专业人员，扣 2 分；档案设施不齐全，扣 2 分；工程技术资料没有建档立卡，扣 2 分；工程技术档案分类不清楚、存放杂乱，扣 1～6 分；不按时归档，扣 2 分；档案管理信息化程度低，扣 1～3 分；未获档案管理主管部门认可或无档案管理单位等级证书，扣 4 分	
	7. 年度自检和考核	管理单位根据考核标准每年进行自检，并将自检结果报上级水行政主管部门。上级水行政主管部门应按规定组织考核，并将考核结果及时反馈水管单位，水管单位应加强整改	20	管理单位未开展年度自检、未报经上级主管部门考核或上级主管部门未按规定考核的，此项不得分。 对自检发现问题、上级主管部门考核反馈意见，管理单位未整改落实的，扣 5～15 分	

续表 13-6

类别	项目	考核内容	标准分	赋分原则	备注
二、安全管理（330分）	1. 工程标准	河道堤防工程达到设计防洪（或竣工验收）标准	25	河道堤防工程达不到设计防洪（或竣工验收）标准的，按长度计，每10%扣3分。	
	2. 划界确权	按规定划定河道管理范围及工程管理和保护范围；划界图纸资料齐全；工程管理范围边界桩齐全、明显；工程管理范围内土地使用证领取率达95%以上	50	工程管理范围未完成划界的，此项不得分。 工程管理范围边界桩不齐全、不明显，扣10分；土地使用证领取率低于95%的，每低10%扣5分；河道管理范围未完成划界的，扣5~10分；工程保护范围不明确的，扣15分	
	3. 涉河建设项目管理	河道滩地、岸线开发利用符合流域综合规划和有关规定；对河道管理范围内建设项目情况清楚；依法对管理范围内批准的建设项目进行监督管理；建设项目审查、审批及竣工验收资料齐全	30	违法违规利用岸线和滩地，每处扣5~10分；对河道内建设项目情况不清楚的，每处扣10分；对管理范围内批准的建设项目监管不力，扣5~10分；建设项目资料不全，扣5~10分	
	4. 河道清障	对河道内阻水生物及建筑物的种类、规模、位置、设障单位等情况清楚；及时提出清障方案并督促完成清障任务；无新违规设障现象	20	对河道内阻水生物种类、规模不清楚的，扣5分；阻水建筑物，每处扣2分，最多扣10分；未全面清障又无清障计划或方案，扣5分；对新违规设障制止不力，扣10分	
	5. 水行政管理	坚持依法管理，配备水政监察专职人员，执法装备配备齐全，加强水法规宣传、培训、教育；按规定进行水行政安全巡查，发现水事违法行为，采取有效措施予以制止并做好调查取证、及时上报、配合查处等工作，案件取证查处手续和资料齐全、完备，执法规范，案件查处结案率高；水法规宣传标语、疫区、危险区警示等标志标牌醒目；河道采砂等规划合理，无违法采砂现象；配合有关部门对水环境进行有效保护和监督	50	未配备水政监察专职人员，扣5~10分；执法装备不齐全，扣3~5分；未开展水法规宣传、培训、教育，扣5分；未制定执法巡查制度、落实执法巡查责任，扣5分；水行政安全巡查内容不全、频次不足、记录不规范，扣5分；发现水事违法行为，未及时采取有效措施制止，每起扣10分；未及时上报的，每起扣5分。案件查处手续、资料不完备，违规执法的，扣5分；案件查处结案率低于90%的，每低5%扣3分；无水法规宣传标语、疫区、危险区警示等标志标牌，扣5分；发现违法采砂现象未及时制止的，扣10分；对在河道内堆放、倾倒、掩埋污染源及清洗有毒污染物等未及时制止并向上级报告的，扣5分	

续表 13-6

类别	项目	考核内容	标准分	赋分原则	备注
二、安全管理（330分）	6. 防汛组织	各种防汛责任制落实，防汛岗位责任制明确；防汛办事机构健全；正确执行经批准的汛期调度运用计划；防汛抢险队伍的组织、人员、培训、任务落实	15	防汛责任制不落实、岗位责任制不明确，扣 5 分；防汛办事机构不健全，扣 5 分；调度运用计划执行不当，扣 5 分；防汛抢险队伍的组织、人员、任务不落实，扣 10 分；防汛抢险队伍未经培训，扣 5 分	
	7. 防汛准备	按规定做好汛前防汛检查；编制防洪预案，落实各项度汛措施；重要险工险段有抢险预案；各种基础资料齐全，各种图表（包括防汛指挥图、调度运用计划图表，以及险工险段、物资调度等图表）准确规范；及时检查维护通信线路、设备，保障通信畅通	15	未做汛前检查，扣 5 分；没有防洪预案、度汛措施不落实，扣 5 分；重要险工险段无抢险预案，扣 5 分；基础资料不全、图表不规范，扣 5 分；线路、设备检修不及时，通信系统运行不可靠，扣 5 分	
	8. 防汛物料	各种防汛器材、料物齐全，抢险工具、设备配备合理；仓库分布合理，有专人管理，管理规范；经常检查、定期维护保养，及时报废、更新超储备年限物资，防汛料物质量符合要求，器材性能可靠；完好率符合有关规定且账物相符，无霉变、无丢失；有防汛料物储量分布图，调运及时、方便	20	防汛器材、设施不全，抢险工具、设备配备不合理，扣 5 分；仓库分布不合理、无专人管理、管理不规范，扣 5 分；防汛器材、料物保养维护不到位、更新不及时，扣 5 分；有损坏、锈蚀、霉烂变质的，扣 5 分；料物、器材、设备账物不符，完好率低于规定，扣 5 分；无料物储量分布图、调运困难，扣 5 分	
	9. 工程抢险	险情发现及时，报告准确；抢险方案落实；险情抢护及时，措施得当	30	险情发现不及时，报告不准确，此项不得分。 抢险方案不落实，扣 10 分；险情抢护不及时，扣 10 分；措施不得当，扣 10 分	

续表 13-6

类别	项目	考核内容	标准分	赋分原则	备注
二、安全管理（330分）	10. 工程隐患及除险加固	按规定有计划地进行堤防隐患探查和河道防护工程根石探测；对工程险点隐患情况清楚；根据隐患探查、根石探测结果编写分析报告并及时报上级主管部门；有相应的除险加固规划或计划；对不能及时处理的险点隐患要有度汛措施和预案；重点堤段和隐患段应按《堤防工程安全评价导则》（SL/Z 679—2015）的要求开展堤防安全鉴定	35	没有对堤防进行隐患探查，扣 10 分；未按规定进行根石探测，扣 10 分；工程险点隐患情况不清楚，扣 10 分；无隐患探测、根石探测成果分析报告，扣 10 分；未及时上报，扣 5 分；没有除险加固规划（由有资质单位编制）或计划，扣 10 分；不能及时处理险点隐患又没有度汛措施和预案，扣 10 分；重点堤段和隐患段未按《堤防工程安全评价导则》要求开展堤防安全鉴定的，扣 10 分	
	18. 安全生产	安全生产组织体系健全；开展安全生产宣传培训；安全警示、警告标志设置规范齐全；定期进行安全检查、巡查，及时处理安全隐患，检查、巡查及隐患处理记录资料规范；堤防安全保护区内无钻探、爆破、挖塘、采石、取土等危害堤防安全的活动；在设计洪水（水位或流量）内，未发生堤防溃口或较大安全责任事故	40	在设计洪水（水位或流量）条件下发生堤防溃口或发生较大安全责任事故，此项不得分。 安全生产组织体系不健全，扣 5 分；未开展安全生产宣传培训，扣 5 分；安全警示、警告标志设置不规范、数量不足，扣 5 分；未定期进行安全检查、巡查，扣 5 分；未及时处理安全隐患，扣 10 分；检查、巡查及隐患处理记录资料不规范，扣 5 分；堤防安全保护区内有危害堤防安全活动，扣 10 分	
三、运行管理（420分）	1. 管理细则	结合工程具体情况，及时制定完善的技术管理实施细则，并报经上级主管部门批准	15	未制定技术管理实施细则，此项不得分。 未及时修订技术管理实施细则，扣 5 分；可操作性不强，扣 5 分；未经上级主管部门批准，扣 10 分	
	2. 日常管理	堤防、河道整治工程和穿堤建筑物有专人管理，按章操作；管理技术操作规程健全；定期进行检查、维修养护，记录规范；按规定及时上报有关报告、报表	55	工程无专人管理，扣 10 分；操作规程不全，每缺 1 项扣 2 分；没有定期进行运行检查、维修养护，扣 10 分；各种记录不清楚、不规范，扣 5 分；技术报告、报表每缺 1 项扣 2 分	

续表 13-6

类别	项目	考核内容	标准分	赋分原则	备注
三、运行管理（420分）	3. 堤身	堤身断面、护堤地（面积）保持设计或竣工验收的尺度；堤肩线直、弧圆，堤坡平顺；堤身无裂缝、无冲沟、无洞穴、无杂物垃圾堆放	45	堤身断面（高程、顶宽、堤坡）、护堤地（面积）不能保持设计或竣工验收尺度，扣20~30分；堤肩线不顺畅，堤坡不平顺，扣5~10分；发现堤身裂缝、冲沟、洞穴、堆放杂物垃圾等，每处扣5分	
	4. 堤防道路	堤顶（后戗、防汛路）路面满足防汛抢险通车要求；上堤辅道与堤坡交线顺直、规整；堤防道路路面完整、平坦，无坑、无明显凹陷和波状起伏，雨后无积水	30	堤顶路面不满足防汛抢险通车要求，扣10~20分；上堤辅道与堤坡交线不规整，扣5~10分；堤防道路路面不平，雨后有积水，扣5~10分	
	5. 河道防护工程	河道防护工程（护坡、护岸、丁坝、护脚等）无缺损、无坍塌、无松动；坝面平整；护坡平顺；备料堆放整齐，位置合理；工程整洁美观	40	工程有缺损、坍塌的，每处扣5分；坝面不平整，扣5分；护坡不平顺，扣5分；备料堆放不整齐、位置不合理，扣10分；工程上杂草丛生，脏、乱、差，扣10分	
	6. 穿堤建筑物	穿堤建筑物（桥梁、涵闸、各类管线等）符合安全运行要求；金属结构及启闭设备养护良好、运转灵活；混凝土无老化、破损现象；堤身与建筑物联结可靠，结合部无隐患、无渗漏现象；加强对穿堤建筑物的监督管理	30	穿堤建筑物不符合安全运行要求，扣10分；启闭机运转不灵活、金属构件锈蚀，扣5分；混凝土老化、破损，扣5分；发现隐患、渗漏现象，扣10分；对穿堤建筑物监督管理不力，扣5~10分	
	7. 害堤动物防治	在害堤动物活动区有防治措施，防治效果好；无獾、狐、白蚁等洞穴	20	对害堤动物无防治措施，且防治效果不好，扣10分；发现獾、狐、白蚁等洞穴未及时处理，每处扣5分	
	8. 生物防护工程	工程管理范围内宜绿化面积的绿化覆盖率达95%以上；树、草种植合理，宜植防护林的地段要形成生物防护体系；堤（坝）坡草皮整齐，无高秆杂草；堤肩草皮（有堤肩边埂的除外）每侧宽0.5 m以上；林木缺损率小于5%，无病虫害；有计划对林木进行间伐更新	35	绿化覆盖率达不到95%，扣5分；宜植地段未形成生物防护体系，扣5分；堤（坝）坡草皮不整齐、有高秆杂草等，扣5分；堤肩草皮不满足要求，扣5分；林木缺损率高于5%，每缺损5%扣2分；发现病虫害未及时处理或处理效果不好，扣5分；无计划采伐林木，扣5分	

续表 13-6

类别	项目	考核内容	标准分	赋分原则	备注
三、运行管理（420分）	9. 工程排水系统	按规定各类工程排水沟、减压井、排渗沟齐全并畅通，沟内杂草、杂物清理及时，无堵塞、破损现象	30	工程排水系统不完整，扣 15 分；排水沟、排渗沟、减压井破损或堵塞，每处扣 5 分	
	10. 工程观测	按要求对工程及河势进行观测；观测资料及时分析，整编成册；观测设施完好率达 90%以上	30	未进行观测此项不得分。 观测资料未分析，扣 10 分；资料未整编或整编不规范，扣 10 分；观测设施完好率低于 90%的，每低 5%扣 2 分	
	11. 河道供水、排水	河道（网、闸、站）供水计划落实，调度合理；供水、排水能力达到设计要求；防洪、排涝实现联网调度	20	河道供水计划不落实，扣 10 分；供水、排水能力达不到设计要求，扣 5 分；防洪、排涝调度不合理，扣 5 分。	
	12. 标志、标牌	各类工程管理标志、标牌（里程桩、禁行杆、限速（重）牌、分界牌、险工险段及工程标牌、工程简介牌等）齐全、醒目、美观；布局合理、埋设牢固	20	标志、标牌每缺 1 个扣 2 分；不醒目、不美观，扣 3~5 分；布局不合理、埋设不牢固，扣 3~5 分	
	13. 管理现代化	有管理现代化发展规划和实施计划；积极引进、推广使用管理新技术；引进、研究开发先进管理设施，改善管理手段，增加管理科技含量；工程监视、观测、监测自动化程度高；积极应用管理自动化、信息化技术；设备检查维护到位；系统运行可靠，利用率高	50	无管理现代化发展规划和实施计划，扣 10 分；办公设施现代化水平低，扣 10 分；未建立信息管理系统，扣 5 分；未建立办公局域网，扣 5 分；未加入水信息网络，扣 5 分；工程未安装使用监视、观测、监测系统，每缺 1 项扣 5 分；设备检查维护不到位，扣 5 分，运行不可靠，扣 10 分；使用率低，扣 5 分	

续表 13-6

类别	项目	考核内容	标准分	赋分原则	备注
四、经济管理（100分）	1. 财务管理	维修养护、运行管理等费用来源渠道畅通，使用规范；“两项经费”及时足额到位；有主管部门批准的年度预算计划；开支合理，严格执行财务会计制度，无违规违纪行为	30	资金来源渠道不畅通，扣 10 分；维修养护、运行管理等经费使用不规范，扣 1～5 分；公益性人员基本支出和工程公益性部分维修养护费未能及时足额到位，每低 10% 扣 5 分，低于 60%，此项不得分；没有按照批准的年度预算计划执行，扣 10 分；财务检查或审计报告中有违规违纪行为的，每起扣 10 分	
	2. 工资、福利及社会保障	人员工资及时足额兑现；福利待遇不低于当地平均水平；按规定落实职工养老、失业、医疗等各种社会保险	30	工资不能按时发放，扣 5 分；年工资不能足额发放，扣 5 分；福利待遇低于当地平均水平，扣 5 分；未按规定落实职工养老、失业、医疗等社会保险，每缺 1 项扣 5 分	
	3. 费用收取	按有关规定收取各种费用（水利工程修建维护管理费，采砂管理费或砂石资源费，供水、排水费等），收取率达到 95% 以上	20	各项费用收取率（分别计算收取率，取其算术平均值）低于 95% 的，每低 5% 扣 3 分	
	4. 水土资源利用	有水土资源开发利用规划；充分、合理利用管理范围内的水土资源，可开发水土资源利用率达到 80% 以上，利用开发效果好	20	没有水土资源开发利用规划，扣 5 分；可开发水土资源利用率达不到 80% 的，扣 10 分；利用开发效果不好，扣 5 分	

注：1. 本标准分 4 类 35 项。每个单项扣分后最低得分为 0 分；

2. 在考核中，如出现合理缺项，该项得分为：合理缺项得分 = ［合理缺项所在类得分/（该类总标准分 − 合理缺项标准分）］×合理缺项标准分。

3. 合理缺项依据该工程的设计文件确定，或由考核专家组商定。

鉴于上述情况，同时考虑各省(区)水利厅(局)正在实施新一轮机构改革，探索“以大带小、小小联合”的水利工程集中管理模式，推行水利工程标准化、物业化管理，如整合县(区)所辖水库管理局(处)成立水库管理中心，原有水库管理局(处)已经不能作为独立法人单位，原认定的国家级水管单位复核验收就出现问题，只有打包从新申报才符合水利工程管理考核办法的规定。为此，建议水利部宜尽快组织修订现行水利工程管理办法及考核标准，以适应当前和今后一个时期水利行业强监管发展要求，促进国家级水管单位创建工作的健康发展。

第四节　黄委水利工程标准化管理的思考

一、研究背景

(一)总体要求

为坚持和发展中国特色社会主义现代化事业，2013 年党的十八届三中全会将推进国家治理体系和治理能力现代化作为全面深化改革的总目标。2017 年党的十九大报告指出，我国经济发展已由高速增长阶段转向高质量发展阶段，为适应我国经济发展的“新常态”，各行各业纷纷开展质量提升行动，不断增强经济的质量优势，工作重点也从原来的追求经济增长转变为向管理要质量、要效益。

2019 年 4 月水利部修订出台的《水利标准化工作管理办法》指出，运用现代管理理念和技术，全面提升水利管理精准化、高效化、智能化水平，加快推进水利管理现代化。水利标准化工作主要任务包括贯彻国家有关标准化法律法规，开展水利标准化研究，组织制定水利工程标准化有关制度、发展规划、标准体系和计划，组织编制、实施水利技术标准并进行监督。同时，水利部部长鄂竟平提出下一阶段水利工程“补短板、强监管”的工作重心，无疑是把标准化管理创建作为落实“补短板、强监管”的重要措施。

为提高黄委水利工程运行管理水平，确保工程运行安全，充分发挥工程综合效益，按照水利部对水利工程标准化管理工作的总体要求，借鉴浙江、江西水工程标准化创建工作经验，参考江苏水利工程精细化管理做法，结合黄河实际，2020 年制订了黄委水利工程 标准化管理实施方案，并部署开展了试点研究工作。

(二)标准化管理的概念

1. 标准的概念

所谓标准，即以科学技术和实践经验的结合成果为基础，特定对象共同遵循的准则和依据，即标准是一种规范性文件，标准具有共同使用和重复使用的特征；制定标准的目的是“获得最佳秩序”、“促进最佳的共同利益”，标准的制定要以科学、技术的综合成果为基础，标准的制定应经充分协商一致，并由公认的机构批准。

2. 标准化的概念

标准是一个准则，标准化是一个过程。标准化即为了在一定范围内获得最佳秩序，对现实问题或潜在问题制定共同使用和重复使用 的条款的活动；它是指在经济、技术、科学和管理等社会实践中，对重复性的事物和概念，通过制订、发布和实施标准达到统一，以获得最佳秩序和社会效益。标准化包括制定、发布及实施标准的过程。

3. 标准化管理的概念

标准化管理是指为在企业的生产经营、管理范围内获得最佳秩序，对实际或潜在的问题制定规则的活动，MBA 等常见经管教育均将标准化管理体系建设涵括在内。现阶段标准化管理泛指企业标准化管理体系。

水工程标准化管理是以获得最佳的管理秩序和综合效益为目标，对水工程管理活动范围内的重复性事项，以贯彻实施相关的国家、行业、地方标准等为主要内容的过程。

另外，水利工程管理中还经常涉及专业化、规范化、精细化等概念：

1）专业化，即产业部门、或学业领域中，根据产品生产或学界层面的不同过程而分成的各业务部分，这个过程就是专业化；水利工程管理专业化则是指某个水工程管理职业群体（水工建筑、机电设备、信息化设备管理维护等）在一定时期内，逐渐符合水工程管理专业标准、成为水工程管理专门职业并获得相应专业地位的过程。

2）规范化，即在经济、技术和科学及管理等社会实践中，对重复性事物和概念，通过制定、发布和实施标准（规范、规程和制度等）达到统一，以获得最佳秩序和社会效益。人们更多的是把规范化管理等同于制度化管理，或叫标准化管理，尽管规范化管理最终也要落到制度层面上，通过规章制度来实施，但制度化管理仍远不等于规范化管理。制度仅是形式，任何一种形式管理都可以以制度的形式予以界定和贯彻。

3）精细化

精细化管理是一种理念、一种文化，它是社会分工精细化，以及服务质量精细化对现代管理的必然要求，它以最大限度地减少管理所占用的资源和降低管理成本为主要目标的管理方式。

精细化管理是“五精四细”，即精华、精髓、精品、精通、精密，以及细分对象、细分职能和岗位、细化分解每一项具体工作、细化管理制度的各个落实环节等；“精”可以理解为更好、更优、精益求精，“细”可以解释为更加具体、细针密缕；精细化管理最基本的特征就是重细节、重过程、重具体、重落实、重质量、重效果，讲究专注地做好每一件事，在每一个细节上精益求精、力争最佳。这是水工程管理的努力方向。

二、浙江、江西水工程标准化创建概要

2016 年初率先提出并实施了水利工程标准化管理创建工作，省政府印发了全面推行水利工程标准化管理的意见，省水利厅印发了实施方案，对标准化创建工作进行了部署安排，各地市、县区水利局按照要求积极实施。截止 2020 年底已完成全省区域内各类水利工程标准化管理建设，通过水利工程标准化管理体系建设，主管部门及水管单位形成了完善的管理规程、标准及规定，制度汇编成册，通过学习培训，让水管单位明确“应该管”、干部职工知道“怎么管”。

通过标准化创建，各水管单位管理制度规范、操作流程清晰、标识标牌统一、工程形象面貌显著改善，建立了 各级管理单位上下互通的信息化管理平台，实现了工程运行管理信息自动传输与在线监管，综合管理水平全面提高（见图 13-9）。

图 13-9　浙江某水工程创建成效图片

江西省借鉴浙江经验,2017 年时任省委书记刘奇指出:“工程建设要高标准、高起点,要从一开始就实行工程管理标准化,让标准成为习惯,让管理合乎标准”,为此省政府办公厅 2017 年印发了全面推行水利工程标准化管理的意见,水利厅印发了全面推行水利工程标准化管理实施方案,对该省水工程标准化创建作出具体部署、提出明确要求,经过几年努力,取得良好成效。

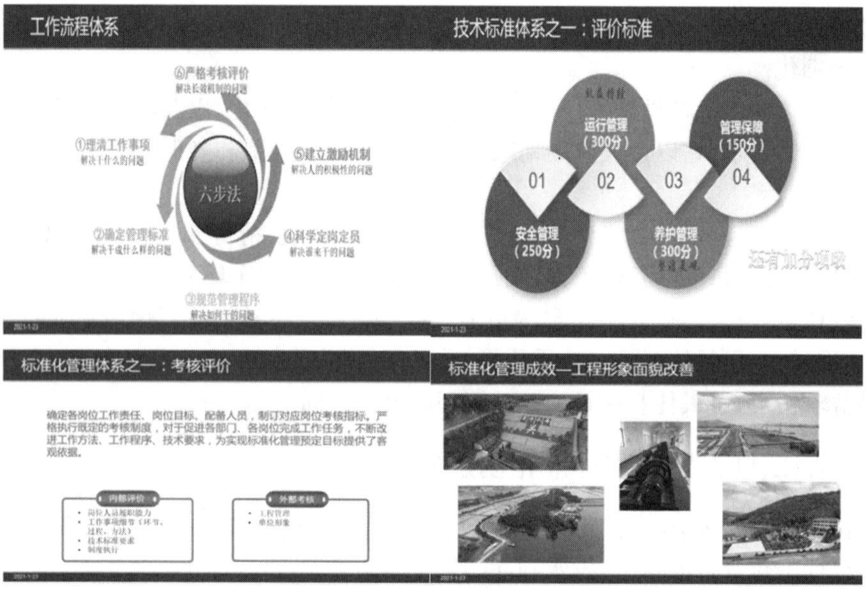

图 13-10　江西标准化管理创建创建图片

三、如何开展标准化管理创建

(一)指导思想

黄委所属水管单位水工程标准化管理创建,须以习近平总书记在黄河流域生态保护和高质量发展座谈会上重要讲话为指导,遵循“水利工程补短板、水利行业强监管”的水利改革发展总基调,贯彻规范管理、促进发展的指导方针,践行“维护黄河健康生命,促进流域人水和谐”的治黄目标,以水工程管理信息化建设为统领,坚持统筹谋划、精心组织、强化协作、梯次推进,全面推进水利工程标准化管理,积极融入黄河安全、生态、文化元素,确保工程运行安全,全面提高水利工程综合管理水平。

立足所辖堤防、水库、水闸工程管理实际,依据国家现行法律法规、行业标准规范、上级主管单位规章制度及要求,建立“目标明确、职责清晰、制度完善、操作规范”的制度约束、自我驱动、便于监督的运行管理模式,激发内生动力、规范运行操作、利于智慧监管的科学管理体系。

(二)创建原则

为有序推进黄河水利工程标准化管理创建工作,各单位在标准化管理创建过程中,需遵循以原则:

1. 统一规划,协调推进

立足水工程管理现状,以全面推进水工程标准化管理为导向,统一谋划本单位创建方案、职责分工、工作协调、监督考核,要充分调动各级水行政主管部门及水管单位的积极性,层层压实责任,有序推进标准化管理创建,确保如期完成创建任务。

2. 需求引领,问题导向

围绕水工程标准化管理发展需求,认真发掘黄委所属水管单位水工程管理中存在问题,积极探索水工程标准化管理建设模式,前提是做好顶层设计,编制印发《黄委工程标准化管理手册编制指南》、《黄委水利工程标准化管理验收考核办法》及考核标准,指导各单位创建工作有序开展,将水工程管理实施方案落到实处。

3. 试点先行,探索推广

省级主管部门选择标准化管理试点单位,先行先试,开展堤防、水闸、水库等三类工程的管理单位标准化管理探索。在试点实施过程中,及时查找问题,调整工作安排,总结成功经验,为其他单位标准化管理提供借鉴;特别是堤防管理单位,在制度建设、运行管理与操作、信息化平台搭建等方面,黄委所属水管单位有工作共性,应统一标准,标准化管理不宜重复探索、研究和建设。

(三)编制依据

1. 法律法规

(1)《中华人民共和国水法》;

(2)《中华人民共和国防洪法》;

(3)《中华人民共和国水污染防治法》;

(4)《中华人民共和国安全生产法》;

(5)《中华人民共和国特种设备安全法》;

(6)《中华人民共和国防汛条例》;

(7)《水库大坝安全管理条例》等。

2. 技术标准

(1)《防洪标准》;

(2)《黄河下游标准化堤防工程规划设计与管理标准》;

(3)《黄河水闸工程管理标准》;

(4)《黄河河道整治工程管理标准》;

(5)《黄委水利枢纽工程维修养护技术质量标准》;

(6)《水库大坝注册登记办法》;

(7)《水库大坝安全鉴定管理办法》;

(8)《水利工程运行管理监督检查办法(试行)》;

(9)水利部《水利工程管理考核办法》及其考核标准等。

(四)建设内容与要求

1.创建内容

不需要告诉水管单位具体制定哪些制度,而是让各水管单位根据职能任务梳理水工程管理事项,研究提出并确定需要制定或完善的各项制度,一项制度可是一个管理事项,也可多个管理事项。

制度建设要贯彻标准化管理理念,按照水管单位职能任务,结合所辖水工程类别及功能定位,依据法律法规、规程标准及上级主管部门要求,梳理水工程管理层面和操作业务事项,明确水管单位需要"干什么"?"怎么干才能获得最佳成效"?通过完善的标准化管理制度建设,实现预期的管理目标。

标准化管理体系建设是一个系统工程,核心是研究编制"两册一表",其中"两册"为制度手册、操作手册,"一表"为事项-岗位-人员-制度(操作规程、考核标准等)对应表。

水管单位应根据所辖工程实际,全面梳理各项管理事项,形成明确的管理事项清单(如浙江钱塘江三堡水闸枢纽处梳理管理、操作业务事项384项);针对梳理后的管理事项,制定与完善对应的管理制度,并汇编制度手册;基于各项管理制度,完善对应的操作规程,汇编操作手册;按照管理制度手册、操作规程,形成事项-岗位-人员-制度对应表。

"两册一表"编制内容需要具备合法性、完整性、针对性、可操作性要求。

2.具体要求

(1)贯彻国家和地方有关法律法规、行业相关标准规范,符合上级主管部门管理要求;符合水利工程管理行业发展定位,反映防洪安全、生态和谐的发展要求。

(2)"两册一表"编制责任主体是水管单位,水管单位应组建标准化管理创建工作组,落实责任分管,统筹安排、组织协调各相关职能部门编制工作,力求分工负责、全员参与。

(3)管理制度编制语言表达准确,表格、图样、数值及流程逻辑关系符合运行管理实际;操作规程尽量结合图、表形式表达,直观易懂,便于操作;岗位人员的工作手册,应做到"一岗一册""一事一表";术语、符号符合国家及行业技术标准。

(4)梳理水管单位的管理事项,区分运行管理与维护操作,理清各事项工作环节,明确管理职责任务、工作重点及要求;明晰维护操作内容、工作标准及要求;编制形成业务工作事项-岗位-人员-制度对应表。

(5)水管单位应按照智慧水利信息化平台建设需要,开展"两册一表"的梳理和编制,力求线上运转、网上留痕、在线监管;经过平台试运行,固化各事项的工作步骤,力求管理流程清晰,逻辑关系严谨。

(五)“两册一表”编制要求

1. 管理制度编制

水管单位的管理制度编制应依据所辖工程类别,借鉴行业内外先进经验和管理模式,按照标准化管理要求,理清制度建设(或完善)的内容,明确编制依据、原则,安排职能处(科)室编制。如水库大坝工程,应区分人事管理、财务物资、大坝工程、机电设备、附属设施、调度、防洪抢险、信息化系统等,应将现有管理制度与梳理后的管理事项进行对比,依据水利工程管理的相关规程规范和技术标准,研究确定须建立或完善的管理制度。

2. 操作手册编制

梳理各类水工程维护操作的内容、方式、步骤。操作手册编制的责任主体为职能处(科)室,需要明确各类工程和设施设备的具体操作内容、工作程序及步骤,明细操作事项的工作流程、文字及图表的编制要求。

操作规程主要反映维修养护作业层面内容,应根据操作事项制定操作规程,形成操作规程清单。操作规程应明确操作岗位、作业内容、作业步骤、作业流程图或表单、作业要求、作业时间、作业地点等,内容符合工程或设备操作实际,切合管理制度要求。关键岗位操作规程的流程、环节控制,如启动条件、流转判别条件、工作结果反馈等应形成闭环;操作内容简单,且不涉及多个岗位时,语言文字表述即可;操作规程中的流程图、表单等设计应与操作规程内容一致,参数、指标准确。

3. 事项-岗位-人员-制度对应表编制

(1)事项梳理

水管单位管理事项一般包括组织管理、安全管理、运行管理、经济管理、信息化管理等方面,应立足本单位职责任务与管理工作目标,按全覆盖、分层次、有重点的原则,全面梳理各管理事项的具体业务内容;同时,应区分管理事项和操作规程,管理事项是指完成某项工作任务的管理制度,操作规程是指完成某项操作事项的流程环节、方法、步骤。

(2)岗位设置

按照“因事设岗,以岗定责”原则,对现有岗位进一步优化整合或细化分解,明确各管理事项对应的岗位、职责,并综合工作量、可兼岗类型和关键岗位等要素,优化确定岗位人员数量,确保“事事有人做,人人有事做”,并满足《水利工程管理单位定岗标准》的要求和上岗条件。

(3)对应表编制

按照各管理事项涉及的岗位、人员、管理制度(操作规程),制定事项-岗位-人员-制度对应表,形成事项、岗位、管理制度或操作规程与人员之间相互衔接的对应关系。

第十四章　黄河河道岸线管理

河道岸线资源开发利用与保护对于经济社会可持续发展，保障河道行洪安全，维护河道生态系统良性循环以及河流健康生命具有重要意义。黄河流域河道岸线管理的主要依据为国家和地方人民政府颁发的法律法规、河道防洪与管理等相关规划、河道范围内建设项目行业管理规范标准及上级主管单位规章制度等。为此，要做好河道管理工作，就要熟知流域机构的河道管理职责任务，了解流域综合规划、水利工程治理规划、岸线利用与管理规划等内容，掌握河道范围内建设项目管理的水利行业规范、标准、规定等制度，以营造规范有序的河道管理氛围，积极打造水净岸绿、环境友好的河道岸线环境，保障河道防洪安全，支持沿岸地区经济社会发展。

第一节　一般要求

一、流域机构管理职责

根据《黄河水利委员会主要职责机构设置和人员编制规定》(水人事〔2009〕643 号)，以及《中华人民共和国水法》《中华人民共和国河道管理条例》等法律法规，黄河水利委员会(简称黄委)是水利部在黄河流域和新疆、青海、甘肃、内蒙古内陆河区域内(简称流域内)的派出机构，代表水利部行使所在流域内的水行政主管职责，为具有行政职能的事业单位。对于履行黄河河道管理职责，要求如下：

负责《中华人民共和国水法》《中华人民共和国防洪法》等法律法规的实施和监督检查，拟订流域性的水利政策法规；负责职权范围内的水行政执法、水政监察、水行政复议工作，查处水事违法行为；负责省际水事纠纷约调处工作。

指导流域内河流、湖泊及河口、海岸滩涂的治理和开发；按照规定权限，负责流域内水利设施、水域及其岸线的管理与保护，以及重要水利工程的建设与运行管理。指导流域内所属水利工程的移民管理有关工作。负责授权河道范围内建设项目的审查许可及监督管理。负责直管河段及授权河段河道采砂管理，指导、监督流域内河道采砂管理有关工作。指导流域内水利建设市场监督管理工作。

负责职权范围内水政监察和水行政执法工作，查处水事违法行为；负责省际水事纠纷的调处工作。指导流域内水利安全生产工作，负责流域管理机构内安全生产工作及其直接管理的水利工程质量和安全监督；根据授权，组织、指导流域内水库、水电站大坝等水利工程的安全监督。开展流域内中央投资的水利工程建设项目稽查。

二、河道与岸线管理任务

为规范河道岸线管理，按照国家法律法规授权，国家对河道实行按水系由流域机构统一管理和按行政区域分级管理相结合的原则。有堤防的河道，其管理范围为两岸堤之间的水域、沙洲、滩地、行洪区，以及两岸堤防和护堤地；无堤防的河道，其管理范围根据历史最高洪水位或者设计洪水位确定。

依照国家及沿黄地方人民政府的法律法规，在河道管理范围内，禁止修建围堤、阻水渠道、阻水道路；禁止种植高秆农作物、芦苇、杞柳、荻柴和树木；禁止置拦河渔具；禁止弃置矿渣、石渣、煤灰、泥土、垃圾等。在河道管理范围内，采砂、取土、淘金、弃置砂石或者淤泥、爆破、钻探、挖筑鱼塘等必须报请河道主管机关批准；对河道管理范围内的阻水障碍物，按照“谁设障，谁清除”的原则，由河道主管机关提出清障计划和实施方案，并责令设障者在规定的期限内清除。

按照法律授权和水利部明确的黄河流域机构职责，黄委在河道管理方面的主要职能任务为：负责组织制定黄河水利法制建设规划，拟订有关配套政策和规章制度；根据授权负责全面推行河长制、湖长制工作，承担对流域内河长制、湖长制工作的指导、协调、监督、监测等工作；指导流域内水域及岸线的管理、保护，负责直管河道水域及岸线的管理、保护与综合利用；指导流域内河道管理范围划定工作，负责直管河道管理范围划定工作；指导河口管理和保护工作；负责直管河段及授权河段河道采砂管理，参与编制采砂规划和计划并组织实施，指导、监督流域内河道采砂管理有关工作；指导黄委水行政许可工作，负责“放管服”工作并监督检查；负责授权范围河道管理范围内跨河、穿河、穿堤、临河的桥梁、浮桥、码头、道路、渡口、管道、缆线、取水、排水等工程设施建设项目的水行政许可；负责建设和运行的检查、管理工作；承担规划同意书、建设项目水资源论证报告书、河道管理范围内建设项目工程建设方案、非防洪建设项目洪水影响评价报告等涉及黄委行政许可事项技术审查的组织工作；负责黄河水政监察队伍的建设与管理，承办黄委水政监察总队的日常工作，协调黄河公安派出所有关工作；负责所辖河道内妨碍黄河行洪的片林和生产堤等的清除日常管理工作；负责职权范围内的水行政执法、水资源保护行政执法、水政监察、水行政复议工作；负责省际水事纠纷的调处工作；负责所辖河道管理范围内水事违法行为的预防、巡查、报告和查处；承办黄委水行政应诉、行政复议、水利法规宣传教育和普法工作，承办法律顾问和公职律师工作。

三、河道岸线管理内涵

河道（湖泊）岸线体系由岸线控制线和岸线功能区组成。

岸线控制线是指沿河流水流方向或湖泊沿岸周边为加强岸线资源的保护和合理开发而划定的管理控制线，岸线控制线分为临水控制线和外缘控制线。

临水控制线是指为稳定河势、保障河道行洪安全和维护河流健康生命的基本要求，在河岸的临水一侧顺水流方向或湖泊沿岸周边临水一侧划定的管理控制线；外缘控制线是指岸线资源保护和管理的外缘边界线，一般以河（湖）堤防工程背水侧管理范围的外边线作为外缘控制线，对无堤段河道以设计洪水位与岸边的交界线作为外缘控制线。

河道岸线功能区是指沿岸线控制线垂向，根据其自然和经济社会属性及不同功能特点，将岸线划分为不同类型的区域（段），包括岸线保护区、岸线保留区、岸线控制利用区和岸线开发利用区 4 类功能区。

河流(湖泊)两侧岸线功能区是滩涂岸线资源,既具有行洪、调节水流和维护河流(湖泊)健康的自然与生态环境功能属性,同时又在一定情况下具有开发利用价值的土地资源属性。岸线资源的开发利用与保护对经济社会可持续发展、保障河道(湖泊)行(蓄)洪能力、维护生态系统良性循环及河流健康都具有十分重要的作用。

河道岸线既具有行洪、调节水流和维护河流(湖泊)健康的自然生态功能属性,同时在一定情况下,也具有开发利用价值的资源功能属性(见图 14-1)。在河道岸线范围内(河道外缘控制线和临水控制线之间划定的带状区域)的开发利用行为都必须符合岸线功能区划的规定及管理要求,且原则上不得逾越临水控制线。

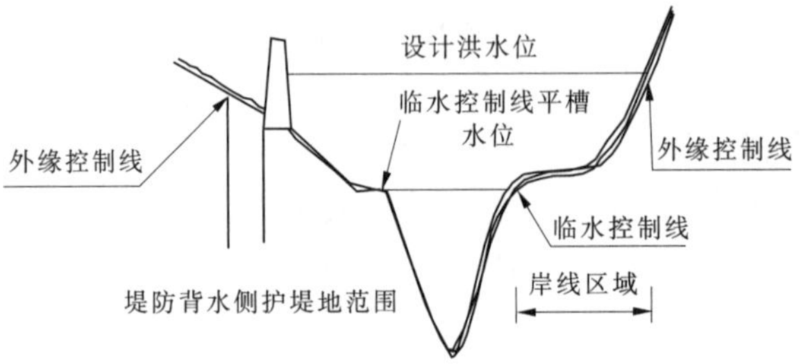

图 14-1　河道岸线示意图

随着沿黄地区经济社会的不断发展和城市化进程的逐年加快,部分地区对河流的岸线利用的要求越来越高,沿江河开发活动和临水建筑物日益增多;且长期以来,由于河流(湖泊)岸线范围不明,功能界定不清,管理缺乏依据,部分河段河道岸线开发无序或过度开发,对河道(湖泊)行(蓄)洪带来严重不利影响,甚至严重地破坏了河流生态环境。

为保障黄河河道防洪安全,维护河流健康生命,科学合理地利用和保护岸线资源,总结近年来岸线开发利用现状、管理经验,分析存在的突出问题,对黄河河道岸线进行功能分区,实现岸线资源的科学管理、合理利用、有效保护,对促进经济社会可持续发展,保障防洪安全、供水安全及其他非防洪设施安全,保护水生态环境等方面都具有十分重要的作用。

第二节　河道岸线利用管理规划概要

一、规划编制必要性

黄河流域河道岸线是有限的宝贵资源,岸线利用已有较长历史,其主要利用方式包括码头、桥梁、过河电(光)缆、油气管道、取(排)水口、旅游建筑物、景观工程等。1980 年以来,黄河流域及沿黄城市经济快速发展,城市规模迅速扩张,随着沿河两岸经济开发和亲水建筑物的日益增多,河道岸线的利用已有一定规模,尤其是兰州、宁蒙、府保、禹潼及黄河河口等河段的经济发展较快,岸线利用程度较高。同时,流域内河道滩涂的开发占用日益增多,加上航道整治、河道采砂和过河桥梁建设等诸多经济行为的共同作用,使得河道河势、地形、水情变化较大。由于河道岸线缺乏统一规划,没有划分岸线控制、利用功能;

管理薄弱,存在着城建、水利、航运等多部门管理的现象,职责不清、管理混乱,以罚代管、以审代管的现象时有发生;部分河段管理无序、与河争地的矛盾日益突出。因此,编制黄河流域河道岸线管理利用规划,既是维持黄河健康生命、保障经济社会可持续发展的需要,也是水利部门依法管理的基础;河道岸线利用管理规划的实施,对依法加强河道岸线管理,实现岸线资源的科学管理与合理利用,保障防洪安全、供水安全、航运安全,保护河流生态环境,维持黄河健康生命意义重大。

(一)编制岸线利用规划是维持黄河健康生命的需要

"维持黄河健康生命"作为一种新的治河理念,是黄河治理开发与管理长期研究和实践的结晶,并成为黄河治理开发与管理的终极目标,"堤防不决口,河道不断流,污染不超标,河床不抬高"是体现其终极目标的4个主要标志。维持黄河干流河势稳定,规范河道岸线利用行为,需要编制河道岸线管理利用规划,划分岸线利用分区,其也是河道主管机关依法管理岸线开发利用的基础和依据。

(二)岸线利用管理规划是流域综合规划的有机组成部分

岸线利用管理规划作为专项规划是流域综合规划的重要组成部分,是保障流域综合规划顺利实施的基础,也是流域综合治理开发、河湖岸线利用与管理的依据。在黄河流域河道岸线开发、利用过程中,首先要考虑防洪保安全的需求,给洪水以出路,不干扰河湖治理;然后统筹考虑左右岸、上下游中各行各业的发展,协调交通、湿地保护、城市供水、风景区等各项规划,才能达到人与自然的和谐相处。

在编制黄河流域河道岸线利用管理规划时,要考虑综合规划中拟定的大型水利工程,如古贤、碛口、大柳树等枢纽工程,以及小北干流放淤等各项工程的作用。在黄河流域河道岸线上布置引水、跨河建筑物等工程时,要分析评价拟建工程与规划水利工程的相互影响。

(三)编制岸线利用管理规划是河道保护管理的需要

根据水利部和黄委有关规定,为加强河道管理范围内建设项目的管理,保障黄河防洪安全,更好地发挥项目的综合效益,凡在黄河流域河道管理范围内新建、扩建、改建的建设项目,必须按照河道管理权限,经河道主管机关审查同意后,方可按照基本建设程序履行审批手续。

随着黄河流域地区经济的快速发展,除河道内的各种河道整治、护岸工程逐步增加外,各种跨河、穿河、穿堤建筑物如桥梁、渡口、管线、取水口、排水口,以及临河的工业、民用建筑等也呈现快速增长的势头。这些建设项目大多需占用一定的岸线和水域,其防洪管理和审批由各级河道主管部门负责。由于没有统一的规划依据,缺乏系统科学的论证,给项目的防洪管理和科学决策带来了一定的困难。

(四)编制岸线利用管理规划是实现岸线可持续利用的需要

黄河流域河道岸线利用管理规划是站在全流域的高度,综合防洪、安全等诸多因素的基础上,并考虑到黄河两岸经济和社会发展对河岸资源的需求而编制的,可随着实践水平的提高和沿岸经济的发展逐步进行修订。岸线利用管理规划作为河道主管机关依法管理的基础,使管理和审批更具可操作性,避免单个项目论证不足和短期行为等弊端,保证岸线的可持续利用,促进社会经济健康快速发展。

为了加强河道管理、确保防洪安全、维持河流健康生命、合理开发利用河道(湖泊)岸线,水利部于2006年7月14日部署开展此项工作。2013年11月,黄委完成《黄河流域河道岸线利用管理规划》报告编制,之后征求了甘肃、宁夏、内蒙古、山西、陕西、河南、山东7个省(区)意见,并形成规划报告上报水利部。

二、规划指导思想与目标任务

(一)指导思想

全面贯彻落实科学发展观,依据构建社会主义和谐社会的要求和《中华人民共和国水法》《中华人民共和国防洪法》等法律法规的规定,在黄河流域综合规划修编的整体框架下,正确处理岸线开发利用与治理保护的关系;综合协调上下游、左右岸及相关部门和行业间的关系,统筹兼顾近远期的要求。通过对岸线的优化配置和合理布局,在保障防洪安全、河势稳定、供水安全和满足水生态环境保护要求的前提下,充分发挥岸线的多种功能,实现岸线的有效利用、科学保护、强化管理,实现岸线的可持续利用,促进经济社会的可持续发展。

(二)规划原则

编制河道岸线利用管理规划应从维持河流健康、发挥政府对涉水涉河事务行使管理职能的要求出发,为河道岸线建设项目审批、协调省际水事纠纷提供规划依据。

(1)坚持人水和谐、协调发展。重视发挥岸线的多功能作用,既要发挥岸线在防洪、供水、水资源利用、航运、生态环境保护等方面的作用,保障防洪安全、河势稳定、供水安全、保护水生态环境和维护河流健康,也要发挥岸线的社会服务功能,合理开发利用岸线,为沿河地区的经济社会发展服务。

(2)坚持科学保护、有效利用。注重岸线利用和保护并重、治理与开发相结合,将岸线的保护和控制放在突出的位置,既要考虑沿河地区经济社会发展对岸线开发利用的需要,也要根据不同河段的河势特点和防洪、供水,以及水生态环境保护的要求,提出合理控制保护的对策措施,对不适合开发的区域要严格控制。

(3)坚持综合协调、统筹兼顾。按照黄河流域综合规划的总体要求,综合协调岸线利用管理与沿河地区的社会经济发展、城市发展、国土、港口与航道、土地利用、环境保护等相关规划之间的关系,合理确定不同类型岸线开发利用功能及控制条件;处理好整体利益与局部利益关系,统筹兼顾上下游、左右岸、地区间以及行业之间的需求,结合不同地区的岸线特点和开发利用与保护的要求,充分发挥岸线的经济、社会与生态环境效益,实现岸线的合理配置。

(4)坚持完善法制、强化管理。按照《中华人民共和国水法》《中华人民共和国防洪法》《中华人民共和国河道管理条例》等法律、法规的要求,研究制定和完善岸线开发利用管理的相关法律、法规、政策;针对岸线利用中存在的突出问题,制定和完善岸线开发利用管理制度,研究制定强化岸线利用综合管理的措施,切实加强岸线利用的社会管理和公共服务。

(5)坚持因地制宜、突出重点。根据河湖岸线自然条件、沿河地区经济社会发展水平及岸线开发利用程度,针对岸线开发利用与保护中的主要矛盾,按照轻重缓急,合理确定近(远)期的规划目标和任务。以岸线利用程度较高、岸线紧缺、防洪影响和河势控制问题突出、经济发展水平较高的城市段为重点,科学制定规划、落实管理措施、加强监督检查。

(三)规划目标

通过编制黄河流域河道岸线利用管理规划,进一步摸清黄河流域河道岸线开发利用现状,在系统总结河道岸线开发利用及管理经验教训的基础上,在保障河势稳定、保护水生态环境和其他公众利益活动的前提下,按照保护优先、开发有序、合理控制的要求,提出岸线科学保护、有效利用、合理开发、强化管理的布局和方案,为实现岸线的控制保护和依法、科学、有序利用奠定基础,为今后一定时期内岸线开发利用与管理提供重要依据和准则,实现岸线优化配置、集约开发和可持续利用,全面发挥岸线的综合功能,促进经济社会与资源、环境的协调发展。

(四)规划任务

调查规划范围内岸线开发利用情况,分析总结岸线开发利用过程中存在的主要问题。在深入分析岸线与河势控制、防洪保安、水资源利用、生态与环境保护及其他方面关系的基础上,确定岸线控制线。根据不同岸线的主要功能特点,综合考虑河道防洪规划,以及沿河地区国民经济及社会发展的要求,划分岸线功能区。按照保障供水安全、维护河流健康、促进岸线可持续利用的要求,研究提出岸线布局调整和控制利用管理指导意见,并加强岸线保护、利用和管理的政策制度建设。

(五)规划范围

根据水利部《全国河道(湖泊)岸线利用管理规划工作大纲》,规划范围是水利部授权黄委管理的河道范围内的重要河道岸线和城市河段。规划重点是利用需求率高或矛盾多、管理任务重,以及对保障流域防洪、供水安全有重要作用的河(湖)岸线。

根据上述原则,拟对黄河干流上中游的城市河段、岸线利用矛盾较为突出的省际界河,黄河下游(包括河口及备用流路),以及部分重要支流进行规划。

1. 黄河干流

(1)城市河段:上游兰州、中卫、吴忠、石嘴山、乌海、包头等城市段;

(2)岸线利用矛盾突出的河段:中游河准河段、府保河段、禹潼河段、潼三河段;

(3)规划库区段:大柳树、碛口、古贤、甘泽坡规划水库;

(4)重点防洪河段:白鹤以下至入海口全下游河段,包括东平湖;

(5)入海备用流路:刁口河、马新河、十八户流路。

2. 支流

(1)重要支流:渭河下游、伊洛河夹滩、沁河下游、大清河;

(2)省际界河:窟野河、黄甫川、泾河。

规划河段总计河段长 3 037.49 km,岸线长 6 013.22 km。其中黄河干流规划河段长 2 223.51km,岸线长 4 427.21 km;上中游河段长 1 205.35 km,岸线长 2 402.52 km;黄河下游河段长 1 018.16 km,岸线长 2 024.69 km。黄河下游的河口河段长 48.43 km,岸线长 112.07 km;刁口河、马新河、十八户流路等 3 条备用流路河段长 143 km,3 条河流目前均不行河,备用流路保护区呈扇形分布,其岸线长度以外轮廓线长度计入,长 280.17 km;东平湖岸线长为78.02 km。

渭河下游、沁河下游、黄甫川、窟野河、泾河、伊洛河、大清河等支流河段长622.55 km,岸线长1 115.75 km。

(六)岸线利用存在的问题

黄河流域河道岸线是有限的宝贵资源,岸线利用由来已久,其主要利用方式有桥梁、码头、取(排)水口、跨河电(光)缆、油气管道、旅游建筑物、景观工程等。近年来,黄河流域及沿黄城市社会经济快速发展,城市规模迅速扩张,涉水、涉河建筑物日益增多,尤其是城市河段、矿产资源开发集中或有滩涂开发利用条件的河段,河道岸线被大量占用,甚至挤占行洪河道,有的项目已严重影响河势稳定和防洪安全,有的已引发两岸严重的水事纠纷。因此,对河道岸线开发利用现状进行分析评价,进而提出合理的开发利用布局,乃当务之急。黄河河道岸线利用管理存在以下几个方面问题。

1. *黄河流域河道统一管理和分级管理缺乏有效协调机制*

《中华人民共和国河道管理条例》第五条规定:“国家对河道实行按水系统一管理和分级管理相结合的原则”;第十七条规定:“河道岸线的利用和建设,应当服从河道整治规划和航道整治规划。计划部门在审批利用河道岸线的建设项目时,应当事先征求河道主管机关的意见。”

按照水利部授权,黄委负责黄河干流从河源至入海口,以及支流湟水、大通河、黄甫川、窟野河、渭河、泾河、沁河等河道管理范围内建设项目的审批。

黄河干流及湟水、大通河等支流河道管理范围内进行项目建设,黄委是唯一具有审批权或审核权的主管机关,所有项目应经过黄委审批或审核同意才能实施建设行为。在具体项目的审批上,黄委对大型灌区、工农业、生活取水、跨河建筑物等建设项目实施了统一审批和管理;但上中游部分河段,地方河道管理部门对小型项目实施了审批权,甚至有些地方水利部门以外的单位也对岸线项目实施审批,部分河段个别项目未经任何主管单位审批,擅自开工建设。

目前,流域统一管理与地方分区域管理缺乏有效的沟通、协调机制,未经黄委审查同意擅自利用岸线的建设项目没有从根本上得到纠正。

2. *多龙治水导致部分河段岸线开发混乱*

水利、城建、林业和环保部门多头审批岸线开发项目,致使开发项目布局不合理;一些城市岸线取水口、跨河桥梁、景观等交叉设置,出现违规事件和安全事故;一些地方部门在未履行报批手续或未经批准就擅自开工建设项目,还存在着个别企业少批多占、未批先建的问题。部分河段岸线开发利用的混乱和无序助长了非法围垦河道、乱占滥用滩地的问题;一些河段存在围河造地、侵占河道等现象,缩窄了河段断面,阻碍了河道行洪,引发两岸群众纠纷,加剧了当地社会矛盾。

3. *部分水管理法规存在不协调问题*

随着我国国民经济的快速发展,为市场经济保驾护航的法律法规不断配套完善,并衍生了相应的行业法规规章,但部分法规存在不协调或执行过程中强调“以我为主”问题。如个别行业主管部门片面理解行业法规,在未经河道管理机关同意、甚至河道管理机关不知情的情况下,设立了自然保护区或风景名胜区,有些保护区和风景区侵占了河道行洪区,阻碍了河道正常行洪。如已经批准的陕西省洽川风景名胜区处女泉,位于小北干流水利工程以内,干扰了新民滩放淤试验工程的审批和实施,给黄河水利工程规范与建设带来了很大的困难,黄河大北干流河道管理存在行业规章与地方政府规定的不协调问题,影响河道的规范管理和有序利用。

4. 缺乏有效的岸线有偿使用机制

黄河河道岸线利用缺少有效的经济调控手段,现行的无偿获取岸线开发权的做法,客观上起不到对滥占滥用岸线的遏制作用,与国家为保障行洪安全、稳定岸线、整治河道、控制河势的巨额投入极不适应,不利于岸线的节约使用和合理开发。

5. 岸线利用缺乏统一的专业规划

黄河流域河道岸线利用缺乏全面、科学、系统的规划,各河段确权划界标准不一,有些无堤河段管理界限不明确。由于岸线范围模糊,功能区没有界定,管理上缺乏依据,造成部分河段开发无序,致使防洪、供水、生态环境保护等岸线功能难以统筹协调,造成岸线资源的配置不合理,一些河段以土地利用规划或城市规划代替岸线利用管理规划,出现盲目建设现象,岸线利用未能处理好上下游、左右岸关系,影响河势稳定,造成两岸河事关系紧张。

(七)岸线控制线的划定原则

(1)根据岸线利用与保护的总体目标和要求,结合各河段的河势状况、岸线自然特点、岸线资源状况,在服从防洪安全、河势稳定和维护河流健康的前提下,充分考虑水资源利用与保护的要求,按照合理利用与有效保护相结合的原则划定岸线控制线。

(2)按照流域综合规划、防洪规划、水功能区划及河道整治规划、航道整治规划等方面的要求,统筹协调近(远)期水利工程建设、河流生态功能保护、滩地合理利用、土地利用等规划,以及各部门对岸线利用的要求,按照岸线保护的要求,结合需要与可能合理划定。

(3)应充分考虑河流左右岸的地形地质条件、河势演变趋势及左右岸开发利用与治理的相互影响,以及河流两岸经济社会发展、防洪保安和生态环境保护对岸线利用与保护的要求等因素,合理划定河道左右岸的岸线控制线。

(4)城市段的岸线控制线应充分考虑城市防洪安全与生态环境保护的要求,结合城市发展总体规划、岸线开发利用与保护现状、城市景观建设等因素。

(5)岸线控制线的划定应保持连续性和一致性,特别是各行政区域交界处,应按照河流特性,在综合考虑各行业要求,统筹岸线资源状况和区域经济发展对岸线的需求等综合因素的前提下,科学合理地进行划定,避免因地区间社会经济发展要求的差异,导致岸线控制线划分不合理。

(八)黄河上中游岸线控制线

1. 临水控制线

兰州河段没有规划的河道治导线,以造床流量和滩边的交线作为临水控制线。宁蒙河段、渭河下游等河段,结合治导线和控导工程,按照排洪河槽线绘制临水控制线;宁蒙河段中的石嘴山城市河段的临水控制线一般按照整治流量的设计水位和岸坎线或者滩面的交线绘制。沁河下游的临水控制线一般沿堤防临水堤脚绘制;河准、府保河段以拆除控制线作为临水控制线；小北干流的临水控制线一般沿治导控制线外 50 m 绘制，同时参考已建的水利工程；潼三河段的上段有河道治导线，其临水控制线按照排洪河槽的宽度线绘制，中段、下段的临水控制线按照 326 m 高程与库岸的交线绘制。

《黄河下游滩槽划分办法研究报告》（黄河水利科学研究院，2008 年 10 月）将黄河下游滩区与河槽进行了划分，滩槽界线是以河道整治工程为基础，结合当地 5 000 m^3/s 流量洪水的水位边界线划分的，即黄河下游临水控制线采用滩槽界线。

2. 外缘控制线

对黄河下游、宁蒙河段、沁河下游、渭河下游、窟野河、伊洛河夹滩等有堤河段采用各省区或河道管理条例已划定的堤防工程管理范围线作为外缘控制线，对于尚未淤背的堤段，留出淤背空间。兰州河段的外缘控制线为堤防背水堤脚线；无堤河段一般按防洪设计水位与岸边的交线划定外缘控制线；河准、府保河段按最大历史洪水位与岸边的交线作为外缘控制线，一般结合地形线画至陡坎，并用虚线表示；小北干流的外缘控制线采用二十年一遇洪水位和岸边的交界线；潼（关）三（门峡）河段的外缘控制线为 335 m 高程线。

（九）黄河下游岸线控制线

1. 临水控制线确定

根据临水控制线定义，临水控制线实际上是河道洪水行洪区与岸线区的交界线。两岸之间的临水控制线是河道行洪区域，除河道整治工程外，不允许任何项目进入河道行洪区域。

黄河下游河道治理采取微弯型整治方案，修筑坝垛护弯，以弯导流，整治中水流路河槽，以此达到河道整治的预期目的。

排洪河槽的宽度要宽于治导线，以防洪为主要目的的河道整治，在确定新建工程位置时，左右岸工程之间的最小垂直距离必须满足排洪的要求，这个宽度称为排洪河槽宽度。排洪河槽宽度应满足两个基本条件，一是大洪水时具有宣泄洪水的能力；二是洪水过后河势流路不发生大的变化。

2. 外缘控制线确定

对有堤防河段，采用河南、山东两省已划定的堤防工程管理范围的外缘线作为外缘控制线。对于尚未淤背的堤段，留出淤背空间。两省具体规定如下：

《河南省黄河河道管理办法》第十八条规定："堤防防护地：兰考县东坝头以上黄河堤左右岸临背河各 30 m；东坝头以下的黄河堤、贯孟堤、太行堤、北金堤，以及孟津、孟县黄河堤临河 30 m，背河 10 m；沁河堤临河 10 m，背河 5 m。"

《山东省黄河工程管理办法》第十五条规定："东明县高村断面以上黄河大堤为临河 50 m，背河 10 m；高村断面至利津县南岭子和垦利县纪冯为临河 30 m，背河 10 m；利津县南岭子和垦利县纪冯以下，临背河均为 50 m；展宽区堤和旧金堤为临河 7 m，背河 10 m；北金堤为临河 7 m，背河 5 m；大清河堤为临河 15 m，背河 5 m；东平湖围坝为临湖 15 m，背湖 5~7 m；二级湖堤为临湖 5 m，背湖 5~10 m。护堤地超过前款规定的，以确权划界确定的宽度为准。临河护堤地的宽度，滩地淤高时，应维持原边界不变；大堤加培加固后，护堤地相应外延。"

对无堤防河段，左岸孟州中曹坡以上河段为无堤段，外缘控制线从白鹤断面开始，沿防洪设计水位下行至孟州中曹坡；右岸共有两大段，一是郑州河段保合寨工程孙庄以上，二是山东东平河段下段、平阴河段和长清河段，均按防洪设计水位划定外缘控制线。

（十）岸线功能区

1. 岸线功能区定义

岸线功能区是根据岸线的自然和经济社会功能属性及不同的要求，将岸线划分为不同类型的区段。岸线功能区界线与岸线控制线垂向或斜向相交。岸线功能区分为岸线保护区、岸线保留区、岸线控制利用区和岸线开发利用区4类。

岸线保护区是指对流域防洪安全、河势稳定、水资源保护、水生态环境保护、珍稀濒危物种保护等至关重要的岸线区。

国家和省（市、区）级人民政府批准划定的各类自然保护区、风景名胜区、森林公园、地质公园自然文化遗产等地表水功能区划中已被划为保护区的岸线区，以及因岸线开发利用对防洪安全、河势稳定、水生态保护等有重要影响的岸线区，原则上划为岸线保护区。

岸线保留区是指规划期内暂时不宜开发利用或尚不具备开发利用条件的岸线区。

防洪规划保留区、河口备用流路区，以及河势演变剧烈、河道治理和河势控制方案尚未确定的区段，或有生态保护、有特定功能要求的区段，包括防洪保留区、水资源保护区，规划供水水源地河段，规划的黑山峡、碛口、古贤、海勃湾、甘泽坡等水库库区的河段岸线区，划为岸线保留区。

岸线控制利用区是指因开发利用对防洪安全、河势稳定、河流生态保护存在一定风险，或开发利用程度已较高，进一步开发利用对防洪、航运、供水和河流生态安全等造成一定影响，而需要控制开发利用程度的岸线区。

岸线开发利用区是指河势基本稳定，无特殊生态保护要求或特定功能要求，现状开发利用活动对防洪安全、供水安全及河势影响较小的岸线区。

对河势稳定、开发利用条件较好、潜力较大的河段，根据经济社会发展的需要，在保障防洪、供水安全及河流健康等要求的前提下，划为岸线开发利用区。

鉴于当地群众在黄河滩地居住、生产已有上百年历史，即使外迁也有一个较长历时过程，因此在不影响河道行洪的前提下，群众在滩区的生产、生活活动，基本上不受岸线功能区的限制。

2. 岸线功能区划分原则

（1）岸线功能区划分应正确处理近期与远期、开发与保护之间的关系，做到近、远期结合，开发利用与保护并重，确保防洪安全和水资源、水环境及河流生态得到有效保护，促进岸线的可持续利用，保障沿岸地区经济社会的可持续发展。

（2）岸线功能区划分应统筹考虑和协调处理好上下游、左右岸之间的关系及岸线的开发利用可能带来的相互影响。

（3）岸线功能区划分应与已有的防洪分区、水功能分区、农业分区、自然生态分区等区划相协调。

（4）岸线功能区划分应统筹考虑城市建设与发展、航道规划与港口建设，以及地区经济社会发展等方面的需求。

（5）岸线功能区划分应本着因地制宜，实事求是的原则，充分考虑河流自然生态属性，以及河势演变、河道冲淤特性及河道岸线的稳定性，并结合行政区划分界，进行科学划分，保证岸线功能区划分的合理性。

3. 岸线功能区划分要求

（1）对于经济较发达城市河段岸线，由于开发利用程度已较高，岸线资源已非常紧缺，应充分重视河道防洪、生态环境保护、水功能区划等方面要求，避免过度开发利用。

（2）城市河段和中下游经济发达地区的岸线开发利用程度较高，而岸线资源紧缺，各行业对岸线利用的需求仍然十分迫切，功能区段划分宜综合考虑各方面的需求，结合规划河段开发利用与保护的具际情况，对岸线功能区段进行细划。

（3）对于岸线开发利用要求相对较低、经济发展相对落后的农村河段，或位于上游两岸人口稀少的山丘区河道，可结合实际情况适当加大单个功能区段的长度。

（4）岸线功能分区的划分应在已划分的岸线控制线的带状区域内合理进行划分，功能区划定时应尽可能详细具体，以便于管理。

（十一）岸线功能区划与管理目标

1. 岸线功能区划

岸线功能区划分是规划的核心内容与中心任务，功能区的确定是在综合考虑河道行洪、水功能分区、自然生态分区等区划的基础上，根据岸线利用现状和发展需求，经综合分析，为岸线的合理、有序开发而进行的较为合理的规划布局。

黄河干支流功能区划，按照黄河干流上中游、下游河段二个大段，共划分为 79 个功能区段，其中岸线保护区 18 个，岸线保留区 18 个，岸线控制利用区 43 个。黄河入海口 3 条备用流路均划分为岸线保护区。

支流渭河下游、沁河下游、黄甫川、窟野河、泾河、伊洛河、大清河共划分为 35 个功能区段，其中岸线保护区 3 个，岸线保留区 12 个，岸线控制利用区 20 个。

2. 规划管理目标

（1）岸线保护区。

以黄河下游为例，岸线保护区分别是吉利岸线保护区、孟州岸线保护区、孟津岸线保护区、温县岸线保护区、武陟岸线保护区（并溢区）、郑州山区岸线保护区、开封岸线保护区、河口岸线保护区、垦利岸线保护区。保护区内不仅有湿地自然保护区，还有沁河入黄口、伊洛河入黄口，以及南水北调穿黄工程等需要重点保护的岸线。

一是保护目标：

①保持河势稳定，保护堤防、控导、险工等工程的完好，确保黄河下游的防洪安全，这是实现河流最基本功能——行洪的基础条件。

②保护岸线湿地生态环境和黄河水质，这是黄河供水安全的前提条件。

③保护水文测验基本断面的通视性。根据《黄河水文测报设施保护办法》（黄水政〔1991〕30 号）规定，水文测验保护河段为基本断面上下游按实测最小水面比降计算，在发生 1 m 河道落差点处之间的河段，但最小不少于上下游各 500 m。在水文测验保护河段，禁止采石、挖砂、取土、淘金、倾倒垃圾矿渣、排放污水、种植林木和高秆作物，以及修建房屋、桥梁、码头、跨河缆线、管道等建筑物，不得架设输电线路。因此，在水文测验基本断面上下游各 500 m 范围内禁止建设一切开发项目，并保持基本断面的通视性。

④保持沁河、伊洛河入黄口河势稳定,确保入黄口行洪通畅。

⑤保护南水北调中线穿黄工程,使其免受破坏和水质污染。

⑥保护黄河入海口通畅。

⑦依法保护岸线区域内的跨河铁路、公路桥梁,以及跨河或穿堤电(光)缆、输气(油、水)管道等公共设施的安全。

二是控制目标:

①除允许开发目标中所列项目外,原则上禁止一切岸线开发利用活动。

②禁止在岸线内进行采铁砂活动。

③有关法律法规,包括河南及山东两省地方性水利法规、规章明令禁止的开发活动。

三是允许开发目标:

①允许经河道主管部门审批通过的水利工程建设项目进驻岸线区域,如堤防、控导、险工等工程建设。

②允许当地农民在岸线区域内进行正常的农业生产和生活活动,但禁止种植高秆作物,禁止建设生产堤、围滩造地。

③允许以保护为目的且与水利工程建设不冲突的生态保护建设工程。

④允许经河道主管部门审批通过的大型跨河桥梁和电力、电信等管线建设;应控制桥梁密度,以免对防洪安全产生累积效应;电力电信等管线建设宜尽量采用地埋方式铺设。

(2)岸线保留区。

黄河下游共划分 2 处岸线保留区,分别是郑州邙山岸线保留区和开封岸线保留区。

一是保护目标:

①保持河势稳定,保护堤防、控导、险工等工程的完好,确保黄河下游的防洪安全。这是实现河流最基本功能——行洪的基础条件。

②保护岸线湿地生态环境和黄河水质,这是黄河供水安全的前提条件。

③保护水文测验基本断面的通视性。在水文测验基本断面上下游各 500 m 范围内禁止建设一切开发项目,并保持基本断面的通视性。

④依法保护岸线区域内的跨河铁路、公路桥梁,以及跨河或穿堤电(光)缆、输气(油、水)管道等公共设施的安全。

二是控制目标:

与岸线保护区的控制目标相同。

三是允许开发目标:

与岸线保护区的允许开发目标相同。

(3)岸线控制利用区。

一是保护目标:

与岸线保留区的保护目标相同。

二是控制目标:

①禁止高耗水、易污染、易造成水土流失的项目进驻岸线区域。

②保持岸线开发利用项目的适当密度,避免密度过大。例如,在跨河铁路上下游各 1 000 m、公路桥上下游各 200 m 范围内禁止安排对桥梁安全有影响的利用项目。

③保持岸线利用项目的合理布局,如供(排)水口不能设置在同一区域或相近区域。

④禁止在岸线区域内建设工业生产企业。

⑤原则上禁止在岸线区域内建设永久性岸线利用工程、建筑物;确需建设的,必须经河道主管机关审批同意。

⑥开发项目必须进行水资源评价、防洪评价和环境影响评价,确保工程建设对生态环境、防洪安全不构成威胁。

⑦禁止在岸线内进行商业采铁砂活动。

⑧有关法律法规,包括河南及山东两省地方性水利法规、规章明令禁止的开发活动。

三是允许开发目标:

①允许经河道主管部门审批通过的水利工程建设项目进驻岸线区域,如堤防、控导、险工等工程建设。

②允许当地农民在岸线区域内进行正常的农业生产和生活活动,但禁止种植高秆作物,禁止建设生产堤、围滩造地。

③允许经河道主管部门审批通过的大型跨河桥梁和电力、电信等管线建设;应控制桥梁密度,以免对防洪安全产生累积效应;电力电信等管线建设宜尽量采用地埋方式铺设。

④允许开发生态保护建设项目、浮桥和旅游项目。

⑤允许适度利用滩涂、坑塘、水域进行水产养殖,但要注意与保护湿地生态相结合。

⑥允许建设土地集约化种植项目,如农业示范园。

⑦在无堤河段,允许建设对黄河防洪安全、黄河水质及湿地生态影响轻微或无影响的且经黄委河道主管部门审批(核)通过的开发项目。

第三节　防洪评价报告编制

涉河建设项目的建设方案审查重点是防洪评价报告,即建设方案的可行性取决于建设项目的初步设计,河道主管部门关注重点是依据项目初步设计编制的防洪评价报告内容及结论。

为规范涉河建设项目防洪评价承担单位或个人的报告编制,提高建设方案编制质量和项目审查效率,2004 年 7 月水利部编制印发了《河道管理范围内建设项目防洪评价报告编制导则》,经过多年应用,该导则在实践中发挥了较好的指导作用,主要内容与编制要点如下。

一、概述

(一)项目建设背景

防洪评价报告编制应根据建设项目所在河段的河道特点及相关情况,采用合适的评价手段、技术路线和评价内容。

(1)建设项目的名称、地理位置、投资规模等;

(2)建设项目的必要性,项目前期工作概况,建设项目的总体布局、规模,涉河部分工程建设方案;

(3)防洪评价报告编制及委托合同材料。

(二)评价依据

(1)国家有关法律、法规,地方有关法规,行业主管部门规章;

(2)有关经批准的规划文件,包括建设项目所在河段的综合规划、防洪规划、治导线规划、岸线利用管理规划、河道整治等水利专业规划;

(3)有关技术规范和技术标准;

(4)建设项目设计报告批复文件及建设方案等。

(三)评价范围与技术路线

分析涉河建设项目所在水系或流域的综合规划、防洪规划、洪水特性、历史洪水等情况,确定建设项目所在位置上下游的河道评价范围。

评价报告所采用的技术思路,包括采用的基础资料、分析计算方法、试验手段、工作步骤等,概括防洪评价的主要内容。

二、基本情况

建设项目概况,所在河段的河道基本情况、现有水利工程及其他设施、水利规划及实施安排等。

(一)项目建设方案

(1)建设项目名称、地点及建设目的;

(2)建设项目的总体布置、结构形式,方案比选,与河道堤防及其他水利工程交叉或连接方式、占用河道管理范围内土地及设施等情况;

(3)设计、校核、施工防洪标准,以及相应流量、水位等参数;

(4)施工方案包括施工总体布置、施工导流、施工交通、施工方法、施工工艺、施工临时建筑物设计、施工工期安排、施工期度汛方案等;涉及河道管理范围内取土和弃土,应包括施工取土和弃土方案。

(二)河道基本情况

(1)河道所在区域自然地理、河流水系、水文气象、泥沙特征、社会经济和工程状况;

(2)项目所在河道河流长度、主要支流、水利工程布局,河道现状防洪标准、洪峰流量及水位、规划治理标准等;

(3)项目所在河段河道边界条件,滩地、主槽、险工及堤岸治理、河床地质、河道断面形态、河势演变情况等。

(三)水利工程现状及其他设施

堤防工程、闸坝工程、泵站等水工程、水文监测设施的位置、防洪标准、设计流量、水位等技术指标和调度运用要求。

跨河、穿河、穿堤、临河的桥梁、隧道、码头、道路、渡口、管道、缆线、取水口、排污口、景观工程等建筑物的位置、规模、防洪标准、设计流量、水位等技术指标及运用要求。

(四)水利规划及实施安排

(1)流域综合规划、防洪规划、岸线利用管理规划、河道(口)整治规划等水利规划及与建设项目的关系;

(2)建设项目所在河段的具体规划内容、要求及实施情况;

(3)建设项目实施及运用对规划实施的关系,是否影响洪水调度和防洪标准变化。

三、河道演变

河道演变主要是分析建设项目所在河段的河道历史演变过程和特点,近期河床冲淤与河势演变特点和规律,预估河道的未来演变趋势。

(1)借助文献资料分析项目所在河段河道历史演变过程和特点。

(2)根据项目所在河段水文泥沙资料,分析影响范围内河道深泓、岸线等平面及断面变化,阐明近期河床的冲淤变化特性。

(3)根据历史、近期河道演变情况,结合水利规划实施安排,对建设项目实施后河道的演变趋势进行分析预测。

四、防洪评价分析计算

(一)水文分析计算

(1)采用的计算方法、公式、有关参数的选取及依据,计算方法应根据所在河段实际有针对性地选用。

(2)不同频率洪水设计流量、相应水位,包括泥沙相关成果。

(3)项目所在河段已有满足要求的水文分析计算成果的可直接采用,没有相应水文分析计算成果的应按相关规范进行分析计算。

(4)计算成果应进行合理性分析。

(二)壅水分析计算

壅水分析计算包括壅水高度、壅水范围和项目建设前后行洪能力变化。

壅水一般可采用规范推荐的经验公式进行计算;壅水高度和壅水范围对河段的防洪影响较大的,开展数学模型计算或物理模型试验。采用数值模拟计算时,应根据建设项目类型及河道具体情况,选取合适的数学模型;采用模型法进行分析时,应针对各评价工况,给定水位、流速分布及建设项目所产生的壅水高度及壅水范围,分析流态变化和对河道行洪的影响。

建设项目与相邻建筑物间距在壅水影响范围内,应分析壅水累积效应影响。

(三)冲刷与淤积分析计算

冲刷与淤积计算包括河道主槽、滩地冲刷、淤积等。

一般情况下可采用规范推荐的经验公式结合实测资料进行冲淤分析计算;对于有重要防洪任务或重要水利工程的河段,还应开展动床数学模型计算或动床物理模型试验研究。

采用数值模拟计算、河工模型试验方法时,应根据实测资料情况,进行模型的率定和验证。冲淤分析成果应包括冲淤总量、冲淤厚度、冲淤时空分布特征等内容,成果精度应符合有关规范要求。

根据建设项目所在河段的水文泥沙特性、防洪评价的主要任务,选取有代表性的水文系列进行项目实施后的冲刷与淤积计算;水文系列及计算工况的选取应能反映冲刷和淤积的不利水沙条件组合。

五、防洪综合评价

根据建设项目所在河段的防洪任务与要求、水利工程布局及防洪评价计算成果,综合评价建设项目的建设方案对河道防洪的各种影响。

(一)建设项目与有关规划的关系

分析建设项目是否符合流域综合规划,以及有关的防洪规划、治导线规划、岸线保护和利用管理规划、河道整治规划等专业规划;是否符合河湖空间管控、水功能区划、自然保护区及河道治理的总体要求;建设项目对规划实施是否产生不利影响,是否会增加规划实施的难度。

(二)建设项目与防洪(凌)标准、有关技术和管理要求的关系

根据建设项目的防洪标准、结构形式及总体布局,评价建设项目是否符合所在河道的防洪标准及有关技术要求,是否符合水利部门的有关规定。

(三)建设项目对河道行洪(凌)的影响分析

根据建设项目壅水计算或试验结果,分析建设项目对河道行洪(凌)安全的影响范围和程度;施工方案占用河道行洪断面对河道行洪(凌)能力的影响。

(四)建设项目对河势稳定的影响分析

建设项目对河势稳定的影响,应结合河道演变分析成果,综合分析建设项目对河势稳定的影响。

(五)建设项目对堤防、岸坡稳定和其他水利工程设施的影响分析

建设项目涉及堤防及岸坡稳定,包括建筑物穿越堤身和堤基、墩柱位于堤防管理范围内可能影响堤防稳定的情形,应按《堤防工程设计规范》进行分析计算;建设项目可能影响岸坡稳定时,应进行岸坡抗滑稳定和渗透稳定分析计算。

(六)建设项目对工程管理和防汛抢险的影响分析

根据水利管理和防汛抢险任务及要求,分析建设项目对水利工程及设施日常管理维护的影响;按照建设项目总体布局、结构形式,分析对防汛交通、通信设施等的影响。

六、防治与补救措施

建设项目对影响分析范围内的工程及设施有影响的,应按照等效替代原则消除影响。

(一)建设项目影响补救措施

建设项目对水利规划的实施有影响、对河道行洪(凌)有影响、对河势稳定有影响、对堤防及岸坡稳定和其他水利工程设施有影响、对水利管理、防汛交通有影响、对水利工程有影响的,应明确建设方案的相应调整意见,并提出相应的补救措施。

建设项目对第三人合法水事权益有影响的,由建设单位与第三人协商解决。

(二)防治与补救措施的工程量与投资估算

(1)对水利工程的影响须提出明确的影响范围和内容。

(2)涉及影响1、2级堤防与重要防洪设施和水文观测设施的建设项目,防治与补救措施应进行专项设计,专项设计应由有相应水利行业工程设计资质的单位承担。

七、结论与建议

总结归纳防洪评价的主要结论，对存在的主要问题提出有关建议。

(1)建设项目与有关规划符合性评价结论。

(2)建设项目布置方案、结构形式、防洪标准和有关技术要求符合性评价结论。

(3)建设项目对河道行洪的影响评价结论。

(4)建设项目对河势稳定的影响评价结论。

(5)建设项目对堤防及岸坡稳定和其他水利工程设施影响评价结论。

(6)建设项目对水利管理和防汛交通的影响评价结论。

(7)施工影响评价结论。

(8)建设项目对第三人合法水事权益的影响评价结论。

八、附图

防洪评价报告应附具必要附图，主要包括以下内容：

(1)水系图，标明主要河道、水利工程及水文站等。

(2)建设项目相对位置图，标明主要河道、水利工程及其他设施的位置、距离等。

(3)典型年份河势演变分析套绘图，反映影响范围内河道滩槽变化、河道主流线，以及与水利工程及其他附属设施位置关系等。

(4)建设项目穿(跨)越河道断面图，拟建工程主要结构布置、位置，标明河道滩地、堤防现状(规划)高程等参数。

(5)建设项目设计有关图纸，包括建设项目总体布置图，涉河部分建设方案平面图、剖面图，河床地质剖面图，施工平面布置图等。

(6)建设项目布置与河道堤防连接位置图纸，标明建设项目与现状(规划)水利工程连接及交叉情况。

(7)模型计算相关图，采用数值模拟分析计算及河工模型试验等研究手段的，包括研究范围、网格、水位、流速、流态、冲淤等与试验研究图。

第四节　涉河建设项目管理

一、涉河建设项目审查制度

(一)制度建设沿革

1988年以前，涉河非水利工程建设项目实行批复同意与否制度；1988年1月《中华人民共和国水法》、1988年6月《中华人民共和国河道管理条例》相继颁布之后，涉河建设项目开始实行水行政许可制度，相关规范性文件相继出台。1990年，《黄河下游浮桥建设管理办法》印发执行；1992年，水利部和原国家计划委员会颁发《河道管理范围内建设项目管理的有关规定》；1993年，水利部颁发《关于黄河水利委员会审查河道管理范围内建设项目权限的通知》。

黄河流域河道管理范围内建设项目管理是国家赋予流域管理机构的一项重要水行政管理职责,随着经济社会的快速发展和依法行政、依法治河的不断深入,对保障防洪安全的要求越来越高,对河道管理范围内建设项目管理提出了更高要求。为规范涉河建设项目申请、审查及行政许可工作,1993 年黄委印发的《黄河流域河道管理范围内建设项目管理实施办法》中明确,黄河河道管理范围内建设项目申请书、施工许可证由黄委统一印制;之后,黄委编制了《黄河流域河道管理范围内建设项目申请书格式文本》《黄河流域河道管理范围内建设项目审查同意书格式文本》;并相继出台了《黄河下游跨河越堤管线管理办法》《黄河河道管理范围内建设项目技术审查标准(试行)》《黄河穿河越堤管线安全监督办法》《黄河涉河建设项目防洪补偿工程建设管理规定(试行)》等。上述制度对规范涉河建设项目管理,保障黄河防洪安全,促进沿黄地区经济发展发挥了重要作用。

(二)审查制度改革

为贯彻落实国务院关于推进"放(权)管(理)服(务)"改革的要求,根据水利部有关规章制度,2017 年黄委对涉及水行政审批的有关文件进行了全面清理,印发了《黄委关于废止和修改部分涉河行政审批文件的决定》(黄办〔2017〕285 号),废止了《〈黄河流域河道管理范围内建设项目管理实施办法〉补充规定(暂行)》《黄委关于黄河河道管理范围内建设项目技术审查标准(试行)补充规定的通知》等 5 项制度,修改了水工程建设规划同意书论证报告编制导则、黄河取水许可管理实施细则等 8 项制度的相关内容,目的在于通过强化依法行政与后续监管,有效协调经济社会发展与河道水利工程安全之间的矛盾。

按照"放管服"要求,在涉河项目水行政审批上注重审查权下放、搞好服务,简化水行政审查,提高效率,真正做到公开、便民、高效;申报材料网上下载,申办项目办理程序网上查询;建立涉河项目审批内部工作流程图,规范涉河项目审批程序,提高行政许可效率和质量;建立职能部门的沟通协作机制,加强内部协商与水行政许可项目技术指导,促进"事后查处"向"事前控制"的工作转变;积极探索涉河建设项目建设单位负责、河道管理部门监管、社会舆论监督的综合监管模式,充分发挥经济、行政、社会监督等监管作用,营造规范有序的涉河建设项目管理氛围。

二、涉河建设项目审查权限

为加强黄河流域河道管理范围内建设项目的管理,确保防洪安全,促进经济社会发展,按照《水利部关于黄河水利委员会审查河道管理范围内建设项目权限的通知》,黄委对黄河流域河道管理范围内(含蓄、滞洪区)新建、扩建、改建的建设项目,包括跨河、穿河、跨堤、穿堤、临河的桥梁、码头、道路、渡口、管道、缆线、取水口、排污口等建筑物,厂房、仓库、工业和民用建筑,以及其他公共设施(简称建设项目),明确了建设项目审查权限,即在下列河道管理范围内实施建设项目,未经有关河道主管机关审查同意,建设单位不得开工建设。

(1)黄河干流托克托(头道拐水文站基本断面)以上河道,支流湟水(含大通河)、皇甫川、窟野河、渭河咸阳铁桥以上及泾河河道管理范围内兴建大型建设项目,报黄河水利委员会审查;兴建中型建设项目,报黄委黄河上中游管理局审查。

(2)黄河干流托克托至禹门口区间河道管理内兴建大中型建设项目,报黄委审查;兴建小型建设项目,由地方河道主管机关审查。

(3)黄河干流禹门口以下,左岸至风陵渡黄河铁路桥,右岸至陕豫两省交界处河道(包括该段三门峡库区)管理范围内兴建大中型建设项目,分别由黄委山西、陕西黄河河务局提出意见,报黄委审查;在河道单侧兴建小型建设项目,分别由黄委山西、陕西黄河河务局审查,审查机关审查时应征求对岸黄河河务局的意见。

(4)黄河干流左岸风陵渡黄河铁路桥、右岸陕豫两省交界处至三门峡大坝保护区上界,渭河干流咸阳铁桥以下至吊桥工程处河道(包括该段三门峡库区)管理范围内兴建各类建设项目报黄委审查。其中,在陕西渭河干流咸阳铁桥以下河道管理范围内兴建的建设项目,在报送黄委受理前,由陕西省渭河流域管理机构提出意见。

(5)黄河干流三门峡大坝保护区下界至西霞院河道管理范围内兴建各类建设项目,由小浪底水利枢纽管理中心提出意见,报黄委审查。

(6)黄河干流西霞院至黄河入海口河道管理范围内兴建大型建设项目及各类穿堤建设项目,分别由黄委河南、山东黄河河务局提出意见,报黄委审查;兴建中小型建设项目,分别由黄委河南或山东黄河河务局审查。

(7)支流沁河紫柏滩以下至入黄口河道管理范围内兴建大型建设项目,由黄委河南黄河河务局提出意见,报黄委审查;兴建中小型建设项目,由黄委河南黄河河务局审查;紫柏滩以上河道管理范围内兴建大中型建设项目,报黄委审查。

(8)黄河北金堤滞洪区内兴建大中型建设项目的洪水影响评价报告,按规定报水利部审批;在金堤河干流北耿庄以下河道管理范围内兴建大中型建设项目,以及建设项目同时涉及北金堤滞洪区和金堤河干流北耿庄以下河道的,分别由黄委河南、山东黄河河务局提出意见,报黄委审批;兴建小型建设项目,分别由黄委河南、山东黄河河务局负责审批。

(9)支流大汶河戴村坝以下河道、东平湖滞洪区管理范围内兴建大型建设项目,由黄委山东黄河河务局提出意见,报黄委审查;兴建中小型建设项目,由黄委山东黄河河务局审查。

(10)黄河河口黄河入海河道管理范围内,兴建大型建设项目,由黄委山东黄河河务局提出意见,报黄委审查;兴建中小型建设项目,由黄委山东黄河河务局审查。

(11)三门峡大坝保护区管理范围内兴建各类建设项目,报黄委审查。

(12)故县水库库区及大坝保护区管理范围内兴建大型建设项目,由故县水利枢纽管理局提出意见,报黄委审查;兴建中小型建设项目,由故县水利枢纽管理局审查。

(13)除上述已明确的河道管理范围内建设项目审查权限外,在黄河干(支)流河道管理范围内兴建其他建设项目,由地方各级河道主管机关根据流域统一规划分级实施管理,地方河道主管机关在发放建设项目审查同意书时,须抄黄委核备。

三、建设项目申报与审查

(一)项目申报

建设单位申请建设项目时,应按照黄委《黄河流域河道管理范围内建设项目管理实施办法》中明确的建设项目审查管理权限与要求,网上获取并填报河道管理范围内建设项目申请书,提供以下书面申报材料。

(1)申请书;

(2)建设项目所依据的文件;

(3)建设项目涉及河道与水利工程的建设方案;

(4)占用河道管理范围内土地情况及该建设项目防御洪涝的设防标准;

(5)说明建设项目对河势变化、堤防安全、河道行洪,河水水质的影响,以及拟采取的补救措施。

对于重要的建设项目,建设单位还应编制更详尽的防洪评价报告,河道管理范围内建设项目的防洪评价报告可由建设单位按要求自行或委托有关单位编制。

(二)项目审查依据

按照《水利部简化整合投资项目涉水行政审批实施办法(试行)》有关规定,建设跨河、穿河、穿堤的桥梁、码头、管道等工程设施,其可研报告按照国家规定的基本建设程序报请批准前,其中的工程建设方案应当经有关水行政主管部门根据防洪要求审查同意;在洪泛区、蓄(滞)洪区内建设非防洪建设项目,其可研报告按照国家规定的基本建设程序报请批准时,应当附具有关水行政主管部门审查批准的洪水影响评价报告。涉河建设项目审查,主要依据下列法规、规范和技术标准。

(1)《中华人民共和国防洪法》《中华人民共和国河道管理条例》;

(2)建设项目依据的桥梁、管线、电力设施等行业法规;

(3)项目所在地人大和政府的条例、规定等法律法规;

(4)水利部和原国家计划委员会颁发的《河道管理范围内建设项目管理的有关规定》《水利部关于黄河水利委员会审查河道管理范围内建设项目权限的通知》《水利部关于加强洪水影响评价管理工作的通知》《水利部简化整合投资项目涉水行政审批实施办法(试行)》等规章;

(5)建设项目涉及水利、桥梁、电力等相关行业的规范及标准;

(6)《黄河河道管理范围内建设项目审查技术标准》《黄委关于废止和修改部分设计行政审批文件的决定》(黄办〔2017〕285号)等有关规定。

(三)审查时限与许可

1. 审查时限

河道主管机关应当自受理申请之日起20个工作日内做出行政许可决定,同意兴建的,发放河道管理范围内建设项目审查同意书或审批文件。20个工作日内不能做出决定的,经本行政机关负责人批准,可延长10个工作日,并将延长期限的理由告知申请人。

河道主管机关审查中,要求建设项目工程建设方案进行优化调整或防洪评价技术报告进行修改完善的,在建设单位优化调整或修改完善后,经复核满足要求的,依法办理建设项目审查同意手续。

河道主管机关作出行政许可决定,依法需要听证、检验、检测、鉴定、评估和专家评审的,所需时间不计算在本办法规定的期限内。

2. 审查告知

河道主管机关对建设项目申请进行审查后,符合相关规定的,按照审查时限组织审查;不符合相关规定的,依法做出不予行政许可的书面决定,并说明理由,同时告知申请人依法享有申请行政复议或者提起行政诉讼的权利。

3. 审查费用

在建设项目审查过程中,需补做的勘察、试验、技术评价等工作,其费用由建设单位承担。

(四)审查内容与要求

1. 审查的主要内容

作为水行政许可的重要内容之一,水行政主管部门或被授权的河道管理单位对河道管理范围内的建设项目进行审查,其最重要的目的就是保证河道防洪安全和建设项目自身的安全;还须兼顾航运、水文站及其他第三方合法的水事权益不受侵犯。

审查的涉河建设项目一般泛指非水利工程及设施,即指在河道(包括河道滩地、湖泊、水库、人工水道、行洪区、蓄洪区)管理范围内新建、扩建、改建的跨河、穿河、跨堤、穿堤、临河的桥梁、码头、拦河建筑物及工业和民用建筑等公共设施。

(1)是否符合黄河流域综合规划和有关的国土及区域发展规划,对规划实施有何影响;

(2)是否符合防洪标准和有关技术要求;

(3)对河势稳定、水流形态、水质、冲淤变化有无不利影响;

(4)是否妨碍行洪、降低河道泄洪能力;

(5)对堤防、护岸和其他水工程安全的影响;

(6)是否妨碍工程管理与防汛抢险;

(7)建设项目防洪(凌)设防标准与措施是否适当;

(8)是否影响第三人合法的水事权益;

(9)是否符合其他有关规定和协议。

2. 审查的一般要求

(1)报送审查项目的防洪评价报告应列出项目建设所依据的法律、法规和规定;建设项目采用的防洪标准、依据的技术规范等;审查项目所在河段防洪治理规划及地区经济发展规划之间的关系;河段内非水利工程建设项目之间的相互关系等。

(2)采用的水文、泥沙基本资料应为经过整编的并经流域管理机构或者省(市、区)人民政府水行政主管部门直属水文机构审查认定的;采用的地形、地质资料应由建设部资质认定的单位提供。

(3)在水文监测环境保护区(见图 14-2)内原则上不得进行非防洪设施建设;确需建设的,应征得对该水文站有管理权限的水行政主管部门同意。

(4)黄河孟津白鹤镇至河口河段、黄河禹门口至潼关河段、宁蒙河段、渭河咸阳铁桥以下河段、沁河五龙口以下及大清河戴村坝以下河段的大中型建设项目,未来河道冲淤演变预测、重要技术指标(参数)的确定,应按照项目难易程度、影响大小及河道防洪的重要性等,通过数学模型计算或实体模型试验与原型资料分析相结合的方法取得。

(5)河道冲淤演变预测要考虑各种不利因素。对于已建成水库、拟建或规划水库库区内及水库下游的工程应考虑水库调度运用方式的影响。

图 14-2　水文观测站

(6)设计洪水复核应考虑上游已建、拟建及规划梯级运用对设计洪水的影响。

(7)设计洪水除满足建设项目自身防洪标准外,还应与建设项目所在河段的防洪及水电工程标准相协调。位于已建、拟建及规划水库库区内的建设项目,设计洪水位应不低于正常高水位情况下的通航要求和水库校核洪水水面线;水位流量关系应与建设项目所在河段的防洪及水电工程标准相协调。水面线、水位流量关系计算应符合规范要求。

(8)冰凌较为严重的河段,应充分考虑建设项目所在河段发生封河、开河及冰坝的影响,冰凌洪水位应与相应规划设计成果相协调;建设项目在已建、拟建、规划水库的中部和尾部的,应充分考虑项目建设对封河、开河及冰坝的影响,并分析提出壅冰水位。

(五)不同类型建设项目审查技术要点

1. 建设项目选址要求

(1)宜避开可能明显影响河道河势稳定及水利工程安全的河段。

(2)宜避开防洪规划保留区、岸线利用管理规划保护区及水文设施保护区。

(3)饮用水源保护区及其他建设项目安全保护区,应符合水源保护和其他建设项目保护管理的相关技术标准。

(4)建设项目与相邻涉河工程的距离应满足相应的安全与管理要求。

2. 跨河(堤)建设项目

跨河建设项目指跨越河道、堤防的建设项目,包括跨河或跨(越)堤的桥梁、管道、输电线路等项目。

1)桥梁类建设项目

(1)桥梁跨越方式。

在黄河干流及渭河、沁河、大清河等支流下游的河道管理范围内修建桥梁应采用全桥渡跨越方式,如图 14-3 所示。

黄河下游干流桥梁跨越堤防需采取立交方式;黄河干流宁蒙河段及黄河支流渭河、沁河及大清河下游河段,桥梁跨越堤防原则上应采取立交方式。确需采取平交方式的,须进行充分论证,同时应满足设计水平年(50 年)的设计堤顶高程,并进行加高加固。

图 14-3　中牟官渡黄河大桥

为满足堤防工程管理与抢险交通的需要，采取立交方式跨越堤防的，两岸跨堤处梁底标高应考虑河道冲淤影响，满足大桥设计水平年(50 年)的设计堤顶高程加 4.5 m 交通净空。

(2)桥位选择。

桥位应提出比选方案，经过分析比较，提出推荐的桥位，如图 14-4 所示。

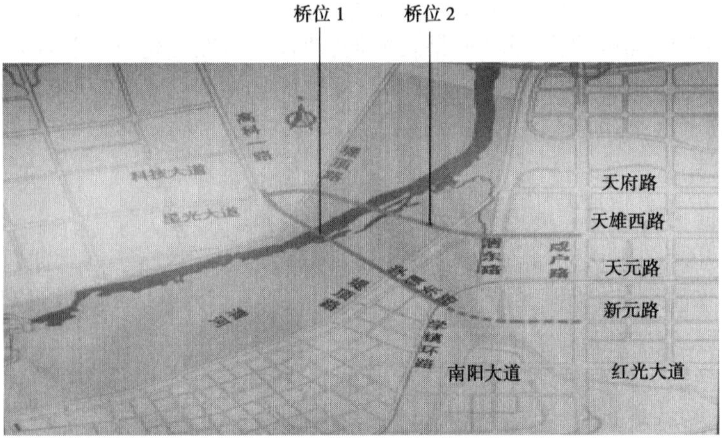

图 14-4　桥位方案比选

桥位选择应在水文、水位站基本断面影响范围以外，并尽量减小对测流断面、地形测验断面的影响。桥位位于水文监测环境保护范围内，影响水文监测，水文测站需迁移的，按《中华人民共和国水文条例》第三十条执行；水文测站不需迁移的，应开展专题分析评价，并需采取保护措施。

桥梁轴线宜与河道主流线正交，即桥梁轴线的法线方向应与洪水主流流向基本一致，夹角宜不大于 10°，特别是黄河干支流下游的平原地区桥河段；对于干支流上游山区河段，线路及桥梁布置受制于地形地貌因素多，若河道两岸为岩石山体，或无重要防守任务，桥梁轴线与河道主流线夹角可适当放宽，但河道内桥梁孔跨宜适当加大。

(3)桥梁间距。

河道上游桥梁建设对紧邻的下游桥梁基础冲刷影响较大。为减少桥梁建设对河势演变、工程管理、河道防洪抢险等影响,不同河段上下游桥梁的容许间距一般应不小于桥梁壅水长度的1.5~2倍,同时考虑河段防洪(凌)的重要程度,确定桥梁间距(见图14-5)。桥梁容许间距详见表14-1。

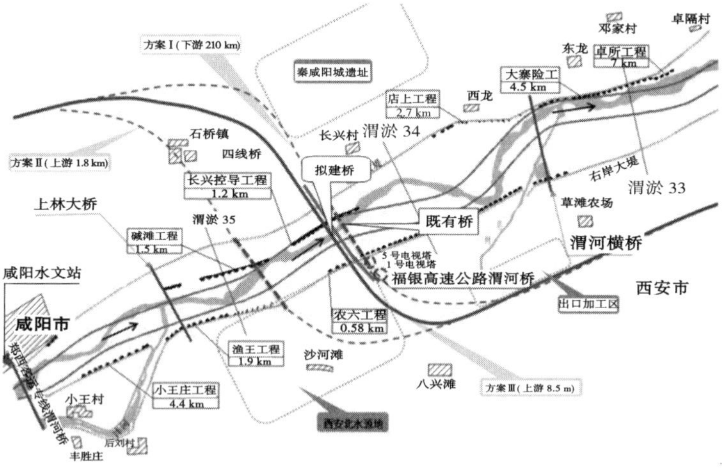

图14-5　桥梁间距分析确定

表14-1　不同河段桥梁容许间距

河段	桥梁容许间距(km)	河段	桥梁容许间距(km)
黄河青甘河段	3	高村—陶城铺河段	5
黄河宁蒙河段	4	陶城铺以下河段	6
万家寨坝址—禹门口河段	2	渭河咸阳铁桥以下	4
禹门口—潼关河段	4	沁河五龙口以下	4
潼关—孟津河段	3	大清河戴村坝以下	4
孟津—桃花峪河段	3	其他有关河流及河段(如泾河、湟水等)	4
桃花峪—高村河段	4		

对于城市河段,确需减小桥梁间距的,须经充分论证,并采取有效的防护措施;上下游桥梁间距确实难以满足上述规定的,一般采取加大河道内桥梁孔跨加以补偿的方法解决。

(4)孔跨布置。

桥梁孔跨大小影响河道行洪、河床冲刷、堤岸防护。河道内孔跨布置时,应根据不同河段的河道特性、河势演变规律及防洪(凌)需要确定,同时考虑桥梁密度的影响。不同河段桥梁孔跨容许值见表14-2。

表 14-2　不同河段主槽与滩地孔跨布置

河段	主河槽孔跨(m)	滩地孔跨(m)	跨越方式
黄河青甘河段	≥80	≥30	全桥跨越
黄河宁蒙河段	三盛公以上≥80,以下≥100	≥40	全桥跨越
万家寨坝址—禹门口河段	≥80	≥40	全桥跨越
禹门口—潼关河段	≥100	≥40	全桥跨越
潼关—桃花峪河段	≥80	≥40	全桥跨越
桃花峪—高村河段	≥100	≥40	全桥跨越
高村—陶城铺河段	≥120	≥40	全桥跨越
陶城铺以下河段	≥180	≥50	全桥跨越
渭河咸阳铁桥以下	≥50	≥30	全桥跨越
沁河五龙口以下	≥50	≥30	全桥跨越
大清河戴村坝以下	≥50	≥30	全桥跨越
其他有关河流及河段(如泾河、湟水等)	≥50	≥30	全桥跨越

(5)桥梁墩柱布设。

河道内桥梁墩柱应尽量减少数量,河道主槽或控制治导线河槽力求大跨越、减少桥墩;同时,不得填垫河道、修筑路基(见图 4-6)。

堤身设计断面以内不得布置桥墩,同时应对桥墩外缘距堤脚的距离作出限定。黄河干支流桥梁跨越堤防,桥墩应离开堤身设计堤脚线一定距离,原则上黄河不得小于 5 m,渭河、沁河、大清河不得小于 3 m,并需对桥墩周边进行防渗处理。

图 14-6　渭河违章桥梁建设项目

黄河干支流下游平原地区的桥梁,河道内墩柱的阻水比宜控制在 10%之内。

为减小桥墩对河道主流变化的影响,河道内桥墩墩头应采用流线形,桥墩断面形式采用圆形或椭圆形为宜,并应考虑冰凌撞击防护,桥墩防冰凌装置见图 14-7。

图 14-7　桥墩防冰凌装置

桥墩设计承台应尽量降低对行洪的影响,承台顶面高程不得高于现状条件下的河道地面线。黄河一般采用承台顶面高程设置在现状河床以下不少于 2 m 处,如上游相近河段有规划待建水库大坝,则承台顶面高程应考虑水库泄洪的自然冲刷影响,承台顶面高程也相应降低。

南方河流河床相对稳定,大洪水冲刷变幅小,一般规定桥梁桩基下承台顶高程宜低于河道冲刷线高程或规划河底高程。

(6)冲刷与壅水。

桥梁防洪评价时,冲刷水深、壅水高度与长度的确定,小型建设项目可采用《公路工程水文勘测设计规范》(JTJ 062—2002)或《铁路工程水文勘测设计规范》(TB 10017—99)的有关公式和推荐方法进行分析计算;重要河段的大中型建设项目除采用铁路、公路工程水文勘测设计规范公式计算外,宜结合实体模型试验或数学模型计算综合分析确定,如图 14-8 所示。

关于黄河下游河道冲淤演变预测:

根据近年来黄委对未来 50 年黄河下游河道冲淤演变预测的研究成果,小浪底水库运用后,黄河下游各河段河道冲刷结束时间为 2020 年,河道回淤至 2000 年状态的恢复年限为 2030 年。此后,黄河下游各河段淤积抬升的速率,采用"黄河下游不同河段淤积速率研究"结论,具体为铁谢—伊洛河口河段为 0.050 m/年;伊洛河口—花园口河段为 0.071 m/年;花园口—高村河段为 0.080 m/年;高村—艾山河段为 0.094 m/年;艾山—利津河段为 0.096 m/年。

关于壅水计算:

按照水利部印发的《河道管理范围内建设项目防洪评价报告编制导则》(试行)(2004),其中没有指定壅水计算公式,但导则明确应根据建设项目的工程结构、河道特性选用合适的经验公式,并对其适应性进行分析。

根据《黄河河道管理范围内建设项目技术审查标准》(黄办〔2017〕285 号修订版),黄

(a) 大桥桩基冲刷过程图

(b) 大桥桩基冲刷坑现状图

图 14-8 福银高速渭河局部冲刷模型试验

河河道壅水高度和壅水长度按照《公路工程水文勘测设计规范》(JTJ 062—2002)或《铁路工程水文勘测设计规范》(TB 10017—99)的有关公式和推荐方法进行分析计算,其中修订版《公路工程水文勘测设计规范》(JTG C30—2015)与 JTJ 062—2002 一样,未推荐计算公式。在确定桥梁梁底高程时,采用设计水位,考虑浪高、波浪壅高、河床淤高、漂浮物高度等诸多因素的综合值和桥下净空安全值三部分之和的解决办法,设计水位、桥下净空安全值计算比较明确,壅水、浪高、水拱、漂浮物高度等诸多因素影响条件下高度值需要依据规范、依靠经验来综合分析确定。

由于壅水计算公式较多,黄河系统在防洪评价及技术审查中基本上沿用了《公路工程水文勘测设计规范》(JTG C30—2002)和《铁路工程水文勘测设计规范》(TB 10017—99),其中壅水计算,仍采用《公路桥位勘测设计规范》(JTJ 062—91)推荐公式,对于复杂的跨河工程或重要防守河段桥梁需要数学模型计算或实体模型进行验证,通常按最不利条件取值。这与长江委、珠江委等流域机构掌握的原则是一致的。

关于冲刷计算：

桥梁桩基冲刷按照公路、铁路工程水文勘测设计规范的有关公式和推荐方法进行分析计算。

桥梁桩基冲刷包括河床自然演变冲刷、一般冲刷和局部冲刷3部分，累加河床自然演变冲刷、一般冲刷和局部冲刷数值，可求得桥梁桩基冲刷的最终结果，并可作为检验基础埋深设计是否满足要求的依据。

原则上，在无法确定各种计算方法的结果是否合理的情况下，应选取计算结果中的最大值为最终结果。

(7)桥下净空。

桥梁跨越河道与堤防时，河道内桥梁最低梁底标高须同时满足防洪、防凌、通航及堤顶交通要求。

按防洪(凌)要求：

河道内桥梁梁底标高 H_L 应不低于用下式计算的高程：

$$H_L = H_p + h_b + \Delta h_0$$

式中：H_p 为校核洪水设计水位；h_b 为浪高、壅水高和安全超高；Δh_0 为桥下净空(按规范要求取值)。

按通航要求：

梁底标高 H_L 应不低于《内河通航标准》(GB 50139—2014)规定的相应级别航道的安全超高及孔跨宽度要求。

$$H_L = H_t + h$$

式中：H_t 为十年一遇洪水设计水位；h 为不同等级通航的安全净高。

按堤顶交通要求：

桥梁采用立交方式跨越堤防，梁底标高 H_L 应不低于用下式计算的高程，以满足堤防管理维护与防汛抢险的交通要求：

$$H_L = H_d + h_j$$

式中：H_d 为设计水平年堤顶标高；h_j 为交通净空，取为4.5 m。

对于一些城区堤段，涉及桥梁与城市道路接线，桥梁梁底标高难以满足堤顶净空4.5 m高度要求的，为方便堤防维护和市民通行，堤顶净空高度不宜小于2.7 m，并宜在背水侧设置交通辅道。

桥梁跨越规划待建的堤防可能影响规划堤防实施时，应按规划标准在桥梁建设前完成跨越段堤防修筑(见图14-9)。

桥梁采用平交方式穿越堤防，其梁底高程不得低于规划(规划水平年)堤顶安全超高，与堤防连接处桥墩不得削弱堤身有效设计断面，可不受桩基距离堤脚3 m、5 m的限制；桥梁路面与堤顶应平顺连接，纵坡不大于3%。

桥面集水应采取集中排水方式，并应避开堤防及河道整治工程，位于饮用水水源保护区的桥梁桥面集水不得直接排入河道。

2)管线类建设项目

(1)跨河越堤管线。

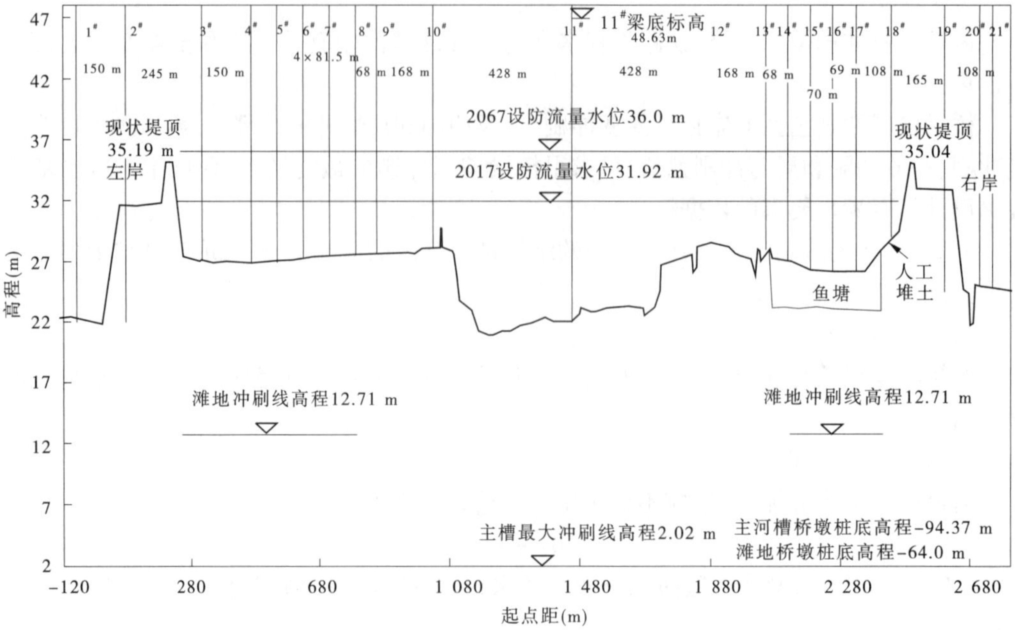

图 14-9　济南凤凰路北延跨河桥位布置与冲淤断面示意图

跨河越堤管线指输油、输气管道，高压输电线路等。

黄河干支流下游有堤防河段，所有新建、改建的管线工程，原则上宜采取跨越堤防方式。跨河越堤管线宜采用一跨跨越方案，不能一跨跨越时，河道主河槽或控制治导线范围内不得布设塔(墩)，河道内应尽可能少布设塔(墩)；对于高压线等跨越堤防的管线工程，禁止在堤身设置支座，堤防临水、背水侧塔(墩)应布置在堤防保护范围以外，高压输变电线塔座如图 14-10 所示。

图 14-10　高压输变电线塔座

跨越堤防的管线工程，管线底部高程的确定应考虑河道冲淤影响，满足项目设计使用年限内的设计堤顶高程加4.5 m交通净空要求,对于高压线之类还应满足相关行业的技术标准。

高压输变电线、电缆等线路,多数采用跨越方式跨河、跨堤,其防洪影响主要是河道内桩基、承台对行洪(凌)影响及自身安全防护问题。

譬如输变电线路跨越河道堤防高程核定:

按照《110 kV~750 kV架空输电线路设计规范》(GB 50545—2010)及《电力设施保护条例实施细则》,以500 kV输电线路为例,计算线路在不同跨越位置的最小高度。

①跨越堤防处输电线垂最小高度。

按堤防交通、堤防加固机械和堤防树木高度三者之中最大值,一般取堤肩行道林树高25 m,且为最大。即左、右岸堤顶线垂≥使用期内设防水位(m)+堤防设计超高(m) +树高(m) +安全保护高度(m)。

②跨越主河槽处线路最低高程。

按照防洪要求高度为500 kV高压线电磁辐射安全距离为8.5 m,通航要求高度线垂与桅杆顶部最小距离为6 m,二者比较取大值。一般受通航船舶高度控制,即通航控制的最低线垂≥依据通航规划和《内河通航标准》,使用期内10年一遇通航水位(m)(Ⅳ级航道)+10年一遇洪水壅水高度(m)+8 m通航净空+与桅杆之间最小垂直距离(m)。

③跨越滩区线路最低高程。

滩区线垂最低高度取决于防洪要求和农作物要求高度的最大值。

防洪要求的线垂最低高程≥使用期内通航水位(m) +10年一遇洪水壅水高度(m) +波浪高度(m) +高压输电线安全保护距离(m)。

农作物要求的线垂最低高程≥滩区高程(m) +农作物最大生长高度(m) +波浪高度(m) +高压输电线与农作物之间安全保护距离(m)。

通过计算分析,确定输电线路跨越河道、滩区、堤防不同部位最低线垂高度。

(2)穿河越堤管线。

穿河越堤管线指在河床、堤身或堤基穿越的建设项目,包括穿河、穿堤、爬堤的油气管道、隧道、输电线路等非水利工程。

输水、输气、输油管道,在黄河河道内一般采用穿越方式,当采用跨河越堤方式时,桩基布置一般参照跨河桥梁项目进行审查;管道越堤由跨越、爬越和下穿三种方式,其中下穿堤防方式适用于相对地下河条件下,黄河下游要求严格,即地上“悬河”河段原则不得采用下穿方式。

在黄河下游及支流渭河、沁河、大清河下游河段,新建的油气管线,原则上宜采取跨越堤防方式;管线需采取爬越堤防方式的,须经充分论证,爬越高度应满足管线设计水平年的堤顶高程,并对堤防进行加高加固;管线确需采取穿越堤防方式的,穿越堤防的管线在河道内也必须采用穿越方式,穿越管线的埋置深度应在设计水平年内主河槽最大冲刷高程线以下,并按照管线工程埋设相关规范预留保护层厚度。

采用定向钻法施工,宜采用一次性穿越河道方案;若采用分段穿越方案,穿堤处管线顶部高程应在大堤两侧地面30 m以下,管线穿越堤基时,入土点和出土点需距离堤防、堤脚线以外200 m以上,同时必须对穿堤位置上下200 m范围内的堤防进行加固处理。

采用盾构或顶管法施工,工作井应布置在堤防保护范围以外,工作井外边缘距离堤防临水、背水侧堤脚的安全距离应满足堤防安全稳定要求,完工后宜进行回填或封堵,做好堤防防渗处理。

采用明挖法施工,黄河干支流下游河段原则上不得采用明挖法施工;干支流上游河段若采用明挖法施工,河道内管线顶高程应在最大冲刷线以下 1.5 m,并做好防护。

采取爬越堤防方式的,须经过论证,黄河下游及支流渭河、沁河、大清河下游河段,新建的水、油、气管线,爬越处管底高程应满足管线使用年限内的设计堤顶高程,并对堤防进行加高加固。管底高程≥设计洪水位(m)+设计使用年限×洪水位年均升高率 a +堤防设计超高(m)。

穿河越堤油气管线,应在两岸堤防背水侧适当位置设置必要的截留闸阀;穿河越堤油气管线、通信电缆等建设项目应在河道管理范围内的相应位置设置永久性的识别和警示标志。

3)浮桥、码头、取水类建设项目

(1)浮桥项目。

截至 2017 年底,山东、河南已建成浮桥 65 座(山东 55 座、河南 10 座)。黄河河道浮桥两端滩岸裹头容易缩窄河道、穿堤辅道侵蚀堤身、滩区道路有碍行洪、重载车辆损坏联坝和堤顶路面,掉落杂物影响工程面貌等,2008 年汛期,曾发生滩地 18 节浮桥脱锚冲毁下游施工栈桥事件。鉴于浮桥对河道行洪及河势变化影响巨大,对维持工程完整与良好面貌非常不利,黄委对浮桥建设项目一直持审慎态度,并采取了重要河段限制审批、修建桥梁须拆除上下游 5 km 以内浮桥的多项措施。

①浮桥布设。

按照《黄河下游浮桥建设管理办法》,浮桥建设和运用不得缩窄河道,浮桥两端不得设置固定的硬结构桥头建筑物。

申报浮桥建设的技术文件应明确,在河势变化时,浮桥应及时调整两端位置,不得对河势造成不利影响。

原则上,浮桥在滩区内的路面应与当地滩面平,整体路面不得高于当地滩面 0.5 m,河道治导线范围内路面应与当地滩面平,上堤引道与堤轴线下游方向的夹角应小于 40°。

浮桥建设和运用不得影响水文测验与河道观测,不得影响黄河工程管理;水文测验断面及引黄水闸上下游各 500 m 范围内不得架设浮桥。

新建黄河公路大桥,该公路桥位上下游 5 km 之内的浮桥必须拆除。

②浮桥监管。

浮桥架设和运营影响河道行洪与防洪安全,并在沿线散落垃圾,污染工程环境,超载车辆多,压损堤防或连坝道路路面,不利于维护工程完整与安全运用。因此,浮桥运营管理单位必须接受当地河道主管机关的监督管理。

位于主航道部位的浮桥桥体应便于拆装,以满足通航需要。抢险运料、水文测验、河势查勘等船只急需通行时,浮桥运营管理单位必须保证在船只到达桥位 30 min 前将主航道桥体拆除,拆除宽度必须满足船只安全通过的需要。

浮桥运营必须符合防洪、防凌要求,遇特殊情况,运营管理单位必须按照黄河河道主管机关的要求,在指定的时间内拆除浮桥。

③占压工程补救。

凡通过黄河水利工程的浮桥,包括堤防、险工、控导护滩工程,须按照占压工程长度、影响范围及大小,核算工程修复补救费,按规定向当地河道主管单位缴纳工程修复补救费。

(2)码头与航道工程。

①码头工程。

码头工程应顺水流布置原则以布置在河道凹岸,减少因工程布置挤压河道影响行洪;码头前缘布置不宜超越河道规划治导线或临水控制线。

高水码头平台及码头栈桥梁底高程应不低于设计洪水位,码头顺水流方向墩柱间距宜不小于 10 m;低水码头平台顶高程应不高于码头工程所在河段现状的河滩平均地面高程。

码头及停泊区应设置在水库大坝安全保护区以外,避免因水库泄洪出现人员、船只或工程安全事故。

码头永久堆场应布置在堤防的背水侧堤防护堤地以外,危化品堆场距堤防应留有足够的安全距离;在河道内应选定趸船安全存放地点,根据预报洪水,及时迁移趸船,避免影响河道行洪或趸船冲失造成下游设施破坏;河道内的码头工程人员候船区,不得设置永久房屋建筑及固定座椅。

河道内设置海事码头或趸船应履行水行政许可,海事码头或趸船不得用于经营。

码头工程不宜利用堤顶作为进出港道路,若利用堤顶作为进出港道路时,应进行分析论证并作出相应设计。

码头建设项目在滩区内的路面高程不得高于现状河滩平均地面高程,局部填垫路基不得超过当地滩面 0.5 m;临水侧上下堤辅道应顺水流布置,不应削弱堤身有效设计断面。如白银船渡码头见图 14-11。

图 14-11　白银船渡码头

②航道工程。

航道工程建设首先应符合黄河流域综合规划、防洪规划、内河通航规划等,航道整治规划服从黄河河道防洪与治理规划。

航道整治工程应符合内河通航规划明确的所在河段航道等级,按照营运人员、货物数量等需求,依据《内河通航标准》(GB 50139—2004)研究确定航道的断面尺度、弯曲半径等。

航道工程的主要建设内容由河道疏浚、岸线整治(修筑丁坝、平顺护岸等)、清理礁石、填垫主槽陡坎等组成。

航道整治工程在符合河道整治规划的前提下,应按照就岸整治、宁挖勿填原则,不在长河段、大范围固化河道岸线,不在局部河段大量填垫河槽,可修筑少量平顺护岸或潜坝归顺航道水流,不应修筑高大丁坝等建筑物。

(3)取(排)水工程。

取(排)水工程指取(排)水泵站、取(排)水建筑物、输水管涵等。

取水项目必须符合国务院1987年分水方案,获得取水量许可手续。取水建筑物宜布置在堤防背水侧或岸线后部,不得较严重侵占河道,不得影响河道行洪及岸坡稳定,不得影响岸线生态防护;取水建筑物不应影响规划治理工程实施,近堤布置时不得削弱堤身有效设计断面。

取(排)水管涵穿越堤防,应符合《堤防工程设计规范》相关要求;涉及排水入河设施,应设置必要的闸门,防止不达标污水排入河道。

4)航道、景观类建设项目

(1)航道建设项目。

航道建设项目指航道拓宽、疏浚、局部裁弯、调湾、岸坡防护等整治工程。

航道整治工程建设应符合黄河流域综合规划、整治河段的防洪规划等,符合内河通航等级标准,符合所在河段的河道整治规划;减少丁坝调流,限制丁坝高程,多修平顺护岸,不应影响河道行洪能力、河势稳定、河道岸坡和堤防边坡稳定;航道整治工程应保留一定滩地宽度,航道疏浚泥沙应清除至河道范围以外。

国家确定的重要江河的主要河段及河势变化剧烈,重要河口段的航道整治工程宜附具数值模拟计算或河工模型试验分析结论。

在河道内建设的锚地、待泊区、服务区等附属设施,应符合码头工程建设项目的相关规定。

(2)生态景观项目。

生态景观工程指为提高城市品位,在城区河段河道内修筑的拦河坝、互通湖面、滩岸绿化、健步道路等项目。

在河道管理范围内建设生态景观或生态修复工程,涉及河道滩涂整治,应顺应河势,不减少河道行洪断面,不应降低河道行洪能力,不应改变洪水主流线,不应影响堤防或岸坡稳定。河道内不得种植片林,局部布置的人行步道、栈桥、围栏应控制规模和高度,并应避开河道行洪主流区。河道内不得布设永久性建筑物,确需建设的少量临建服务设施,宜近堤布置,且不得削弱堤身有效断面,不应影响堤防安全;近堤临建设施也可采取通透式结构,建筑物梁底高程应高于河道设计洪水位。河道内不得设置游乐场、游泳池等经营游乐设施;近堤可设置垃圾桶、移动厕所,应落实专人负责清除河道。

景观工程运行管理单位应制定防洪应急预案和避洪措施,设置必要的警铃、安全警示、指示标志。

5)发电类建设项目

发电类建设项目是指利用河道管理范围内土地修建光伏发电站或风力发电站等工程。

近年来,随着国家经济建设的快速发展,滩区群众脱贫致富的愿望日渐迫切,地方政府希望引进项目以加快滩区精准扶贫步伐,加之国家对清洁能源的优惠政策和严格土地控制政策的实施,黄河河道滩区成为风电、光伏发电项目的选项,如何妥善处理支持经济发展与确保防洪安全的矛盾,黄委开展了认真研究,并提出了相应对策。

按照2013年国务院批复的《黄河流域综合规划》,黄河下游滩区经济发展的定位是:"应以农业为主,农、牧结合,同时发展生态旅游,构建黄河滩区生态涵养带。通过发展生态农业、绿色养殖业及生态旅游业,全面提高农、牧产品的质量和技术含量,提升优化黄河下游滩区产业结构,从根本上促进滩区农业增效、农民增收、农村发展。"《中华人民共和国防洪法》第二十二条明确规定:河道、湖泊管理范围内的土地和岸线利用,应当符合行洪、输水的要求,禁止在河道、湖泊管理范围内建设妨碍行洪的建筑物、构筑物。

(1)光伏发电项目。

按照国家《光伏发电设计规范》(GB 50797—2012),500 MW以上的光伏发电站,其发电设施的防洪标准应不低于100年一遇洪水位;30~500 MW的光伏发电站,其防洪标准应不低于50年一遇洪水位;30 MW以下的光伏发电站,其防洪标准应不低于30年一遇洪水位。

黄河河道滩区是行洪河道,承担着行洪、滞洪、沉沙和滩槽水沙交换的作用,绝大部分黄河河道滩区的洪水漫滩概率不足5年一遇,且不允许通过加高滩面或修筑围堤等方式对光伏发电站设施进行防护。因此,利用黄河河道滩区建设光伏发电项目,不符合《中华人民共和国防洪法》的有关规定和《黄河流域综合规划》对滩区经济发展的定位,也不满足国家光伏发电设计规范要求。

光伏电场工程分为场区工程、站区工程和送出工程三部分,其中光伏电场区工程就包括光伏组件、支架系统、汇流箱、逆变器、箱式变压器、集电线路等,占地面积巨大,且不便高架而需要布置于地面或地下,防洪风险极高,光伏发电场如图14-12所示。

图14-12　光伏发电场

光伏发电项目投资规模大、构筑设施多、布设密度高、占用河道行洪断面大，发生洪水时，将妨碍河道行洪，并会给投资企业造成巨大损失，为此，黄委对黄河河道滩区光伏发电项目采取禁止措施。

(2)风力发电项目。

黄河干流青海、四川、甘肃河道多为峡谷，宁夏及内蒙古河道堤防标准不高、河势游荡、冰凌危害严重，山西、陕西黄河大北干流为峡谷河道，潼关至孟津白鹤同样属于三门峡、小浪底水库库区性质的峡谷河道，上述黄河干流河段均不具备建设风力发电的条件；黄河重要支流如湟水河、渭河、泾河、沁河、大清河下游河道等，要么属峡谷，要么堤防间距小，也不具备修建风力发电的条件。具备风力发电条件的河段有黄河禹门口至潼关的小北干流河段和黄河下游河段。

小北干流河段河长132.5 km，河出禹门口，河宽由出峡谷的100 m左右展宽到4 km以上的河漫滩，朝邑附近最宽达18 km，至潼关河宽又收缩到850 m，河道总面积1 107 km^2，其中滩区面积696 km^2，占河道总面积的63%。该河段水流散乱多变，河势游荡，主流时常摆动，冲滩塌岸，故有“三十年河东、三十年河西”之说。小北干流为山西、陕西两省界河，为争占滩地耕种，历史上经常发生水事纠纷。为此，1987年黄委在广泛征求两岸意见的基础上，制定了《黄河禹门口至潼关河段整治规划》，1990年国务院以国函25号文批准该规划拟定的河道治导控制线，并按照治导控制线相继规划、设计、建设了配套的河道控制工程。

黄河自孟津白鹤至垦利入海口河道长度878 km，总面积4 240 km^2，其中滩区面积3 527 km^2，占河道总面积的83%；河道为复式断面，东坝头以上为1855年黄河改道溯源冲刷后形成的高滩，以下则为低滩区。桃花峪以下的黄河下游河道长度786 km，滩区面积3 154 km^2，陶城铺以上河道两岸堤距5~10 km，最宽处位于长垣县河段达23 km有余，陶城铺至垦利入海口河段两岸堤距0.4~5 km不等。

风力发电工程包括场区工程、站区工程和送出工程三部分，其中站区和送出工程可布置于河道之外，防洪影响主要在场区工程部分，即场区内的风机、箱式变压器和集电线路等。风机塔架高度120 m左右，风机轮毂半径60 m左右；风机塔筒底座直径6 m左右，塔筒基础采用圆形承台预制管桩承载，承台直径18 m左右。考虑洪水影响，承台基础桩依据塔架基础的级别确定设计洪水标准进行防护；风电机组电气设备(箱式变压器等)底座标高要求高于塔架基础设计洪水位加安全超高；升压变电站根据变电站的电压等级确定其设计洪水标准。整体分析，电站阻水面积有限，各种设施尤其是电器、线路等布置可高于设防水位，安全风险存在但可控性高。风力发电机安装示意图见图14-13。

对于风力发电项目同样存在安全风险，主要是项目自身的河道防洪安全问题，黄委对黄河中下游河道内拟投资建设的风电建设项目暂未出台审查规定或设计标准，暂采取单个项目、单独评价审查或“一事一议”方式研究同意与否。

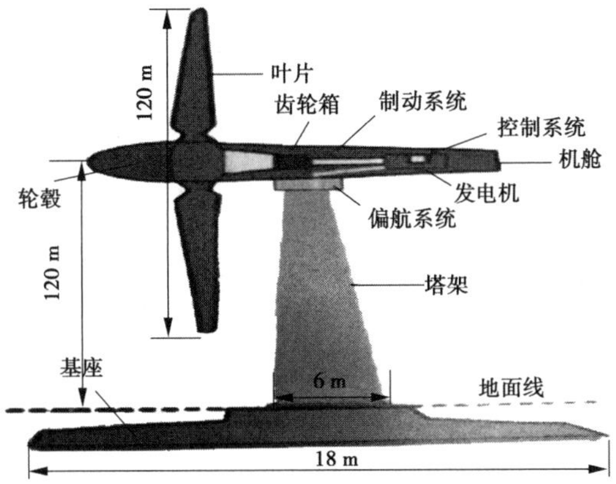

图 14-13　风力发电机安装示意图

第五节　建设项目监督管理

一、施工监督管理

(一)办理开工手续

建设项目开工前,建设单位必须将批准文件、施工安排、施工度汛方案、占用河道管理范围内土地情况等,报送发放审查同意书的河道主管机关或其明确的负责项目监督管理的河道主管机关审核同意后,方可办理开工手续。

因建设项目的兴建,占用、损坏河道管理范围内的滩地和工程设施,降低工程效益及防御洪水标准的,应采取补救措施或按规定给予补偿。

(二)项目施工监督

建设项目施工中,由办理河道管理范围内建设项目开工审核的河道主管机关,对该建设项目是否按审查意见和批准的施工方案安排施工,组织检查监督。

经批准施工的建设项目,在施工中如有变动,应及时征得办理建设项目开工审核的河道主管机关的同意;在性质、规模、地点等方面作较大变动时,应按照河道管理权限,重新履行审查手续。

施工期间施工区的防汛任务由建设单位承担,以确保防洪安全;建设项目施工度汛防守应接受当地河道防汛指挥机构监督管理。

(三)项目启用与监督检查

为保证河道安全畅通,施工单位应在开工前按清理现场的工作量,采取与河道主管机关签订施工现场清理复原协议等措施,及时清理施工临时设施及弃渣等阻碍行洪的障碍物。

建设项目竣工后,需经填发审查同意书的河道主管机关或其委托的河道管理部门检验合格后方可启用;建设单位在竣工验收三十日前应将有关竣工资料报送相应的河道主管机关。

河道主管机关应定期对审查同意的河道管理范围内建设项目进行检查,凡不符合防洪安全要求的,应提出限期整改的要求,有关单位和个人必须服从。

对未按本实施办法在黄河流域河道管理范围内兴建建设项目和不服从安全管理的,有关河道主管机关可根据《河道管理条例》责令其停止建设、限期拆除或采取其他补救措施,可并处罚款。

二、运行监督管理

各类涉河建设项目运用期间对黄河河道行洪及工程完整的影响是有较大差别的,如输变电线路、符合标准的桥梁等项目,尽管对河道行洪及堤防安全管理有影响,但通过采取补救措施和运行期监督,影响可以降低到最低限度;临河类建设项目监督管理的重点是审查确定的预警预报及安全防范主体责任落实;涉河建设项目监督管理的重点是浮桥和管道跨(穿)越河道堤防类项目,为加强浮桥监管,确实维持工程完整及河道行洪安全,黄委对浮桥实行年审制度,根据上年度运用状况及存在问题,年审时明确下年度浮桥运行管理目标、任务及对责任主体单位的工作要求;对于跨河越堤管线,重点是易燃易爆的油、气管道项目,应该给予严格监管。

据统计,截至 2013 年底,黄河下游的穿河越堤管线共有 269 条,其中穿黄管线 251 条,沁河、大清河管线 18 条,油气管道(输油、输气均为易燃的压力管道,一般管径为 0.4~1.29 m,管内压强为 6~10 MPa)较多,其他为供水管线、光缆电缆、高压电线。为此,黄委制定了相应的安全监督办法。

近年来,穿河越堤管道事故频发,危害严重,穿河越堤管线发生事故,不仅造成了国家经济的重大损失,威胁堤防安全、影响防洪安全,污染水资源、影响环境安全,同时对管线周围人民群众的生命、财产构成威胁。

2003 年 4 月,西气东输穿沁河博爱至温县定向钻穿越项目,未经黄委审查许可强行开工,4 月 24 日沁河河床及左右岸堤防背河侧出现大量冒浆现象,威胁了沁河堤防工程安全,后经采取修筑后戗、严格控制钻孔深度及造孔泥浆压力等补救措施才消除了影响,造成经济损失 2 000 多万元。

2010 年 1 月 1 日,陕西省华县赤水镇境内中石油“兰—郑—长”成品柴油管道渭南支线发生泄漏,泄漏柴油量为 150 t,引发了油污染事件。尽管中石油在发现事故后,采取泄漏点封堵,并在赤水河入渭河口上游及渭河干流布设 8 道拦污设施等措施,但泄漏事故仍然影响到渭河下游、黄河干流潼三段水库水质,历时近半月。国务院温家宝总理明确指出:“这是一起重大的水污染事故。”

2010 年 8 月 27 日,河南义马至郑州的煤气管道在洛阳偃师段穿越伊河处发生断裂,造成管道下游巩义、荥阳、郑州等沿线部分供气中断,事故引发的大火导致附近农田受损。

2012 年 6 月 22~27 日,濮阳至郑州的两条并行的穿黄输气管道(位于高村下游 7.8 km,管径约 400 mm)发生腐蚀断裂,造成供气中断。

(一)油气管道监管原则与职责划定

穿河越堤管线安全监督应遵循“预防为主、强化监督、权责统一、保障安全”的原则。管线建设单位对管线的安全负责;河道管理单位从防洪与水质安全角度对管线的建设与运行实施监督。

管线建设单位应做好管线建设与运行期间的探测、检测及安全评估，掌握管线的安全状况，并将检测评估结果及时通报当地县级河道管理单位。管线建设单位应在穿越河道管线工程的河道两岸或堤防外侧设置节制阀。

（二）管道建设（运营）单位职责

管线工程建设应尽量避免或减少占用水利工程及管护用地，确需占用的应按照有关规定给予临时占地和永久占地补偿。

新建或报废拆除的管线项目应经审查许可，管线建设单位应将施工许可证复印件、施工方案、施工度汛方案、补偿工程专项设计或报废拆除方案等资料送达当地县级河道管理单位备案。

在施工前，管线建设单位应与县级河道管理单位签订施工现场清理复原协议。

（三）管道建设（运营）单位防汛义务

1. 服从防洪、防凌统一调度，接受河道管理单位的监督管理；

2. 认真落实经河道管理单位审定的施工度汛方案；

3. 严格按照河道管理单位审定的技术指标控制施工；

4. 明确施工现场安全责任人，并设置告示牌、警示标志；

5. 制定并落实施工安全应急预案，发现危及堤防、河道、水质安全的险情隐患，应立即停工、及时处置，并通报县级河道管理单位；

（6. 法律、法规规定的其他职责。

（四）水管单位施工监督职责

1. 管线的位置界限应符合审查许可的要求；

2. 施工安排和临时设施布设应符合审查许可的要求；

3. 施工度汛方案应当落实；

4. 防洪补偿工程项目应落实到位；

5. 施工过程中，废弃物处理应符合要求；施工结束后，临时设施的拆除和现场清理应到位；

6. 掌握施工过程中有关影响河道防洪及水质安全的其他情况。

（五）管道项目验收

按照涉河建设项目管理权限及分级管理原则，县级河道管理单位应及时组织防洪补救工程、河道内施工现场清理项目、管线报废拆除项目的验收。

防洪补偿工程的验收遵照《水利水电建设工程验收规程》《黄河水利工程建设项目验收管理规定》及《黄河河道管理范围内建设项目占用水利设施和水域补救工程建设管理办法》执行。

（六）管道建设（运营）单位运行安全责任

（1）服从防洪、防凌统一调度，接受河道管理单位的监督；

（2）负责穿河越堤管线的探测、监测及定期运行状态评估，及时消除安全隐患；

（3）管线穿河越堤应设置醒目标志，标志毁损或警示不清的，应及时修复或更新；

（4）制定穿河越堤管线事故应急预案，报县级河道管理单位备案；

(5)服从堤防加固、放淤固堤及河道疏浚等水利工程建设安排,并做好管线的安全防护工作;

(6)应配合河道管理单位做好已建成运用的穿河越堤管线安全管理,并应在管线投产后3年内进行首次检验,以后根据检验报告和管道安全运行状况,按规定及时组织开展专项检查、检测与评估,确保管线的运用安全;

(7)在进行管线抢修作业时,应避免造成水利工程破坏;若造成破坏,应予以恢复;

(8)法律、法规规定的其他职责。

(七)水管单位运行监督职责

(1)对可能危及防洪安全、水质安全的隐患或异常,应及时通报管线建设单位;

(2)不得审查许可在管线保护范围河段内的挖砂、取土等项目;

(3)协调管道保护范围内新建水利工程的施工、管理与管道安全保护问题;

(4)若遇堤防设计洪水预报时,县级河道管理单位应通知管线建设单位做好防范工作;

(5)按规定年限,督促管线建设单位对建成运用的穿河越堤管线开展专项检查,并将检查与评估结果及时上报省级河道管理单位;

(6)若遇到堤防设计标准中洪水、地震等自然灾害,县级河道管理单位应在管线建设单位的配合下,组织开展穿河越堤管线的专项检查、检测工作;

(7)应为管线建设单位的巡查维修、检测监测及评估工作提供必要的便利。

(八)管道事故应急处理

(1)管线建设单位应立即启动管线事故应急预案,及时通报当地县级河道管理单位,采取有效措施消除或减少事故危害;

(2)黄河水资源保护单位应配合管线建设单位做好事故调查及水质跟踪监测工作;

(3)县级河道管理单位应及时向上级单位报告,配合管线建设单位处置水利工程险情隐患。

(九)管道拆除报废

管线报废拆除时,管线建设单位应在拆除方案审查许可之日起三个月内完成管线及其附属设施的拆除或封堵,做好水利工程的修复及防护,并通过当地县级河道管理单位验收。

第六节　防洪补救措施

涉河建设项目防洪补救工程是指因黄河河道范围内修建的非防洪建设项目,对黄河水利工程(包括堤防、河道、水闸、泵站等)造成损害或不利影响,由建设单位对黄河水利工程进行修复、加固或修建其他的等效替代工程。

修建补救工程所需的建设资金由建设单位承担,因补救工程增加的运行、日常维修、养护、观测、监督管理等费用,建设单位应依法支付相应的费用。

一、补救工程设计与审查

建设单位或代建单位应委托具有相应水利工程设计资质的设计单位进行补救工程设计，补救工程设计应根据“黄河流域河道管理范围内建设项目工程建设方案审查意见”进行，设计质量应满足《水利水电工程初步设计质量评定标准》要求；建设单位或代建单位按照审查管理权限将补救工程设计报相应审查单位进行技术审查。

黄委直管的黄河干流禹门口至入海口、沁河紫柏滩以下至入黄口、大汶河戴村坝以下河道管理范围内的补救工程设计技术审查按补救工程所在河段分别交由山西、陕西、河南、山东省级黄河河务部门负责。

补救工程技术审查应在建设项目开工之前进行，补救工程技术审查完成后，审查单位应出具技术审查意见，作为补救工程实施的依据。

补救工程建设应严格按照技术审查的内容组织实施，设计变更应报原审查单位同意。

二、补救工程建设管理

在“建设项目审查同意书”签发之后，建设项目开工前，建设项目所在的市级黄河河务部门应与建设单位签订补救工程建设协议，协议的内容应包括协议双方的权利、义务，明确建管模式（代建制、建设单位自建等）、建设资金、建设标准、建设内容及规模、质量要求、监督管理、补偿费及其支付方式等。

补救工程应与建设项目同步建设实施，或先于建设项目实施。

补救工程应按照国家有关规定进行建设，严格执行项目法人责任制、招标投标制、建设监理制、合同管理制。

补救工程通过竣工验收（投入使用验收）后，由建设单位或代建单位将工程移交当地河道管理单位，并按有关规定及时办理资产交接手续；工程建设档案由建设单位或代建单位移交河道管理单位。

三、补救工程管理维护

补救工程是黄河水利工程的重要组成部分，当地河道管理单位应按照黄河水利工程运行管理的有关要求，组织开展管理和维修养护，确保工程安全运行。

建设项目开工前，防洪补救工程运行管理单位应与建设单位签订《工程建设期间运行管理及建成后维修养护补偿协议》，补偿费按照《水利建筑工程预算定额》《水利工程管理单位维修养护定额标准》及实际需求等进行测算。建设单位应将协议中明确的补偿费支付到运行管理单位。

第十五章 河道采砂管理

黄河砂石是优质的天然建筑材料，是黄河流域进行基础建设和水利工程建设的重要砂石资源。黄河砂石开采始于20世纪70年代，随着黄河流域经济社会的快速发展，基础设施建设规模逐步扩大，建筑等营利性用砂（土）的需求量不断增加，采砂、取土的规模和开采范围迅速扩大，部分河段出现非法采砂活动，对河势稳定、防洪安全、通航安全、水生态环境保护、水文测验和沿河涉水工程设施的安全运用造成了不利影响，并给采砂管理带来相当大的困难。因此，迫切需要根据国家的有关法律法规，推进河道采砂规划编制，完善采砂许可制度，实现河道采砂依法、科学、有序的管理，以利于黄河流域的防洪安全和经济社会的可持续发展。

2008年7月，国务院办公厅印发了水利部主要职责，其中明确："……由水利部牵头，会同国土资源部、交通运输部门，负责河道采砂监督管理工作，统一制定采砂规划和计划……"

黄河流域河道采砂管理实行流域管理与区域管理相结合的管理制度。黄委负责对直管河段河道采砂的统一管理和监督检查，并对省际边界重点河段采砂管理工作进行协调和指导；流域相关省（区）各级水行政主管机关依照国家及地方有关法律、法规，具体负责本行政区域内黄河流域河道采砂的管理和监督检查工作；库区管理单位负责所管辖库区的采砂管理工作。

第一节 泥沙资源与采砂现状

一、流域泥沙资源

黄河流域支流众多，一级支流达111条，其中流域面积大于1 000 km^2 的支流有76条。流域面积大于10 000 km^2 或入黄泥沙大于0.5亿t的一级支流有13条，上游有5条，其中湟水、洮河天然来水量分别为48.8亿 m^3、48.3亿 m^3，是上游径流的主要来源区；中游有7条，其中渭河是黄河最大一条支流，天然径流量、沙量分别为92.5亿 m^3、4.43亿t，是中游径流、泥沙的主要来源区；下游有1条，为大汶河。

黄河是世界上输沙量最大、含沙量最高的河流。据1919～1960年实测资料统计，三门峡站的多年平均输沙量约16亿t。黄河泥沙具有输沙量大、水流含沙量高、水沙异源、年内分配集中、年际变化大的特点。由于降雨因素和人类活动对下垫面的影响，以及经济社会的快速发展、工农业生产和城乡生活用水大幅度增加，河道内水量明显减少，加上水库工程的调蓄作用，使黄河水沙关系发生了较大的变化，主要表现为来水来沙量明显减少、径流年内分配均匀化、汛期有利于输沙的大流量历时和水量减少，水沙关系更加不协调。

河道泥沙补给量指河道多年平均泥沙的沉积量。黄河为多泥沙河流，但泥沙地区分布不均，各河段的自然条件不同，泥沙补给条件也不尽相同。从长时期看，黄河干流内蒙古河段、禹门口至河口河段，河道泥沙淤积量大，泥沙补给充足；黄河支流渭河下游、沁河下游泥沙淤积量大，补给量大。

二、采砂现状分析

（一）河道采砂性质

河道砂石是河床的重要组成部分，也是基础设施建设、吹填造地、淘矿、烧砖，以及加固堤防（吹填固堤）、滩区治理、河道整治、挖河疏浚、航道整治等的物资资源。基础设施建设、吹填造地、淘矿、烧砖等采砂属营利性采砂，加固堤防（吹填固堤）、滩区治理、河道整治、挖河疏浚、航道整治等采砂属公益性采砂。

1. 公益性采砂

黄河流域公益性采砂主要集中在黄河下游。为了提高黄河下游堤防的防洪标准和抗御洪水的能力，黄委先后三次加高培厚了黄河大堤，黄河下游采用抽取泥沙加固堤防的方法始于 1970 年，即机淤固堤。1974 年国务院批准其正式列为防洪基建——堤防加固项目，黄河下游前三次加高培厚黄河大堤的沙量约 4 亿 m^3。2002 年，以标准化堤防建设为标志的第四次堤防加高加固已经实施待毕，除加固堤防外，河道采砂在滩区治理、河道整治、挖河疏浚等方面得到广泛的运用，现状黄河下游年平均公益性采砂量约 1 亿 t。

2. 营利性采砂

黄河流域建筑采砂始于 20 世纪 70 年代，随着经济社会的快速发展，建筑砂石的需求量大幅增加，采砂规模及采砂量越来越大，如 2008 年黄河流域干支流建筑用砂采砂量年平均为 3 071 万 t（不包括非法开采量），其中黄河干流为 846 万 t，占全流域的 27.5%；支流 2 225 万 t，占全流域的 72.5%。采砂量较大的支流主要有渭河、大汶河和伊洛河，分别占支流总采砂量的 39.1%、35.3%和 12.1%。

黄河流域河道内能用于基础设施建设的区域主要分布在流域上中游及支流大汶河和东平湖老湖区；黄河下游泥沙补给丰厚，河道采砂或利用泥沙烧砖、淘矿起步较晚，但问题较多，对黄河河道行洪影响较大，2010 年开始全面整顿河道采砂、烧砖及淘砂金等活动。

（二）采砂管理的主要问题

黄河流域河道采砂管理实行流域管理与区域管理相结合的管理制度。黄委负责对直管河段河道采砂的统一管理和监督检查，并对省际边界重点河段采砂管理工作进行协调和指导；流域相关省（区）各级水行政主管机关依照国家及地方有关法律、法规，具体负责本行政区域内黄河流域河道采砂的管理和监督检查工作；水库库区管理单位负责所管辖库区采砂管理工作。

黄河流域河道采砂分公益性采砂和营利性采砂两种。其中，公益性采砂主要用于黄河水利工程建设，需要经专门论证并按程序报请审批后实施，开采与管理比较规范；而营利性采砂，存在超采、乱采滥挖、非法开采等现象，影响防洪安全、河势稳定、涉水工程安全等问题。

1. 河道采砂配套制度建设滞后

《中华人民共和国防洪法》《中华人民共和国河道管理条例》明确规定,河道管理范围内采砂、取土必须提经河道主管机关批准,但鉴于河道采砂利润丰厚,受到各方关注,涉及水利、公安、海事、航道等多个部门,无论黄委直管河段,还是省辖河段,河道采砂管理制度出台受制于多个方面。省级层面制定颁布规章、规定困难较大,往往由地市级或县级河道主管部门制定采砂管理办法,但其层级低、权威性差。

2. 缺乏统一采砂规划

黄河流域的采砂规划工作处于起步阶段,干支流大部分河段还未制定采砂规划,采砂活动还处于粗放式管理阶段。部分省、市制定的采砂规划多是以行政管辖范围为界,而不是以河流为单位进行编制,干支流、上下游、左右岸管理标准不统一,开采区划分和限制条件不一致,导致矛盾频发,甚至威胁河道内水利工程及非防洪设施安全运用,尤其是省界河道。

截至 2008 年,沿黄省区甘肃兰州市、宁夏、内蒙古、陕西、山西、河南、山东等 7 省(市、区)出台了采砂管理条例、采砂管理办法和采砂管理规定。编制黄河干流部分河段、支流或支流部分河段采砂规划共 30 个,如干流兰州河段、支流渭河城市河段(渭南市、咸阳市和西安市)、大汶河(戴村坝以上)及沁河部分河段,采砂规划长度 1 162.8 km,规划可采区数量 317 个,年度开采量为 2 665 万 t。黄河河务部门等编制了采砂规划。

3. 无序采砂现象普遍存在

2003 年新水法颁布实施后,黄河流域部分河段及沿黄部分省(区)各级水行政主管部门出台了管理办法、实施细则及相应的规划,加强了采砂监督和执法管理力度,不断完善采砂管理制度。但截至 2018 年 6 月,黄河流域内部分河段及支流仍然不同程度地存在超范围、超深度、超量、超时、超功率、超机具的超采行为,乱采滥挖、偷采、非法开采现象依然存在,采砂管理面临的形势依然严峻。

4. 无序采砂威胁公共安全

无序采砂不仅人为破坏了河床的自然形态,而且给河势稳定、防洪安全、通航安全、水生态与水环境,以及国民经济和社会发展等带来严重不利影响。黄河下游支流大清河实施禁采前,由于超量、超深、超范围采砂,导致主河槽深度增加,改变了水利工程受力和防渗条件。2001 年 8 月 1 日,大清河仅发生 1 050 m^3/s 流量,始建于明朝永乐九年、具有"北方都江堰"之称的戴村坝工程中段 130 m 乱石坝全部被冲垮,2002 年通过应急加固项目安排投资 2 456.61 万元进行加固处理;同时,黄河下游、渭河及支流灞河因河道采砂造成几座公铁桥梁桩基裸露,承载力不足,而后进行加固处理。

第二节　黄河采砂规划概要

2010 年 6 月,由黄委编制的《黄河流域综合规划》通过水利部的审查。该综合规划是对开发治理、利用和保护黄河的总体要求,必须有各项专业规划与之配套,如河道治理规划、防洪规划、水沙调控体系规划、水土保持规划、泥沙处理和利用规划、岸线利用规划等,鉴于黄河流域部分河段采砂存在的问题非常突出,急待进行统一规划。因此,编制河道采砂规划是满足黄河流域专业规划的需要。

2008 年 7 月，国务院办公厅印发了水利部主要职责、内设机构和人员编制的规定："……由水利部牵头，会同国土资源部、交通运输部门，负责河道采砂监督管理工作，统一制定采砂规划和计划……"2008 年 12 月，水利部组织各流域编制了《全国江河重要河道采砂管理规划任务书》，2010 年 1 月，水利部在北京组织召开了《全国江河重要河道采砂管理规划》工作启动会，全国各流域采砂规划正式启动，并明确了采砂规划工作的具体内容及细则。

按照水利部的统一部署，黄委建管局牵头，黄河勘测规划设计有限公司配合，2010 年 1 月黄委组织召开了黄河流域重要河道采砂管理规划编制工作会议。2010 年 7 月完成《黄河流域重要河道采砂管理规划工作大纲》审查，并召开了黄河流域重要河道采砂管理规划省区工作布置会，明确黄河干流头道拐以下及支流沁河下游、大汶河戴村坝以下、东平湖老湖区的规划由黄委负责、有关省区配合完成，其他干流河段和支流规划由沿黄青海、甘肃、宁夏、内蒙古、陕西、山西、河南、山东 8 省（区）按所管辖范围负责完成，黄委负责协调和报告汇总，形成《黄河流域重要河道采砂管理规划》报告。2012 年该规划报告通过水利部审查，之后在会签国家有关部委过程中出现问题，最终没能印发。

一、规划编制的必要性

20 世纪 70 年代以来，随着流域经济社会的发展，基础设施建设规模逐步扩大，建筑等营利性用砂（土）的需求量不断增加，采砂（土）范围由山前洪积扇和河道以外扩展到河道内，河道内采砂（土）规模越来越大，已影响到河势变化和堤防、护岸、河道整治等水利工程安全，并对供水等带来较大影响。为规范河道采砂行为，避免引起河势较大变化，保障水利工程效益的发挥、供水工程正常引水，编制《黄河流域重要河道采砂管理规划》是十分必要的。

目前，黄河流域没有系统的采砂规划，已制定的规划存在干支流及上下游管理标准不统一、控制性指标不一致、规划实施与监管措施不具体等问题，需要对黄河流域干支流重要河道进行系统、全面的采砂管理规划，实现河道采砂依法、科学、有序的流域管理，以利于黄河流域的防洪安全和经济社会的可持续发展。

二、规划指导思想

以科学发展观为指导，坚持人水和谐与可持续发展的理念，遵循河道演变规律，通过合理划分采砂分区，实行采砂总量控制和合理分配年度开采量，加强采砂管理能力建设和对采砂活动的有效监管，在维护河势稳定、保障防洪安全、航运安全和供水安全，满足生态环境保护要求的前提下，实现对砂石资源开采的科学管理和合理利用，促进经济社会的可持续发展。

三、规划原则

坚持维护河势稳定，保障防洪、通航、供水和水生态环境安全为原则。采砂规划要充分考虑防洪安全、通航安全，以及沿河涉水工程和设施正常运用的要求，要与流域或区域综合规划及防洪、河道整治、岸线管理、航道整治等专业规划相协调，注重生态环境保护。

坚持与河道治理相结合的原则。采砂管理规划要考虑河流的特殊性,与河道治理相结合。黄河是多泥沙河流,在有利于黄河防洪安全、生态安全、供水安全、河道管理等前提下,在泥沙淤积严重的河段,多规划可采区,以尽量多地利用泥沙,减少河道淤积,保障防洪安全。本规划不包括按程序专门论证和审批的加固堤防(吹填固堤)、滩区治理、河道整治、挖河疏浚、航道整治等公益性工程施工区或施工料场的采砂。

坚持有利于河道管理的原则。河道采砂管理是河道管理的重要组成部分,采砂规划的编制要有利于河道管理。

坚持科学发展与可持续发展的原则。处理好当前与长远的关系,体现人水和谐、协调发展的治水理念和“在保护中利用、在利用中保护”的要求,适度、合理地利用砂石资源。

坚持全面、协调、统筹兼顾的原则。正确处理流域上下游、左右岸和各地区之间的关系,以及保护与利用、规划与实施、实施与监管的关系,注重兴利除害结合,满足新形势下河道采砂的需求。

坚持总量控制、分年实施的原则。突出规划的宏观性、指导性、适应性和可操作性的要求,为采砂管理提供基础依据。

坚持突出重点、兼顾一般的原则。对采砂管理矛盾突出、流域内经济发展水平较高和采砂对河道影响较大的河流,采砂规划应尽量详细具体,在此基础上,兼顾一般河流的采砂规划。

四、规划任务

调查分析河道采砂现状及监管情况,分析总结砂石利用与监管中存在的主要问题;分析河道演变规律、趋势及对河道采砂的限制和要求;根据河道水文泥沙特性、泥沙输移和补给规律,统筹考虑区域内经济发展对砂石的需求,合理确定年度采砂控制总量及分配规划;在深入分析河道采砂对河势、防洪安全、水资源利用、生态环境保护及其他方面影响的基础上,科学划分禁采区、可采区和保留区,并按照合理利用和有效保护的要求,对砂石开采的主要控制性指标加以限定;在认真总结以往采砂管理经验的基础上,研究提出采砂规划实施与管理的指导意见。

五、规划范围

黄河流域重要河道采砂管理规划的范围是:黄河干流包括贵德至循化河段、兰州河段、宁夏至黄河入海口河段;黄河支流包括湟水、湟水支流大通河、清水河、窟野河、皇甫川、无定河、汾河、渭河、渭河支流泾河、伊洛河、沁河、大汶河等 12 条支流;湖泊为东平湖老湖区。规划河流总长度 7 008.0 km,其中黄河干流 3 415.1 km,支流 3 592.9 km;东平湖老湖区规划面积 209 km^2。

规划基准年为 2008 年。采砂管理规划是一项限制性规划,具有很强的时效性。考虑到河道的动态变化特征与规划的时效性要求,规划期确定为规划批准之后 5 年。

六、采砂总量控制

（一）采砂总量确定原则

1. 科学合理性原则

以河道演变及泥沙补给分析的结论为基础，适量、适度开采砂石，避免过度采砂对河势、防洪、供水等造成较大的不利影响。

2. 地区差异性原则

不同的地区、河流，其来水来沙特性、泥沙补给方式均不尽相同，要充分考虑不同地区的差异性，根据河流特点合理确定年度采砂控制总量。

3. 分段定量原则

一条河流，往往上游为山区河段，中下游为平原河段，河口为潮流河段。因此，应根据河道类型和泥沙补给量的多少，分段确定年度采砂控制总量。

4. 分区定量原则

对涉及多个行政区的河段，为便于采砂的实施与管理，以省级行政区为单位（较短的河流可以地市级行政区为单位），根据所属的岸线长度、沿河经济发展水平、区域内砂石需求量等因素，按照统筹各地需求和区域平衡的原则，合理确定各区域的年度采砂控制总量。

（二）采砂总量确定方法

规划期开采控制量的确定，原则上以开采泥沙补给为主，当泥沙的补给量不能满足规划的开采量时，可以开采部分历史储量，以满足规划需求。考虑到泥沙补给量具有随机性和不确定性，因此以泥沙补给量的50%作为部分或全部的规划期的开采量。规划期的开采控制量为泥沙补给量的50%加上部分历史储量之和。

1. 年度采砂量控制

根据黄河流域河道泥沙补给方式的不同及历史储量砂的大小，按以下三种类型分别确定不同河流（河段）的年度采砂控制总量。

（1）泥沙补给量大、历史储量砂较大的河流（河段）。

黄河是多泥沙河流，黄河干支流部分河流（河段）不仅历史储量砂丰厚，而且河道的泥沙补给量很大，河道泥沙淤积严重，对这些河流（河段），在有条件的情况下，应尽量多地开采、利用泥沙，放宽采砂控制总量，甚至不控制，如黄河干流禹门口以下河段，可以不控制采砂量。

（2）泥沙补给量小、历史储量砂有限的河流（河段）。

泥沙补给量较小、历史储量砂有限的河流（河段），以开采历史储量砂为主，应对历史储量砂的分布和数量进行初估，根据当地经济发展的需要，按一定的比例确定开采的历史储量砂，以保持砂石资源的可持续利用。

年度采砂总量中有部分依靠或全部依靠泥沙补给的河流，应考虑到年际输沙量具有随机性和不均匀性，为防止过度采砂对河势稳定带来不利影响，可制定动态的开采量指标，当河道上年来沙量出现极端不利的情况时，相应减少当年的年度采砂量。

（3）无泥沙补给的河流（河段）。

无泥沙补给的河流（河段），主要是由于近期水沙条件的变化或水库工程的拦蓄运用造成短时期内河道没有泥沙补给，甚至河道冲刷，完全开采历史储量砂，应对历史储量砂的开采量进行严格控制；鉴于黄河干流禹门口以下河段历史储量砂非常丰厚，依据目前泥沙开采及利用水平，开采量远小于历史储砂量，对年度采砂控制总量可不作限制。

2. 历史储量砂确定方法

应依据黄河干支流规划河段的地质资料、砂石的覆盖层厚度及相应的河宽，对泥沙历史储量砂及可采区的历史储量砂进行估算。

经估算，黄河流域干流禹门口以上河段、支流和东平湖老湖区的泥沙历史储量砂为37.6亿t，其中干流禹门口以上河段19.7亿t、支流12.9亿t、湖泊5.0亿t。

（三）可采历史储量确定

规划期可采历史储量的确定，原则上以开采泥沙补给为主，当泥沙的补给量不能满足规划的开采量时，可以开采部分历史储量砂，以满足规划需求。考虑到泥沙补给量具有随机性和不确定性，因此以泥沙补给量的50%作为部分或全部的规划期的开采量。

规划期的开采控制量为泥沙补给量的50%加上部分历史储量砂，若泥沙补给量的50%能满足规划开采量，则规划期的控制量为泥沙补给量；否则，可开采部分历史储量砂。历史储量砂开采深度（高程）的确定，根据不同河段需要开采历史储量砂的数量，依据规划可采区的范围，确定开采深度及控制高程。

依据上述估算方法，黄河流域（不包括干流禹门口以下河段）规划期可采泥沙历史储量砂为9.4亿t，其中黄河干流禹门口以上河段4.9亿t、支流4.5亿t。

（四）历史储量开采原则

对于泥沙补给量较少的河流或河段，历史储量砂是不可再生资源，开采一份少一份，因此对历史储量砂的开采应严格控制，尽量少开采，做到砂石资源的可持续利用；应首先开采泥沙补给量，泥沙补给量不足时，再开采历史储量砂。

（五）采砂总量控制及分配

年度采砂控制总量为泥沙补给量的50%加上部分历史储量砂。经估算，黄河流域（不包括干流禹门口以下河段）的历史储量砂和规划期的可采历史储量砂分别为37.6亿t和9.4亿t。

黄河干流禹门口以上河段和支流年度采砂控制总量为6 564万t，其中黄河干流禹门口以上河段为2 711万t，占流域总量的41.3%；支流占总量的58.7%。

1. 禁采区

禁采区是指依据现行的法律、法规、规章、规范的相关规定及河道管理的相关要求，除为保护人民生命安全服务而进行的水利工程建设、河道治理、滩区治理、河口治理及防洪抢险等公益性采砂（取土）外，在河道管理范围内禁止采砂的河段或区域。

（1）必须服从法律、法规的要求，不得与现行的法律、法规、规章及行业规范相抵触。

（2）必须服从确保防洪安全的要求，禁止在堤防保护范围内、险工段和控导工程附近开采砂石；禁止在已建的护岸、护滩工程附近开采砂石；禁止在两岸高崖、深泓靠岸段采砂。

（3）必须服从河势控制的要求，禁止在可能引起河势发生较大变化的河段采砂。

（4）必须服从保障供水安全的要求，禁止在城镇集中饮用水水源地、重要水源保护区的一级保护区和二级保护区开采砂石。

(5)必须服从维护涉水设施正常运行的要求,禁止在城镇生产生活取排水设施、过河线缆、桥梁、涵闸、隧道、通信设施、水文监测设施等的保护范围内开采砂石。

(6)必须服从水生态环境保护的要求,禁止在国家级、省级自然保护区的核心区和缓冲区,国家级水产种质资源保护区的核心区和缓冲区开采砂石。

(7)在有航运要求的河段,必须服从保障通航安全的要求,禁止在可能引起航道变迁,以及对港口、码头的正常作业有较大不利影响的范围内采砂。

(8)在其他重要敏感河段或区域,可根据河道采砂管理的需要划分禁采区,如对于坝下严重冲刷河段、旅游景点等。

禁采区的划分方法:

根据禁采区的分布特点,禁采区可分为禁采河段和禁采区域两类。禁采河段是指两个河道断面之间(包括滩地)均为禁采区;禁采区域分为两类:一是指涉水工程、水生态与环境保护范围内的区域(水域或滩地),二是为保护某些特殊的对象在滩区而设置的区域。

(1)采砂对防洪安全有较大影响的河段或区域划为禁采区。

(2)城镇集中饮用水水源地、重要的水源保护区和对供水安全有影响的河段或区域划定为禁采区。

(3)涉水工程的安全保护范围内,以及采砂可能对涉水工程安全带来影响的其他区域划为禁采区。涉水工程设施分布密集的河段划为禁采河段。

(4)旅游景点上下游一定范围内划为禁采河段。

(5)由于个别河段过度开采,河道泥沙补给需要较长时间,为保持砂石资源的可持续利用,在本处规划为禁采河段。

(6)国家级、省级自然保护区的核心区和缓冲区,以及国家级水产种质资源保护区的核心区和缓冲区划为禁采区。

(7)经论证其他需要禁采的区域可划为禁采区。

根据禁采区的规划原则、依据和方法,黄河流域干支流共规划禁采河段81个,禁采湖泊1个,面积105.8 km^2。

2. 可采区

可采区指在河道管理范围内采砂对河势稳定、防洪安全、通航安全、水生态环境保护,以及沿河涉水工程和设施基本无影响或影响较小、允许进行砂石开采的区域。

(1)可采区规划要与黄河流域的河道治理相结合,在有利于黄河防洪安全、生态安全、供水安全、河道管理等前提下,在泥沙淤积严重的河段,多规划可采区;应尽量多地利用泥沙,以减少河道淤积,保障防洪安全。

(2)可采区规划应服从河势稳定、防洪安全、通航安全、水生态环境与水生态保护的要求,符合砂石资源可持续开发利用的要求;不能影响沿河涉水工程和设施的正常运用。砂石开采应充分考虑各河段的特点,控制年度开采总量及年度船只数量。

(3)可采区规划应尽量与河道、航道整治工程相结合,将可采区布置在疏浚区内,做到采砂与河道及航道整治工程、疏浚相结合。

开采区的划分方法：

(1)对于已有采砂规划的河流和湖泊，或虽未进行采砂规划，但已形成某些固定的开采点，若可采区或开采点符合本次规划原则，应尽量将原有规划的可采区或开采点纳入本次规划。

(2)对河道不宽的山区性河流和没有通航要求的河流，可将除禁采区外的河段或区域划为可采区。

(3)在河道泥沙淤积严重的河段，为减少河道淤积，在无自然保护区和水产种质资源保护区的区域，在规划治导线及河槽以内，规划为可采区。

全流域规划可采区 299 个，干流 68 个，支流 231 个，规划可采区总面积为 88 859 万 m^2，干流、支流可采区规划面积分别占全流域的 73.1%和 26.9%。黄河干流包括禹门口以上青海段、内蒙古段、湟水、皇甫川、汾河、大汶河(戴村坝以下)；东平湖老湖区，不设可采区。

根据可采区的规划原则和方法，黄河流域干流禹门口以上河段和支流共规划可采区 257 个，其中黄河干流禹门口以上河段 26 个，支流 231 个。规划可采区总面积为 50 249 万 m^2，干流禹门口以上河段、支流可采区规划面积分别占全流域的 52.5%和 47.5%。干流采砂主要为水采，支流有旱采、水采和混合采三种。

黄河流域干流禹门口以上河段和支流规划可采区涉及的省(区)包括甘肃、宁夏、内蒙古、陕西、山西、河南和山东，各省(区)可采区个数分别为 23 个、7 个、2 个、163 个、9 个、30 个、23 个。

黄河干流禹门口以下河段可采区年度开采控制总量不作限制。黄河干流禹门口以下可采区主要分布在下游京广铁桥至入海口河段，涉及河南和山东两省，除自然保护区和水产种质资源保护区的核心区和缓冲区外，京广铁桥至陶城铺治导线以内规划为可采区，陶城铺至河口主河槽内规划为可采区。

3. 保留区

保留区是指在河道管理范围内采砂具有不确定性，需要对采砂可行性进行进一步论证的区域。

保留区的划定方法：

(1)对河势稳定、防洪安全、通航安全、水生态与环境保护等影响程度不确定的水域，划为保留区。

(2)在一些管理困难、矛盾突出的河段(界河)，可根据河道保护及管理要求来划定保留区。

(3)国家级、省级自然保护区的实验区，以及国家级水产种质资源保护区的实验区划为保留区。

(4)考虑到沿黄城市建设和经济发展对砂石料需求的不确定性，为留有余地，可将现阶段开采要求不迫切的河段划为保留区，留待以后视经济发展和砂石需求情况，再科学论证确定是否开采。

(5)规划建设的水利水电工程位置范围及料场，可划为保留区。

根据保留区的规划原则和划分方法，黄河流域共规划保留区 178 个，其中黄河干流

96个,支流82个。

第三节　河道采砂管理

一、强化采砂规划约束

在各地河道采砂隐患排查和集中整治的基础上,考虑水利、交通、工业及民用等大量基础设施建设对砂石资源的刚性需求,2018年底水利部开展了《全国江河重要河道采砂管理规划》修编工作,要求各流域机构增强规划的约束力,加快重要江河采砂规划编制工作;各省区水利主管部门要在地方人民政府的统一领导下,尽快建立、健全河道采砂管理规划与实施方案编制制度,并会同交通运输部门按管理权限抓紧编制出台所辖范围内河道采砂管理规划与实施方案。

采砂规划是黄河河道采砂管理的依据,是规范河道采砂活动的基础。黄河干支流河道主管部门要根据河道管理权限,对具有采砂任务的所辖河道,抓紧组织编制采砂规划;河道采砂规划一经批准,必须严格执行,确需修改的,应当依照原批准程序报批。

河道采砂规划应按照《河道采砂规划编制规程》相关要求进行编制,落实保护优先、绿色发展的要求,坚持统筹兼顾、科学论证,确保河势稳定、防洪安全、通航安全、生态安全和重要基础设施安全,严格规定禁采期,划定禁采区、可采区,合理确定可采区采砂总量、年度开采总量、可采范围与高程、采砂船舶和机具数量要求。

黄河河道采砂实行统一规划制度。黄河河道采砂规划由黄委负责组织编制,报国务院水行政主管部门审查批准后实施。

依据黄河河道采砂规划,县级及以上地方水行政主管部门须组织编制所辖黄河干支流河段采砂规划,经上一级水行政主管部门审查同意,由本级人民政府审批;同时,县级以上人民政府水行政主管部门应依法划定禁采区和规定禁采期,并予以公告。省级水行政主管部门编制的河道采砂规划,批准前需征得有关流域管理机构同意。

黄河河道采砂规划批准执行前,确需开采砂石的,市级黄河河务部门应根据黄河防洪安全、通航安全及水工程保护等相关要求,编制所辖河道采砂实施方案,报省级黄河河务部门批准后实施。省际交叉河段的河道采砂实施方案应征得对岸黄河河务部门同意。

河道采砂实施方案应当包括下列内容:

(1)河道基本情况;

(2)采砂对河势、防洪影响及水环境影响的分析论证;

(3)砂石储量、分布、开采总量与补给分析评价;

(4)禁采区、禁采期;

(5)年度采砂计划,包括开采具体位置、开采长度和宽度、年度采砂量、作业方式、采砂机具及其数量、功率控制;

(6)弃料堆放地点、处理方式和现场清理要求;

(7)采(运)砂对水工程设施的影响分析;

(8)河道与水工程保护补救措施;

(9)采砂方案的实施与监督管理;

(10)主要结论与建议。

二、强化采砂监督管理

各级黄河河道主管部门应积极践行人与自然和谐共生、绿水青山就是金山银山的理念,正确处理河湖保护和经济发展的关系,充分认识加强河道采砂管理工作的重要性、紧迫性、艰巨性、复杂性和长期性,按照"保护优先、科学规划、规范许可、有效监管、确保安全"的原则和要求,保持河道采砂有序可控,维护河湖健康生命。

(一)加强法规制度建设(黄河下游河段)

水利部、财政部、原国家物价局在《河道采砂收费管理办法》颁布实施后,黄委所属山东、河南两河务局,与地方省财政、物价部门联合,先后颁发了《关于山东省黄河河道采砂收费管理的通知》(黄财发〔1992〕16号)、《河南省黄河河道采砂收费管理规定》(豫黄水政字〔1993〕3号),明确黄河河道管理机构为河道采砂管理主体,制定了采砂管理费的计收标准。

为加强黄河河道采砂管理,规范采砂许可行为,2010年,黄委水政局着手起草了《黄河河道采砂许可管理办法》,在征求意见和讨论过程中,该方法因在制定依据方面认识不统一而搁浅;2011年黄委印发了《关于加强黄河下游河道采砂管理工作意见的通知》;2013年黄委印发了《黄河下游河道采砂管理办法(试行)》,对规范黄河下游河道采砂发挥了重要指导作用。

(二)加强法规制度建设(黄河上中游河段)

沿黄各省区依据水利部、财政部、原国家物价局颁发的《河道采砂收费管理办法》,结合本省实际情况,制定了实施细则,但缺乏行之有效的采砂许可及监督管理制度。黄河中游各省区采砂管理制度建设重收费、轻监管,问题较多。

为贯彻落实中央生态文明精神,进一步加强河道(湖泊)采砂管理,维护河势稳定,保障防洪安全、供水安全、通航安全、生态安全和重要基础设施安全,根据《中华人民共和国水法》《中华人民共和国防洪法》《中华人民共和国河道管理条例》等法律法规和中央全面推行河长制、湖长制相关要求,以维持黄河健康生命治河理念为指导,着眼于黄河长治久安,建立与完善适应黄河治理开发与流域经济社会、生态系统协调发展的黄河河道采砂法规体系。河道采砂主管部门应加强国家相关法律、法规研究,适时提出制定采砂法规建议,同时注重社会宣传和内部人员培训;争取国家颁布实施《河道采砂管理条例》;协调各省区制定实施《黄河河道采砂管理条例》《黄河河道采砂监督管理办法》,修改完善《××省区河道采砂收费管理办法》等;加强黄委各级管理机构和相关省区制定的河道采砂管理法规、规章的宣传和培训。

三、严格采砂许可管理

根据《中华人民共和国河道管理条例》,河道采砂须经有关河道主管机关批准,未经批准,不得从事河道采砂活动。黄河河道采砂实施许可制度,并应遵循公开、公平、公正、择优的原则。鼓励运用市场机制依法组织采砂许可证的发放,增强采砂许可透明度,严肃查处违法违纪行政行为。

河道主管部门应当将法律、法规、规章规定的河道采砂行政许可的事项、依据、条件、数量、程序、期限，以及需要提交的全部材料的目录和申请书示范文本等在网上公示。

黄河干支流各级河道主管部门要根据行政审批制度改革要求，结合所辖河道径流特点，按照采砂规划与实施方案，确定年度采砂范围、采砂量、船只数量，并充分考虑河道采砂利润丰厚性、审查管理的复杂性，研究采取拍卖、招标或竞标形式选定采砂企业或商户，切实规范采砂许可工作。

河道采砂许可应以批复的采砂规划、年度采砂计划为依据，依法依规进行。对于采砂规划不到位、现场管理责任人不到位、日常监管措施不到位，无可采区实施方案、堆砂场设置方案及河道修复方案的，不得许可河道采砂。采砂许可应对采砂作业范围、作业方式、作业时间、采砂船只和机具数量及规格等予以明确规定。

因吹填固基及整治疏浚河道、航道和涉水工程进行河道采砂的，应当编制采砂可行性论证报告，报经有管辖权的水行政主管部门批复同意；依法整治疏浚河道、航道和涉水工程产生的砂石一般不得在市场经营销售，确需经营销售的，按经营性采砂管理，由当地县级以上人民政府统一组织经营管理。

按照“谁许可、谁监管”的原则，加强许可采区事中、事后监管，明确监管主体，建立进（出）场计重、监控、登记等制度，确保采砂现场监管全覆盖；采砂现场应设立明显标志，载明相关许可信息，确保作业安全；采砂船和机具统一登记、规范管理。

河道采砂必须严格按照许可的作业方式开采，不得超范围、超深度、超功率、超船数、超期限、超许可量，采砂结束后及时撤离采砂船和机具、平复河床。堆砂场应设置在河道管理范围以外，确需设置在河道管理范围内的，应符合岸线规划，并按有关规定办理批准手续。

四、落实采砂监管主体

根据中共中央办公厅、国务院办公厅《关于全面推行河长制的意见》，各级河长对本行政区域内河道管理和保护负总责，各河段河长是相应河道管理保护的第一责任人，负责牵头组织对非法采砂等突出问题进行清理整治，应严格落实河长的河道管理保护责任，将采砂管理成效纳入河长制考核体系。

黄委负责黄河干流禹门口以下至入海口、沁河紫柏滩以下河道、大清河戴村坝以下河道及东平湖滞洪区（直管河段）采砂活动的统一管理与监督；山东、河南黄河河务局（简称省级黄河河务部门）及其所属市、县级黄河河务部门负责所辖河道管理范围内采砂活动的管理与监督检查。

对于黄河干支流黄委非直管河段，由黄委主管部门牵头，协调河道所在地政府相关部门，借助河长制工作平台，建立河道采砂管理协作机制，成立协作机制领导小组，负责除黄河干支流河道的河道采砂管理重大决策部署，推进河道采砂管理制度建设，协调解决重大问题；明确采砂管理牵头部门和协作部门，落实责任主体，建立联合监管机制、共同执法机制、定期会商机制、重大问题协调机制和信息资源共享机制，采取多种有效形式，始终保持对河道违法违规采砂行为的高压严打态势。

各级水行政主管部门要坚持守河有责、守河担责、守河尽责，切实承担起河道采砂管理这项法定职责，加强统一监督管理。要将河长制、湖长制与采砂管理责任制有机结合，建立河长挂帅、水利部门牵头、有关部门协同、社会监督的采砂管理联动机制，形成河道采砂监管合力。加强对“采、运、销”三个关键环节和“采砂业主、采砂船舶和机具、堆砂场”三个关键要素的监管。各地要对辖区内有采砂管理任务的河道，逐级逐段地落实采砂管理河长责任人、行政主管部门责任人、现场监管责任人和行政执法责任人，由县级以上水行政主管部门按照管理权限向社会公告，并报省级水行政主管部门备案。

五、严格履行监管责任

（一）增强责任意识，加强组织领导

要求当地县级以上人民政府及河道管理单位充分认识此次专项整治工作的重要性和紧迫性，把打击无证采砂、违法采砂等涉河违法行为摆上重要议事日程，切实做到领导到位、人员到位、措施到位、责任到位。参与联合执法的部门要进一步提高认识、统一思想，抓好各自职责范围内的工作，单位主要领导要亲自抓、分管领导具体抓、严格落实责任，及时发现和处理整治工作中出现的实际问题。对工作开展不力、消极对待的部门和工作人员，将追究相关人员的责任。

（二）密切部门配合，突出整治效果

2014 年黄河河道采砂专项治理及 2018 年黄河整治违法采砂专项活动中，黄委各级水行政主管部门与当地政府组成领导小组，各成员单位联合行动、密切配合，各单位成员要恪尽职守、密切协作，两次河道采砂集中整治活动均取得显著的成效。这样的成功经验是可以复制的。

（三）强化舆论宣传，营造良好氛围

各有关单位要充分发挥新闻媒体、社会舆论和群众监督作用，营造良好的社会舆论氛围，为加强河道采砂管理和打击违法行为创造有利条件。大力宣传《中华人民共和国水法》《中华人民共和国防洪法》《中华人民共和国矿产资源法》《中华人民共和国安全生产法》《中华人民共和国河道管理条例》《河道采砂收费管理办法》《水行政处罚实施办法》等相关法律、法规，设立曝光台，主动曝光违法典型案件，形成有效震慑；公布河道非法采砂举报电话，充分发挥群众监督作用；对重点的案件进行追踪报道，形成涉河违法行为露头就打的社会氛围，有效遏制非法采砂的势头，维护正常的水事秩序，确保黄河河道安全和生态安全。

（四）严格日常监督，形成长效机制

河道采砂日常巡查管理的主要内容包括以下方面：

（1）是否持有合法有效的河道采砂许可证；

（2）是否按照河道采砂许可证的规定进行采砂；

（3）是否按照规定堆放砂石和清理采砂弃料；

（4）是否随时清除弃料堆体及河道行洪障碍物；

（5）进入河道内的运砂车辆是否按指定的进出场路线行驶，是否影响水利工程建设、运行管理和防汛抢险；

（6）采砂现场是否设立公示牌和安全警示性标志，是否明确并落实负责采砂现场安全管理的专职人员；

(7)是否自觉接受河道主管机关、安全生产监督、交通、公安等部门的监督检查；

(8)其他需要进行管理的事项。

上级主管部门河道采砂监管的主要内容如下所述：

(1)责任制是否落实到位；

(2)现场管理是否到位；

(3)对非法采砂是否及时查处；

(4)现场巡查和管理工作是否规范；

(5)月度、季度检查发现的问题是否整改到位。

创新监督手段，增强监督实效。执法监督是政策法规工作的一项重要内容，为更好地贯彻实施水法规，应改变以文件贯彻法规的传统做法，抓住执法管理的重点环节，创新监督手段，在规范执法文书、规范执法程序、注重网络监督、规范执法行为等方面，进行有益的探索，增强水法规贯彻的实效。

黄委和地方各级水行政主管部门应建立河道采砂监督巡查制度，坚持明察与暗访相结合，更多采取不发通知、不打招呼、不听汇报、不用陪同，直奔管理一线、直插现场的方式。加强监督巡查，对重点河段、敏感水域、问题多发区域和重要时段加大巡查频次，对危及河势、岸线稳定，危害水工程设施等违法行为，应及时依法处理，杜绝以整改代替处罚、以处罚代替监管的现象；要加强河道采砂日常巡查和监管，强化重要江河、重点河段、重要区域和重要时段的巡查，强化禁采区、禁采期、采砂总量和作业方式的监管，加强对涉砂船舶和采砂机具的监管，严厉打击“三无”船只，适时组织开展联合执法打击；对河道采砂监管中不担当、不作为、慢作为、乱作为，致使河道非法采砂问题突出的相关责任人，要依法依纪严肃问责追责。

(五)充分利用河长制平台

在河长的统一领导下，统筹有关部门力量，建立定期会商、信息共享、联合检查、联合执法、案件移交等制度，始终保持对非法采砂高压严打的态势；坚持日常执法与重点打击相结合，适时开展执法打击和专项整治行动，做好打击非法采砂中的扫黑除恶，及时发现、移交问题线索，并配合公安等部门做好后续调查取证和查处，形成强大攻势和威慑力；推行执法公示制度。

如2018年，针对黄河大北干流河道无序开采、私挖乱采等突出问题，按照水利部的部署和要求，黄委组织开展了河道非法采砂专项整治行动，要求各地对重要河道、重点河段和重要工程设施水域进行了全面排查。在此基础上，由黄委牵头，分别联合山西、陕西两省河长办组成清理整顿督导组，按照砂出河、船上岸、房拆除、河平整标志，对黄河北干流河道采砂进行了全面清理整顿。

督查组在陕西黄河北干流河道采砂整治督导检查中，要求进一步压实省、市、县各级政府与河长办的责任，充分发挥地方政府、河长办的统筹协调作用，形成多部门配合协作的工作机制，发现的问题立即整改，确保整治任务按期完成；沿黄各县(市)进一步加大河道采砂整治力度，对砂场要清除彻底，进一步平整河床，加快生态修复，同时要封闭路边护栏，对封存的采砂船要派专人进行看护，落实责任，确保采砂不反弹；要建立长效的采砂管理机制,严厉打击河道采砂行为,待制度健全、采砂规划批复后才能采砂;要进一步加强黄河河道生态治理保护,河道内存在的生活及建筑垃圾应立即清理出河道,并借助此次整治机会,彻底清除河道内乱搭乱建、弃土弃渣的行为;县乡人民政府应加强法律法规的宣传和教育引导,宣传违法采砂的危害性,维护正常的河道管理秩序。如图 15-1、图 15-2 所示。

图 15-1　依法取缔中游非法采砂场

图 15-2　取缔黄河下游非法采砂点

(六)强化监管队伍能力

强化采砂监管信息化手段,积极运用卫星遥感技术、无人机、GPS 定位、视频监控等现代信息技术,丰富监管手段,提高监管效能和精准度。对许可的采砂船要安装定位系统,对采砂船集中停靠地实行在线监控;对可采区、堆砂场、采砂船集中停靠地等,要在"黄河一张图"上进行标注。

落实河道采砂监管和执法队伍建设,进一步充实采砂管理人员和执法队伍,配备必要的执法装备,落实执法经费,加强队伍培训;强化廉政风险防控和作风建设,按照风清气正、业务过硬、执法严格的要求,打造一支忠诚、干净、担当的河道采砂监管和执法队伍。

参 考 文 献

[1] 崔建中. 黄河水利工程管理技术[M]. 郑州:黄河水利出版社,2005.
[2] 中华人民共和国水利部. 黄河流域综合规划(2012—2030)[M]. 郑州:黄河水利出版社,2013.
[3] 中华人民共和国水利部. 堤防工程设计规范:GB 50286—2013[S]. 北京:中国计划出版社,2013.
[4] 中华人民共和国水利部. 堤防工程管理设计规范:SL 171—96[S]. 北京:中国水利水电出版社,1996.
[5] 中华人民共和国水利部. 堤防工程养护修理规程:SL 595—2013[S]. 北京:中国水利水电出版社,2013.
[6] 黄河防汛总指挥部办公室. 防汛抢险技术[M]. 郑州:黄河水利出版社,2000.
[7] 黄河水利委员会建设与管理局. 黄河水利工程管理法规汇编[M]. 郑州:黄河水利出版社,2012.
[8] 黄河水利委员会建设与管理局. 黄委建设与管理改革文件汇编[M]. 郑州:黄河水利出版社,2014.
[9] 黄河水利委员会建设与管理局. “数字工程建设与管理”专题规划报告(修编版),2013.
[10] 黄委办公室. 黄委关于废止和修改部分涉及行政审批文件的决定,黄办〔2017〕285 号.
[11] 黄委水政局. 河道管理范围内建设项目管理手册,2006.
[12] 胡一三. 中国江河防洪丛书黄河卷[M]. 北京:中国水利水电出版社,1996.

参考文献